U0872542

冲压工艺模具学

第 3 版

卢险峰　编著

机 械 工 业 出 版 社

《冲压工艺模具学》第 3 版系统地阐明了冲压工艺模具学的基本原理、基本方法、基本经验和最新成果。全书分为 4 篇 15 章，包括冲压加工基本工序、冲压工艺过程、冲模结构设计及实践教学。用简明精练的语言，清晰的图表，构筑出新颖性、科学性、真实性与实用性。每章后配有习题和思考题，最后有课程实验与课程设计的内容，更是满足了初学者的需求。

本书可作为高等学校材料成形与控制工程等相关专业教材，也可作为各类模具培训班教材，同时可供工厂企业的工程技术人员参考使用，有志创新者会从书中获得意外收获。

图书在版编目（CIP）数据

冲压工艺模具学/卢险峰编著．—3 版．—北京：机械工业出版社，2014.3（2026.1 重印）

ISBN 978-7-111-45761-9

Ⅰ.①冲…　Ⅱ.①卢…　Ⅲ.①冲压-工艺学②冲模-设计　Ⅳ.①TG38

中国版本图书馆 CIP 数据核字（2014）第 024367 号

机械工业出版社（北京市百万庄大街 22 号　邮政编码 100037）

策划编辑：孔　劲　责任编辑：孔　劲　版式设计：常天培

责任校对：陈　越　封面设计：张　静　责任印制：常天培

北京华宇信诺印刷有限公司印刷

2026 年 1 月第 3 版第 8 次印刷

184mm×260mm · 19 印张 · 1 插页 · 468 千字

标准书号：ISBN 978-7-111-45761-9

定价：49.00 元

电话服务	网络服务
客服电话：010-88361066	机工官网：www.cmpbook.com
010-88379833	机工官博：weibo.com/cmp1952
010-68326294	金书网：www.golden-book.com
封底无防伪标均为盗版	机工教育服务网：www.cmpedu.com

第3版前言

《冲压工艺模具学》第3版是在第2版的基础上进行的修订。本版吸收了近些年里，国内外冲压加工与模具技术领域的新成果内容，也包含作者的科研学术新成果与讲课教学新经验。

在书的编排方面，此次修订的主要内容有：

第2版的4篇15章总体框架基本保留，但增加了结语部分，删除了原第10章，将原9.4节的内容扩充改编为新第10章——冲压设备的选择；删除了第2版中附有*处的小节内容，且精炼了全书的内容，很大部分的章、节、小节名都有所改动；在很多知识点上，如各种模型、计算、工艺设计及结构分析等方面，增添了历史沿革的发展信息；增补了学科体系化的内容，特别值得一提的是，构造了冲压工艺模具学知识体系框图，此乃为对全书内容的一种高度概括，实属一点创造，又特别新颖。

新书出版虽为兴趣所致，然限于作者的能力与水平，书中问题和不足仍在所难免，真心欢迎且诚恳接受读者的批评和建议。

感谢南昌大学2013年度教材出版的资助！感谢关心、支持出版本书以及阅读、使用本书的所有新老朋友！

作　者

于南昌大学

2013年12月

第 2 版前言

近 10 年来，先进制造技术的理念得到了广泛的认同，制造业在科学发展观的指引下迈入了新的发展阶段，其中的冲压加工和模具技术更有显著的进步。

本书的第 1 版已出版 8 年多，虽然只是作为一般性图书并未申请“九五”、“十五”统编教材，可陆续发行也达一万册，表明本书尚能符合市场需求；现申报高等学校“十一五”规划教材，以第 2 版形式出版，既是一种荣幸，更是一种责任。

第 2 版吸纳了国内外现代冲压加工和模具技术领域的较多成果的内容，尤其是近 10 年来在该领域出现的，包括作者取得的一些新的科研成果以及生产与教学经验。

修订的主要内容有：将原版的 3 篇 12 章改为 4 篇 15 章；原版的第 1 章增改为第 1 章冲裁，第 2 章整修、精冲、半精冲；第 1 篇中增加组合变形工序为第 8 章；原第 12 章内容增改为第 4 篇，分为第 14 章课程实验，第 15 章课程设计；几乎每篇、每章的内容都有改动，知识点增加处较多，删改处也有一些。

本书能出版和再版，归功于不少前辈的褒奖鼓励、很多同行的较高评价、广大读者的认同喜爱以及出版社与学校的热情支持。在此，对他们表示由衷的感谢！

鉴于作者水平有限，本书不足之处在所难免，仍敬望读者不吝指正。

作　者
于南昌大学
2005 年 12 月

第 1 版前言

冲压加工是一种具有悠久历史的加工方法，可以说，人类最早的生产制造技术是冷压。我国古代在这一领域创造了令世人赞颂的成就。

在现代生产制造技术中，冲压加工仍然占有很重要的地位。在 20 世纪 60 年代，美国用金属板料经冲压加工后就已创造出了相当于原材料价值 12 倍的增值，其所创造的总价值占到国民生产总值的 1/10。

从模具角度来看，经济发达国家的模具总产值也已超过了机床的总产值。比如日本，1982 年模具总产值为 86 亿美元，同期机床总产值为 78 亿美元；1987 年前者为 124 亿美元，后者为 102 亿美元；1991 年前者为 131 亿美元，后者为 120 亿美元。而其中冲压模具在所有模具（锻造模、压铸模、注塑模……）中，无论从数量（套数）、重量（吨位），或是从价值（金额）上都位居榜首。

由此可见，板料冲压加工及其模具制造技术对国民经济的发展已经并将继续作出重大的贡献。随着我国经济的腾飞，对这种生产技术的发展及专业技术人才的需求将与日俱增。

30 多年来，作者一直从事冲压加工和模具技术的生产、教学和科研工作，也取得了一些成绩。近 20 年来，又未间断地为本科生、专科生、研究生及培训班学员讲授了冲压工艺与模具设计这门课程，积累了不少教学经验。为适应形势的发展和满足教学的需要，为促进这一技术的进步，通过学习前人的经验和吸收国内外先进成果，并以不断更新的讲稿为基础，作者编著了这本书，以期为大专院校相关专业及模具培训班提供一本新教材。

尽管作者精心编著，但因水平有限，书中错误和问题在所难免，欢迎读者批评指正。

最后，对为本书的编著、出版给予了关心和支持的各方人士，特别是江铃汽车集团进出口公司孙伟总经理、江铃汽车集团中日合资公司王勇副总经理等，表示衷心的感谢。并在本书正式出版之际，向我的导师——哈尔滨工业大学（现燕山大学）李硕本先生和日本东京大学中川威雄先生再次致以诚挚的敬意。

作　者

于南昌大学

1997 年 7 月

目　　录

第 3 版前言
第 2 版前言
第 1 版前言
绪论 …… 1
第 1 篇　冲压加工基本工序 …… 5
第 1 章　冲裁 …… 6
1.1　冲裁变形特点 …… 6
1.1.1　基本概念 …… 6
1.1.2　冲裁变形过程 …… 7
1.1.3　冲裁变形区及受力 …… 9
1.2　冲裁件的质量 …… 12
1.2.1　断面组成 …… 12
1.2.2　精度问题 …… 13
1.3　冲裁间隙 …… 14
1.3.1　对冲裁变形过程的影响 …… 15
1.3.2　对冲裁加工的其他影响 …… 16
1.3.3　间隙值的规范与选用 …… 17
1.4　冲裁模刃口尺寸 …… 20
1.4.1　确定的原则 …… 20
1.4.2　设计计算的方法 …… 21
1.4.3　相互位置关系图示 …… 23
1.5　冲裁力 …… 23
1.5.1　冲裁力的计算 …… 23
1.5.2　减小冲裁力的设计 …… 24
1.5.3　压、卸料及出件力 …… 26
1.6　多工步冲裁 …… 26
1.6.1　叠层两步冲裁 …… 27
1.6.2　级进模两步法冲裁 …… 27
1.7　计算举例 …… 28
习题与思考题一 …… 29
第 2 章　整修、精冲、半精冲 …… 30
2.1　整修 …… 30
2.1.1　基本概念 …… 30
2.1.2　整修方法 …… 30
2.1.3　整修的发展 …… 31
2.2　精密冲裁 …… 32
2.2.1　精冲特点 …… 32
2.2.2　精冲机理 …… 33
2.2.3　精冲力 …… 33
2.2.4　精冲的发展 …… 34
2.3　半精密冲裁 …… 34
2.4　分离工序特点小结 …… 36
习题与思考题二 …… 38
第 3 章　拉深 …… 39
3.1　拉深变形特点 …… 39
3.1.1　基本概念 …… 39
3.1.2　变形特点分析 …… 40
3.1.3　拉深系数与拉深次数 …… 42
3.2　拉深力和拉深功 …… 44
3.2.1　拉深曲线 …… 44
3.2.2　拉深力的计算 …… 45
3.2.3　拉深功的核算 …… 48
3.3　拉深起皱与防止 …… 49
3.3.1　起皱现象与初步判断 …… 49
3.3.2　防皱措施 …… 50
3.4　拉深模工作部分尺寸 …… 53
3.4.1　工作部分的结构特点 …… 53
3.4.2　工作部分尺寸的设计计算 …… 55
3.4.3　坯料尺寸的计算 …… 58
3.5　非直筒形零件及特殊拉深 …… 60
3.5.1　带法兰边零件 …… 60
3.5.2　阶梯形零件 …… 63
3.5.3　盒形件 …… 64
3.5.4　特殊拉深方法 …… 70
3.6　拉深件的质量问题 …… 71
3.6.1　一般缺陷及处理 …… 71
3.6.2　反映变形本质的缺陷 …… 72
3.7　拉深润滑 …… 75
3.7.1　拉深润滑理论 …… 75
3.7.2　润滑剂 …… 76
3.8　拉深实例 …… 77
习题与思考题三 …… 80

第 4 章　翻边 …… 81
4.1　翻边变形基础 …… 81
4.1.1　基本知识 …… 81
4.1.2　变形特点分析 …… 81
4.1.3　工艺参数的设计计算 …… 84
4.2　异形孔翻边 …… 88
4.2.1　凹圆弧异形孔 …… 88
4.2.2　凹凸圆弧异形孔 …… 89
4.3　方孔翻边 …… 90
习题与思考题四 …… 91
第 5 章　胀形 …… 92
5.1　胀形变形基础 …… 92
5.1.1　基本知识 …… 92
5.1.2　变形特点 …… 92
5.2　平板毛坯的胀形 …… 94
5.2.1　局部胀形 …… 94
5.2.2　整体胀形 …… 96
5.3　空心毛坯的胀形 …… 97
5.3.1　刚模胀形 …… 97
5.3.2　软模胀形 …… 97
5.3.3　内高压成形 …… 98
5.3.4　工艺实例 …… 99
习题与思考题五 …… 100
第 6 章　弯曲 …… 101
6.1　弯曲变形过程 …… 101
6.1.1　基本概念 …… 101
6.1.2　变形特点 …… 101
6.2　弯曲力 …… 104
6.2.1　力学模型 …… 104
6.2.2　弯曲力的计算 …… 104
6.3　弯曲的弹复 …… 106
6.3.1　弹复现象和原因 …… 106
6.3.2　弹复规律及表示 …… 106
6.3.3　对弹复值的影响和预防 …… 109
6.4　弯曲工艺参数 …… 112
6.4.1　最小弯曲半径 …… 112
6.4.2　弯曲件坯料长度的计算 …… 114
6.4.3　弯曲模工作部分尺寸 …… 116
6.4.4　弯曲工序设计事例 …… 117
6.5　弯曲的其他形式 …… 119
6.5.1　外缘弧线弯曲 …… 119
6.5.2　滚弯 …… 121
6.5.3　管子的弯曲 …… 123
习题与思考题六 …… 124
第 7 章　其他成形工序 …… 125
7.1　扩口 …… 125
7.1.1　基本知识 …… 125
7.1.2　变形特点 …… 126
7.1.3　坯料尺寸和工件精度 …… 126
7.1.4　扩口力的计算 …… 127
7.2　缩口 …… 128
7.2.1　基本知识 …… 128
7.2.2　变形特点 …… 129
7.2.3　坯料尺寸和工件精度 …… 130
7.2.4　缩口力的计算 …… 131
7.3　卷边 …… 132
7.3.1　基本概念 …… 132
7.3.2　变形特点 …… 133
7.3.3　工艺参数 …… 133
7.3.4　双层侧壁件卷边 …… 134
7.4　曲面形状零件拉深成形 …… 134
7.4.1　基本概念 …… 134
7.4.2　球面、抛物面形状零件 …… 135
7.4.3　锥形零件 …… 136
7.4.4　汽车覆盖件 …… 138
7.5　特殊成形 …… 138
7.5.1　高速高能成形 …… 138
7.5.2　旋压 …… 140
7.5.3　整形 …… 140
7.6　成形工序特点小结 …… 142
习题与思考题七 …… 143
第 8 章　组合变形工序 …… 144
8.1　概述 …… 144
8.2　分离工序的复合 …… 144
8.3　成形工序的复合 …… 145
8.4　分离与成形工序的组合 …… 147
习题与思考题八 …… 149
第 2 篇　冲压工艺过程 …… 151
第 9 章　冲压件工艺过程设计 …… 152
9.1　工艺过程设计概论 …… 152
9.1.1　工艺过程设计与工艺规程 …… 152
9.1.2　工艺过程设计目标要求 …… 152
9.2　冲压件的工艺性 …… 153

9.2.1 工艺性的涵义 …… 153
9.2.2 工艺性的基本要求 …… 153
9.2.3 冲压件的结构工艺性 …… 154
9.3 冲压加工的经济性 …… 157
9.3.1 冲压加工替代其他加工举例 …… 157
9.3.2 材料的经济排样 …… 158
9.3.3 降低模具费用 …… 159
9.4 确定冲压工艺方案的原则 …… 160
9.4.1 冲压变形的发生及控制 …… 160
9.4.2 各种条件的要求 …… 162
9.4.3 半成品形状与尺寸的确定 …… 164
9.4.4 工艺方案确定举例 …… 165
9.5 冲压工艺知识的结构体系 …… 166
9.5.1 冲压工序的组成与分类 …… 166
9.5.2 冲压工艺知识结构体系 …… 167
习题与思考题九 …… 169
第10章 冲压设备的选择 …… 171
10.1 基本概念 …… 171
10.2 冲压设备类型的选择 …… 171
10.3 冲压设备规格的选择 …… 172
10.4 主要冲压设备类型与规格 …… 173
习题与思考题十 …… 178
第11章 冲压用板料 …… 179
11.1 常用板料的基本知识 …… 179
11.2 板料冲压性能概述 …… 186
11.3 拉伸试验 …… 189
11.4 工艺试验 …… 192
11.5 新型板材及其性能 …… 193
习题与思考题十一 …… 197
第3篇 冲模结构设计 …… 199
第12章 冲模的结构及设计 …… 200
12.1 冲模的功能及分类 …… 200
12.1.1 冲模的功能 …… 200
12.1.2 冲模的分类 …… 200
12.2 冲模的基本形式与构造 …… 203
12.2.1 简单模 …… 203
12.2.2 迭合模 …… 204
12.2.3 复合模 …… 205
12.2.4 混合模 …… 207
12.3 冲模零部件的构造设计 …… 210
12.3.1 冲模结构组成 …… 210
12.3.2 工作零件 …… 211
12.3.3 固定零件 …… 219
12.3.4 导向零件 …… 220
12.3.5 定位零件 …… 221
12.3.6 压、卸料及出件零件 …… 222
12.4 冲模总体设计 …… 223
12.4.1 冲模设计的程序 …… 223
12.4.2 冲模总体设计要点 …… 223
12.4.3 执行模具国家标准 …… 228
12.5 汽车覆盖件冲模的特点 …… 235
12.5.1 覆盖件图、主模型 …… 235
12.5.2 拉深筋 …… 235
12.5.3 大型铸件的结构 …… 237
12.5.4 堆焊刃口 …… 238
12.5.5 镶拼模结构 …… 239
12.6 冲模 CAD …… 242
12.6.1 冲模设计中的最优化技术 …… 242
12.6.2 计算机辅助设计和绘图 …… 243
12.6.3 冲模 CAD 的内容 …… 245
12.6.4 冲模 CAD 系统 …… 246
12.6.5 冲模 CAD 通用软件 …… 246
习题与思考题十二 …… 247
第13章 冲模零件的选材和制造 …… 248
13.1 冲模零件的材料选用 …… 248
13.2 冲模零件的制造过程 …… 249
13.3 冲模零件机加工工艺实例 …… 251
13.4 冲模的寿命 …… 254
习题与思考题十三 …… 257
第4篇 实践教学 …… 259
第14章 课程实验 …… 260
14.1 课程实验目的要求 …… 260
14.2 课程实验题目参考 …… 260
14.3 课程实验指导与报告实例 …… 261
第15章 课程设计 …… 268
15.1 课程设计目的要求 …… 268
15.2 课程设计内容与步骤 …… 268
15.3 课程设计参考题目 …… 269
15.4 课程设计举例 …… 273
参考文献 …… 290
结语 …… 296

绪　论

冲压工艺模具学课程是一门关于通过模具来进行冲压加工的专业技术课程。

冲压加工是借助于常规或专用冲压设备的动力，使板料在模具里直接受到变形力并发生变形，从而获得一定形状、尺寸和性能的产品零件的生产技术。板料、模具和设备是冲压加工的三要素。其中，板料——冲压加工的对象，模具——专用模型、工具，设备——提供动力的机器。图 0-1 示出了各种要素之间的相互关系。冲压加工是一种金属冷变形加工方法，所以，被称为冷冲压或板料冲压，简称冲压。它是金属塑性加工（或压力加工）的主要方法之一，也隶属于材料成形工程技术。

这是一种新定义，本教材遵循这样一种定义编排内容，与传统的认识和前人的同类著作在编排上有所不同。比如，传统的认识和前人的一些著作中包括了冷镦、冷挤等冷锻加工，而本教材中没有不包含这些内容；本教材主要围绕薄板材料，基本上没有涉及线材、棒料的冲压内容。当然，包括线材和棒料的冷体积变形加工可以说是广义的冲压加工，亦可称之为冷压成形。

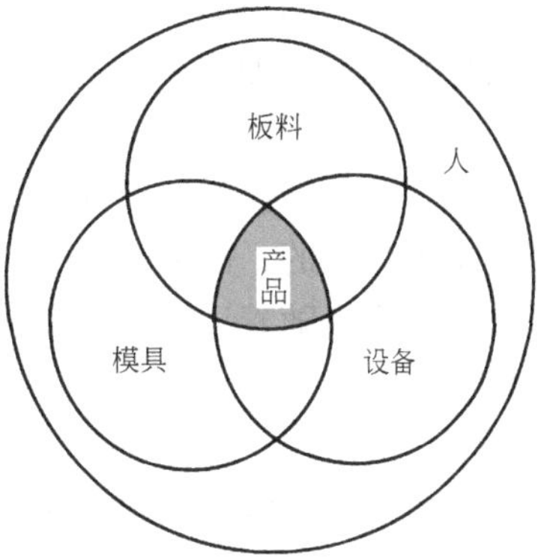

图 0-1　冲压加工的要素

另外，冲压与锻造有本质上的区别：冲压是冷变形加工，锻造是热变形加工。锻造加工的对象基本上全是块料（来自棒料或线材），且坯料必须是热的，确切地说，锻造的加工温度是在金属完全再结晶温度以上。所以，本教材中涉及热冲压的内容也甚少。

所谓工艺是利用生产工具对原材料进行加工或处理使之成为产品的具体操作方法。

冲压加工中的具体方法或技术经验可称为冲压工艺。而所谓模具是指制造一定数量产品的专用模型、工具。

模具的类别很多。中国模具工业协会划分的模具类别及排定的顺序是：冲压模；塑料模；压铸模；锻造模；粉末冶金模；橡胶模；拉丝模；无机材料成形模；模具标准件；其他模具：用于食品、皮革等成形。如果从模具所成形用原材料角度，可以将模具划分为以下三大类：金属材料成形用模具，包括冲压模、锻造模、铸造模、粉末冶金模、拉丝模等；有机（高分子）材料成形用模具，包括塑料模、橡胶模、食品模、皮革模等；无机非金属材料成形用模具，包括陶瓷模、水泥（混凝土）模、玻璃模等。

冲压加工中所用的模具叫冲压模。或者说，为加工金属板料产品所用的模具叫冲压模具。冲压模也称为冷冲模或冲模。

本教材讲述的模具是冲压模。无论是模具工作部分的尺寸与形状、模具材料，还是模具的整体结构及其他局部结构等内容，均指冲压模。

与塑性加工的其他方法及机械加工中其他冷、热加工方法相比，使用模具的冲压加工有其独特的优点。首先，生产效率高。一般冲压设备的行程次数为每分钟几十次，高速冲床每分钟达数百次、千次以上，而且每一次冲压行程有可能就得到一个产品零件。其次，冲压产品质量好、强度高。冲压产品由模具精度保证了可不需再机加工的尺寸、形状，且不破坏（冷轧板材的）表面质量，冷变形硬化效应提高了零件的强度；模具的长寿命，确保了冲压产品形状、精度和性能的稳定性。此外，冲压加工一般没有切屑碎料生成，金属材料消耗较少，且不需要加热设备，不影响空气质量，也节省了材料、燃料和能源等。因此，可以说冲压加工是一种节能、高效及绿色程度较高的加工方法。

由于具有如此优越性，冲压加工在国民经济各个领域中应用范围相当广泛。例如，在宇航、航空、军工、机械、农机、电机、电子、信息、铁道、邮电、交通、化工、医疗器具、日用电器及轻工等部门里都有冲压加工。不仅整个产业界全用到它，而且每个人都直接与冲压产品发生联系。像飞机、火车、汽车、拖拉机上就有很多大、中、小型冲压件。小轿车的车身、车架及车圈等零部件都是冲压加工出来的。据有关调查统计，汽车的零部件中有60%～70%的冲压件；自行车、缝纫机、手表里有80%是冲压件；电视机、收录机、摄像机里有90%是冲压件。还有，食品金属罐盒、钢制锅壶、搪瓷盆碗及不锈钢餐具，全都是使用模具的冲压加工产品；就连电脑的硬件中也缺少不了冲压零件。

当然，冲压加工也存在着一些问题和缺点。主要表现在冲压加工时产生的噪声、振动两种公害，而且操作者的安全事故时有发生。不过，这些问题并不完全是由于冲压加工工艺及模具本身带来的，而主要是由于传统的冲压设备及落后的手工操作造成的。随着科学技术的进步，特别是随着计算机技术的发展，随着机电一体化技术的进步，这些问题一定会很快得到解决。

当今的冷压科技，经历了从古代和近代至现代的历史发展过程，从手工敲打的冷作、冷锤、冷打、冷锻制作到制造使用设备与模具的先进加工阶段。

广义的冲压加工或冷压技术，我国古代有悠久的发展历史、领先世界的工艺制作成果。比如，商代遗址出土的金丝冷拉件，商代冷锻（或热打）的青铜兵器，殷墟出土的厚度仅为0.01mm的金箔，东周战国时期的纯铜槌胎薄铜缶，汉或东汉时期的金箔及一直延续至唐朝的缠金线、织锦缎与佛像贴金，宋代青堂姜人冷锻出的瘊子甲，明代的冷拔钢丝、制针与熟铁锯条，清代的铁画等。

冲压加工及其模具技术一直在不断地向前发展。国内、外21世纪的发展方向和动向主要有以下一些方面：

1）冲压加工的自动化、无人化、精密化。

2）冲压生产中批量要求的两种趋势——大批量生产及多品种小批量生产。

冲压生产中标志批量的近似值见表0-1。表中所给值是以一般薄板冲压件、工艺复杂程度和精度要求属中等水平为基础的。

表0-1 冲压生产批量大小的近似数字 （单位：万件/年）

冲压件尺寸/mm	试　制	小　批	中　批	大　批	大量（流水生产）
大型（250～1000）	<0.1	<1	1～5	5～50	>50
中型（50～250）	<0.5	<5	5～50	50～200	>200
小型（<50）	1	<10	10～100	100～1000	>1000

3）冲压加工的基本理论研究，变形过程的数值解析、计算机模拟及优化设计。

4）冲压新工艺及新模具的研究与开发，如精密剪切、无毛刺冲裁及特种拉深等。

5）冲压新材料的研制与开发应用，如高强度、高伸长率钢板及各种复合板材等。

6）冲模新材料、模具热处理新技术及新冲压设备的研制、开发以及推广应用。

7）冲压工艺与冲模 CAD/CAM/CAE 的数字化技术。

8）冲压与冷锻的组合加工技术。

冲压工艺模具学是研究板料冲压加工方法、过程及其所用模具种类、结构的应用技术科学。简言之，是一门关于冲压工艺与模具设计的技术学科。本教材第 3 版是在总结近 30 年来的教学经验，并对讲稿进行多次修改、不断补充后而编著的。它简明系统地阐述了冲压加工基本工序、冲压工艺设计、冲压模具结构与设计的基础知识，介绍了国内外冲压技术领域的最新研究成果（包括作者所做的一些工作和收获）。

在继承传统、吸取前辈成果的基础上，本书在体系上有较大革新：

1）新颖性　全书内容编排成 4 篇 15 章，加上绪论及结语部分，形成一个整体。欲用这种新的内容框架，达到纲举目张的效果。书中还介绍了不少学科新知识、新成果及新趋向。

2）科学性　力图突出术语、精准定义、明晰概念；且给出了不少知识点或群的归纳与小结，特别是提出了一个总体知识结构系统。希望该教材可上升到表述一门学科的水平。

3）真实性　尽量还原学科发展历史，真实地反映学科进程。尤其是一些原理、理论分析计算、工艺方法及模具参数的设计，多有前辈、著者及同侪与后生的成果列出。期待读者能增添兴趣，进行比较乃至发展。

4）实用性　基于长期为本科生讲授该门课程的经验积累，为便于复习或自学，各章均设有习题与思考题。最后一篇为强调并引领重视的教学环节——实践教学而编写，是关于课程实验与课程设计的内容，其中有较新颖的综合性课程实验及指导，还有供课程设计用的不同类型的冲压工艺模具设计的 14 个参考题目。这些题目均取自生产实际，读者可有选择地进行设计练习。

第 1 篇　冲压加工基本工序

阐述冲压加工中各种基本工序的加工方法、主要特点、变形机理、模具工作部分尺寸的设计规则，以及冲压变形力的计算。

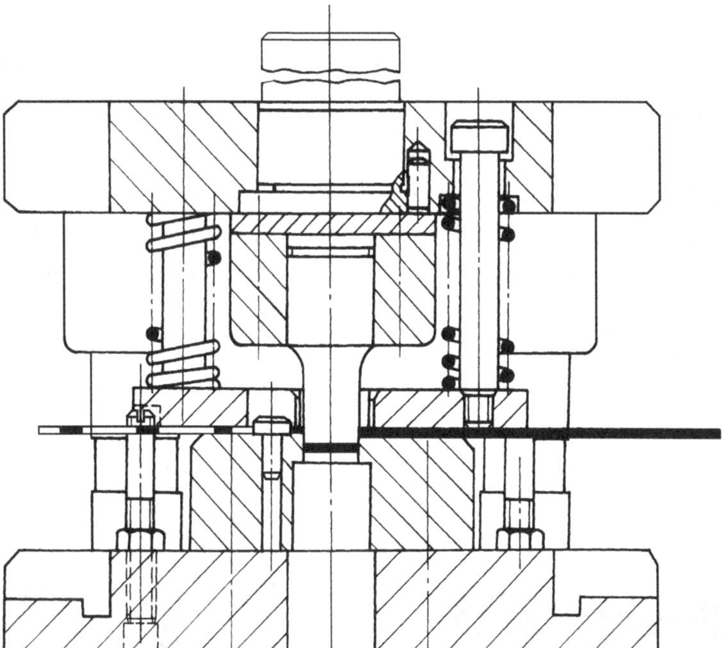

第1章　冲　　裁

1.1　冲裁变形特点

1.1.1　基本概念

冲裁的定义：通过一对工具（通常叫模具）的工作零件——冲头与凹模，利用冲压设备加压于其间的被冲材料，使之在其有一定间隙的刃口处产生剪切等变形，进而分离破断的冲压加工分离工序。这种冲压加工方法如图1-1所示。

依据材料变形的力学范围，冲压加工基本工序可以分为两大类：分离工序——材料产生断裂分离、成形工序——材料产生塑性变形。

本章专门讲述冲裁工序，因为它是冲压分离工序的基础和重点，有近两百年的应用和发展历史。

在冲压加工过程中，被制件或废料包容的模具工作零件叫做冲头（或凸模）；包容冲头、托住制件或废料的模具工作零件叫做凹模。通常而言，冲头的工作表面为其外形，凹模则为其内形。

比比皆是的垫圈，大多是用金属板料（条料）置于安装在压力机上的模具里冲切出来的。这种冲切一般称为冲裁，如图1-2所示。其中，制取垫圈尺寸 D 这类外形尺寸零件的工序称之为落料，如图1-2a所示；而图1-2b所示的制取垫圈尺寸 d 这类内形尺寸零件的工序则称之为冲孔。可以想象，冲裁加工主要用于各种平板形零件，但很多成形件在其整个加工过程中也会用到冲裁工序。

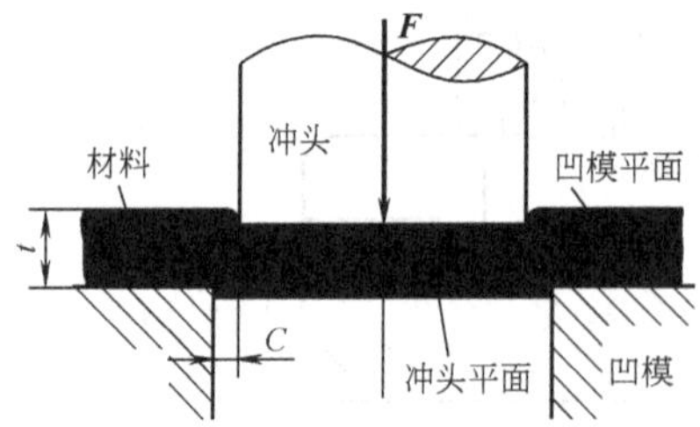

图1-1　冲裁变形示意

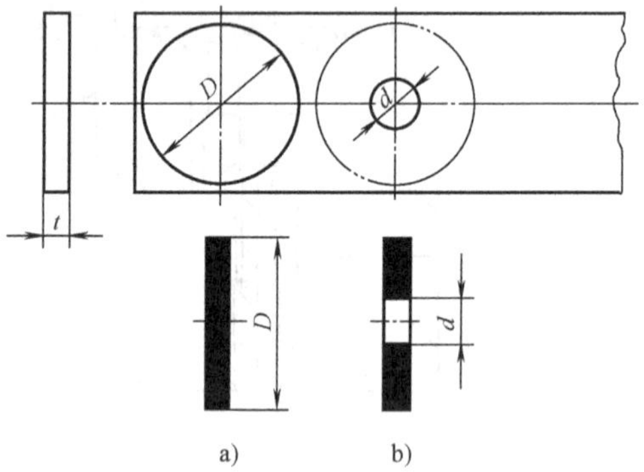

图1-2　垫圈冲裁中的落料与冲孔

工程习惯里，冲裁包括很多工序，例如落料、冲孔、切边、切断、切口、剖切等。它们的主要特点是：

落料——冲切得到的部分为工件，所剩被冲切坯料部分为搭边废料。

冲孔——被冲切掉的部分为工件，而冲切掉的部分为废料。

切边——冲切出边缘不规整的半成品件（可视为落料）。

切断——坯料上沿不封闭轮廓线冲切断开（含切管）。

切口——坯料上沿不封闭轮廓线冲切但不完全断开（可比作为切舌）。

剖切——将半成品冲压成形零件剖分切开。

1.1.2 冲裁变形过程

1. 变形过程理论与模型

（1）宏观理论模型　该理论认为冲裁变形过程分为三个阶段，即弹性变形阶段、塑性变形阶段及断裂分离阶段。其变形过程的描述模型如图 1-3 所示。

第 1 阶段：弹性变形阶段。这时金属材料发生了弹性压缩与弯曲，并略有挤入凹模口内的情形，但材料内部的应力还没有超过弹性极限。

第 2 阶段：塑性变形阶段。此阶段开始时冲头压入材料内，材料被挤入到凹模内，使其纤维发生了很大弯曲及拉伸。在此阶段的末尾，靠近刃口边，材料的应力达到了最大值，即材料的抗剪强度。

第 3 阶段：断裂分离阶段。靠近冲头及凹模刃口边的材料，首先出现了显微裂纹、然后是可目视到的裂缝，其方向顺着最大的切应变线（滑动面）。裂缝很快向材料内层扩展，致使材料断裂分离。当凸、凹模间的间隙正常合理时，上、下裂缝重合，形成了共同的剪裂（滑动）面。

该理论是前苏联学者在 20 世纪中前期提出的[69]，后又于其 70 年代给出了冲裁变形过程的冲裁力-行程图[2]，如图 1-4 所示。这种从宏观角度分析冲裁变形过程的传统理论，现今仍起着指导作用，在最新的一些文献中[101,102]还采用了它或以它为基础作了一些补充说明。

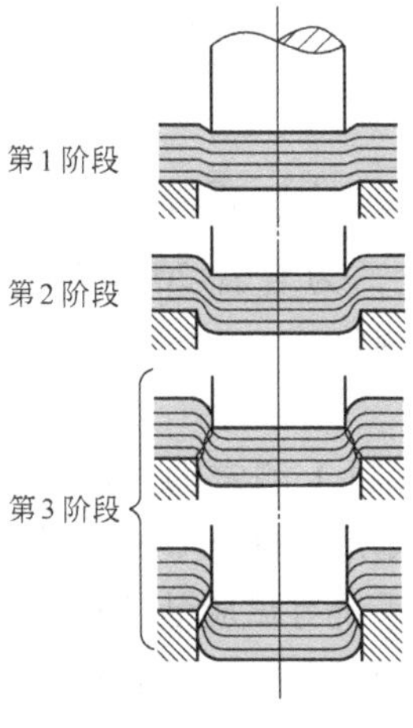

图 1-3　冲裁变形过程

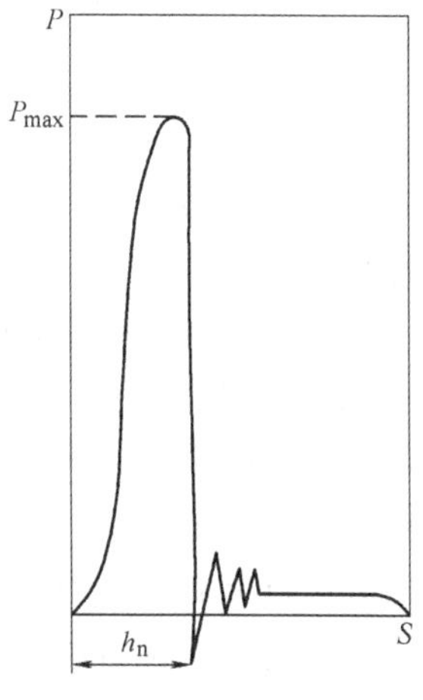

图 1-4　冲裁力-行程图

（2）细观理论模型　该理论认为冲裁变形过程分为六个阶段，有冲击压缩、压入剪切、裂缝生长、突然分离、推出凹模、卸离冲头阶段，即被冲材料依次受到这六个阶段的作用而变形。

基于先进测试方法测得的冲裁力-行程图如图 1-5 所示，其变形过程的描述模型如图 1-6 所示。

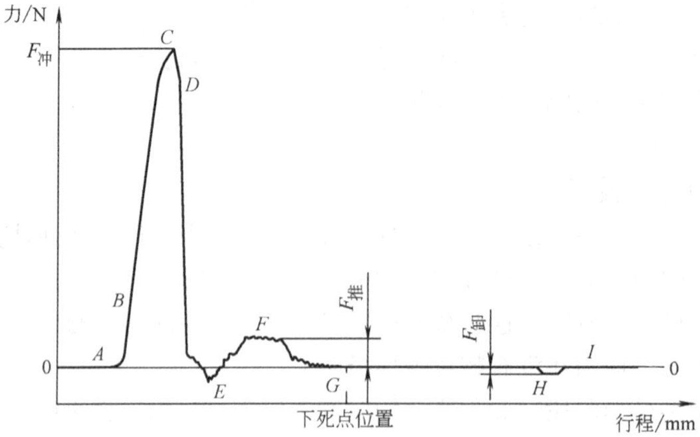

图 1-5　典型冲裁曲线

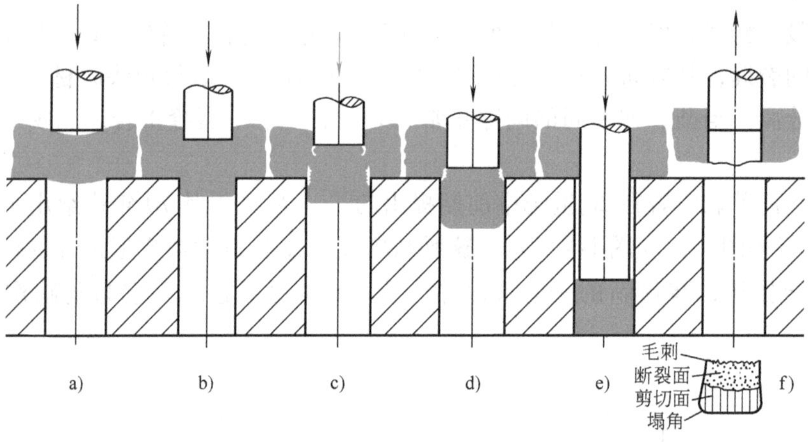

图 1-6　冲裁变形过程（6 阶段）

a）冲击压缩　b）压入剪切　c）裂缝生长　d）突然分离　e）推出凹模　f）卸离冲头

这是一种从细观力学角度分析冲裁变形过程的理论，为著者 20 世纪末期开始提出的[1、13]，对于揭示冲裁变形过程的内在规律更为实际和深刻些。

2. 冲裁曲线（力-行程图）

关于冲裁曲线，即冲裁力-行程图，几十年前是在液压机上测定的。后来，用贴应变片的方法，比较实际地测定出来了。基于更实际的方法测试所得的典型冲裁曲线如图 1-5 所示。这是用压电式石英晶体压力传感器及计算机快速分析系统等试验装置在压力机上测定出来的冲裁曲线[1]。这种测试方法目前是材料成形工程技术测试中比较先进的方法之一，更能反映冲裁的实际和本质。

从图 1-5 中可以清楚地看出：冲裁曲线从零线开始，被冲材料经历由 $A \to B \to C \to D \to E \to F \to G \to H \to I$ 的全过程变形，或者说，材料受到这样一个全过程且为变化的力的作用。其中有 3 个特定位置：

C 点：力最大，为 F_{max}，即冲裁力，表明冲裁变形到 C 点时，被冲材料在冲头与凹模间产生了剪裂缝，当上、下裂缝很快重合于 D 点位置时突然卸载分离，于是，冲裁的本质分离变形基本结束。

F 点：一部分材料被冲头从凹模内推出，此时的力为推件力，记为 $F_{推}$。

H 点：另一部分材料从冲头上卸离，此时的力为卸料力，记为 $F_{卸}$。

3. 冲裁变形过程

根据实测到的冲裁曲线，并经过对冲裁变形的观察与分析，可以将曲线分为 *AB*、*BC*、*CD*、*DE*、*EFG* 及 *HI* 的 6 部分，所反映的冲裁变形全过程分别是冲击压缩阶段、压入剪切阶段、裂缝生长阶段、突然分离阶段、一部分材料推出凹模阶段以及另一部分材料卸离冲头阶段的 6 个阶段。

图 1-6 所示比较直观地描绘了冲裁变形过程中各个变形阶段的变形情况及其位置关系。

冲裁变形过程中，材料经受六个变形阶段的作用与特征，及其对冲裁加工之实现诸方面的主要影响见表 1-1。

表 1-1 冲裁变形过程各阶段的特征与影响

冲裁变形力学过程			作用与特征	主要影响
序号	位置	名称		
1	*AB* 段	冲击压缩阶段	材料相应处出现小圆角，为冲裁件断面塌角部分的形成作了准备	产生振动与噪声原因之一
2	*BC* 段	压入剪切阶段	形成冲裁件断面的塌角部分及不断生成剪切面部分	设备与模具受力最大的时刻，冲头、凹模在高压下受摩擦，其剪切面愈长，磨损愈严重
3	*CD* 段	裂缝生长阶段	产生冲裁件断面毛刺，继续生成剪切面，逐渐形成断裂面部分	倘若裂缝不会合或冲裁间隙过小，模具磨损更甚；或间隙过大，则冲件质量差、模具寿命短
4	*DE* 段	突然分离阶段	裂缝会合成错开后连合，冲头突然卸载，一部分材料进入凹模内而到彼此分离	产生振动与噪声之主要原因；材料之间、材料与模具之间有摩擦，冲头、凹模受到磨损
5	*EFG* 段	推出凹模阶段	获得工件或取走废料	冲裁工件的剪切面与模具有摩擦，冲头、凹模受磨损
6	*HI* 段	卸离冲头阶段	取走废料或取得工件	剪切面与冲头有摩擦，冲头受磨损，且引起拉应力，造成不对称循环交变应力；也是产生噪声原因之一

图 1-5 和表 1-1 所给出的冲裁曲线及变形力学过程[13]，是指较普遍场合沿封闭轮廓线的冲裁。对于不沿封闭轮廓线的冲裁，即单边剪切，其变形的力学过程中不存在 5、6 两阶段，冲裁曲线上也不会有 F 点、H 点处的两小峰值点，即曲线从 E 点直接恢复到 0 线上。

1.1.3 冲裁变形区及受力

1. 冲裁变形区

就各种冲压基本工序而言，在变形过程中，并不是整个坯料都处于变形状态，其变形区仅限于坯料的一部分区域内。冲裁也是如此。冲裁变形区是指材料被分离断开的那一部分区域，但具体的模型尚未有统一的认识。

有实验研究提出，冲裁过程中材料变形区是位于冲头与凹模之上、下刃口尖端连线为中心的区域，为一个纺锤形范围[4]，如图 1-7 所示。即从刃口尖端起向中间逐渐增宽的形状范围。这一范围随材料的伸长率和加工硬化指数的增大而增大。当冲头进入到材料内部某一深度时，变形区还是从刃口开始的纺锤形范围，初始纺锤形中的一部分成为了已变形区。

在纺锤形范围，虽然材料已接近或正在进行剪切变形，但其中各点处的应力状态仍然是不相同的。

还有研究[5]提出，冲裁的变形区为被冲材料以上、下刃尖处为中心连线的 8 字形区域，如图 1-8 所示。

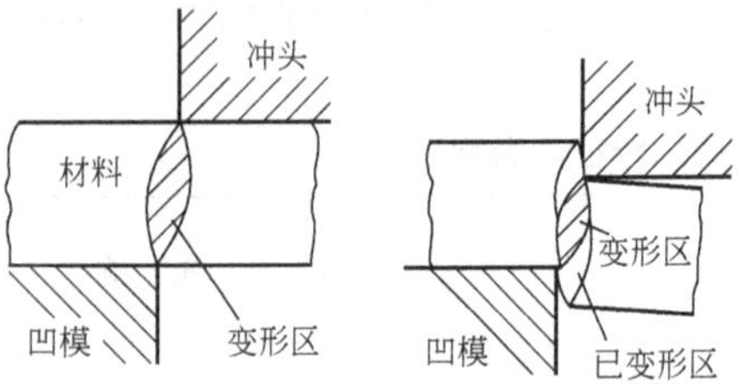

图 1-7　纺锤形变形区

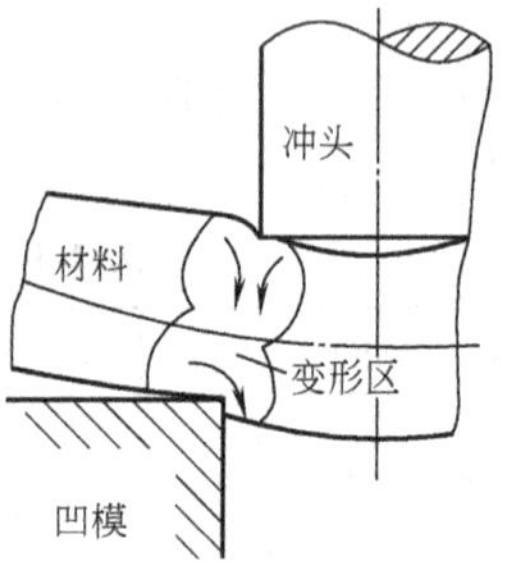

图 1-8　8 字形变形区

2. 变形区及邻域的应力分析

（1）冲裁力造成的应力　如图 1-9 所示，冲裁变形时，位于冲头平面下方、凹模平面上方的材料，由于分别受到模具直接传递的高压作用，成为压应力区。同时，材料的塌角处，既要支撑变形区，又因摩擦力的作用而受到拉伸，成为拉应力区。

（2）力偶引起的（弯曲）应力　讨论这种应力时，首先应分清冲裁时模具结构上加压料板与不加压料板有所不同，如图 1-10 所示。

图 1-10 左边示出了不加压料板冲裁时产生的应力（符号）。其中单边剪切时，冲头侧面挤压材料塌角部分的压应力增加；如果是双面剪切或沿封闭轮廓冲裁时，弯曲的影响就像两端支点的弯曲梁一样，材料在靠近凹模侧受拉，靠近冲头侧受压。在这种情况下，与冲头外侧面相接触的塌角处材料，由于弯曲翘起而受到压缩；与凹模平面相接触处的材料，则由于弯曲翘起而受到拉伸。所以，冲裁过程中的裂缝一般先产生在凹模一侧的材料上。

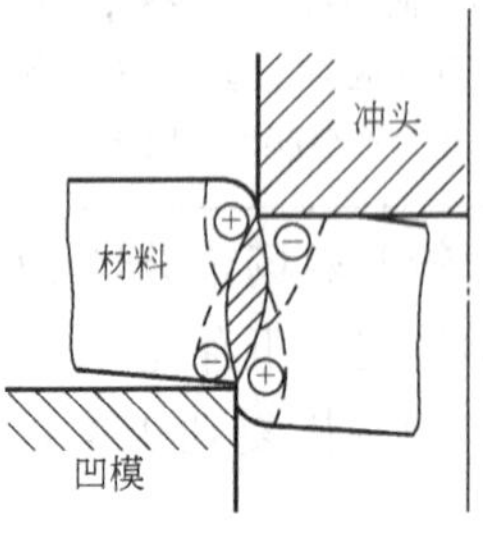

图 1-9　冲裁力引起的应力

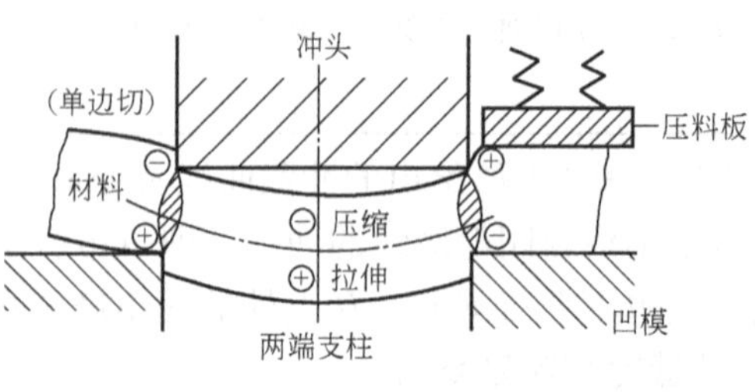

图 1-10　力偶引起的应力
左：无压料板时　右：加压料板时

如果冲裁时加有压料板，如图 1-10 右边所示，则压料板防止凹模平面上材料的上翘，于是应力状态受到改变。这时，冲头外侧材料产生拉应力，凹模平面上材料产生有压应力，故裂缝有可能也从冲头刃口一侧先开始产生。

但需要指出两点：一是在冲裁变形区里，冲裁力造成的基本应力及力偶引起弯曲造成的应力，它们是综合作用的，不是简单地叠加；二是冲裁实际中即使加压料板（往往是与卸料板兼用的）或顶料板也很难完全防止材料的上翘及弯拱。因此，在大多数冲裁场合里，裂缝总是先产生于凹模刃口侧、后产生于冲头侧。

3. 变形区及邻域的应力状态

（1）作用的外力　应力是内力的集度，而内力是外力引起的。为此，要研究应力状态必须了解被冲材料受到哪些外力的作用。

1）宏观力学模型。材料力学中的剪切，实际上只研究剪切的发生，其力学模型如图 1-11a所示。受剪材料受到两个大小相等、方向相反、作用线相距很近的一对外力 F 的作用，使构件材料两部分沿 $m-n$ 截面发生相对错动，直到最后被剪断。在截面 $m-n$ 上分布的内力系合力，必然是平行于 F 的 Q 力，且一定有剪力 $Q=F$。

2）细观力学模型。板料冲压中的冲裁，实际上还要研究剪切的过程，其力学模型如图 1-11b 所示。

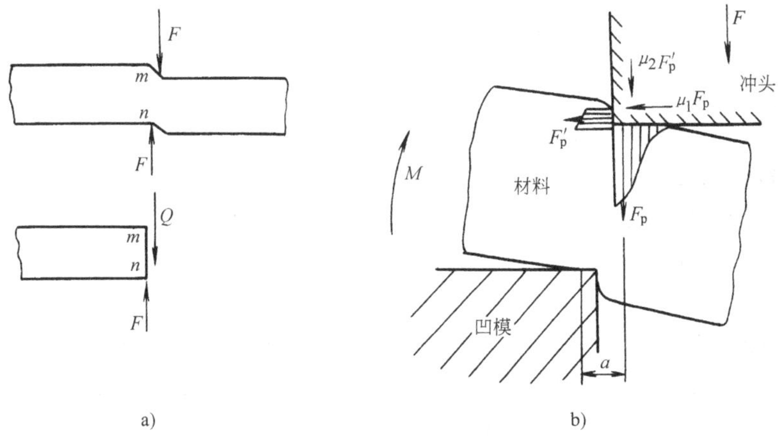

图 1-11　材料受到的作用力

冲头一侧的材料受到 4 个外力的作用。

F_p：正压力，不是沿冲头端面均匀分布的。由于冲头、凹模间存在间隙，使冲头、凹模施加于材料上的力又多一个力矩 M（$M=Fa$）。被冲材料受到力偶的作用产生翘曲，使得模具与材料的直接接触面积仅限于刃口附近狭小区域，其接触面宽度一般为材料厚度的 0.2～0.4 倍，故冲头刃口部位的单位压力分布曲线相当陡峭。

F_p'：水平方向的侧压力，其大小为正压力的 1/3 左右。

$\mu_1 F_p$：冲头端面与材料间的摩擦力，其方向认为间隙较小时指向刃尖。

$\mu_2 F_p'$：冲头侧面与材料间的摩擦力，从剪切瞬时来看，方向也是指向刃尖。

凹模一侧的材料同样受到类似 4 个外力的作用，具体分析读者可自己进行。

了解了冲裁时材料所受到的作用力之后，根据作用力与反作用力成对存在的原理，也可以分析冲裁时模具上受到的作用力。

*(2) 应力状态图　由于冲裁时材料受到如此多的外力作用，加上冲头下面材料像简支梁一样产生弯曲变形的影响，因此其变形区及邻域的应力状态是很复杂的，且与变形过程有关。按塑性力学分析，应力状态如图 1-12 所示，其中：

A 点：处于一压两拉的三向应力状态。

B 点：处于三向压应力状态。

C 点：处于一压一拉的两向应力状态。

D 点：处于一压两拉的三向应力状态。

E 点：处于三向拉应力状态。

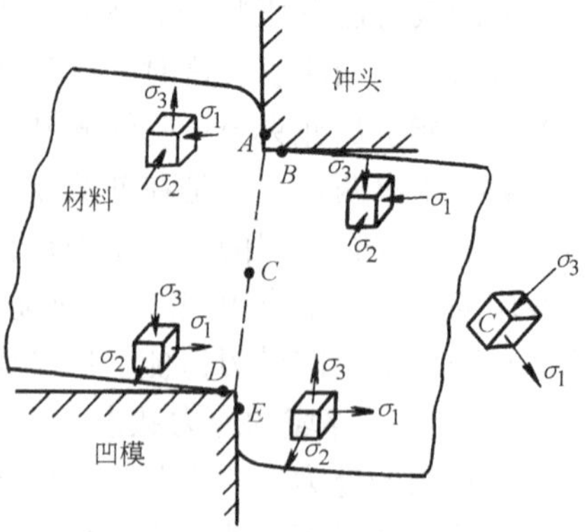

图 1-12　各点的应力状态

从 *A*、*B*、*C*、*D*、*E* 各点的应力状态图可以表明：冲头与凹模端面处的材料（即 *B* 点与 *D* 点处的）压应力的“体积性”高于其侧面处（即 *A* 点和 *E* 点）；冲头刃口处的材料之压应力的“体积性”又高于凹模刃口处。这种定性的分析结论已经被应用大变形有限元方法计算冲裁变形过程中静水压分布所证实[6]。所以有冲裁时裂缝先产生于凹模刃口侧的观点。

1.2　冲裁件的质量

1.2.1　断面组成

如图 1-13 所示，冲裁件的断面是由 4 个部分组成的：塌角（一端圆角部分）、剪切面（紧挨圆角的较光洁面部分）、断裂面（粗糙表面部分）和毛刺（另一端高出板平面部分）。各部分均可目视或触摸感到。冲裁断面这 4 个部分实际上在冲裁变形过程中的前三个阶段里就已经形成了，只不过在后三个阶段里其剪切面尚受到某种程度的摩擦。

1. 塌角

塌角是在冲裁变形过程的第一、二阶段中逐渐生成的，也可以认为是纺锤形变形区对周围材料的影响而形成的。加工硬化指数越大的材料，这种影响程度越大，塌角也越大。此外，冲裁间隙及冲裁件的轮廓形状等对塌角的大小也有影响。

2. 剪切面

剪切面是在冲裁变形过程的第二阶段，因工具压入材料内部、材料与工具侧面相接触同时被挤光的平滑面。通常，由于切刃受伤或粘结作用，在切断方向产生细小伤痕、形成 $Ra10\mu m$ 以下的表面粗糙度是常有的情况。剪切面上虽然也有金属纤维的切断，但主要是因纤维的塑性流动而生成的新表面。因此，剪切面附近的变形相当大，加工硬化也大。研究表明，剪切面与断裂面的分界处硬度值最高，图 1-13 中示出了由于加工硬化引起断面硬度变化的分布规律[4]。

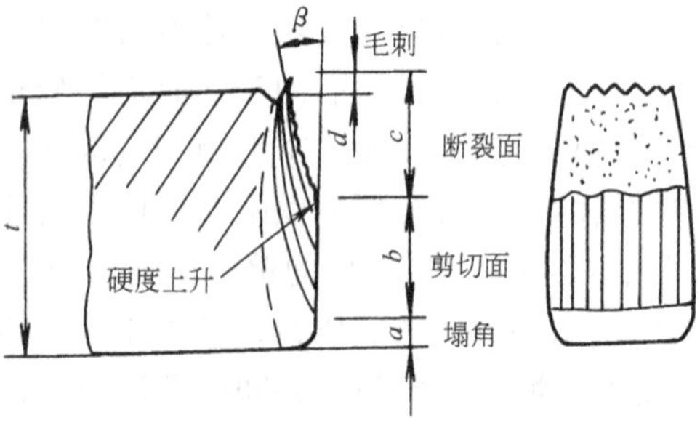

图 1-13　冲裁件断面

因剪切面的终点又是断裂面的起点，所以，剪切面的大小与断裂面是相互对应的。另外，塑性大的材料剪切面大。冲裁间隙及刃口圆角程度、加工条件也影响剪切面的大小。

3. 断裂面

断裂面是在冲裁变形过程中第三个阶段里由于裂缝的发生、发展而形成的粗糙面。显然，裂缝扩展方向不同会得到不同的断裂面。由于冲裁时一般在凹模刃口处先发生裂缝，而裂缝发生后，其裂缝发展方向可能有几个，如图1-14所示。

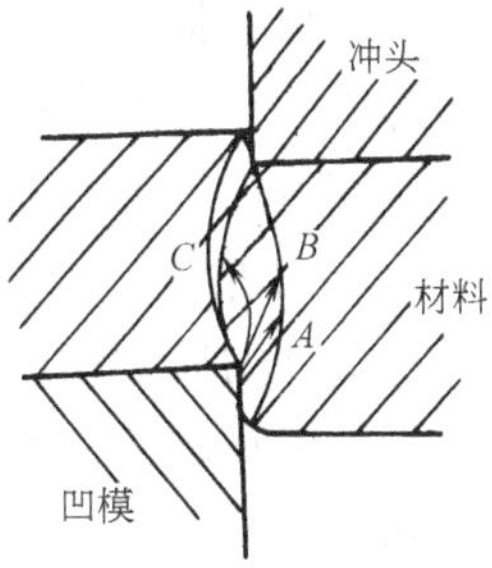

图1-14 裂缝发展方向

A 方向：即冲头下面高压应力区方向。显然，向这个方向是不能再发展的；同时，也是远离变形区范围。因而，被迫停止。

B 方向：裂缝向压应力低的方向发展，但直接朝向冲头的刃口处。通常，这种情况也比较少。

C 的方向：裂缝向压应力更低的方向发展，较为有利，其发展过程详见1.3节。如此发展下去，将与从冲头侧产生的裂缝会合相接。一般以这种情况最多。由于裂缝会合的情况不同，断裂面的粗糙程度也不同，有时还会有裂缝错开的现象。

断裂面的大小及其性质还受到冲裁间隙值与被冲材料受到的约束条件等因素的影响。

理论上的合理冲裁间隙，就是以两裂缝重合为计算依据的。

4. 毛刺

裂缝一发生自然就形成了毛刺，故实际上毛刺是在冲裁变形过程第三阶段里形成的。假如裂缝正好是在凹模刃口尖角处与冲头刃口尖角处的连线上，则就不会出现毛刺。实际上这是不可能的。因为：即使如图1-15a所示在刃口十分锋利、切断效果非常良好的情况下，由于刃口尖端所对处为高压应力状态，故裂缝的发生点不可能刚好在尖端处而会在刃尖稍微侧边一点处。当然，在这种情况下，毛刺不成为什么问题，因为是小毛刺，实用上是完全允许的。问题是刃口不可能极其锋利，或者说刃口会因磨耗、损伤而变钝，如图1-15b所示。一旦刃口变钝了，而在刃口处仍然是高压应力作用，于是在刃口变钝曲线之切点外产生裂缝，就会有一定大小的毛刺产生，且随着刃口磨损量的增大，毛刺也增大。图1-15c所示的是间隙过大的情况，裂缝从一方成长却没有到另一方的刃尖，这时毛刺很大。

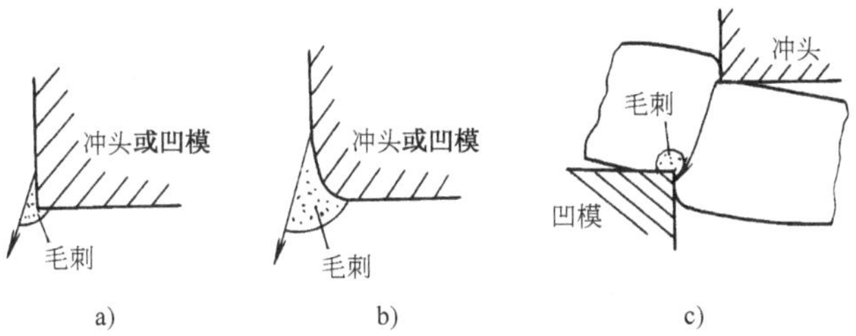

图1-15 毛刺产生原因的分析

除了以上情况之外，也有当剪切分离之后，由于材料之间或者材料与工具之间相互摩擦而产生毛刺的例子，这时，毛刺还有可能发生在塌角一侧，而不是在断裂面一侧。

1.2.2 精度问题

关于冲裁件的精度问题，主要表现在以下三个方面。

1. 弯拱

从冲裁过程的受力与变形分析中得知，材料受到弯曲力偶的作用，因而冲裁件会有弯拱出现，严重的会看到明显的挠度存在。弯拱挠度 f 的表示见表 1-4。

一般预防弯拱的措施是：对于冲孔件，在模具结构上增设压料板；若是落料件，则在凹模孔中加顶料板。

弯拱的深度即弯拱挠度 f 取决于材料的特性。容易弯曲变形的材料、加工硬化指数大的材料，其弯拱较大。另外，间隙越大，弯拱也越大。

2. 尺寸精度

冲裁件的尺寸精度是指冲裁件的实际尺寸与公称尺寸之差，差值越小，表明尺寸精度越高。除了模具制造偏差外，这个差值主要是指冲裁件相对于模具尺寸的偏差。比如，冲裁时所得到的外径尺寸，如果与凹模孔径尺寸相同，则认为其尺寸精度好。但实际上工件的外径与凹模孔径尺寸往往有百分之几毫米的偏差。这是因冲裁后的弹性回复所致。冲裁件外径尺寸的最大处位于剪切面与断裂面的分界处，假如该分界线在材料中性面层以上时，弹复后则尺寸增大；反之，在中性面层以下时，则尺寸减小。

冲裁间隙对尺寸精度有一定影响，如图 1-16 所示，对落料件，这种影响的一般规律是：间隙很小时，尺寸偏差 ΔD 为正（ΔD = 冲裁件外径 − 凹模直径），即尺寸增加；间隙在 5% 左右及更大时，尺寸偏差为负，即尺寸减小。冲孔件尺寸精度的变化规律与落料件基本上相反，其变化曲线的大致形状，读者可以想象一下。另外，在上述规律中，还明显存在一种材料的金属纤维方向性规律。

3. 斜度

冲裁件由于弯曲变形的残留和弹复，其剪切面（带）上会存在有斜度或称锥度 β'，如图 1-17 所示。实际上即便没有弯拱发生的某些材料冲裁件断面也仍有某种程度的斜度存在。所以，为想利用其剪切面的冲裁件（例如作配合零件用），这便成为一个需要注意的问题。

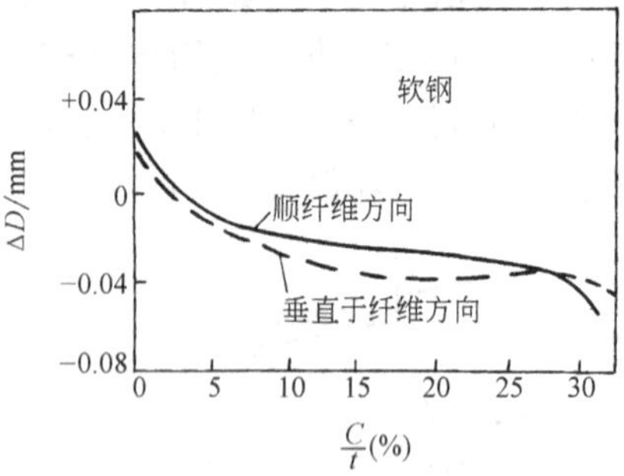

图 1-16　落料件尺寸精度变化曲线

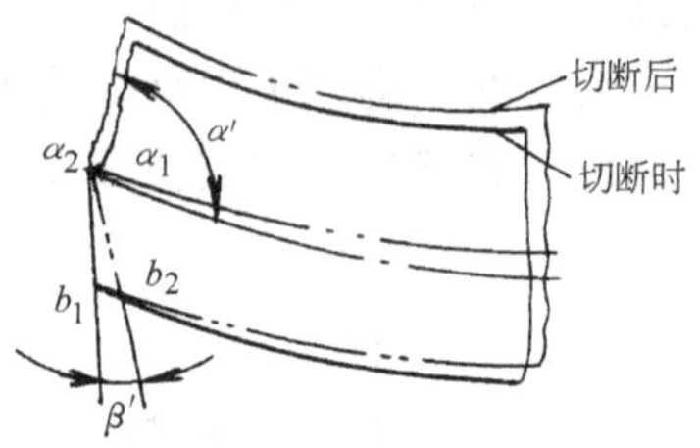

图 1-17　断面斜度分析

还有一种斜度是断裂面上的斜度 α'，参见图 1-17。它的形成是裂缝发生、发展的反映。显然，间隙越大断裂面的斜度也越大。在冲裁件断面组成示意图中，一般是用 β 表示断裂面上斜度的，见图 1-13 和表 1-4。

1.3　冲裁间隙

冲裁间隙是影响冲裁工序的最重要工艺参数。

冲裁间隙的定义：冲裁凹模与冲头之间的空隙尺寸 C，见图 1-1。在工程实际里，少用绝对值而多用相对于材料厚度 t 之比值 $\frac{C}{t}\times 100\%$ 来表示。冲裁间隙 C 从（0～25%）t 或 30%t 都可取用，但通常应该在（2%～20%）t 的范围里选用，且其间还可有不同的考量。

1.3.1 对冲裁变形过程的影响

1. 间隙适中（例 $C=$（4%～15%）t）

裂缝生长阶段为冲裁变形过程中的第三阶段，且断裂面也是在这一阶段里开始发生的。因此，具体了解这一阶段中裂缝的发生、发展过程很重要。对此，已有很多的研究。这里介绍其中更能反映变形实质的一种研究——用扫描电镜直接观察到的剪切变形动态过程及微观机理[6]，如图 1-18～图 1-20 所示，其中图 1-18 为剪裂缝生长阶段的模型图。

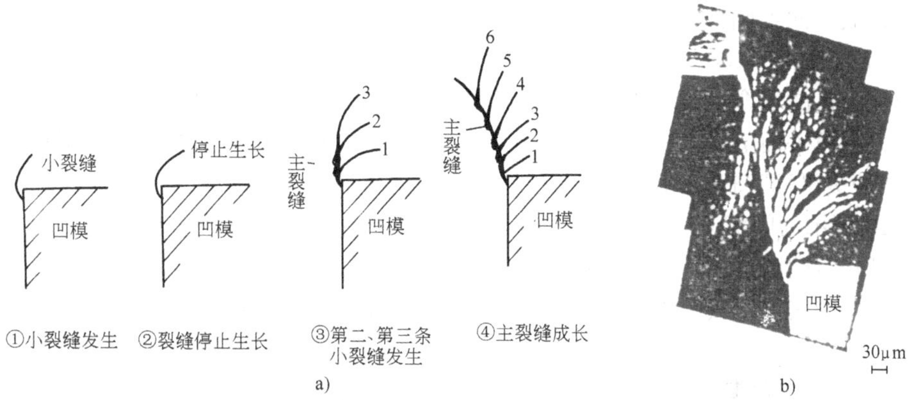

图 1-18 剪裂缝生长阶段模型

a）裂缝生长过程的模型 b）裂缝成长照片（冲头进入 60%t；间隙 $C=9\%t$）

1～6—裂缝生长顺序

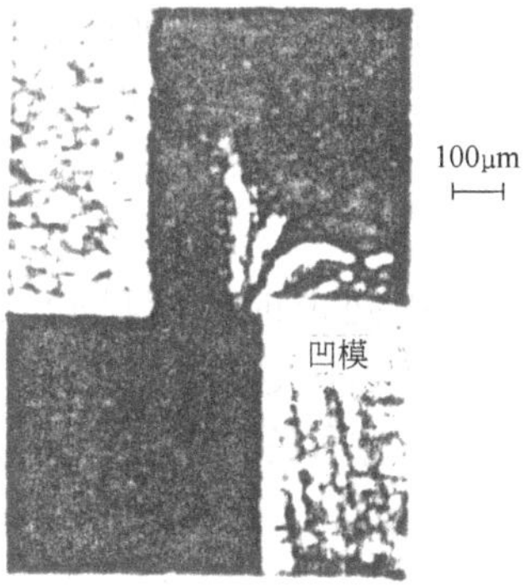

图 1-19 过大间隙下的细颈

（冲头进入 103%t；间隙 $C=24.5\%t$）

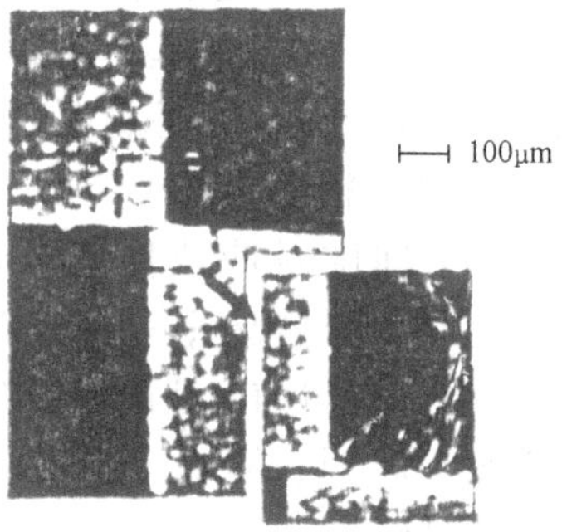

图 1-20 负间隙下的切削

（冲头进入 100%t；间隙 $C=-4.6\%t$）

当冲头压入材料一定深度以后，剪裂缝首先在凹模刃尖稍后方处发生。裂缝发生后，它向压应力更低的冲裁废料一侧方向成长，但因该方向是朝离开冲裁变形区中心位置的，故成长一段又被迫停止。随后，在该裂缝最早发生端附近，产生第二条裂缝，同样成长一段后也被迫停止。于是，第三条、第四条微裂缝相继发生、发展与停止，从而形成一条主裂缝。由于微裂缝的发生起点与方向是渐渐离开废料一侧而向工件一侧转移的，故主裂缝的成长方向也是逐渐向着工件一侧的方向转移。很快，主裂缝与来自冲头一端的裂缝会合，成为断面开口，导致材料断裂。

图 1-18a 所示的模型为正间隙（$C=0\sim16\%t$）条件下剪裂缝发生、成长过程的模型。其中①～③能反映剪切面生长过程，④能反映断裂面生成的过程。图 1-18b 所示为裂缝生长阶段的扫描照片图。

2. 间隙过大（例 $C>20\%t$）

间隙过大情况下，首先，在冲裁变形过程的第一、二阶段形成了大塌角，后在凹模一侧产生裂缝。然而，随着行程的进行，该裂缝没有很大成长。当冲头行程超过材料厚度以后，材料被迫产生拉伸细颈而破断，这与间隙适中情况下的断裂分离机理不同。图 1-19 所示是间隙 $C=24.5\%t$ 时细颈断裂的照片，此种情况下，断面基本平滑，但由于冲头一侧往往不产生裂缝，故断面毛刺相当大。

3. 间隙为负（$C\leqslant0$）

在间隙为负的场合下，发生于凹模一侧和来自冲头一侧的裂缝成长、会合而导致材料基本分离后，凹模平面上方位置剩余部分的材料（凹模平面与冲头平面共同相对的那一部分材料），在冲头平面下行至与凹模平面相靠时作为切屑被除去了。

图 1-20 所示为间隙 $C=-4.6\%t$ 时的最后切削照片，图中右下方凹模位置处为再放大图。由图可知负间隙下的剪切分离过程与适中间隙下相比，多了一个切削过程。因此，断面最终为一种切削表面，成为光滑面。故一般视负间隙冲裁为一种半精密冲裁，则不属于普通冲裁。

1.3.2 对冲裁加工的其他影响

1. 间隙对冲裁件断面的影响

对于这个问题，从上一节的分析中已经得到了一些认识，现再依据有关实际的经验，小结如下：小间隙冲裁时，工件的剪切面较大，可超过断面厚度的 1/2，但常有二次剪切面（且普通冲裁很少采用接近于零的间隙值）；适中间隙的剪切面一般占断面的 1/3～1/2，实际上，对于薄板达到 1/2 的程度并不稳定，对于厚板也难稳定在 1/3 的程度上；间隙太大，则剪切面变小，塌角增大，毛刺也增大。

2. 间隙对冲件精度的影响

研究表明，间隙对冲裁件弯拱影响的一般规律为：小间隙时，弯拱较大；间隙为（5%～15%）t 时弯拱较小；往后，随着间隙的增大弯拱挠度又增大。

20 世纪 80 年代以前，我国的资料上和工程实际中多采用前苏联的“合理间隙”值。那是因为间隙约 $5\%t$ 时，例如（4%～7%）t，工件的尺寸精度最好。那种“合理间隙”值是基于尺寸精度最好这一观点而提出和制订的。

冲裁件断面锥度是随着间隙的增大而不断增大的。

3. 间隙对模具寿命的影响

一般地说，间隙越小，模具作用的压应力越大，磨损越严重，寿命越低。间隙过小造成模具因胀裂而报废的情况也时有发生。而间隙太大时，模具因受到增大的拉应力作用会使模具磨损又变严重，故模具寿命反而变短。

模具寿命是一个受各种因素综合影响、相当复杂的问题，间隙只是其中一个因素，而不是唯一的因素。

4. 间隙对加工能量的影响

实验研究表明，从节省加工能量的角度出发，采用中等间隙是最好的，可降低冲裁力、冲裁功，减小推料力、卸料力及模具的侧压力。

1.3.3 间隙值的规范与选用

使两裂缝在材料中心部位附近会合时的冲裁间隙，称为理论间隙值。

实用间隙的选择当然应以实用方便为前提。比如，对于一般的冲裁件，尽管工件断面与材料平面的垂直度稍差一些，但模具加工容易且寿命较长，纵观整个断面比较平滑，塌角、断裂面和毛刺比较小，剪切面占整个断面厚度的近 1/3，能实现这种冲裁的间隙应该成为实用间隙的选择范围。

把冲裁间隙一般选择范围给以适当分类，并按冲裁件断面质量、精度、模具寿命和加工能量 4 项原则进行具体选择，应该成为实用间隙选择的依据。

间隙值的计算与选用先后提出了以下一些方法。

1. 理论计算

按上、下裂缝会合且假设相交于刃尖连线的几何关系可得：

$$C = (t-b)\tan\beta = t\left(1-\frac{b}{t}\right)\tan\beta$$

式中，各符号的意义如图 1-21 所示。该公式能反映材料厚度 t、冲头进入材料深度 b 对间隙值的影响；但至今尚未发挥出较大的实用价值。

2. 经验公式

$$C = mt$$

系数 m 有不同经验的选取值。其一[7]，对于软钢、黄铜、纯铜取为 1/20，中硬钢取为1/16，硬钢取为 1/14，极硬钢取为 1/12 ~ 1/10；其二[8]，对于软钢，纯铁取为 6% ~9%，铜、铝合金取为 6% ~10%，硬钢取为 8% ~12%。

按经验公式选取间隙值比较简便，其不足之处是它没有考虑材料厚度及冲裁件质量的不同要求。因此，在用以上经验公式选取间隙时应该同时考虑其他一些因素或辅之以其他经验。例如，冲裁件质量要求较高时，其间隙应取小些；在冲裁件质量要求相同的情况下，冲孔间隙应比落料间隙略大些，尤其是冲小孔及窄槽时更应注意；冲裁条件相同时，非圆形件比圆形件的间隙应取得大些。

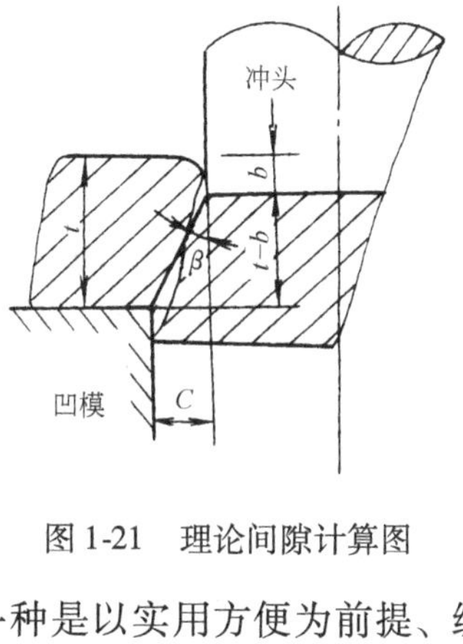

图 1-21 理论间隙计算图

3. 实用间隙表

推荐两种实用间隙表：一种是按材料的厚度和力学性能来选择的经验数据，例如有关工厂或行业制订的冲裁间隙表，见表 1-2 和表 1-3，也可从有关设计资料手册中选取[9,10]；另一种是以实用方便为前提、综合考虑冲件质量诸因素的间隙分类表——五类间隙表[137]，现今当然是应执行最新国家标准“冲裁间隙” GB/T 16743—2010。㊀其中，按冲裁件尺寸精度、剪切面质量、模具寿命和力能

㊀ 该国家标准历经 30 年，先后 4 个主要过程的发展：

1982 年召开了全国性专题学术会——“冲裁间隙研讨会”；1986 年制订了技术性指导文件——三类“冲裁间隙” JB/Z 271—1986；1997 年修订成国家标准——三类“冲裁间隙” GB/T 16743—1997；2010 年再次修订，即为现国家标准——五类“冲裁间隙” GB/T 16743—2010。

消耗等主要因素，将金属板料冲裁间隙分成五类，即：Ⅰ类（小间隙），Ⅱ类（较小间隙），Ⅲ类（中等间隙），Ⅳ类（较大间隙）和Ⅴ类（大间隙），见表1-4。

表1-2　冲裁模始用间隙值2*C*　（单位：mm）

材料厚度	08、10、35 09Mn、Q235		16Mn		40，50		65Mn	
	$2C_{min}$	$2C_{max}$	$2C_{min}$	$2C_{max}$	$2C_{min}$	$2C_{max}$	$2C_{min}$	$2C_{max}$
小于0.5	极　小　间　隙							
0.5	0.040	0.060	0.040	0.060	0.040	0.060	0.040	0.060
0.6	0.048	0.072	0.048	0.072	0.048	0.072	0.048	0.072
0.7	0.064	0.092	0.064	0.092	0.064	0.092	0.064	0.092
0.8	0.072	0.104	0.072	0.104	0.072	0.104	0.072	0.0104
0.9	0.090	0.120	0.090	0.126	0.090	0.126	0.090	0.126
1.0	0.100	0.140	0.100	0.140	0.100	0.140	0.090	0.126
1.2	0.126	0.180	0.132	0.180	0.132	0.180		
1.5	0.132	0.240	0.170	0.240	0.170	0.230		
1.75	0.220	0.320	0.220	0.320	0.220	0.320		
2.0	0.246	0.360	0.260	0.380	0.260	0.380		
2.1	0.260	0.380	0.280	0.400	0.280	0.400		
2.5	0.360	0.500	0.380	0.540	0.380	0.540		
2.75	0.400	0.560	0.420	0.600	0.420	0.600		
3.0	0.460	0.640	0.480	0.660	0.480	0.660		
3.5	0.540	0.740	0.580	0.780	0.580	0.780		
4.0	0.640	0.880	0.680	0.920	0.680	0.920		
4.5	0.720	1.000	0.680	0.960	0.780	1.040		
5.5	0.940	1.280	0.780	1.100	0.980	1.320		
6.0	1.080	1.440	0.840	1.200	1.140	1.500		
6.5			0.940	1.300				
8.0			1.200	1.680				

注：1. 冲裁皮革、石棉和纸板时，间隙取08钢的25%。

2. 本表值常用于汽车、拖拉机行业。

3. C_{min}相当于公称间隙。

表1-3　落料、冲孔模刃口始用间隙2*C*　（单位：mm）

材料名称		45 T7、T8（退火） 65Mn（退火） 磷青铜（硬） 铍青铜（硬）	10、15、20、30钢板 冷轧钢带 H62、H65（硬） 2A12（LY12） 硅钢片	Q215、Q235钢板 08、10、15钢板 H62、H68（半硬） 纯铜（硬） 磷青铜（软） 铍青铜（软）	H62、H68（软） 纯铜（软） 防锈铝3A21（LF21）、5A02（LF2） 硬铝2A12（LY12）（退火） 铜母线 铝母线
力学性能	HBW	≥190	140～190	70～140	≤70
	σ_b/MPa	≥600	400～600	300～400	≤300

（续）

厚度 t	始用间隙 $2C$							
	$2C_{min}$	$2C_{max}$	$2C_{min}$	$2C_{max}$	$2C_{min}$	$2C_{max}$	$2C_{min}$	$2C_{max}$
0.3	0.04	0.06	0.03	0.05	0.02	0.04	0.01	0.03
0.5	0.08	0.10	0.06	0.08	0.04	0.06	0.025	0.045
0.8	0.12	0.16	0.10	0.13	0.07	0.10	0.045	0.075
1.0	0.17	0.20	0.13	0.16	0.10	0.13	0.065	0.095
1.2	0.21	0.24	0.16	0.19	0.13	0.16	0.075	0.105
1.5	0.27	0.31	0.21	0.25	0.15	0.19	0.10	0.14
1.8	0.34	0.38	0.27	0.31	0.20	0.24	0.13	0.17
2.0	0.38	0.42	0.30	0.34	0.22	0.26	0.14	0.18
2.5	0.49	0.55	0.39	0.45	0.29	0.35	0.18	0.24
3.0	0.62	0.65	0.49	0.55	0.36	0.42	0.23	0.29
3.5	0.73	0.81	0.58	0.66	0.43	0.51	0.27	0.35
4.0	0.86	0.94	0.68	0.76	0.50	0.58	0.32	0.40
4.5	1.00	1.08	0.78	0.86	0.58	0.66	0.37	0.45
5.0	1.13	1.23	0.90	1.00	0.65	0.75	0.42	0.52
6.0	1.40	1.50	1.00	1.20	0.82	0.92	0.53	0.63
8.0	2.00	2.12	1.60	1.72	1.17	1.29	0.76	0.88

注：1. C_{min}应视为公称间隙。

2. 本表值常用于电子、仪器、仪表行业。

3. 一般情况下的冲裁，其 $2C_{max}$ 可适当放大。

表 1-4　金属板料冲裁间隙分类（GB/T 16743—2010）

项目名称	类别和间隙值				
	Ⅰ类	Ⅱ类	Ⅲ类	Ⅳ类	Ⅴ类
剪切面特征	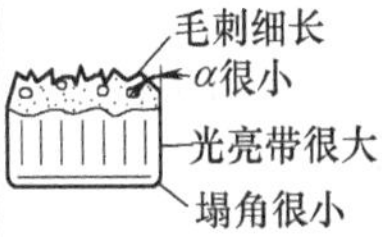	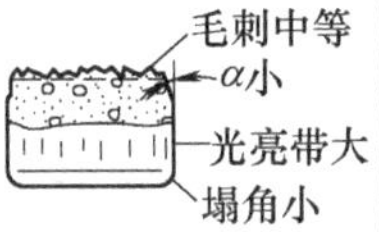	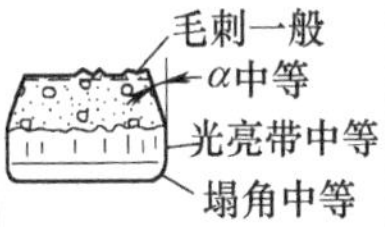	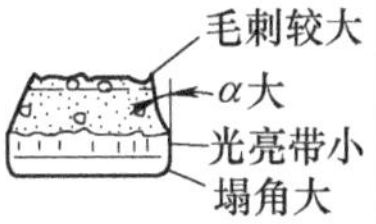	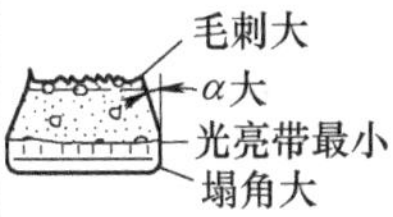
塌角高度 R	(2～5)%t	(4～7)%t	(6～8)%t	(8～10)%t	(10～20)%t
光亮带高度 B	(50～70)%t	(35～55)%t	(25～40)%t	(15～25)%t	(10～20)%t
断裂带高度 F	(25～45)%t	(35～50)%t	(50～60)%t	(60～75)%t	(70～80)%t
毛刺高度 h	细长	中等	一般	较高	高
断裂角 α	—	4°～7°	7°～8°	8°～11°	14°～16°
平面度 f	好	较好	一般	较差	差

（续）

项目名称		类别和间隙值				
		Ⅰ类	Ⅱ类	Ⅲ类	Ⅳ类	Ⅴ类
尺寸精度	落料件	非常接近凹模尺寸	接近凹模尺寸	稍小于凹模尺寸	小于凹模尺寸	小于凹模尺寸
	冲孔件	非常接近凸模尺寸	接近凸模尺寸	稍大于凸模尺寸	大于凸模尺寸	大于凸模尺寸
冲裁力		大	较大	一般	较小	小
卸、推料力		大	较大	最小	较小	小
冲裁功		大	较大	一般	较小	小
模具寿命		低	较低	较高	高	较高

按金属板料的种类、供应状态、抗剪强度，表 1-5 给出了对应于表 1-4 的五类冲裁间隙值。

表 1-5　金属板料冲裁间隙值（GB/T 16743—2010）

材　料	抗剪强度 τ_b MPa	初始间隙（单边间隙）/%t				
		Ⅰ类	Ⅱ类	Ⅲ类	Ⅳ类	Ⅴ类
低碳钢 08F、10F、10、20、Q235A	≥210～400	1.0～2.0	3.0～7.0	7.0～10.0	10.0～12.5	21.0
中碳钢 45、不锈钢 1Cr18Ni9Ti、4Cr13、膨胀合金（可伐合金）4J29	≥420～560	1.0～2.0	3.5～8.0	8.0～11.0	11.0～15.0	23.0
高碳钢 T8A、T10A、65Mn	≥590～930	2.5～5.0	8.0～12.0	12.0～15.0	15.0～18.0	25.0
纯铝 1060、1050A、1035、1200、铝合金（软态）3A21、黄铜（软态）H62、纯铜（软态）T1、T2、T3	≥65～255	0.5～1.0	2.0～4.0	4.5～6.0	6.5～9.0	17.0
黄铜（硬态）H62、铅黄铜 HPb59-1、纯铜（硬态）T1、T2、T3	≥290～420	0.5～2.0	3.0～5.0	5.0～8.0	8.5～11.0	25.0
铝合金（硬态）ZA12、锡磷青铜 QSn4-4-2.5、铝青铜 QA17、铍青铜 QBe2	≥225～550	0.5～1.0	3.5～6.0	7.0～10.0	11.0～13.5	20.0
镁合金 MB1、MB8	≥120～180	0.5～1.0	1.5～2.5	3.5～4.5	5.0～7.0	16.0
电工硅钢	190	—	2.5～5.0	5.0～9.0	—	—

注：1. 可将表中间隙值之左视为 C_{min}，之右视为 C_{max}。
2. 此国标中对于非金属材料的冲裁间隙值也有规定，此处从略。

1.4　冲裁模刃口尺寸

1.4.1　确定的原则[11]

1. 冲裁变形规律

冲裁模刃口是尖锐锋利的，多为直角，故冲裁模刃口尺寸是指冲头（凸模）与凹模的直径（对圆形件而言）尺寸。冲头与凹模刃口尺寸的确定应遵循以下三条原则。

1）由于剪切面是工具的侧面与材料接触并挤光而得到的平滑面，所以落料件的外径尺寸应等于凹模内径尺寸，冲孔件的内径尺寸应等于冲头外径尺寸。模具两刃口尺寸中总有一个基准尺寸，设计和制造模具时，可分别依据工件的精度要求，决定第一件为基准件，把间隙取在另一件上。故落料件以凹模为基准，冲孔件以冲头为基准。

2）实用间隙并不是一个具体数，而是一个数值范围，还要根据工件的具体要求、材料特性及生产条件等进行选择，设计模具时应按最少初始间隙选取。

3）对于一般冲裁件，其弹性回复的影响可以忽略，但对于某些厚板料、高弹性材料以及有特殊要求的冲裁件，弹复影响的考虑则是必须的。

2. 模具变化规律

1）模具在正常工作的过程中，落料凹模孔径会自然逐渐变大，冲孔冲头外径会逐渐变小。因此，在设计时，凹模尺寸应取工件公差最小者，冲头尺寸应取工件公差最大者。这样，在模具正常磨耗的情况下，仍能加工出合格的工件。

2）即使新模具、刃口非常锋利时，其冲裁件也有毛刺存在，只不过非常小而已。然而，随着刃口逐渐磨钝，毛刺会变得更大。所以，当冲裁件质量要求相当高时，往往要安排后续的除毛刺工序。同时，在设计刃口部分高度时，应适当考虑有刃磨平面的尺寸余量。

3. 经济上的合理性

1）模具精度太高，则制造困难、成本高；精度太低，则又可能加工不出合格产品。因此，模具的精度应随工件的精度要求而确定，这样，才会有好的经济性。一般模具精度比工件精度至少高两个级别。

2）对于大批大量生产，模具寿命越长，经济效果越佳。在这种情况下，欲延长模具的寿命，除了模具本身的强度、精度更高以外，还有一个值得挖潜的模具延寿方法——模具回用的寿命。所谓回用，是指当冲模正常磨损未达到最大磨损量、且冲裁间隙未达到最大实用间隙时，凸模或凹模稍经修磨仍可继续使用的情况。

但对于小批量或试生产，模具寿命并非越长越好。这时只要求模具能顺利地完成生产量就行。如果在这种场合，仍然寻求高寿命的模具，势必采用高级模具材料或复杂的处理技术或高精密加工，这就成了一种浪费。相反，此时去寻求节省材料、结构简单或低精度加工的模具倒是更为经济的。

1.4.2 设计计算的方法

1. 配合加工（圆形件）

配合加工方法指先加工基准件，后加工配制另一件。其加工过程一定有先有后，模具总体加工时间较长。此种加工制造方法能由制造者确保凸、凹模的精度与质量。

对于落料 $$D_d = (D - X\Delta)^{+\delta_d}_{0} \quad (1\text{-}1)$$

$$D_p = (D_{d实} - 2C_{min}) \text{ 配制} \quad (1\text{-}2)$$

对于冲孔 $$d_p = (d + X\Delta)^{0}_{-\delta_p} \quad (1\text{-}3)$$

$$d_d = (d_{p实} + 2C_{min}) \text{ 配制} \quad (1\text{-}4)$$

式中 D、d——工件外、内径之公称尺寸（设工件尺寸为 $D_{-\Delta}$、$d^{+\Delta}$的标注形式，以下同）；

D_d、D_p——落料凹模、冲头尺寸；

$D_{d实}$——落料凹模实际尺寸；

d_p、d_d——冲孔冲头、凹模尺寸；

$d_{p实}$——冲孔冲头实际尺寸；

Δ——冲裁工件要求的公差（冲压件未注公差的极限偏差值可按 GB/T1800.2—

2009 IT12 ~ 14 级选取）；

$C_{\min}$——实用间隙最小值（公称间隙值）；

δ_d、δ_p——凹、凸模制造偏差，其选取原则及方法：

a. 注意至少比工件精度高两级的要求；

b. 一般可按 IT6 ~ IT7 级精度查表选取或取为：

当基本尺寸（D、d）<100mm 时，取 $\delta_p=0.02$mm，$\delta_d=0.03$mm

当基本尺寸（D、d）<500mm 时，取 $\delta_p=0.04$mm，$\delta_d=0.06$mm

当基本尺寸（D、d）>500mm 时，取 $\delta_p=0.05$mm，$\delta_d=0.07$mm

c. 有时也可取 $\delta=\dfrac{\Delta}{4}$（工件上标有偏差值时，即非未注公差之工件时）

X——选择系数，可按下列关系选取：

工件精度在 IT10 级精度以下或大批量生产时　$X=1.0$

工件精度在 IT11 ~ IT13 级或中批量生产时　$X=0.75$

工件精度在 IT14 级精度以上或小批量生产时　$X=0.5$

2. 分开加工（圆形件）

分开加工方法指基准件与另一件同时或不同时分别加工制造出来。同时加工可使模具总体加工时间变短，不同时加工则模具总体加工时间与配合加工相当。此种加工制造方法制造出凸、凹模的精度与质量主要取决于设计者的设计。

对于落料
$$D_d=(D-X\Delta)^{+\delta_d}_{0} \tag{1-5}$$
$$D_p=(D_d-2C_{\min})^{0}_{-\delta_p} \tag{1-6}$$

对于冲孔
$$d_p=(d+X\Delta)^{0}_{-\delta_p} \tag{1-7}$$
$$d_d=(d_p+2C_{\min})^{+\delta_d}_{0} \tag{1-8}$$

式中　X——系数，为避免多数冲裁件尺寸都偏向于极限尺寸，此处可取 $X=0.75\sim0.5$；

δ_d，δ_p——意义同前$\left(\text{一般取为}\left(\dfrac{1}{3}\sim\dfrac{1}{4}\right)\Delta\text{；或按 IT6 ~ IT7 级精度选取}\right)$，还应保证满足 $|\delta_d|+|\delta_p|\leqslant 2C_{\max}-2C_{\min}$，否则可减小 δ 值或重选范围大的 C 值。

3. 非圆形件刃口尺寸的确定

像电动机定子、变压器硅钢片这样的非圆形零件、各种异形零件，模具加工一般应选用配合加工方法，且基准件刃口尺寸的确定按下列三种情况处理：①磨损后尺寸增大者按落料件；②磨损后尺寸变小者按冲孔件；③磨损后尺寸不变者，则取其制造偏差为 $\pm\delta/2$。

对于工件形状特别复杂的零件，其模具刃口尺寸的确定应视实际情况，参照上述有关公式、原则而选定。有时，设计者的经验也是很重要的。

4. 统一标注的公式

以上介绍的确定冲裁模刃口尺寸的公式是依据落料件或冲孔件这一前提而提出的。还有提出了一种只依据冲裁件几何形状、尺寸而不涉及冲裁工序（不管是落料或冲孔），并采用公差配合的国标的确定方法。它用三类尺寸来统一标注[12]，即

A 类尺寸：轴类零件尺寸，其模具刃口尺寸为
$$d_j^{+\delta_j}=(d-X\Delta)^{+\delta_j}_{0} \tag{1-9}$$

B 类尺寸：孔类零件尺寸，为

$$D_{j-\delta_j} = (D + X\Delta)_{-\delta_j}^{0} \tag{1-10}$$

C 类尺寸：非轴、非孔类零件尺寸（其中心距、齿高等），为

$$L_j \pm \delta_j = L \pm \delta_j/2 \tag{1-11}$$

式中，各符号与前面公式中的相对应。

1.4.3　相互位置关系图示

为了能更直观、形象地理解冲裁模刃口尺寸确定公式的意义，可把公式中各个参数的位置分别画出来，如图 1-22 所示。该图取系数 $X=1$，且图中并未表示材料弹复影响的关系。

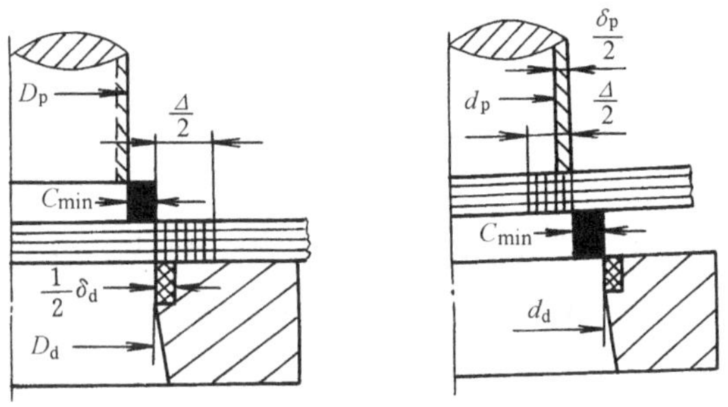

图 1-22　冲裁模刃口尺寸图解
a）落料　b）冲孔

1.5　冲裁力

1.5.1　冲裁力的计算

冲裁曲线上示出的最大峰值力——冲裁力，是选择设备吨位和设计、检验模具强度的一个重要依据。

由于冲裁加工的复杂性和变形过程的瞬时性，使得建立理论计算公式相当困难，故关于冲裁力的十分精确计算的理论公式至今尚未见报道。下面介绍按时间顺序先后提出的几个经验公式和经实验研究、统计回归而获得的计算公式。

1）视冲裁为纯剪切变形进行计算，其冲裁力 F 为

$$F = Lt\tau \tag{1-12}$$

式中　L——冲裁件受剪周边长度（mm）；

t——冲裁件料厚（mm）；

τ——材料的抗剪强度（MPa）。τ 的数值取决于材料的种类和坯料的原始状态，可在设计资料及有关手册中查找到。但手册资料中 τ 的数值很不齐全，尤其是对于各种板料。

2）考虑到冲裁与剪切、拉伸的不同及速度因素的影响，采用剪切应力 $\tau = 0.8\sigma_b$ 计算，故有

$$F = 0.8Lt\sigma_b \tag{1-13}$$

式中，σ_b 为材料的抗拉强度，可在设计资料及有关手册中查找到或用拉伸试验去实测。例如，从有关国标中可查到国产深冲冷轧钢板的抗拉强度 σ_b 值为：

钢号：08AL　　　　$\sigma_b = 260 \sim 350\text{MPa}$

08F	$\sigma_b = 280 \sim 390\text{MPa}$
08	$\sigma_b = 280 \sim 400\text{MPa}$
10	$\sigma_b = 300 \sim 400\text{MPa}$
20	$\sigma_b = 360 \sim 510\text{MPa}$

式（1-12）、式（1-13）是于20世纪四、五十年代提出来的，目前沿用还较普遍。其计算较为简便，但与实际冲裁力的误差较大。近年来出现了以下几个新公式。

3）考虑到抗剪强度 τ 与材料的相对厚度（t/d）、相对间隙（$2C/t$）及冲裁速度的关系，提出了其 τ 按不同间隙分档的计算，例如

$$\tau = (mt/d + 0.6)\ \sigma_b \quad (1\text{-}14)$$

[2]

式中，m 为与相对间隙有关的系数，当 $2C/t = 0.15$ 时，$m = 1.2$。此间隙基本上相当于我国制订的二类间隙值。

4）考虑到冲裁间隙值及材料伸长率等因素的影响，提出 τ 与 σ_b 在冲裁中的关系为

$$\tau = (0.6 \sim 0.7)(1 + \varepsilon_B - C)\ \sigma_b \quad (1\text{-}15)$$

[3]

式中 C——冲裁间隙；

ε_B——材料的总伸长率。

系数0.6：延展性好的材料选用；0.7：延展性差的材料选用。

5）单位冲裁力与板料硬度的关系式　由于在计算冲裁力的上述4个公式（式(1-12)～式（1-15））中，查找或实测抗剪强度 τ 及抗拉强度 σ_b 不太精确也比较麻烦，又因金属材料的硬度与强度有某种内在关系，且硬度也被公认为材料冲压性能的重要特征值之一，据此，经过大量的实验，用较先进的仪器和方法实测了几十种板料的冲裁力，并实测了这几十种目前生产实际中正被广泛使用的板料的维氏硬度HV，再用数学上的回归分析，提出了单位冲裁力 p 与板料硬度HV的关系[13]，即

$$p = -26 + 3.1\text{HV} - 0.0026\text{HV}^2 \quad (1\text{-}16)$$

显然，冲裁力 F 为

$$F = Ltp \quad (1\text{-}17)$$

目前国产板材的标准和产品标牌及质量保证书上大都未给出板材的维氏硬度HV值（而国外板材大都已给出），故用式（1-16）和式（1-17）计算冲裁力时，要先去实测HV。实测HV，比实测 σ_b 要简便得多，因此很多工厂对这一公式更感兴趣。

有资料列出了板材硬度HV对应的单位冲裁力值，容易查阅到并作直观了解[10、101、147、148]。

冲裁力计算出来以后，在选择设备吨位时，工程实用中往往还乘上一个安全系数（$k = 1.3$）。这是因为冲裁时有一些不稳定因素，如材料力学性能的变化，材料的厚度偏差、冲裁间隙的不均匀、模具刃口的磨损变钝及其他意外情况。于是，常用下式关系选择设备

$$F_{设} = 1.3F_{冲} = 1.3Lt\tau = Lt\sigma_b = 1.3Ltp$$

当然，选择标准规格设备的设备吨位还应大于计算出来的 $F_{设}$。

1.5.2　减小冲裁力的设计

冲裁力计算出来以后，如果其数值大于能提供使用的设备吨位时，可以采用减小冲裁力的设计。这种设计的思路是围绕减少一次冲压行程中同时冲裁的断面积和降低材料强度两个方面。一般常用的方法有斜刃模冲裁、阶梯形布置冲头冲裁以及加热冲裁等。

1. 斜刃模冲裁

斜刃口模具冲裁过程，如同斜刃口剪板机剪切板料一样，材料是逐渐地一部分一部分地

剪断分离的，因此，它比平端面刃口冲裁时减力数值较大。为了得到平整零件，落料时冲头应成平状，凹模加工成斜刃，如图 1-23a 所示；冲孔时则相反，凹模成平状，冲头加工成斜刃，如图 1-23b 所示。

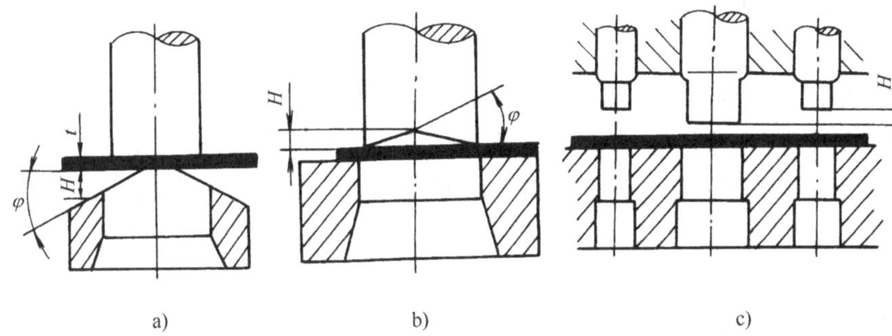

图 1-23　减小冲裁力的设计

a）斜刃落料　b）斜刃冲孔　c）阶梯形布置冲头

斜刃冲裁的减力程度由斜刃高度 H 和角度 φ 而定，斜刃冲裁力按式（1-18）计算：

$$F_s = kF \tag{1-18}$$

式中　F——平端刃口模冲裁时的冲裁力；

k——斜刃冲裁的减力系数，当

$H = t$ 时，$k = 0.4 \sim 0.6$

$H = 2t$ 时，$k = 0.2 \sim 0.4$

$H = 3t$ 时，$k = 0.1 \sim 0.25$

角度 φ 的设计可按以下经验数值选取：

$t < 3\text{mm}$、$H = 2t$ 时，　　$\varphi < 5°$

$t = 3 \sim 10\text{mm}$、$H = t$ 时，　　$\varphi < 8°$

一般情况下，　　$\varphi \leqslant 12°$

斜刃冲裁还能减轻冲裁过程中的冲击、振动并减少噪声；但冲裁后的废料不平，难以利用；另外，模具的加工与保管也较复杂。

2. 阶梯形布置冲头冲裁

在多冲头模冲裁时，将各冲头加工成不同的高度，如图 1-23c 所示，可使各个冲裁力的峰值不至于同时出现，于是降低了总冲裁力。

在采用阶梯形布置冲头的设计时应当注意以下几个问题：

1）阶梯形冲头的高度差 H 只要稍大于冲裁件断面之剪切面高度即可。

2）先开始工作的冲头最好带有导正销。

3）一般先冲大孔，再冲小孔，这样可以使小直径的冲头做得尽量短一些，增加其抗压失稳的能力；但如果先冲小孔，再冲大孔，则有可能更符合压力机的力-行程曲线。

4）在设计时还应注意模具的对称性，以减小压力中心的偏移。

3. 加热冲裁

材料加热后，其抗剪强度和抗拉强度大为降低，从而能降低冲裁力。这种方法曾在某些铁道机车工厂及一些小型机械修配厂有所采用。但因存在加热，冲裁操作麻烦且准备工作困难等问题，故应用范围并不广泛。

新近，有一种“热冲压成形”开始又有所时兴。不过，它是针对某些高强度钢板成形困难而出现的。

1.5.3　压、卸料及出件力

1. 力值的计算

由于冲裁件有弹性回复现象存在，故冲裁中有一部分材料会停留或梗塞在凹模内、另一部材料会紧箍在冲头上。因此，需要有推件力或顶件力以及卸料力的作用。

从凹模内顺着冲裁方向把零件或废料推出的力称推件力；从凹模内逆冲裁方向而顶出的力称之为顶件力；从冲头上卸离工件或废料的力为卸料力，此力与压料力相当。如图 1-24 所示。

早前，对于这几种力的计算，提出了一些经验公式和数据，这在很多资料上能查到。后来，较精确的计算公式已有提出[3]。建议初学者采用如下经验公式进行估算：

$$F_{推}=F_{顶}=0.1F_{冲} \tag{1-19}$$

$$F_{卸}=0.03F_{冲} \tag{1-20}$$

在同一副模具中，推件和顶件装置一般只采用其中一个。在冲裁模中，往往是冲头兼作推杆用的。

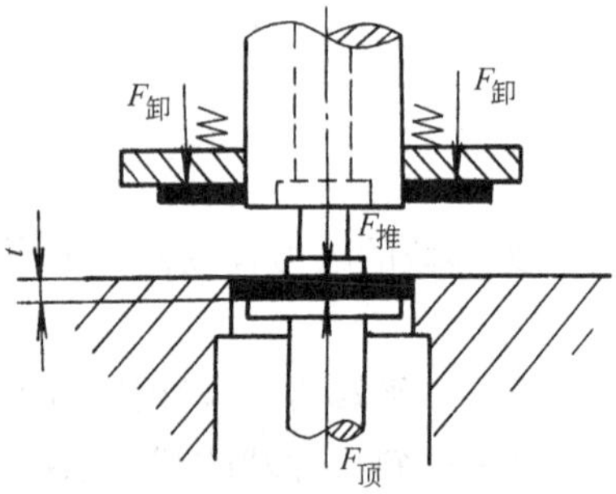

图 1-24　推（顶）件力和卸料力

在实际的冲裁变形过程中，推件力和卸料力是在冲裁力发生之后产生的（见图 1-5），顶件力（弹性顶件）虽然在材料突然分离阶段就有了，但它主要还是发生在后面阶段，因此，它们基本上不影响冲裁力的值，故不应该将它们与冲裁力相加后作为一种总冲裁力。那种所谓总冲裁力的传统认识应该更新，因为它现已缺乏物理意义了，在冲裁曲线上明显看出，此为另外两个小峰值。

2. 计算的用途

就其数值大小而言，这四种力对冲裁过程和设备吨位的选择基本上没有什么影响，但在模具结构的设计中常要用到它，需计算出来，并作为设计推件装置、顶件装置或压、卸料装置某些零件的依据。

对于此四种力的上述作用和计算，不仅是对冲裁工序与冲裁模所言，而且大体上也适用大多数其他冲压工艺，但不适用于精冲与拉深工艺及其模具结构设计中。

1.6　多工步冲裁

本章前面 5 节讨论的冲裁，从其操作工步的角度，为压力机行程一次，通过模具对被冲材料传递一次外力，则实现一次材料的分离，完成一次冲裁工艺，即传统的冲裁工艺为一工步操作。

长期以来，冲裁工艺一直在发展。仅从冲裁原为一工步操作变为多工步操作来看，先后就发展出了很多种方法，其中主要有上下冲裁、平压式冲裁、带逆向三工步冲裁、滚压式冲裁及缩颈变形式冲裁等[105、129]。由于它们在冲裁条件、变形机理上发生了重要变化，故将在下一章里介绍。本节主要介绍变形条件（仍仅用压力机和冲裁模）与普通冲裁相同的两种多工步冲裁方法。

1.6.1 叠层两步冲裁

这是一种叠合两块板料、进行两次冲压的冲裁方法。该方法的操作工步为：

第一工步：将两块可相互移动的板料叠合置于凹模上，压力机下行，冲头切入板料，相应有某个深度 t_1，如图 1-25 所示，然后压机上行。

第二工步：将一垫块置于已压出凹槽的板料中，压力机下行，冲头通过垫块将两工件从凹模中冲压推出，如图 1-26 所示，完成一个循环的冲裁加工。

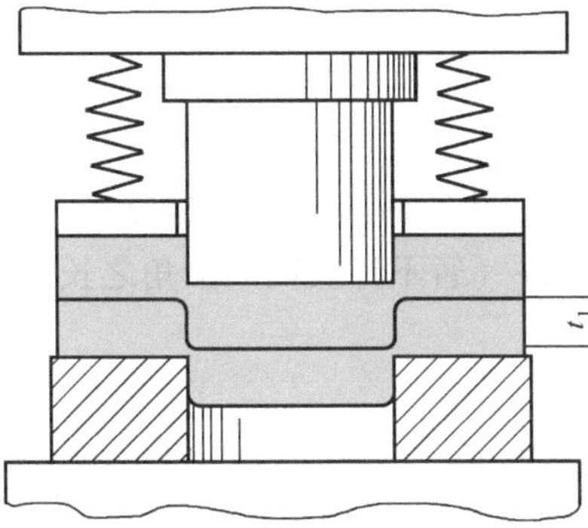

图 1-25 叠层冲裁第一工步

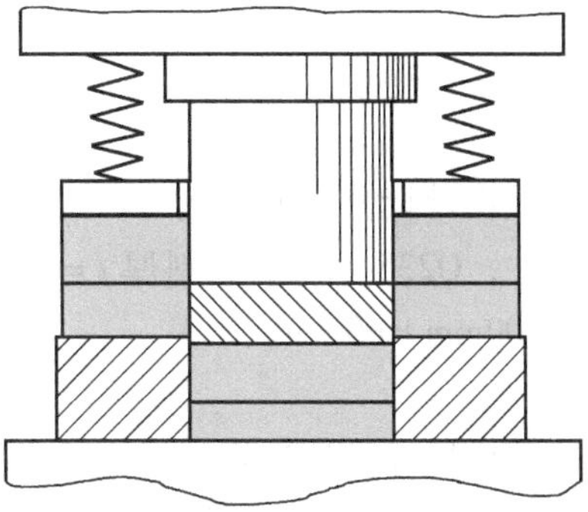

图 1-26 叠层冲裁第二工步

该方法为法国人于 20 世纪末在日本申请的发明专利[103]。其目的是提出一种可以显著降低模具磨耗和冲裁力并可延长冲头寿命的冲裁方法。

该方法中的两个重要工艺参数是：模具间隙可以极小，冲头切入材料相应达到的深度 p_1 为板料厚度的 0.75～0.90 倍。

1.6.2 级进模两步法冲裁

顾名思义，级进模两步法冲裁是用级进模形式、将普通冲裁分为两个工步而连续完成的冲裁方法。

该方法的冲裁操作过程如图 1-27 所示。

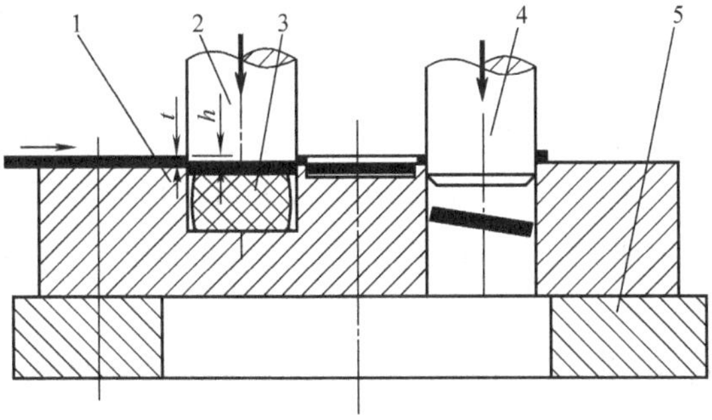

图 1-27 级进模两步法冲裁

1—凹模 2—冲头 3—聚氨酯垫块 4—推料杆 5—下模座

第一工步：半冲裁。当压力机下行到下止点时，冲头只切入材料厚度 t 的某一个深度 h，让冲裁废料（或工件）与材料分而不离。然后材料送进。

第二工步：推料。在下一个工位上，由推料杆将废料从凹模的孔中推出。于是，完成了一次冲裁过程。

该方法提出的目的是为了消除自动化冲压加工中的废料上行和废料堵塞现象，并降低冲裁工艺噪声。此项技术成果为著者的国家发明专利[104]。

级进模两步冲裁法中两个重要工艺参数为：半冲裁中模具间隙与普通冲裁相同；冲头切入材料厚度 t 的深度 h 为其 0.7 ~0.8 倍。

该方法的模具结构还可以设计成与图 1-27 所示不同的形式，如凹模直通式或不设空位凹槽的两工位两工步等形式[106]。

1.7 计算举例

题：试设计计算一冲裁模刃口工作部分尺寸、工艺力并选择压力机（吨位）。条件是年产 3.6 万件，Q235 钢板，材料厚 $t=2.5\text{mm}$，长方形工件（暂不计及四周圆角之长×宽）尺寸 $l\times b=100\text{mm}\times 60\text{mm}$。

解：

（1）刃口尺寸设计计算　根据题意知该工件为一落料件，工件公差 Δ 为自由公差，取其为 IT14 级精度，由此查资料可得：尺寸 l 实为 $100_{-0.87}^{\ 0}$、b 实为 $60_{-0.74}^{\ 0}$。

冲裁间隙查表 1-5，选其第Ⅳ类间隙 $C=(10.0\sim12.5)\%t$，并按表注 1 要求，随料厚增大其间隙值增加，此处增至 $C=(12.0\sim15.0)\%t$，故有 $2C_{min}=0.30\text{mm}$、$2C_{max}=0.53\text{mm}$。

模具制造精度选用 IT8 ~ IT9 级，则凹、凸模的制造偏差值取为 $\delta_d=+0.07\text{mm}$，$\delta_p=-0.05\text{mm}$。当然，若选用 IT6 ~ IT7 级，则 $\delta_d=+0.03\text{mm}$，$\delta_p=-0.02\text{mm}$ 也是可以的。

因属小批量生产（中型冲压件），故选择系数为 $X=0.5$。

于是，按分开加工方法，该模具工作部分尺寸为：

$$l_d=(l-X\Delta)_{0}^{+\delta_d}=(100-0.5\times0.87)_{0}^{+0.07}\text{mm}=99.57_{0}^{+0.07}\text{mm}$$

$$l_p=(l_d-2C_{min})_{-\delta_p}^{\ 0}=(99.57-0.30)_{-0.05}^{\ 0}\text{mm}=99.27_{-0.05}^{\ 0}\text{mm}$$

$$b_d=(b-X\Delta)_{0}^{+\delta_d}=(60-0.5\times0.74)_{0}^{+0.07}\text{mm}=59.63_{0}^{+0.07}\text{mm}$$

$$b_p=(b_d-2C_{min})_{-\delta_p}^{\ 0}=(59.63-0.30)_{-0.05}^{\ 0}\text{mm}=59.33_{-0.05}^{\ 0}\text{mm}$$

校验　$|\delta_d|+|\delta_p|=0.12<2C_{max}-2C_{min}=0.23$，表明设计可行。

若采用配合加工方法，工作零件刃口尺寸由读者自行计算。

（2）工艺力计算　查手册知 Q235 板的 $\sigma_b=375\sim460\text{MPa}$。再按式（1-13）、式（1-19）和式（1-20）计算工艺力，即

冲裁力 $F_{冲}=0.8Lt\sigma_b=0.8\times2(100+60)\times2.5\times400\text{N}=256\text{kN}$

推件力 $F_{推}=0.1P_{冲}=25.6\text{kN}$

卸料力 $F_{卸}=0.03P_{冲}=7.68\text{kN}$

（3）选择设备　因一般取 $F_{设}\geqslant1.3F_{冲}$，故 $F_{设}\geqslant1.3F_{冲}\geqslant332.8\text{kN}$。

根据设备规格标准（表 10-6），应选 400kN（即 40t）的压力机。

如果问题改为冲孔，则刃口尺寸计算结果会与上述计算的结果有不同，读者可计算后加以比较；但工艺力计算与设备选择结果应是相同的。

习题与思考题一

1-1　试扼要说明冲裁时材料被切断分离的变形过程。

1-2　分别按垂直方向与水平方向归纳出冲裁时冲头与凹模上所受到的外力。

1-3　简述冲裁件断面的组成及冲裁件精度的三个方向的形成和特点。

1-4　设计计算某种农用挂车上的垫圈（习题 1-4 图）复合冲裁模的冲头、凹模及凸凹模刃口部分的尺寸（分开加工时；间隙值按表 1-4、1-5 选取）。试检查其设计是否正确；若为配合加工时，其设计有什么不同?

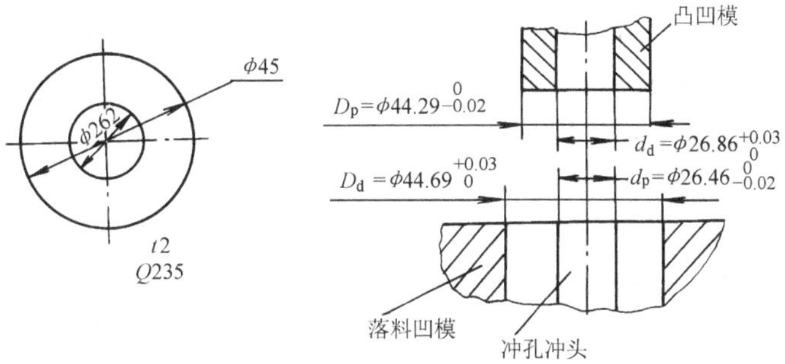

习题　1-4 图

1-5　1）选用配合加工方法确定习题 1-5 图所示的变压器硅钢片落料模刃口尺寸。

材料：D21 硅钢板　　料厚：$t=0.5$mm

2）查手册资料，找出 D21 材料（已退火态）的 τ 或 σ_b 值或近似认为与 08 钢相同，然后计算其冲裁力。

3）若 D21 材料（未退火态）的 HV 值为 125，求其冲裁力并选择设备吨位。

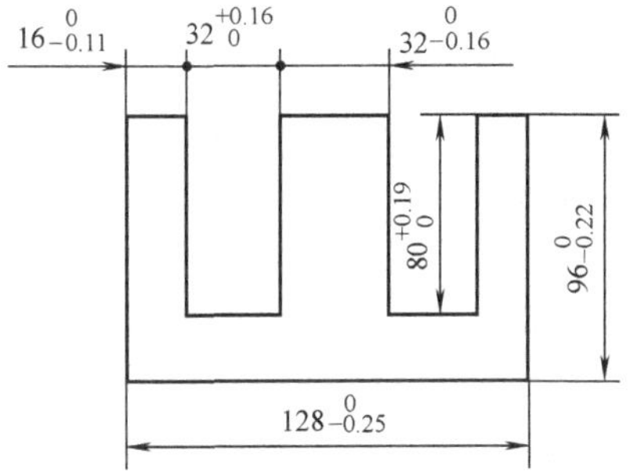

习题　1-5 图

1-6　在生产实际中应如何选择实用冲裁间隙值?

第 2 章　整修、精冲、半精冲

2.1　整修

2.1.1　基本概念

整修的定义：对冲裁件的断面部分进行再冲裁加工的冲压分离加工方法，即是将普通冲裁件置于整修模，利用压力机的动力，对冲裁件的断面周边部分进行再冲裁，刮削掉冲裁件断面上的塌角、断裂面及毛刺，从而获得良好精度的光洁断面。因此，经整修后工件的尺寸公差可达 IT6 ~7 级，表面粗糙度 Ra 可达 0.4 ~0.8μm。

整修机理实际上是一种切削机理。其变形过程如图 2-1 所示。冲头下行开始接触材料以后，同没有前角的刀具进行切削一样，切断了材料的金属纤维；随着冲头继续下行，切屑增大、增多，但总是沿着 β 方向裂开；待凹模平面与冲头平面相靠相平时，材料本体与切屑基本上沿冲头与凹模刃口连线对切开了。分离时，切屑可能是一整体，也有可能前面先裂开的切屑先被挤开而脱落掉。

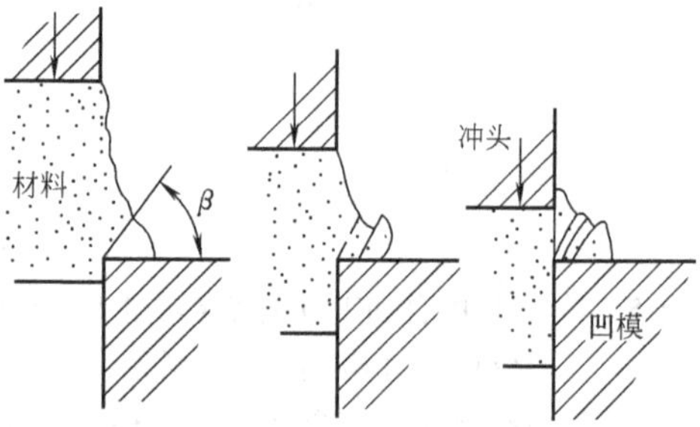

图 2-1　整修过程

整修模间隙近乎为零，常取值 $C \leqslant 0.01$mm，可见它已不是普通冲裁的变形机理了。

整修过程中将被切除的量是整修中的一个重要工艺参数，必须设计得合适，偏大或偏小都会降低整修件的质量。

整修中要被切除掉的量包括两部分，如图 2-2 所示。一部分是原冲裁件的断面斜度部分，其厚度一般用原冲裁间隙 C 来代表；另一部分是真正整修部分，这里用 y 来表示，它是定义的整修余量。

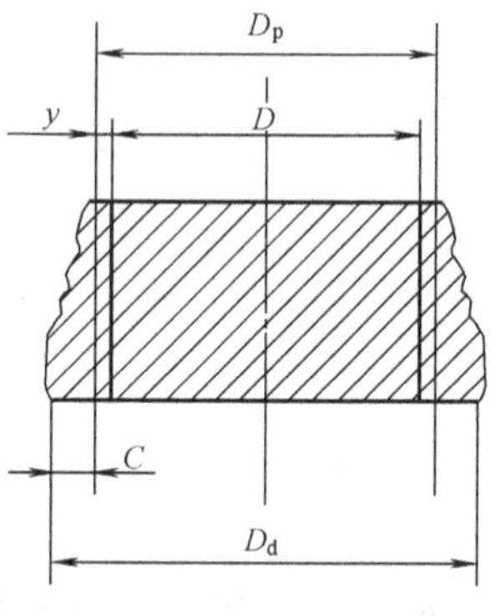

图 2-2　整修中要切掉的量

显然，整修余量与零件的材料、厚度、形状有关，也与整修前（原冲裁件）的加工情况有关。推荐的整修余量值见表 2-1。

整修次数与工件的厚度和形状有关。对于厚度在 3mm 以下或形状简单、圆滑的工件，一般只需整修一次；当厚度大于 3mm 或带有尖角形状或要求其表面粗糙度非常严的工件，则需进行多次整修。

2.1.2　整修方法

整修的方法主要有外缘整修、内缘整修两种基本工序。

（1）外缘整修　如图 2-3a 所示，它是整修工件的外部轮廓，即对冲裁落料件的整修。通常是整修方向与冲裁方向相同，即整修外缘时，将落料件的塌角部位朝下放在凹模上进行。

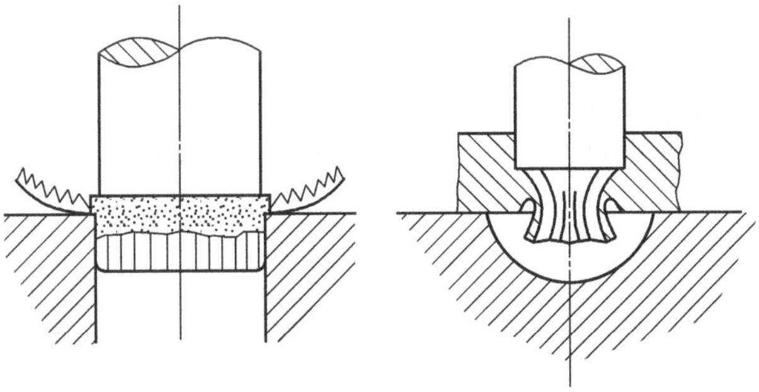

图 2-3 整修方法

a）外缘整修 b）内缘整修

也有将落料凹模与整修凹模依上、下组合进行冲裁与整修相结合的外缘整修方法，但两凹模之间要有容屑、排屑槽。

表 2-1 整修余量 2*y* （单位：mm）

材料厚度 *t*	黄铜、软钢		中硬钢		硬钢	
	最小	最大	最小	最大	最小	最大
0.5～1.6	0.10	0.15	0.15	0.20	0.15	0.25
1.6～3.0	0.15	0.20	0.20	0.25	0.20	0.30
3.0～4.0	0.20	0.25	0.25	0.30	0.25	0.35
4.0～5.2	0.25	0.30	0.30	0.35	0.30	0.40
5.2～7.0	0.30	0.35	0.40	0.45	0.45	0.50
7.0～10.0	0.35	0.40	0.45	0.50	0.55	0.60

注：1. 最小的余量用于整修形状简单的工件，最大的余量用于整修形状复杂或有尖角的工件。
2. 在多次整修中，第二次以后的整修采用表中最小值。
3. 该表前 4 行数据是前人在 20 世纪 50 年代总结出来的；现后人又补充了后两行数据，并指出钛合金的整修余量为（0.2～0.3）*t*。

（2）内缘整修 见图 2-3b，它是整修工件的内形，即是对冲孔件的整修。由于整修方向应与冲裁方向相同，故整修内缘时，仍是将冲孔件的塌角部位朝上对准冲头进行的。

也有将整修冲头做成阶梯形，使冲头的前端是冲孔冲头尺寸，后端是整修冲头的尺寸（两者之间也要有容屑、排屑槽），进行冲裁与整修相结合的内缘整修方法。

2.1.3 整修的发展

整修加工在冲裁加工出现的同时或稍后就出现了，有较长的应用发展历史。基于内、外缘整修的要领和特点，整修加工主要有以下一些发展。

较早的挤光整修不是用尖刃的冲头去切削，而是用圆弧刃的冲头去挤光，工厂里有的叫“过冲”。它是使冲裁件的断面进行塑性变形，以此来提高内、外表面的精度、降低表面粗糙程度，多用于厚板件。显然，挤光整修件的精度、质量要比内、外缘整修件低。

整修加工现已发展了一些新的方法，如振动整修和叠料整修等，旨在减少整修次数、确保工件质量和提高整修效果。

为了克服整修加工实际上增加了一道工序操作的缺点，早在 20 世纪 50 年代以前，就有冲裁与整修相结合，包括用两层凹模或阶梯形冲头（阶梯之间有退刀槽分开）的冲裁整修复合加工（即一次性整修）；在20世纪60年代以后，又先后出现了拉削整修、阶梯式整修及上下对向整修等一次性整修方法。

有的资料把这些一次性整修中的某个方法叫精冲或简易精冲法，这与本教材中的概念与定义是不相符的。

2.2 精密冲裁

精密冲裁简称精冲。精冲是在普通冲裁的基础上，采取强力齿圈压边、小间隙等四项工艺措施的一种新的冲压分离加工方法。其工件的断面粗糙度、尺寸精度及断面垂直度均比普通冲裁件好很多，达到了一般切削加工的要求，表2-2列出了两者的对比。图2-4所示是精冲件断面示意图，与第1章中图1-13比较，可看出其显著区别。由于断面毛刺很薄又容易去除，且塌角高度比较小，故通常认为精冲件的断面全为剪切面（塑性分离面）。

表2-2 冲裁件与精冲件比较

项目 / 名称	表面粗糙度 $Ra/\mu m$	尺寸精度	断面垂直度	表面平面度	断面组成	获得工件
普通冲裁	可达3.2	IT9～IT11	差	有弯拱	4部分	冲裁件
精冲	可达1.6～0.2	IT6～IT9	好（89.5°以上）	平整（可直接用于装配）	3部分，且塌角小，毛刺薄①	还能获得成形件（与其他工序复合时）

① 细观精冲件的质量及精度，还存在有其剪切面上的撕裂带和毛刺侧的凸边两个方面。

2.2.1 精冲特点

精冲有如此大的优越性，这主要是精冲的特点所决定的。这些特点表现在精冲时采用了尽可能实现获得压应力的特殊工艺措施，如图2-5所示。

（1）齿圈压板（或叫V形环） 精冲的压料板与普通冲裁的压料板不同，它是带有齿圈的，起强烈压边作用，使材料造成三向压应力状态，增加了变形区及其邻域的静水压。

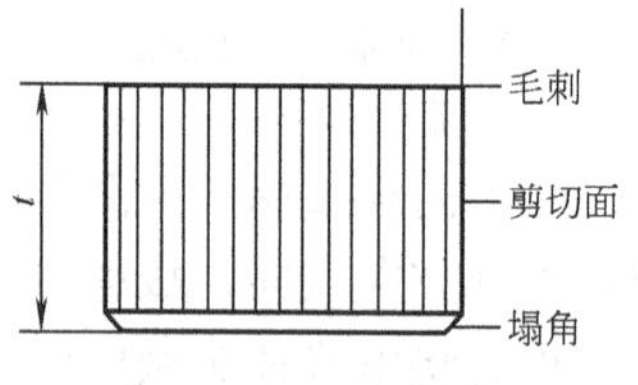

图2-4 精冲件断面

齿圈压板是精冲变形中最重要的工艺措施。一般设计中，其V形环的角度成对称45°；V形环与刃口与刃口边的距离取 $a=0.7t$ 及V形环的高度 $h\approx 0.2t$。但具体情况应随精冲材料的厚度而变化[10,14]。

（2）凹模（或冲头）小圆角 普通冲裁时，模具刃口越尖越好；而精冲时，刀尖处有0.02～0.2mm或（1%～2%）t 的小圆角，抑制了剪裂缝的发生，限制了断裂面的形成，且对工件断面的挤光作用更有利。

（3）小间隙 间隙越小，冲裁变形区的拉应力越少、压应力的作用越大。通常，精冲的间隙近乎为零，取成0.01～0.02mm，对较薄一些的板料也有按 $C=(0.5\%\sim1.2\%)\,t$ 取用的。小间隙还使模具对剪切面有挤光作用。

（4）反顶力 施加很大的反顶力，很显然能减少材料弯曲，起到增加压应力因素的作用，进一步促使断裂面减少、剪切光亮面增加，同时，也使工件无弯拱。

2.2.2 精冲机理

由于采用了以上四项工艺措施，造成了在V形环内精冲材料的强大静水压，故精冲变形机理与普通冲裁是不同的。一般认为，精冲是在高静水压作用下，抑制了材料的断裂，以不过早出现剪裂缝为冲裁条件而按塑性变形方式实现材料的分离[15]。实验研究表明，精冲过程中，冲头进入材料厚度的80%时，材料仍未分离。可后又有研究[16]指出，精冲变形的最后过程依然是剪裂缝（显微裂缝）发生、发展而发生断裂分离的。但由于厚度已经很小，且又被冲头或凹模挤光，故断面上看不出断裂面。

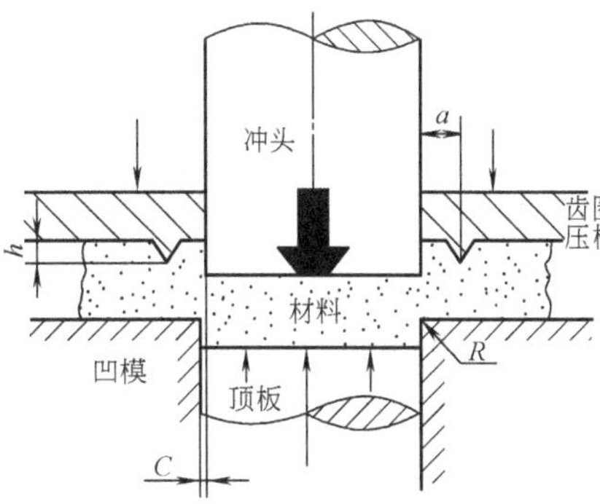

图2-5 精冲示意图

关于精冲机理的第一篇论文发表是在1962年[107]。

精冲设备为专用的精冲机，精冲工艺是在1920年代初由德国人通过实验研究并获得德国技术专利而公诸于世的，直到1960年前后，精冲压力机才成功开发并不断发展和推广应用的[102]。现也有在普通压机上进行精冲的，但必须在压机上附加一套液压模架装置。

2.2.3 精冲力

精冲变形所需的总能量比普通冲裁所需能量将近大一倍。但仅用于切离材料的冲裁力并不很大，一般用下面公式进行计算

$$F = 0.9Lt\sigma_b = Lt\tau \tag{2-1}$$

式中，各符号意义与普通冲裁相同。

提出计算普通冲裁力公式（1-14）的同一文献中，同时给出了适用于精冲力计算的另一个公式，即精冲时的抗剪强度为

$$\tau = (mt/d + 0.75)\sigma_b \tag{2-2}$$

式中，各符号的意义与式（1-14）同。当

$$2C/t = 0.005\text{ 时}, m = 3.0$$

$$2C/t = 0.01\text{ 时}, m = 2.85$$

选用设备时，若是选精冲压力机，则用式（2-1）计算出的力进行选择；如果是普通压力机，则必须把表2-3中五种工艺力中的前三种力相加后再去进行选择。

精冲除了冲裁力外，还需要很大的压边力、反顶力、卸料力和推件力。这些力的计算公式及与普通冲裁相比较的情况列于表2-3。

表2-3 冲裁与精冲力计算比较

工艺力	精冲	普通冲裁	工艺力	精冲	普通冲裁
冲裁力	$F_1 = 0.9Lt\sigma_b = Lt\tau$	$F_1 = 0.8Lt\sigma_b \approx Lt\tau$	卸料力	$F_4 =（0.1 \sim 0.15）F_1$	$F_4 \approx 0.03F_1$
压边力	$F_2 =（0.3 \sim 0.15）F_1$	$F_2 \approx 0$（或 $= F_4$）	推件力	$F_5 =（0.1 \sim 0.15）F_1$	$F_5 \approx 0.1F_1$
反顶力	$F_3 =（0.1 \sim 0.15）F_1$	$F_2 \approx 0.1F_1$			

关于压边力、反顶力等在其他文献中还有一些不同的经验公式或系数值与图表，读者可选择参考。这里介绍一个压边力 F_2 的计算公式[10,107]

$$F_2 = 2f_2 Lh\sigma_b \tag{2-3}$$

式中　f_2——系数，取决于材料强度 σ_b，可由表 2-4 查得；

　　h——V 形环齿高。

表 2-4　系数 f_2 的确定

σ_b/MPa	200	300	400	600	800
f_2	1.2	1.4	1.6	1.9	2.2

2.2.4　精冲的发展

作为一种冲压分离加工方法，精冲工艺的基本工序有：

1）精冲落料。

2）精冲冲孔（包括其半冲孔）等。

但利用精冲的变形条件和变形机理，发挥其特有的优越性，精冲和其他冲压乃至冷锻工序复合的精冲复合工艺也有较多的应用，比如：

1）精冲与弯曲复合的精冲弯曲。

2）精冲与挤压复合的精冲挤压等。

由于 V 形环齿圈压板强烈压边的局限性，围绕压边圈上不用 V 形槽的问题，精冲工艺的发展目前已出现了一些新动向。例如，日本开发了对向凹模精冲，德国开发了集成精冲，美国开发了挤出精冲，并且都有专用的精冲压力机[108]。

2.3　半精密冲裁

半精密冲裁简称半精冲。它是一种介于冲裁与精冲或整修之间的冲压分离加工方法，有多种工序形式。

精密冲裁有它特殊的优越性，也正在不断发展。但是，其变形条件要求比较高，模具和设备投资费用很大，目前，大部分工厂难以实现、不能接受。另外，对于某些冲裁工件，其质量只要求某一项指标高、其余指标要求一般，或者工件质量总的要求比普通冲裁件高而比精冲件低时，可以采用半精冲工艺。

半精冲一般是采取精冲四项工艺措施中的某一项或某几项而进行的冲压加工。由于这类冲压比普通冲裁加强了静水压效果或加强了拉应力作用，因此，工件质量的某项指标相应要比普通冲裁好，且其模具与设备大多又比精冲要求简单得多，所以较容易实现。

半精冲主要工艺有：

（1）小间隙圆角刃口冲裁　如图 2-6a 所示。

（2）负间隙冲裁　如图 2-6b 所示。

这两种工艺比精密冲裁出现得早很多，被称为光洁冲裁。因为间隙很小或负间隙，加上又有一刃口为小圆角，故能抑制剪裂缝发展而使工件断面挤切光亮，断面为切削面没有断裂面部分。

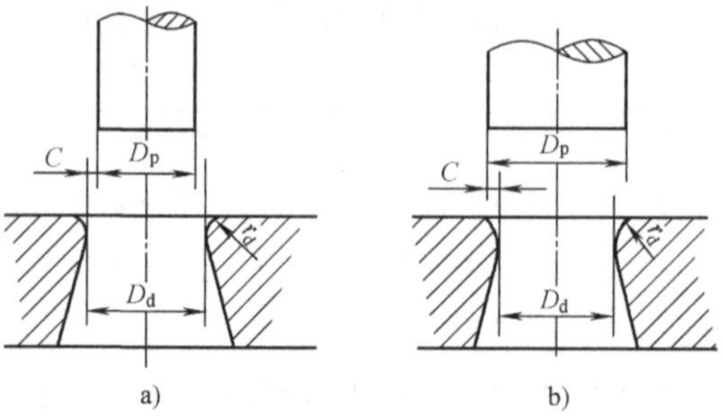

图 2-6　光洁冲裁示意

（3）上、下冲裁　如图 2-7 所示。这是 20 世纪 50 年代后期开发的一种冲裁方法。该方法采用两对冲头与凹模，使两个冲头先后从上、下两次作用，共同完成冲裁加工。因此，工件断面无毛刺，但有两个塌角和剪切面，且断裂面处于中间部分。

（4）对向凹模切断　如图 2-8 所示。精冲工艺出现以后，于 1970 年提出的这种对向凹模切断法，采用一个凹模与另一个带凸台的凹模对向运动，并利用顶件器来进行切断。工件整个断面为塑性分离面与切削面，挤切得光亮平滑，且可能没有毛刺。

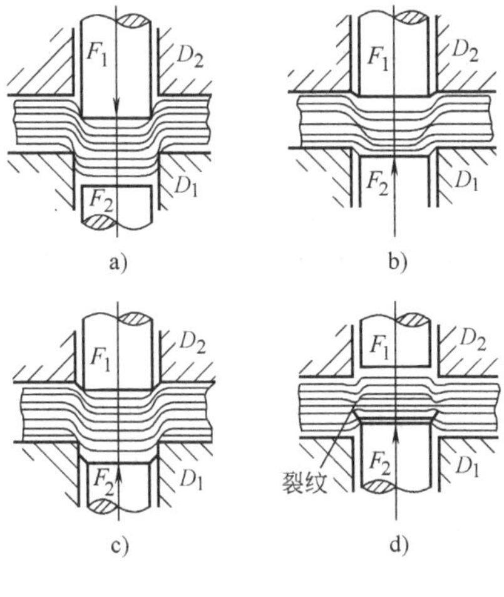

图 2-7　上、下冲裁法

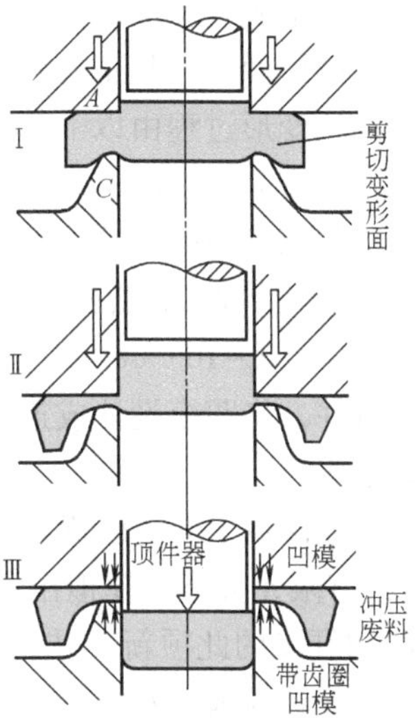

图 2-8　对向凹模切断法

（5）挤压式冲裁　如图 2-9 所示。在对向凹模切断提出后的第三年，日本发明的这种挤压式冲裁在德国获得专利权。这种方法的特点是将冲头（或凹模）做成连续台阶式，实现一半正间隙一半负间隙的有较强静水压的冲裁。故工件断面与对向凹模切断件断面基本相同。

（6）胀拉冲裁　如图 2-10 所示。胀拉冲裁是在普通冲床和冲模条件下，采取了压出筋槽、大间隙等工艺措施，对极薄板或准极薄板零件实现无毛刺的冲裁加工。是 20 世纪 90 年代初著者提出的一种新的特殊冲裁方法[17、18]。

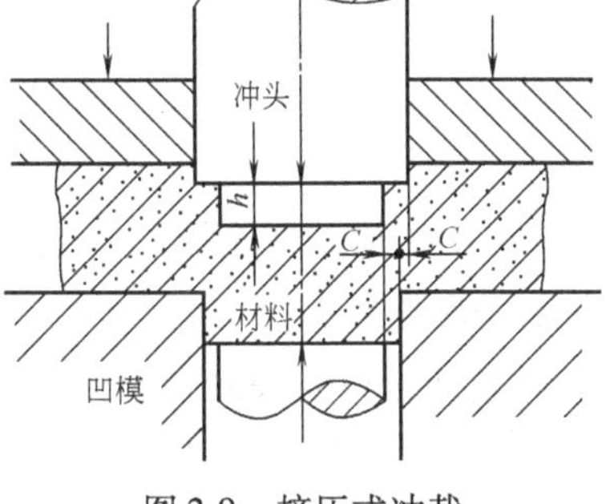

图 2-9　挤压式冲裁

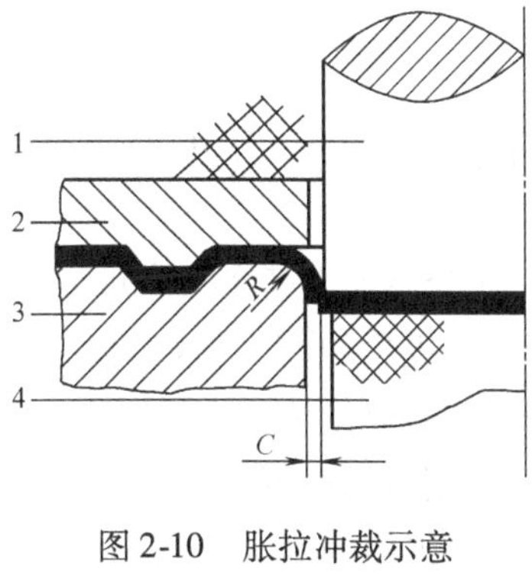

图 2-10　胀拉冲裁示意

1—冲头　2—带筋压板　3—凹模　4—反顶器

胀拉冲裁所采取的工艺措施为：

1）带筋压板，即在坯料的搭边废料上需先压出筋槽。

2）一刃口小圆角，即靠搭边及废料侧一边处的刃口为小圆角，另一刃口为尖角。或落料时凹模刃口为小圆角，冲头为尖角；冲孔时则反之。

3）大间隙，取比普通冲裁中的大间隙还要大得多的间隙值。

4）弹性反顶器或顶料板。

胀拉冲裁变形过程与普通冲裁、精冲及上述半精冲不同，关键是改变了普通冲裁是上、下裂缝均产生于模具刃尖稍后侧的断裂分离机制，最终以胀形和拉伸方式实现断裂分离[18]，从而获得断面无毛刺且平面度较好的工件。胀拉冲裁的工件断面只有塌角和断裂面两部分，没有毛刺或毛刺极微小，且工件较平整。

胀拉冲裁的变形过程由以下五个阶段组成：①预先张紧阶段；②胀形拉弯阶段；③裂缝生长阶段；④断裂分离阶段；⑤顶出凹模阶段。

（7）双重正间隙冲裁　如图 2-11 所示。为了提高冲裁件断面剪切面的高度：对于冲孔件，将冲头设计成连续阶梯形，阶梯的高度 h 为料厚 t 的 1/3 ~ 1/2；凹模为传统形；其间隙均为正间隙，其中 $C_1 = (2 \sim 10)\% t$，$C_2 = (12.5 \sim 20)\% t$；冲裁完后还有一完整薄废料圈掉下。

对于落料件，将凹模设计成连续阶梯形，冲头为传统形，工艺参数选取同上，也有一完整薄废料圈生成。

双重正间隙冲裁，获得断面剪切面高度稳定地超过料厚的一半，对于厚板件能达到断面的 4/5。并经有限元分析，模拟出了其变形过程可以有 8 个不同阶段的细观认识。

21 世纪初开发的此项新工艺，很快完成了从构想到实验到生产性应用阶段[155-158]。该项技术成果为著者的国家发明专利[159]。

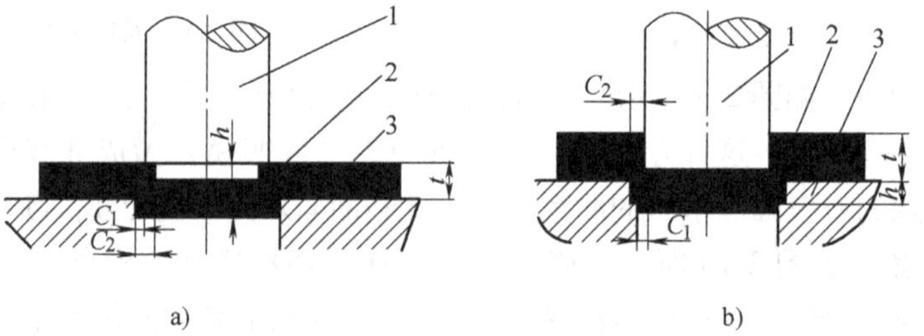

图 2-11　双重正间隙冲裁法

a）冲孔　b）落料

2.4　分离工序特点小结

1）冲压分离加工基本工序可以分为冲裁、整修、精冲和半精冲四个类组，这是从其变形机理角度而提出的[109]。这四类组基本工序之不同的变形机理如下。

冲裁：有裂缝发生、发展且由主裂缝基本上能会合而达到材料断裂分离的变形机理。

整修：（对冲裁件断面）以生成切屑的方式而实现材料分离变形的切削机理。

精冲：以强烈的静水压条件、抑制剪裂缝发展而实现材料断面塑性分离的变形机理。

半精冲：复合了两种以上且不是各自独立，而是发生直接联系的断裂分离机理。

2）分离加工中各类甚至各种基本工序的变形过程都受到同一个重要的工艺参数——间隙 C 的影响。可以将它们所取间隙及范围用间隙坐标轴有机地串联起来，其相应的位置在

图 2-12 中予以标明。

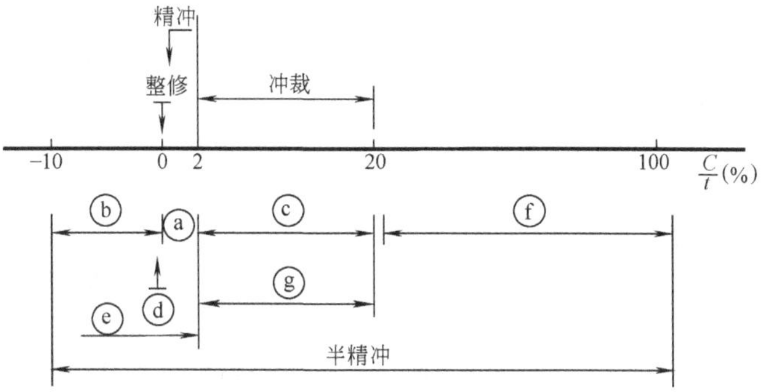

图 2-12　分离工序在间隙坐标轴上的位置

ⓐ小间隙圆角刃口冲裁　ⓑ负间隙冲裁　ⓒ上、下冲裁

ⓓ对向凹模切断　ⓔ挤压式冲裁　ⓕ胀拉冲裁　ⓖ双重正间隙冲裁

3）由于各类各种冲压分离加工基本工序的变形条件和变形机理不同，因而，它们最终被分离的断面形状和组成也不同，可以用图 2-13 对其分类断面加以归纳和直观描述[110]。

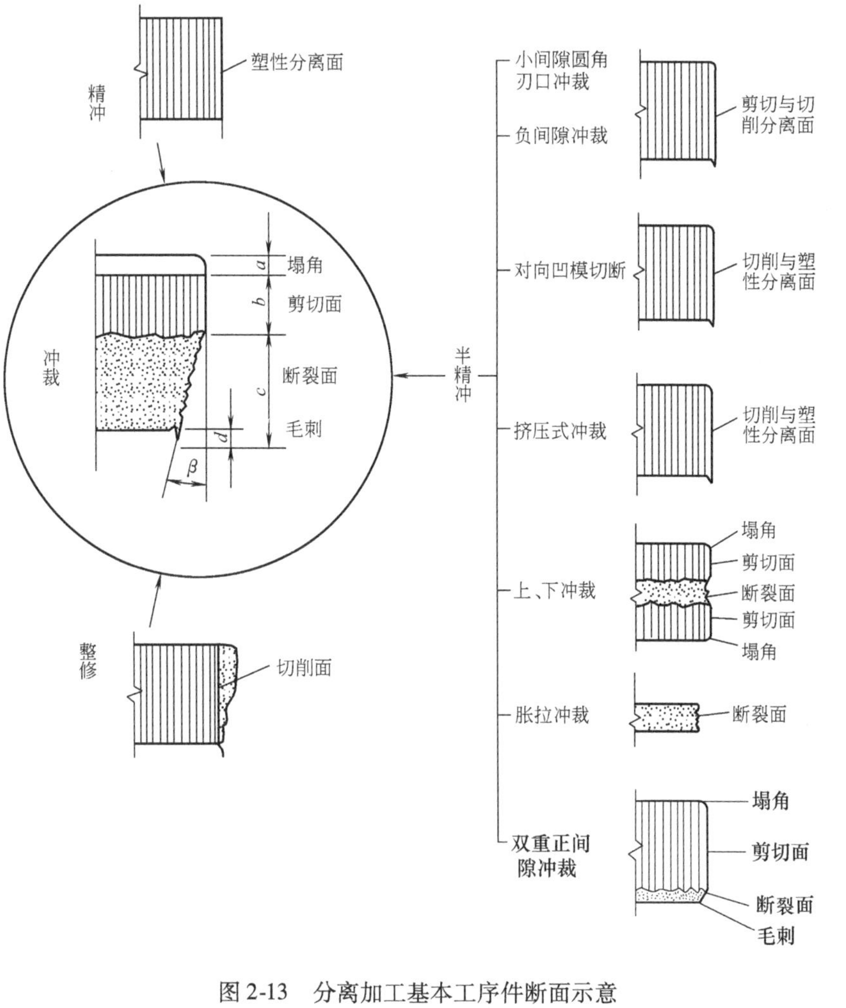

图 2-13　分离加工基本工序件断面示意

习题与思考题二

2-1 以表格形式小结冲裁、精冲、整修工序的变形机理、特点及适用范围。

2-2 有人说："断面全是剪切面的冲裁件一定是精冲件"，你认为这句话对吗？为什么？

2-3 挤光整修件的精度、质量为何要比内缘整修或外缘整修件差一些？

2-4 选择题（4选1）。

1）普通冲裁件尺寸精度最好时的模具间隙 C 为料厚 t 的____%左右。

a. 1　　b. 5　　c. 10　　d. 15

2）整修模的间隙____于精冲模的间隙。

a. 完全相同　　b. 完全不同　　c. 基本相同　　d. 基本不同

3）冲压分离加工工序中，压边力最大的工序是用在____工序上。

a. 冲裁　　b. 精冲　　c. 整修　　d. 半精冲

4）普通冲裁件的断面由____个部分组成，精密冲裁件的断面由____个部分组成。

a. 4，3　　b. 4，2　　c. 3，3　　d. 3，2

第3章　拉　　深

3.1　拉深变形特点

3.1.1　基本概念

定义：借助于设备的动力和模具的直接作用，使其间金属板坯料外法兰部分缩小，变成直壁平底（空心开口）的零件的一种冲压成形方法，称为拉深。

变形过程示意：从图 3-1 能明显看出：其冲头与凹模有 r_p 与 r_d 的圆角，并非尖刃；拉深间隙 C 一般稍大于材料原始厚度 t_0。而直径为 D_0 的坯料是通过冲裁加工中的落料而制备的。

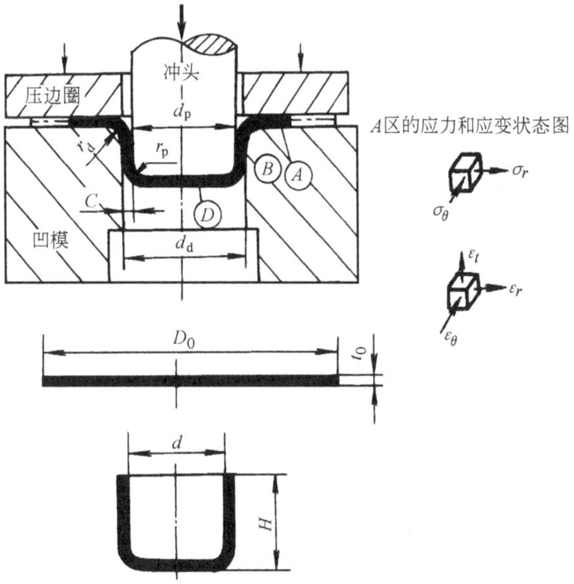

图 3-1　拉深过程示意

从本章起，本篇各章讲述的均是冲压成形工序，而拉深则是其中最典型、最基础的一种工序。

拉深工序应用相当广泛，叫法上也可谓五花八门，如拉延、压延、引伸与拉伸，在国外的华人、港澳台版书上还有叫拉杯、抽制及深压拉的。现国家标准的锻压名词术语中规定叫拉深，其相对应的外文：英文为 Drawing 或 Deep Drawing；日文为絞り或深絞り；俄文为 Вытяжка。从前，欧美国家把拉深作为钣金成形、冲压加工的总称，现在还保留这种习惯。如 IDDRG，实际上不是字面上的仅仅局限于拉深加工技术的学术团体，而是关于整个冲压加工技术的学术团体。当然，也还有国际冲压技术协会等组织。

就各种冲压成形的基本工序而言，在变形过程中，并不是整个坯料上都处于变形状态，而是其中一部分处于变形状态，另一部分处于非变形状态。为此，分别把它们定义为变形区和非变形区。

变形区：发生主要的、与该工序之成形相适应变形的部位。

非变形区：不发生变形的部位或发生非主要的、与该工序之成形不相适应变形的部位。

这种对变形过程中整个坯料进行分区的方法，是分析认识各种冲压成形工序变形特点的一种简便而有效的方法。

图 3-1 所示的拉深加工表明：在冲头的作用下，直径为 D_0 的原始坯料由平面状逐渐变成立体空心零件。零件的壁部是由毛坯的环形（D_0-d）外法兰部分转化而成的，故称环形区为变形区（A 区）。图之右边的小立方单元体示出了变形区的应力-应变基本关系。壁部已

不再变形，只起传力作用，称为传力区（B 区）。冲头所对的底部基本上不变形，称为不变形区（D 区）。有压边圈作用可帮助拉深件成形出的高度（H）较高一些，但并不改变变形区的应力、应变状态（平面应力、立体应变）。

这种宏观分区的方法，将贯穿到对各种基本成形工序的阐述中。因为它是分析各种成形工序的基本特点及其变形机理的前提。

拉深件种类很多，小的如电容器壳罩、医疗器具盆盘、茶缸、饭盒；大的如洗衣机内桶、车辆油箱、汽车顶棚等。各种形状零件拉深时，变形区的位置、性质等都有较大不同；但平底直筒形件拉深是它们的基础。故本章首先把筒形件作为基本拉深件进行分析，并作为压缩类冲压成形工序的重点进行讲解，适当介绍一些非直筒形以及非轴对称形零件的拉深知识。

3.1.2 变形特点分析

1. 变形的总体分析

先来做个实验：用一张外径为 D_0 的圆纸片，依托一个硬质圆筒件，让纸片变成一个直径为 d 的圆筒。因欲成直壁部分的纸有多余，显然变不成。但若按图 3-2 所示，把环形区有阴影部分的“多余三角形”纸料剪掉，则只要折过来粘好，即可成一带底的纸筒。

可用金属圆坯料拉深成筒形件并不会剪去“多余三角形”料，其原因是由于金属塑性变形，多余的金属被压入转移到邻近的直角方形中去了。由此可见：在拉深过程中，法兰部分（变形区）最大应力为纬向（切向）压应力，最大应变也是该方向的压应变，料厚增加，且拉深成筒形件后其壁部口边增厚程度最大。图 3-3 所示是生产实际中的一个拉深件的增厚情况。

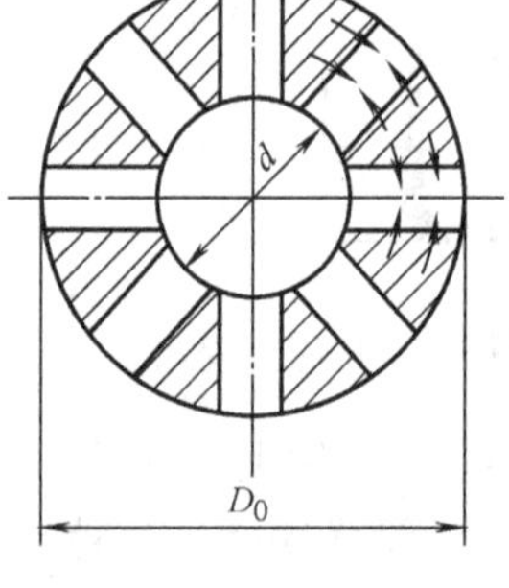

图 3-2　材料转移

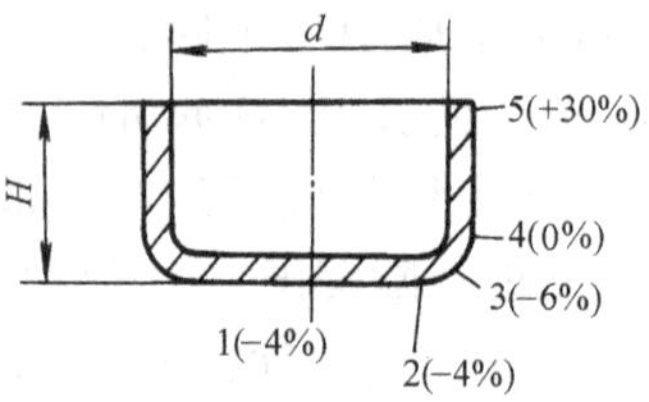

图 3-3　拉深件厚度变化例

当然，很容易理解，拉深时经向（径向）的拉应力、拉应变也是必然存在的，且变形区以外的区域都会有某种程度的变形发生，但变形量较小。

实测最终的厚度变化[19]：

使用普通金属板料、拉深冲头的圆角半径小于凹模圆角半径等条件下，拉深筒形件的厚度变化规律如图 3-4 所示，均是筒形的口部边缘增厚最大，在冲头转角处且靠近侧壁一侧的地方变薄最甚，不论此时拉深变形是否进入极限变形状态。图 3-4 所示为使用 SPCC 材料、在拉深系数 $m=0.527$、0.488 下实测的筒形件的最终厚度变化。

2. 变形的单元体分析

为了进一步说明拉深中的变形情况和应力特点，假想地取出拉深前坯料上的一个扇形单

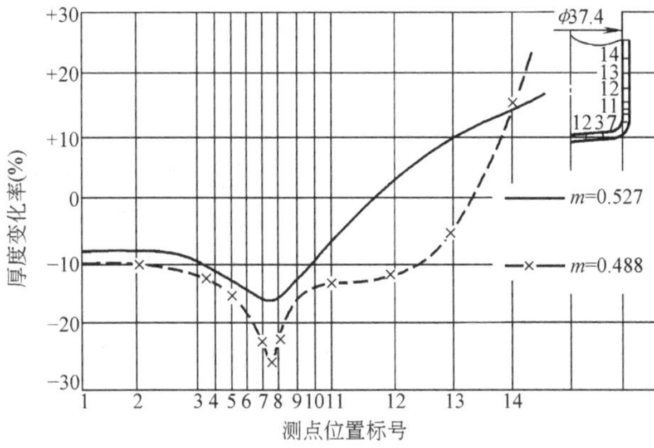

图 3-4　筒形件最终厚度变化率

元来进行分析，如图 3-5 所示。

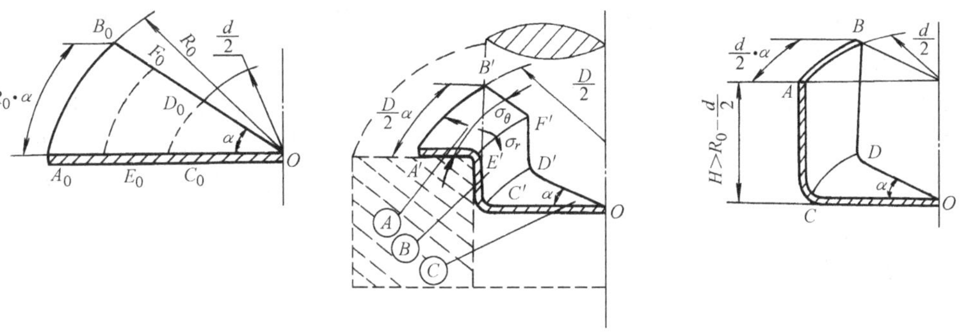

a)　　b)　　c)

图 3-5　拉深变形特点分析

在冲头力的作用下，坯料逐渐被压入凹模，并开始出现圆筒状。扇形 $OC'D'$部分与直径为 d 的冲头端面接触，始终保持图 3-5a 中 OC_0D_0 的平面形状，产生很小的塑性变形，为不变形区，也有称之为弹性变形区的。其应力状态相当于周边受均匀拉力的圆板，呈双向拉应力状态。

圆筒形侧壁 $C'D'F'E'$ 是经历过压缩变形阶段的已变形区，它是由平板坯料中的 $C_0D_0F_0E_0$ 转化而来，它把冲头作用到底部扇形 $0C_0D_0$ 的力传到平面法兰部 $A'B'F'E'$，故叫传力区，并使其内部产生足以引起法兰部分拉深变形的经向拉应力。

平面法兰部分 $A'B'F'E'$ 是拉深的变形区，在纬向压应力作用力下，由坯料中的 $A_0B_0E_0F_0$ 转化而来，继续压缩，并在经向拉应力作用下向中心移动，最后完成筒形图 3-5c 中 $ABDC$ 部分的变形。其变形过程是，在传力区的作用下，变形区向中心移动；同时，其圆周方向的尺寸也随着减少。这时，它受到相邻部分金属的挤压作用。其应力状态与拉楔试验（一端带有楔形的试件在楔形模中作拉伸试验）中的变形金属相似，因而，在圆周方向上产生纬向压应力 σ_θ，径向受到拉应力 σ_r 的作用，见图 3-5b。

从上面分析可知，拉深变形区处于经向受拉应力和纬向受压应力作用的应力状态；变形状态是圆周方向即纬向（产生压缩变形，由初始边缘 $R_0\alpha$ 收缩至$\dfrac{d}{2}\cdot\alpha$，此乃变形区内最大的变形值；在经向产生伸长变形，由毛坯变形区的初始尺寸$\left(R_0-\frac{d}{2}\right)$变成筒形件之高度$H>\left(R_0-\frac{d}{2}\right)$。可参见图 3-5c。

材料的厚度也发生变化。由实测和计算均表明：拉深时变形区材料的厚度是增加的，以筒形件壁部上边缘处增加最大，增厚率可达 20% ~30%；在筒形件底部圆角区的材料的厚度却有所减薄，且在刚进入直壁段的局部位置上板料厚度变得最小，减厚率可达 5% ~10% 左右（在细颈出现以前）。厚度变化的实例见图 3-4。

这种拉深变形规律，就决定了拉深变形的极限变形程度是受到变形区抗压缩失稳能力和传力区承载能力限制的。

以上对拉深变形特点的分析，是基于对拉深过程中坯料分成变形区和非变形区的前提，着重讨论变形区的特点，给出了变形区一对主应力图和主应变图。而传统的观点不是这样的，它是把拉深过程中整个坯料分成外法兰、凹模转角、冲头与凹模侧壁、冲头转角处及底部五部分，分别讨论各部分的变形特点，给出了五对主应力图和主应变图。当然，传统的观点也有其道理，故一直延续到现在，最新的文献资料中也有采用。但传统观点存在对变形特点未予突出，给初学者造成不易理解与掌握的困难，故本书未予采纳。因此，本书认定拉深是压缩类冲压成形的典型工序的观点，正是基于这个道理。而且，本书中对各种冲压成形工序的变形特点分析，均采用像本节对拉深变形特点分析（即变形分区并主要讨论变形区）一样的观点，比较统一。

3.1.3 拉深系数与拉深次数

1. 拉深系数

拉深系数是拉深变形程度的一种度量（参数），表示为拉深零件的直径与坯料外径之比

$$m=\frac{d}{D_0} \tag{3-1}$$

通常，d 取为筒形零件之中径尺寸（$d_{中}$）来作实际计算，如图 3-6 所示。当冲头直径 d 固定后，能拉深出最大坯料外径 D_{0max}而不破裂时的拉深系数算作极限拉深系数。极限拉深系数更为严格的定义是：在一定的拉深条件下变形区坯料不失稳起皱而拉深出筒形件壁部最高（传力区频于破裂）时的拉深系数，记为

$$m_c=\frac{d}{D_{0max}} \tag{3-2}$$

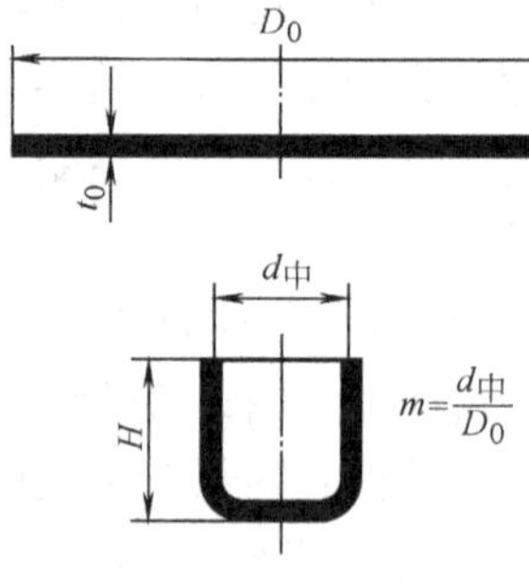

图 3-6 拉深系数示意图

国外资料上多采用极限拉深比 LDR（Limit Drawing Rate），或用符号 K_{max}来表示拉深变形中的极限变形程度。它是极限拉深系数的倒数，即

$$LDR=K_{max}=\frac{1}{m_c}=\frac{D_{0max}}{d} \tag{3-3}$$

实际上，人们最感兴趣的是极限拉深系数。因为它表示了拉深前后毛坯直径的最大变化量，反映了变形区外边缘的切向压缩变形大小的极限值。是极限变形程度的一种简便实用的表示方法。这个工艺参数是进行拉深工艺计算和设计模具的基本出发点，也是研究板材冲压成形性能的一个重要尺度。

如果极限拉深系数越小，就意味着板材的拉深极限变形程度越大，可能原需两次拉深成功的仅需一次拉深就可以实现，因而，经济意义很大。为此，应该从技术上去积极寻求降低极限拉深系数的措施。

拉深失败首先表现在因变形区压缩失稳起皱造成传力区之凸模圆角处过早破裂，从而达不到理想的极限拉深系数或极限变形程度。针对这一实际，为了提高拉深成形的极限变形程度，应该着眼于降低变形区的变形抗力及提高传力区的承载能力。围绕这个原则，可以通过下面三种途径，降低极限拉深系数。

（1）从材料性能上　提高金属的塑性，尤其是板材的拉深成形性能，研制和选择高拉深性能的板材。研制主要是冶金工厂或者从事冶炼、轧制的人员的任务。但是，作为冲压工艺人员，也一定要具有这方面的知识，至少应具有科学地鉴定及合理地选用拉深性能好的材料的能力。例如，选择板材各向异性系数 r 值越大的材料，其极限拉深系数越低。

（2）从产品设计角度　在进行拉深件产品设计时，应该考虑到拉深成形的工艺性。比如说，从拉深变形特点出发，尽量使板料的相对厚度大些，以增大其变形区抗压缩失稳的能力；拉深件底部的圆角半径不应过小，提高传力区的抗过早破裂能力等。

（3）从工艺与模具设计方面　合理地对拉深件进行工艺与模具的设计。这方面的措施很多，包括设计合理的凸、凹模圆角半径，选择合理的拉深间隙，减少摩擦及采用良好的润滑方式与润滑剂，取用合理的压边间隙及压边圈，设计合理的毛坯形状，布置合理的拉深筋结构以及采用特殊的拉深成形新工艺方法。总之，尽力改善拉深时的变形条件。

2. 拉深次数

一种材料，在一定的拉深条件下，存在一个极限拉深系数。当拉深件的拉深系数小于其极限拉深系数时，零件就很难直接由平板毛坯一次拉深而成，必须采用多次拉深，逐步成形。

图 3-7 所示即为一平板坯料经多次拉深后得到的零件示意。其各次拉深系数分别为：

第一次　$m_1=\dfrac{d_1}{D_0}$

第二次　$m_2=\dfrac{d_2}{d_1}$

……

第 n 次　$m_n=\dfrac{d_n}{d_{n-1}}$

总拉深系数为

$$m_\Sigma=\frac{d_n}{D_0} \tag{3-4}$$

显然，有

$$m_\Sigma=m_1\times m_2\times\cdots\cdots\times m_n \tag{3-5}$$

$$m_\Sigma<m_c \tag{3-6}$$

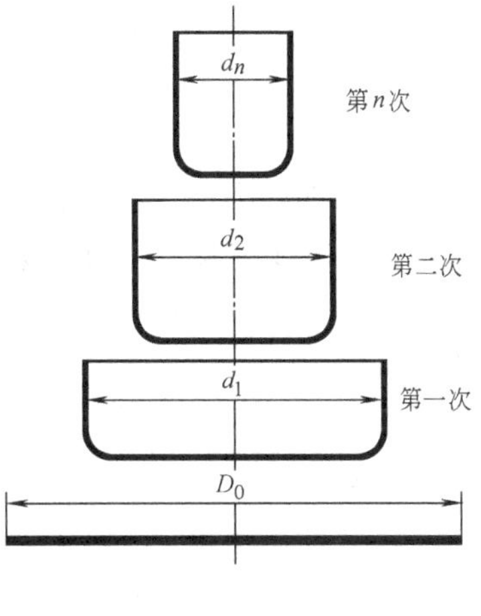

图 3-7　多次拉深件示意图

就是说，多次拉深的总拉深系数小于一次拉深的极限拉深系数。当然，在多次拉深中，每次拉深也都有各自的极限拉深系数。

表 3-1 所列是用实验方法求得的筒形件拉深的极限拉深系数。表中的 m_1、m_2、m_3、m_4 及 m_5 分别为第一道至第五道拉深工序的极限拉深系数。应当说明，表中所列数值适用如图

3-1 及图 3-7 所示的一般情况，而对某些特殊情况，表中数值可予以修正。例如，当毛坯的相对厚度 t/D_0 较大，由于毛坯不易起皱，而允许采用不带压边圈的锥形凹模时，极限拉深系数 m_1 可以大幅度降低，有时甚至可能低于 0.4。也就是说，即便对于同一种牌号的金属板料，由于拉深变形条件不同，其极限拉深系数不会是一个唯一确定的值。

表 3-1　筒形件拉深的极限拉深系数 m_c

拉深系数	毛坯相对厚度 $\frac{t}{D_0}\times 100$					
	0.08 ~ 0.15	0.15 ~ 0.30	0.30 ~ 0.60	0.6 ~ 1.0	1.0 ~ 1.5	1.5 ~ 2.0
m_1	0.63	0.60	0.58	0.55	0.53	0.50
m_2	0.82	0.80	0.79	0.78	0.76	0.75
m_3	0.84	0.82	0.81	0.80	0.79	0.78
m_4	0.86	0.85	0.83	0.82	0.81	0.80
m_5	0.88	0.87	0.86	0.85	0.84	0.82

注：1. 表中数据适用于 08、10 及 15 钢板和软黄铜板，且凹模圆角半径 r_d = （4 ~ 8） t 时；当 r_d = （8 ~ 15） t 或材料的塑性更好时，可取比表中数据小 0.02 的数值。

2. 此表较早出现在文献［69］中，后在很多文献中沿用，如文献［8，10，83，101，102］等。

3.2　拉深力和拉深功

3.2.1　拉深曲线

拉深曲线，即拉深力-行程图。用实验测得一般情况下的拉深力与行程的关系，如图 3-8 所示。由图可见，拉深曲线与冲裁曲线（见图 1-5）有明显区别。

对拉深曲线可作如下定性分析。

（1）拉深开始　变形区法兰边材料的变形不大，所以冷加工硬化也小，此时，虽然法兰部分面积大，但材料变形抗力与法兰面积相乘所得的拉深力并不大。

（2）初期到中期　材料加工硬化的增长速度超过法兰面积减少速度，拉深力就逐渐增大起来，于前中期拉深力达最高点位置，就相当于两者恰好均衡的瞬间。

（3）拉深到中期以后　法兰面积减少的速度超过了加工硬化增加的速度，于是，拉深力逐渐下降。

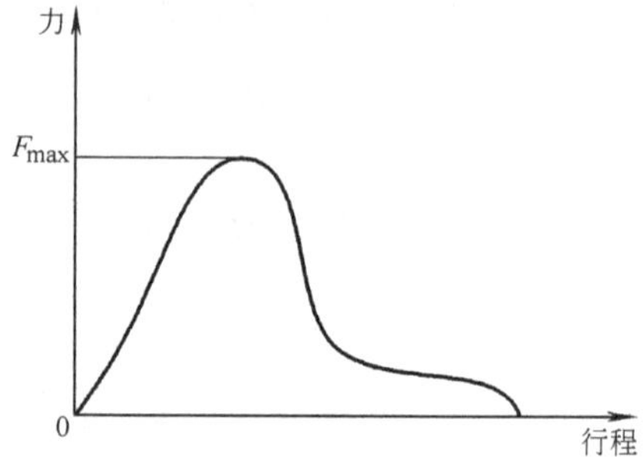

图 3-8　拉深曲线

（4）零件拉深完后　由于还要从凹模中推出，于是曲线拖了一个尾巴，这主要反映其摩擦作用的力，而不是拉深变形的力。

在用不同直径毛坯测定拉深力-行程曲线时可以发现，随着毛坯直径的增大，拉深力曲线上升，整个行程长度也增加，表明拉深件深度也增加。当最大拉深力超过传力区的承载能力时，就会使拉深件破裂。破裂时的行程长度，比最大拉深力正常位置时短，与用较大的毛坯拉深不发生破裂的情况相比，其行程比例显著降低。

此外，拉深曲线还随成形条件和材料特性等因素而变化，使其峰值的高低及行程位置有所不同。

3.2.2 拉深力的计算

1. 理论公式

1）20 世纪 50 年代，有文献指出拉深力及单位拉深力受到变形区应力分布、变形程度、压边圈下的摩擦、凹模圆角处的摩擦与弯曲，以及冷变形过程中金属的硬化等影响。给出了最大径向拉应力的公式[138]，简化为

$$p = f\left(\sigma_s、\frac{R'}{r}、Q、u、R_d、t\cdots\cdots\right) \tag{3-7}$$

70 年代，更新了这一公式[139]，简化写成为

$$p = f\left(\sigma_s、Z、\frac{R'}{r}、Q、u、R_d、t\cdots\cdots\right) \tag{3-8}$$

式中，Z——断面收缩率，考虑金属硬化与其成线性关系。

2）20 世纪 80 年代初期，有文献给出了单位拉深力组成的公式[8]

$$p = \frac{P}{\pi d_p t} = (\sigma_1 + \sigma_M)e^{\frac{\mu\pi}{2}} + \sigma_W \tag{3-9}$$

式中 σ_1——是为使变形区产生塑性变形所必须的径向拉应力，其值决定于板材的力学性能和拉深变形程度；

σ_M——是为克服由于压边力 Q 引起的毛坯与压边圈及凹模之间的摩擦阻力所必须增加的拉应力，其值为 $\sigma_M = \dfrac{2\mu Q}{\pi d_p t}$；

σ_W——是为克服毛坯沿凹模圆角运动所引起的弯曲阻力而必须增加的拉应力部分，其值可近似地取为 $\sigma_W = \dfrac{\sigma_b}{2\dfrac{r_d}{t}+1}$；

$e^{\frac{\mu\pi}{2}}$——是考虑毛坯沿凹模圆角滑动时产生的摩擦阻力系数；这里的 μ 为摩擦系数，t 为材料厚度。因 $e^{\frac{\mu\pi}{2}} \approx 1 + \dfrac{\mu\pi}{2} \approx 1.6\mu$

故式（3-9）可写成如下形式：

$$p = (\sigma_1 + \sigma_M)(1 + 1.6\mu) + \sigma_W \tag{3-10}$$

并给出了式中 σ_1 的极大值计算公式（由微分平衡方程与塑性条件 $\sigma_1 - \sigma_3 = \beta\sigma_s$ 联立求解）：

$$\sigma_{1\max} = 1.1\sigma_s \ln\frac{R'}{r} \tag{3-11}$$

3）20 世纪 80 年代后期，有文献导出了 σ_1 极值的公

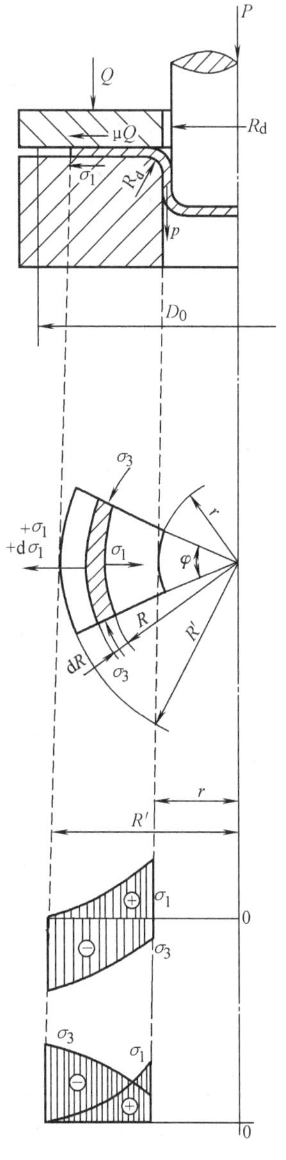

图 3-9 拉深时的应力分析

式[30]为

$$\sigma_{1\max} = 1.1\,\overline{\sigma_{\mathrm{i}}}\ln\frac{R'}{r} \tag{3-12}$$

式中 $\overline{\sigma_{\mathrm{i}}}$——平均应力，$\overline{\sigma_{\mathrm{i}}}=k\varepsilon_{\mathrm{i}}^{n}$，考虑了幂函数硬化规律。

4）20 世纪 70 ~90 年代后期，有文献给出了 σ_1 极值的公式[139、72]为

$$\sigma_{1\max} = A\left(\frac{1}{m}-B\right)\sigma_{\mathrm{b}} \tag{3-13}$$

式中 A、B——常数，为与断面收缩率 Ψ 相关的系数。

5）21 世纪初，经研究得到了 σ_1 最大值的计算公式[140]

$$\sigma_{1\max} = 1.1k\left[\frac{21\left(\frac{R'}{r}\right)^{2}\ln\left(\frac{2R'}{D_0}\right)}{2-\ln\left(\frac{R'}{r}\right)}\cdot\sqrt{\left(\ln\frac{R'}{r}\right)^{2}-\ln\left(\frac{R'}{r}\right)+1}\right]^{n}\cdot\ln\left(\frac{R'}{r}\right) \tag{3-14}$$

式中 k——幂函数冷变形硬化规律 $\sigma=k\varepsilon^{n}$ 中的材料常数；

n——加工硬化指数。

计算时，取瞬时外半径 $R'=0.45D_0$；材料厚度 $t'=\alpha t_0$，α 为不同部位增厚系数。

2. 经验公式

经验公式虽然忽略了很多影响因素，因而也不十分准确；但由于其计算简便，所以在生产实际中被广泛应用。关于拉深力的经验公式很多，下面介绍其中几种：

（1）第一次拉深力

$$F_1 = \pi d_1 t\sigma_{\mathrm{b}}K_1 \tag{3-15}$$

第二次拉深力

$$F_2 = \pi d_2 t\sigma_{\mathrm{b}}K_2 \tag{3-16}$$

式中 d_1、d_2——分别为拉深后零件的直径或冲头直径（mm）；

t——板料厚度（mm）；

σ_{b}——材料的抗拉强度（MPa）；

K_1、K_2——系数，其值可查表 3-2 及表 3-3（适用于低碳钢）。

表 3-2 系数 K_1 值

毛坯相对厚度 $\frac{t}{D_0}$(%)	拉深系数									
	0.45	0.48	0.50	0.52	0.55	0.60	0.65	0.70	0.75	0.80
5	0.95	0.85	0.75	0.65	0.60	0.50	0.43	0.35	0.28	0.20
2	1.1	1.0	0.90	0.80	0.75	0.60	0.50	0.42	0.35	0.25
1.2		1.1	1.0	0.90	0.80	0.68	0.56	0.47	0.37	0.30
0.8			1.1	1.0	0.90	0.75	0.60	0.50	0.40	0.33
0.5				1.1	1.0	0.82	0.67	0.55	0.45	0.36
0.2					1.1	0.90	0.75	0.60	0.50	0.40
0.1						1.1	0.90	0.75	0.60	0.50

（2）根据最大拉深力选压机

最大拉深力

$$F_{\max} = 5d_{\mathrm{p}}t\sigma_{\mathrm{b}}\ln\frac{1}{m} \tag{3-17}$$

式中 d_p——冲头直径(mm);

t——材料厚度(mm);

σ_b——材料的抗拉强度(MPa);

m——拉深系数。

表 3-3 系数 K_2 值

毛坯相对厚度 $\frac{t}{D_0}$(%)	拉深系数									
	0.70	0.72	0.75	0.78	0.80	0.82	0.85	0.88	0.90	0.92
5	0.85	0.70	0.60	0.50	0.42	0.32	0.28	0.20	0.15	0.12
2	1.1	0.90	0.75	0.60	0.52	0.42	0.32	0.25	0.20	0.14
1.2		1.1	0.90	0.75	0.62	0.52	0.42	0.30	0.25	0.16
0.8			1.0	0.82	0.70	0.57	0.46	0.35	0.27	0.18
0.5			1.1	0.90	0.76	0.63	0.50	0.40	0.30	0.20
0.2				1.0	0.85	0.70	0.53	0.44	0.33	0.23
0.1				1.1	1.0	0.82	0.68	0.55	0.40	0.30

总拉深力

$$F_{总} = F_{max} + Q_{max} \tag{3-17a}$$

式中 Q_{max}——最大压边力，可参照防皱压边力的最低值公式计算，即

$$Q = \frac{\pi}{4}(D_0^2 - d^2)q \tag{3-17b}$$

式中 D_0——毛坯直径（mm）;

d——零件直径（mm）;

q——防皱单位压力（N/mm^2）。

一般来说，板料的强度高、相对厚度小、拉深系数小，需要的最小防皱单位压力 q 较大；反之，q 较小。其值可参考表 3-4 选取。

表 3-4 防皱单位压力 q （单位：N/mm^2）

材料	q	材料	q
铝	0.8~1.2	深拉深用钢 $t>0.5$mm	2.0~2.5
铜	1.2~1.8	$t<0.5$mm	2.5~3.0
黄铜	1.5~2.0	不锈钢	3.0~4.5

这里的两种力叠加公式只适用于基本筒形件拉深并在单动冲床上进行。若在双动冲床上拉深，则压边力是由外滑块提供，拉深力由内滑块承受，这时仍然为两种力的叠加就不合道理了。因此，根据最大拉深力选择压机设备吨位应该是：

对于单动压力机 $F_{设} \geqslant F_{总} = F_{max} + Q_{max}$

对于双动压力机 $F_{设内} \geqslant F_{max}, F_{设外} \geqslant Q_{max}$

（3）最大拉深力的实验公式

1）20 世纪 50 年代与经验公式（3-15）或式（3-16）同时提出的还有筒形件拉深最大拉深力的实验公式[14]

$$F_{max} = 3(\sigma_b + \sigma_s)(D_0 - d_d - r_d)t \tag{3-18}$$

式中 σ_s——材料的屈服强度（MPa）;

D_0——坯料直径（mm）；

d_d——凹模内径（mm）；

r_d——凹模圆角半径（mm）。

其余同前。

2）20 世纪末提出一筒形件拉深最大拉深力的实验公式[20]为

$$F_{max} = 0.745D_0 + 0.352r_p - 4.295c - 0.544r_d - 0.037\mu - 0.471q - 21.772 \tag{3-19}$$

式中 F_{max}——最大拉深力（kN）；

r_p——冲头圆角半径（mm）；

c——拉深间隙（mm）；

μ——摩擦系数；

q——单位压边力（MPa）。

其余同前。

该公式是用厚度为 0.5mm 的 08F 钢做拉深实验、并对数据进行统计回归而得出的，故应注意其适用范围。

3.2.3 拉深功的核算

从图 3-18 看，拉深曲线与横坐标轴所包围的面积，要比冲裁曲线所包围的面积大很多。因此，仅仅按拉深力进行设备的选择并不一定很保险。因为，有时设备的吨位足够，但因拉深行程很长，设备具备的功不一定能满足拉深功的要求。遇到这种情况，可能出现拉深时压机的行程速度减缓，甚至会损坏设备的电动机。为此，还需要对拉深功进行核算。

拉深所需的功可按下式计算

$$W = \frac{CP_{max}h}{1000} \tag{3-20}$$

式中 P_{max}——最大拉深力（N）；

h——拉深深度（m）；

W——拉深功（N·m）；

C——修正系数，一般取为 $C=0.6\sim0.8$。

因而，压力机的电动机功率可按下式进行核算

$$N = \frac{KWn}{60\times75\eta_1\eta_2\times1.36\times10} = \frac{KWn}{19200\eta_1\eta_2} \tag{3-21}$$

式中 W——拉深功（N·m）；

n——压力机行程次数（次/min）；

N——电动机功率（kW）；

η_1——压力机效率，$\eta_1=0.6\sim0.8$；

η_2——电动机效率，$\eta_2=0.9\sim0.95$；

K——不均衡系数，$K=1.2\sim1.4$。

经核算后拉深所需的功率，要小于电动机所规定的额定功率。否则，必须更换功率较大的压力机进行拉深。

3.3 拉深起皱与防止

3.3.1 起皱现象与初步判断

1. 起皱现象

从材料力学理论中已经知道，无论棒料或板料，压缩变形就有一个压缩失稳的问题。在3.1节中已经分析到，拉深变形区受最大切向压应力作用，有最大切向压缩变形，这种压缩变形过大，就会有失稳问题产生。

在拉深时，变形区压缩失稳的一种表征为起皱，即是指法兰边上材料产生切向皱折，如图3-10所示。一旦失稳起皱发生，不仅拉深力、拉深功增大，而且，会使拉深件质量降低，或者使拉深件过早破裂而拉深失败，有时甚至会损坏模具或设备。

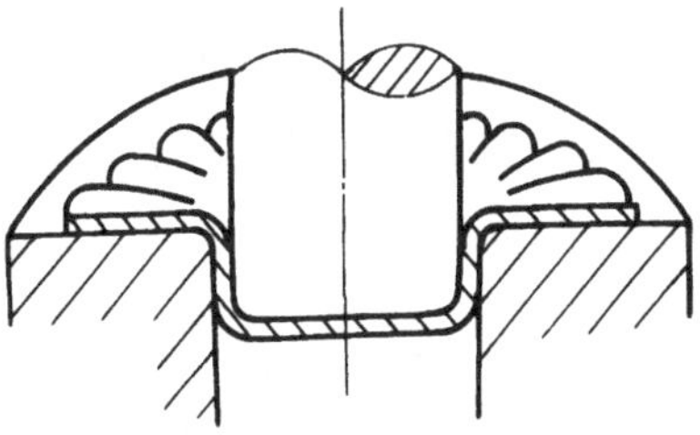

图3-10 起皱现象

2. 影响拉深起皱的主要因素

拉深过程中影响坯料变形区起皱的主要因素有两点。

（1）坯料的相对厚度 t/D_0 板料受压时，其厚度越薄越容易起皱，反之不容易起皱，这是一个常识。所以，在计算拉深系数（度量拉深变形程度）中，按中径计算就是从这个角度出发的。在拉深中，更确切地说，坯料的相对厚度越小，变形区抗失稳起皱的能力越差，也越容易起皱。

（2）拉深系数 m 根据拉深系数的定义 $m=d/D_0$ 可知，拉深系数 m 越小，拉深变形程度越大，拉深变形区内金属的硬化程度也越高，所以，切向压应力相应增大；另一方面，m 越小，拉深变形区的宽度越大，相对厚度越小，其抗失稳能力越差。由于这两方面综合作用的结果，都使得拉深系数较小时坯料的起皱趋势加大。

有时，虽然毛坯的相对厚度较小，但由于拉深系数较大，拉深时并不会产生失稳起皱。例如，拉深高度很小的浅拉深件时，即属于这一种情况。这就是说，在上述两个主要因素中，拉深系数显得更为重要。

3. 起皱的判断

在分析拉深件的成形工艺时，必须判断该零件在拉深过程中是否会发生起皱，如果不起皱，则可以采用不用压边圈的模具。否则，应该采用带压边结构的模具，如图3-11所示。

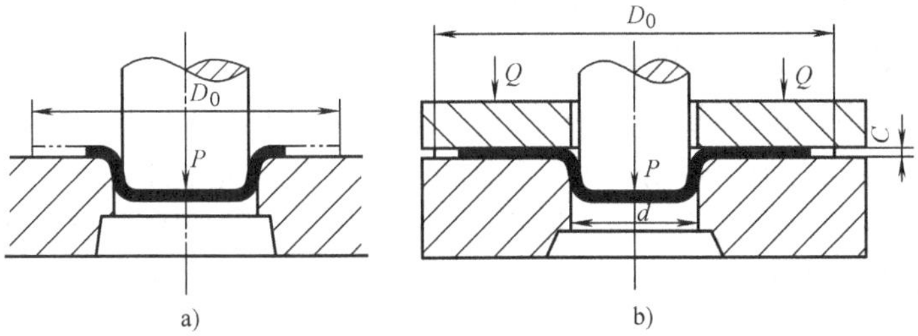

图3-11 有无压边圈模具结构

a）无压边圈模具 b）带压边圈模具

准确地判断拉深时是否起皱是一个相当复杂的问题，在生产实际中可用一些经验性的公式或数据表进行概略的评判。

1）如早有提出拉深不起皱的判断公式有：

$$\text{平端凹模拉深}\quad \frac{t}{D_0} \geqslant (0.09 \sim 0.17)(1-m) \tag{3-22}$$

$$\text{锥形凹模拉深}\quad \frac{t}{D_0} \geqslant (0.03 \sim 0.45)(1-m) \tag{3-23}$$

2）后又有文献［14］综合推荐下面判断公式：

$$\text{平端凹模拉深}\left(\frac{t}{d_{\rm d}}\right)_{\rm Lim} = K\left(\frac{1}{m}-1\right) \tag{3-24}$$

式中　K——材料系数，分别为 $K=1/6$（材料未给定）；$K=1/8.7$（退火铜、黄铜、软钢）；$K=1/6.3$（镇静钢、7/3 黄铜、软态及半硬态铝）；$K=7/80$（铝）。

以上公式都是在各自的实验条件下（不同的材料、不同的拉深变形条件）而总结提出的，故有一定的范围和差异。

还可用表 3-1、表 3-12 给出的数据对筒形件、带法兰边筒形件进行判断。

3.3.2　防皱措施

如果判断出拉深不起皱，则无需采用防皱措施，其模具结构简单，见图 3-11a；倘若判断出拉深起皱，则需要采用防皱措施。通常的防皱措施是加压边圈，使坯料可能起皱的部分夹在凹模平面与压边圈之间，见图 3-11b，让毛坯在两平面之间能顺利地按变形区增厚规律通过。

1. 防皱压边力与压边间隙

压边圈只是防止拉深起皱的一种模具结构或形式。关键应该控制压边力的大小，更科学地说是要控制好压边间隙。

压边力应该是保证毛坯法兰部分不致于起皱的最小压力。如果压边力过大，则使变形区坯料与凹模、压边圈之间的摩擦力剧增，可能导致工件的过早破裂；如果压边力太小，则起不到防皱的作用或作用很小，仍然不可能实现成功的拉深。

日本、前苏联学者分别用半理论方法或实验方法提出了几个防皱界限的条件公式[4]。但是这些公式比较复杂，应用起来不太方便。故生产实际中常用式（3-24）及表 3-4 进行压边力的计算与选用。

由于压边力数值在操作时不便控制，而且，变形区坯料压缩失稳时，只有当皱纹波超过一定高度时才会产生皱折。因此，假如能控制好不致产生皱折的压边间隙（压边圈与凹模平面间的间隙），则实际上更有利于防止拉深起皱。

另外，用压边间隙比用压边力防皱还有一个优点：用压边力时，对其拉深坯料要求更严，即不允许有较高的毛刺。否则，由于毛刺在开始压边时先被压扁而使实际压边力出现某种假象，故坯料往往需先除毛刺。而用压边间隙就不存在这个问题，因压边间隙基本上处于两个刚性块中间，即便是在加固定间隙的弹性压边模情况下也是如此。

实验研究[21]得到的最佳压边间隙见表 3-5。

2. 防皱压边圈

（1）刚性压边圈　适用于双动压力机、液压机上拉深。也可以用于单动压力机上进行拉深。

表 3-5 最佳压边间隙值

材　料	数值范围
软钢	$C=(0.95\sim1.10)t_0$
铝	$C=(1.00\sim1.15)t_0$
铜	$C=(1.00\sim1.10)t_0$

注：t_0 为坯料厚度。

1）原理　双动压力机上的刚性压边圈工作原理，如图 3-12 所示。拉深冲头固定在压力机内滑块上，压边圈固定在外滑块上。每次冲压行程开始时，外滑块先带动压边圈下降，压在坯料的法兰面上，并停于此位置。随后，内滑块再带动冲头下降，并进行拉深。当拉深结束后，紧跟着内滑块的回升，外滑块也带动压边圈回复到上死点位置。然后，置于压力机工作台下部的顶出装置将零件从模具里顶出。

2）压边圈形状　刚性压边圈的适当作用，并不全是靠直接调整压边力来保证的，而要通过调整压边圈与凹模平面之间的间隙获得。当然，如果外滑块由液压缸控制，其液体压力可以调整选择，但仍应该考虑其间隙。

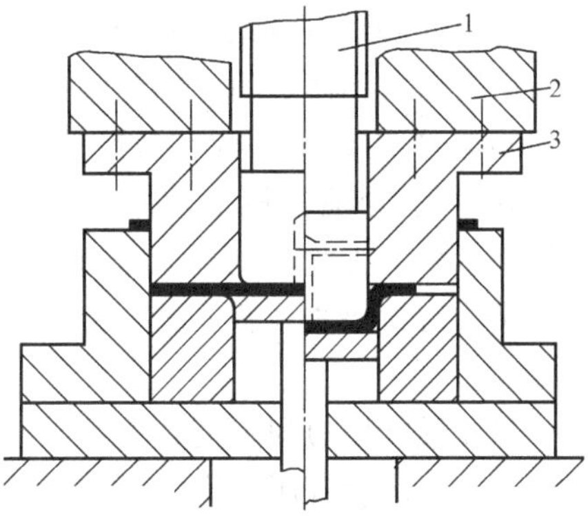

图 3-12　双动压力机上刚性压边
1—内滑块　2—外滑块　3—压边圈

压边圈的结构形式可有四种，如图 3-13 所示。图 3-13a 所示是普通平面状。图 3-13b 所示是平锥形，这种压边圈中锥角的大小应与拉深件壁部增厚规律相适应，实验研究[22]表明，锥角 α 可按下式计算

$$\alpha=\arctan\frac{zt}{(D-d)/2}=\arctan\frac{2ztm_c}{d(1-m_c)} \tag{3-25}$$

式中　t——材料厚度（mm）；
z——拉深件壁部增厚系数，取 $z=0.2\sim0.3$；
m_c——极限拉深系数；
d——拉深件直径（mm）；
D——锥角开始加工处直径（可近似取为坯料直径 D_0）（mm）。

平锥形压边圈不仅能使冲模的调整工作得到一定程度的简化，而且能提高拉深的极限变形程度。

图 3-13c 所示是大锥角的锥形压边圈结构，其锥角与锥形凹模的锥角相对应，一般取其锥角 β 在 $10°\sim60°$ 范围之内，常用 $\beta=30°\sim45°$。它能降低极限拉深系数，实际上是增加了毛坯的中间变形过程，即等于增加一道中间成锥形件的拉深工序，而这种锥形过渡使得变形区具有更大的抗压缩失稳能力。还可以理解为在这种情况下，拉深变形的路程增长了，变形速度减慢了，有利于塑性的提高。

图 3-13d 所示是圆弧形压边圈，它更适用于带法兰边筒形且法兰边直径较小而圆角半径较大的情况[23]。

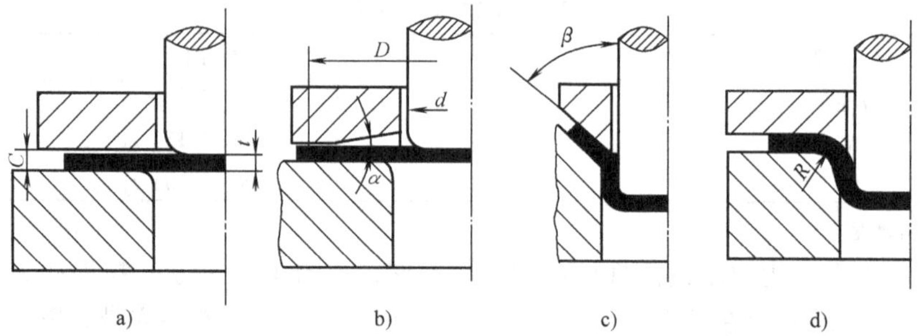

图 3-13 压边圈形状

a）平面形 b）平锥形 c）锥形 d）圆弧形

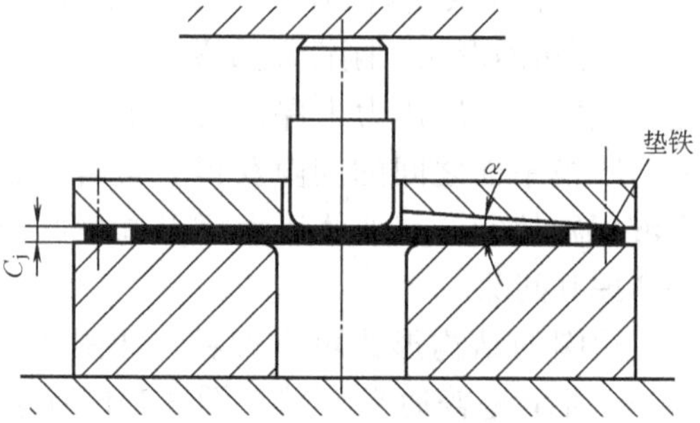

图 3-14 油压机上刚性压边圈

以上四种压边圈结构当用于油压机或单动压力机（弹性刚性结合）时，其工作原理为：压边圈与凹模之间用螺栓连接固定，或中间间隙 C_j 用垫铁、特有销钉等予以调整。图 3-14 所示为油压机上使用最佳压边间隙的拉深示意。为此，也可知压边间隙的控制形式结构有：垫块（板）式、定位销式、定位柱式。

只要最佳压边间隙调整好了，在平状压边圈下，不用合理压边力的概念和数值，也能获得所谓合理压边力下的极限拉深系数，甚至还更低些，见表 3-6。

在实验室条件下，按公式（3-25）计算和加工出锥角 α 的平锥形压边圈进行拉深，同时作了取用最佳压边间隙值的拉深实验，其极限拉深系数 m_c 均有所降低，表 3-7 是在压力机上拉深获得的一组试验数据[22]。

表 3-6 不同压边概念下的 m_c

比较 \ 相对厚度	$\frac{t}{D_0}$（%）	
	1.5～1.0	1.0～0.5
取用合理压边力	0.5～0.53	0.53～0.56
取用最佳压边间隙	0.48～0.49	0.5～0.51

表 3-7 不同压边圈下的 m_c 对比

材料 \ 压边条件	平状压边圈	平锥形压边圈		平锥形压边圈＋最佳压边间隙	
		试验值	比平状降低（%）	试验值	比平状降低（%）
钢	0.488	0.488	0	0.481	1.4
铝	0.557	0.510	8.4	0.500	10.2
铜	0.527	0.517	2.0	0.506	4.0

大锥角锥形压边圈与锥形凹模结构降低极限拉深系数的效果更为显著。表 3-8 列出了这

种结构下的极限拉深系数 m_c[8]。

（2）弹性压边圈　弹性压边圈结构适用于单动压力机。其工作原理如图 3-15 所示，压边圈由模具中的弹性系统托住，随着上模（拉深凹模）的下行，弹性压边圈的压边力急剧增大。这种结构产生的压边力曲线与拉深曲线很不协调。而用气缸或液压缸的弹性压边系统，其压边力基本上是不变化的，调整也较方便。后者的拉深效果好于前者。

如果弹性压边圈刚性化，即在拉深凹模与压边圈之间也加上厚度为最佳压边间隙的垫块之类的零件，就能够具有刚性压边圈改善防皱条件的作用，从而能降低极限拉深系数。表 3-6、表 3-7 中的数值实际上包括了这种结构条件下的实验数值。

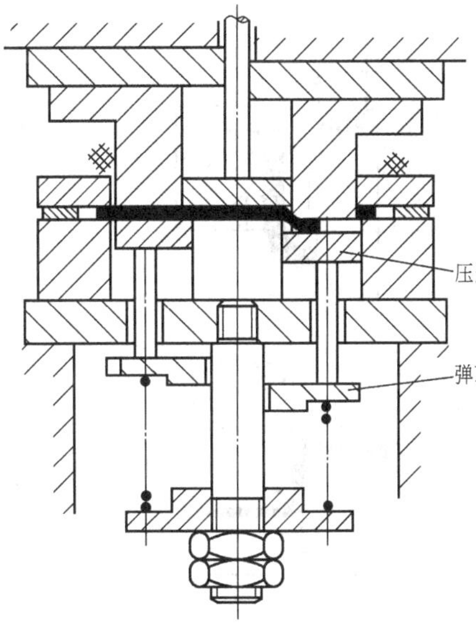

图 3-15　单动压力机上的弹性压边

表 3-8　大锥角锥形压边圈下的 m_c

t/D_0	0.02	0.015	0.01	0.008	0.005	0.003	0.0015
m_c	0.35	0.36	0.38	0.40	0.43	0.50	0.60
$\beta/(°)$	60	45	30	23	17	13	10

3.4　拉深模工作部分尺寸

3.4.1　工作部分的结构特点

拉深工序与冲裁工序相比，有以下几个不同特点：首先，拉深冲头和凹模有圆角而不呈尖刃；其次有一次拉深件，也有要经过多次拉深的拉深件；再次拉深模的冲头不一定置于模具的上模部分。故有所谓正、反拉深及正装式、倒装式模具结构。因此拉深模工作部分的结构也有自己的特点。

下面，从正、反拉深及正装式、倒装式模具的角度对拉深模工作部分的结构特点作简要说明。

1. 正拉深

拉深模工作零件主要是指冲头、凹模及压边圈三种零件。正拉深时，模具工作部分结构形式通常如图 3-16 所示。其中，图 3-16a 所示为不必用压边圈的拉深模结构形式，凹模分别有圆弧形、锥形和渐开线形[23]等。

对于一般中、小型拉深件，常用图 3-16b 所示的结构形式，上图所示的为一次拉深用，下图所示的为多次拉深用。

对于尺寸较大的拉深件（例如直径 $d>100$mm），多采用如图 3-16c 所示的结构形式，下图所示也是为多次拉深用。

图 3-16c 所示为锥角形状的结构形式，除具有一般锥形凹模的特点外，还可能减轻毛坯

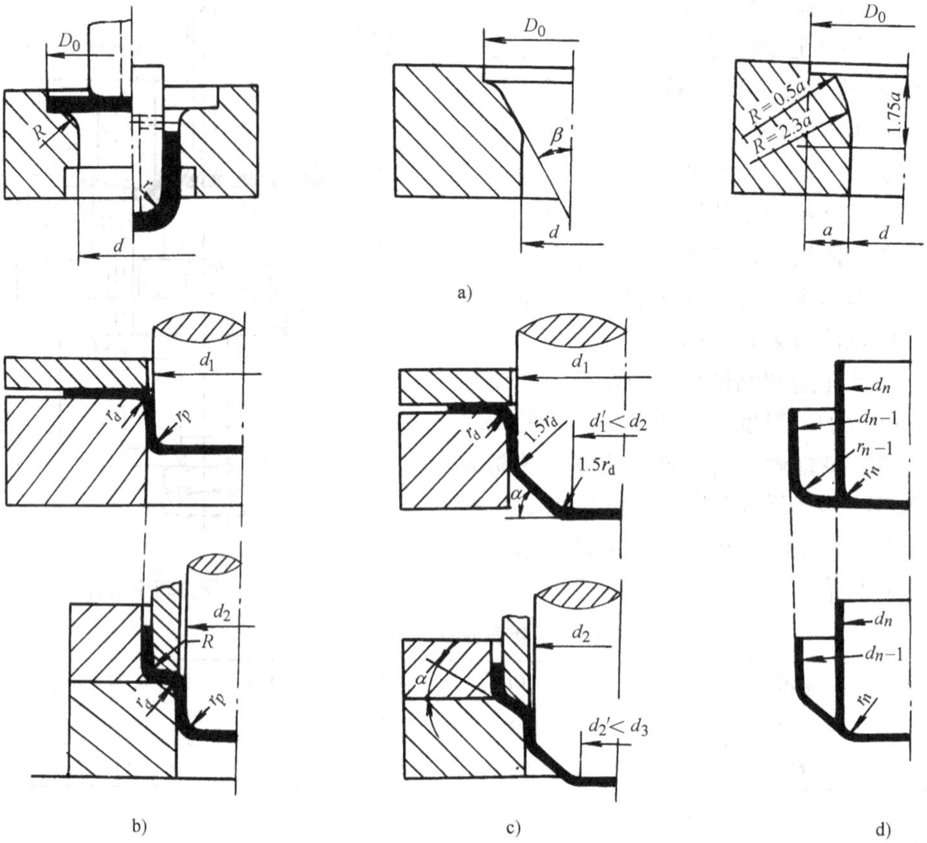

图 3-16　拉深模一般结构形式

的反复弯曲变形，提高拉深件侧壁的质量。为此应该做到[8]以下几点。

1）前后两道工序的模具结构应该彼此联系、互相适应，即中间毛坯放在后道工序中应处于有利的成形条件下。

2）后道工序中的压边圈形状应与前道工序中冲头形状的相应部分相同。

3）后道工序中的凹模锥角应与前道工序中的冲头锥角相同。

4）前道工序的锥顶直径应尽量小于后道工序的凹模直径，即 $d'_1<d_2$，$d'_2<d_3$，这样，可以避免毛坯在拉深过程中的反复弯曲变形。

5）最后一道工序中的冲头锥角应符合零件的要求。为了使零件底部平整，最后一道工序的前道工序的冲头圆角半径应大于最后一道工序的冲头圆角半径，即 $r_{n-1}>r_n$（对圆形凹模），或等于最后一道工序的圆角半径，即 $r_{n-1}=r_n$（对锥形凹模），见图 3-16b。

2. 反拉深

所谓反拉深是指拉深冲头从已拉深件的外底部反向加压，使原已拉深的毛坯之内表面翻转为外表面的一种拉深方法。

正拉深模的拉深，适用于各种空心零件的拉深（包括多次拉深）。反拉深模也适用于某些筒形件、盒形件的拉深，比如某一大型筒形件及某种洗衣机内桶，正是采用第一次正拉、第二次反拉而成形的；但反拉深更适用于有双重侧壁的零件，且坯料一定是已拉深件。

用反拉深模的拉深，如图 3-17 所示，其变形阻力较之正拉深时要大些。这是因为它是从半成品的外底部反向压下，使具有不同加工硬化的毛坯内外表面互换了位置所致。

反拉深锥形和球形这样一类曲面零件及具有双重侧壁的零件时，一般只进行一次反拉深。图 3-18 所示的两种反拉深的典型零件，它们都难以采用正拉深的方法拉深出来，尤其是图 3-18b 所示的带有双重侧壁的零件，只能在正拉深后用反拉深方法才能实现。

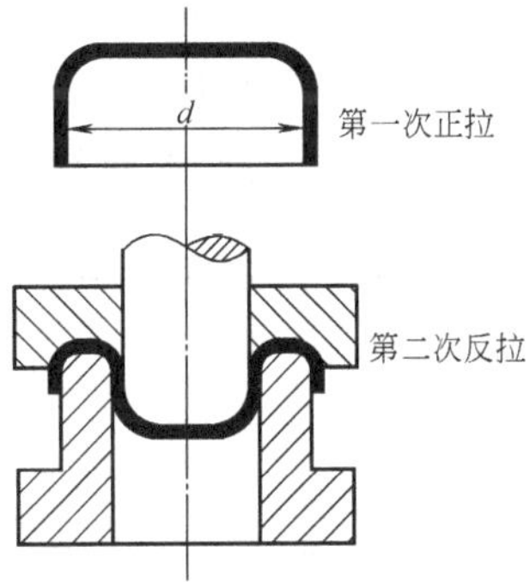

图 3-17　反拉深示意

反拉深与正拉深从应力状态和变形特点来看，没有本质上的差别。但是，从第二次正拉与反拉相比较来看，能得出以下认识。

1）反拉深时毛坯侧壁没有正拉深那样从一个方面的多次反复弯曲。因此，引起材料的硬化程度比正拉深时低一些，残余应力的数值也要低得多。可是，反拉深时凹模的圆角半径受到零件尺寸的限制不能过大，最大值不能超过$\frac{d_1-d_2}{2}$。所以，反拉深不适宜于直径过小而厚度大的零件。

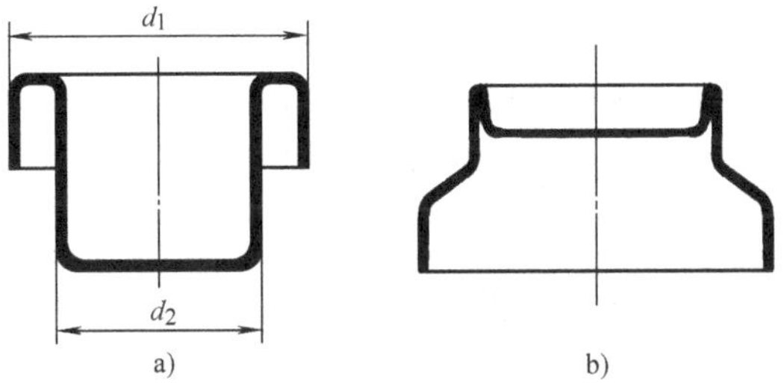

图 3-18　反拉深典型零件形状

2）正拉深时，拉深系数 m 越大，越容易拉深成功；可反拉深时，过大的 m 会使凹模强度降低（因使凹模壁厚过小）。图 3-18b 所示是一个特殊例子，这种反拉深件根本不用凹模。不过，这种零件和模具结构，只适用于相对厚度小、板材的塑性较高时。

通常，反拉深所需的拉深力，比正深时要大 10% ~20% 。

3. 正装式、倒装式拉深模

根据拉深零件在模具中正置或倒置的不同，有正装式拉深模或倒装式拉深模之分。前面的拉深模示意图中，只有图 3-18 所示是倒装式，其余均为正装式。正、倒装式拉深模仅是结构形式上的不同（拉深冲头或压边圈处于上、下模部分的不同），其工作部分形状与尺寸的设计是相同的。这种结构形式之分，在其他成形模（翻边、缩口等）中也有类似情况。

3.4.2　工作部分尺寸的设计计算

1. 凹模圆角

凹模圆角半径的大小对于拉深过程有很大的影响。因为坯料在被拉深过程中，是在凹模圆角部位滑动并产生较大弯曲变形，后又进入到凹模的直壁部分重新被拉直。如果凹模圆角半径大小，那么在该处的变形阻力、摩擦阻力和反复弯曲阻力都要增大，从拉深力理论公式（3-20）知，r_d 越小，则 p 越大。于是，拉深力 F 增大，模具磨损也增大。例如，用 1mm 厚的软钢板拉深实验结果，凹模圆角半径由 6mm 减小到 2mm 时，拉深力增加了一倍。另外，如果 r_d 取得越小，则极限拉深系数 m_c 势必增大，故生产实际中多采用较大的凹模圆角半径。

凹模圆角半径过大，则处在压边圈作用下的坯料面积减少，拉深开始就有宽度为（r_d +

$r_p + c$）的坯料压不到，中途也有（$r_d + c$）的宽度压不到，显然，这部分材料容易起皱。因此，在设计时应根据具体条件如相对厚度、润滑条件、模具及板料的表面状况、有无压边和间隙等，并参照表 3-9 选择 r_d。

表 3-9　拉深凹模圆角半径值

拉深件	坯料的相对厚度 $\frac{t}{D_0}$（%）		
	2～1	1～0.3	0.3～0.1
筒形件	(4～8) t	(6～10) t	(8～12) t
带法兰筒形件	(6～10) t	(10～15) t	(15～20) t

注：1. 表中数值仅适用于薄板零件，且并不是固定不可变的，应根据实际情况取用。比如，拉深系数 m 较大时，可取略小于表中值；在调试模时，可先用小值再逐渐加大，直到拉深出合格零件才确定下来。

2. 对于一次拉深以后的各次拉深可取比表中值小 10%～40% 的值。

3. 带有法兰零件的最后一次拉深，其 r_d 一定要等于零件要求的圆角半径值，但须 $r_d > t \sim 2t$。

拉深凹模圆角半径除按上表或其他一些推荐表选取外，还可按下列经验公式进行计算。

1）一般情况下首次拉深时，

$$r_d = 0.8\sqrt{(D-d)t} \tag{3-26}$$

式中　D——毛坯直径（mm）；

d——工件直径（mm）；

t——料厚（mm）。

2）当 $d>200$ 时，

$$r_d = 0.039d + 2 \tag{3-27}$$

3）以后各次拉深，r_d 可取小些，一般 $r_{dn} = (0.6 \sim 0.8)\ r_{d(n-1)}$。

对于不同压边的拉深凹模，图 3-16a 的渐开线形凹模是一种比较新型的结构形式。近年来有报道提出按不同优化目标的几种凹模圆角处新形状，如抛物线形等[24]，虽然还不便实施或应用不广，但它是一种最优化设计方法，值得注意。

2. 凸模圆角

凸模圆角半径 r_p 太小，会使材料在这个部位弯曲厉害且局部变薄严重；这种弯曲和变薄的痕迹还会在以后的工序中留在零件的侧壁上，影响零件的质量；过小的 r_p 会增加该工序及以后成形工序的困难。总之，过小的 r_p 会影响拉深成形危险断面的承载能力，使极限拉深系数增大，零件质量变差。

凸模圆角半径大可以降低拉深所需的力，增加毛坯危险断面的强度，改善工件质量。但 r_p 过大，也减少了开始拉深时被压边的面积，材料悬空部分比例增大，助长了这部分毛坯的起皱，道理同凹模圆角半径过大相似。

在实际生产中，应该根据具体条件选取其数值。一般凸模圆角半径比凹模圆角半径要小些，常取 $r_p = (0.7 \sim 1.0)\ r_d$。最后一道拉深工序的 r_p 应该等于工件底部圆角半径，且须 $r_p > t$。但冲压厚板拉深件时，r_p 可以等于甚至小于 t。

3. 拉深模间隙

拉深模中凹模与凸模直径之间的空隙尺寸定义为拉深模间隙，即 $C = (d_d - d_p)/2$，见图 3-1 及图 3-19。拉深模间隙对经凹模圆角区变形后的毛坯具有校直作用，所以，它对拉深件的质量有较大的影响。当间隙太大时，拉深件壁部不直或成锥形；间隙太小的，毛坯在通过间隙时产生的校直与变薄变形需经受较大的拉力，同时，也增加了毛坯与模具表面的摩擦，会加剧模具的磨损。

恰当的拉深间隙的选取应根据拉深零件的形状、变形条件等要求，并与坯料的增厚变形规律相适应。一般情况下，拉深间隙值要稍大于坯料厚度（t）尺寸，设计时可参考表3-10。

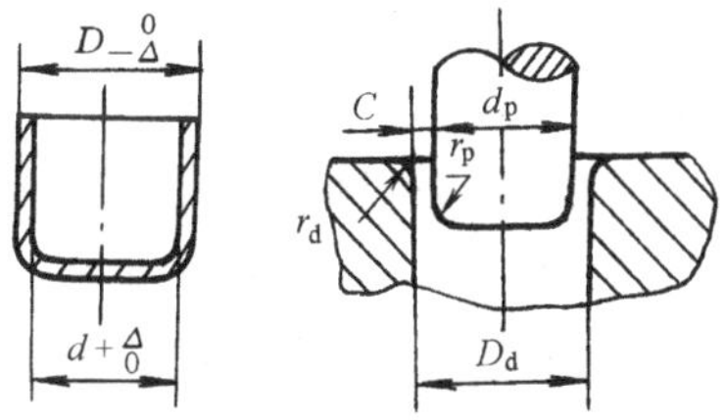

图 3-19　工件与模具尺寸关系

表 3-10　拉深模间隙 C[14]

拉深条件	间隙 C	拉深条件	间隙 C
不用压边的浅拉深	(1.0 ~ 1.05) t	多次拉深	(1.10 ~ 1.20) t
用压边的一次拉深	(1.05 ~ 1.15) t	光洁拉深	(0.95 ~ 1.05) t

个别情况下，对于某些精度尺寸要求较高或浅拉深件（如碗形零件），一次拉深的拉深间隙可比表中值选得更小甚至为（0.9 ~ 1.0）t。参见本章第 8 节的拉深实例 1，该零件实际上为一负间隙拉深件。

4. 凹、凸模直径尺寸

拉深模（包括以后各章中的其它成形模）直径尺寸确定的原则，与冲裁模刃口尺寸确定的原则基本相同，只是具体内容中个别系数、参数的取值上稍有所不同。

对于一次拉深件或多次拉深件的最末一次拉深的拉深模，其凹、凸模直径尺寸及公差确定的具体方法如下。

1）当工件要求外形尺寸时（图 3-19 中 $D_{-\Delta}^{\ 0}$）

凹模内径

$$D_d = (D - 0.75\Delta)_{\ 0}^{+\delta_d} \tag{3-28}$$

冲头外径

$$d_p = (D - 0.75\Delta - 2C)_{-\delta_p}^{\ \ 0} = (D_d - 2C)_{-\delta_p}^{\ \ 0} \tag{3-29}$$

2）当工件要求内形尺寸时（图 3-19 中 $d_{\ 0}^{+\Delta}$）

冲头直径

$$d_p = (d + 0.4\Delta)_{-\delta_p}^{\ \ 0} \tag{3-30}$$

凹模内径

$$D_d = (d + 0.4\Delta + 2C)_{\ 0}^{+\delta_d} = (d_p + 2C)_{\ 0}^{+\delta_d} \tag{3-31}$$

3）当工件的内外形尺寸均有要求时，凹模内径可按工件外径的下偏差、而冲头外径按工件内径的上偏差进行设计。此时拉深间隙往往是接近或稍小于料厚。若是多次拉深的最末一次拉深，相当于按整形模的要求设计。

以上各式中，冲头制造偏差 δ_p 及凹模制造偏差 δ_d 一般按公差等级 IT6 ~ IT8 选取，如果工件为自由公差，则凸凹模制造公差可采用 IT10 级。间隙 C 可查表 3-10 选取。

对于多次拉深的中间工序，由于半成品尺寸公差没有必要严格加以限制，这时模具的尺寸只要等于毛坯的过渡尺寸即可，不管以哪一件为基准，另一件仅将间隙加上就行了。

3.4.3 坯料尺寸的计算

1. 坯料尺寸的计算方法

根据拉深零件图，要作拉深系数的计算和拉深次数的判断。为此必须首先求得坯料直径。对于筒形件拉深坯料直径的计算主要用以下方法。

（1）等面积法　是根据拉深前后面积相等的原则进行概略的计算的，如图3-20所示。其毛坯直径

$$D_0 = \sqrt{\frac{4}{\pi}\Sigma F_i} \tag{3-32}$$

式中　$F_3 = \pi d\ (H - R)$

$$F_2 = \frac{\pi}{4}\ [2\pi R\ (d - 2R)\ + 8R^2]$$

$$F_1 = \frac{\pi}{4}\ (d - 2R)^2$$

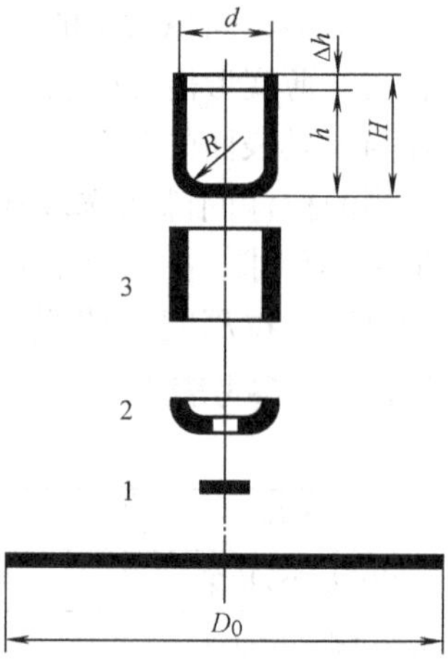

图3-20　拉深筒形件坯料计算示意

将各部分面积 F_i 代入式（3-32）并整理得（仅对圆筒形件）

$$D_0 = \sqrt{(d - 2R)^2 + 2\pi R(d - 2R) + 8R^2 + 4d(H - R)} \tag{3-33}$$

图3-20中 Δh 是零件的切边余量，因为拉深件口部不是很平齐的，尤其是经过多次拉深后的零件，边缘质量很差，所以，在大多数情况下，必须加大零件的高度，拉深完后经切边工序，才能保证零件的高度尺寸和口端质量。

切边余量 Δh 的大小取决于板材的性能、拉深件的几何形状、拉深次数等。对于筒形件，其切边余量可参照表3-11选取，或者对于钢板拉深件，一般按零件高度的5%～10%选取。当零件的相对高度 H/d 很小时，也有可能不需切边而不必加切边余量。

表3-11　筒形拉深件的切边余量Δh　　（单位：mm）

零件高度 H	切边余量 Δh
10～50	1～4
50～100	2～6
100～200	3～10
200～300	5～12

注：带法兰边零件的直径切边余量，可根据直径 d_f 增大坯料直径3～10mm。

（2）绘图解析法　对于形状复杂的轴对称形状拉深件的坯料计算，可以根据“由任何形状的母线绕轴旋转所得的旋转体面积，等于母线展开长度在其原重心处绕轴所得到的面积”法则，即

$$F = 2\pi R_S L$$

式中　F——旋转体表面积；

L——母线长度，$L = l_1 + l_2 + \cdots\cdots + l_n$（常取单元母线 $l_1 = l_2 = \cdots\cdots = l_n$）；

R_S——由对称轴到母线重心的距离。

于是，坯料直径可由下式求得

$$D_0 = \sqrt{8LR_S} = \sqrt{8\Sigma lr} \tag{3-34}$$

式中　r——单元母线重心到对称轴的距离。

绘图解析法实际上仍是用等面积法的前提，且假设变形材料厚度不变。

（3）等体积法　由于拉深过程中，变形区材料切向压缩变形最大、厚度增加，而不变形区的材料又有所减薄，故考虑料厚变化的实际，应当按体积不变条件进行拉深坯料计算更为合理、更为科学。

已有研究[111、141]表明，利用计算机通用软件 Pro/E 模型分析功能，考虑料厚变化的等体积法计算出筒形件与带法兰边筒形件的拉深坯料，得到的坯料直径尺寸更接近于实际，结果更为准确。该方法的具体计算过程为：

1）将筒形件分解成（见图 3-20 中）3 个部分。类似地，将带法兰边零件分解成 5 部分（增加凹模转角部分 4 与外法兰部分 5）。

2）按照表 3-12、表 3-13 选定各部分材料的平均增厚系数（$\alpha_i = t_i/t_0$），计算各部分材料的平均料厚，筒形件有如图 3-21a 所示的 t_1、t_2、t_3，带法兰边零件有如图 3-21b 所示的 t_1、t_2、t_3、t_4、t_5。

表 3-12　筒形拉深件各部分材料平均增厚系数

H/d	≤0.25	0.25～0.5	0.5～0.75	≥0.75
α_1	1.0	1.0～0.99	0.99～0.98	0.98～0.96
α_2	0.94～1.0	0.87～0.94	0.81～0.87	0.77～0.81
α_3	1.00～1.04	1.04～1.07	1.07～1.10	1.10～1.15

表 3-13　带法兰边零件各部分材料平均增厚系数

H/d	≤0.3	0.3～0.4	0.4～0.5	≥0.5
α_1	1.0	1.0～0.99	0.99～0.98	0.98～0.96
α_2	0.93～1.00	0.87～0.93	0.81～0.87	0.77～0.81
α_3	1.00～1.02	1.02～1.07	1.07～1.09	1.09～1.12
α_4	1.00～1.03	1.04～1.09	1.09～1.11	1.11～1.13
α_5	1.00～1.06	1.06～1.10	1.10～1.14	1.14～1.17

3）利用 Pro/E 软件的模型分析功能，绘出各部分的实体透视图，获得各部分的体积 V_i，筒形件有 V_1、V_2、V_3，带法兰边零件有 V_1、V_2、V_3、V_4、V_5。

4）按下式计算拉深件坯料的直径

$$D_0 = \sqrt{\frac{4V_i}{\pi t_0}} \tag{3-35}$$

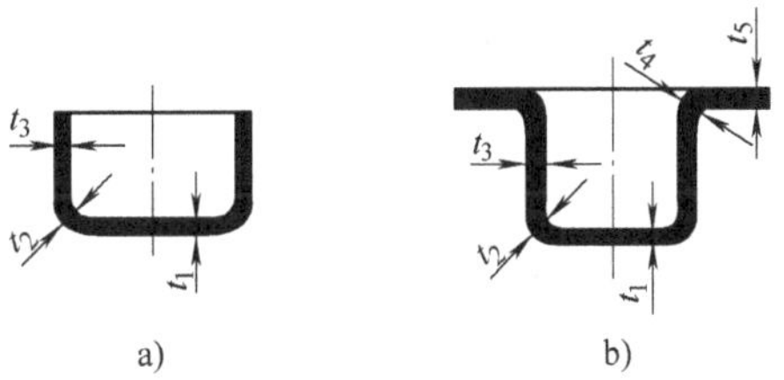

图 3-21　拉深件各部分厚度示意

2. 落料、拉深复合模问题

坯料尺寸确定以后，对于生产实际中应用较多的落料-拉深复合模的拉深凹模外径尺寸也就被确定了，该尺寸就是落料模的冲头尺寸。即落料-拉深复合模中，拉深凹模和落料凸模必定是同一个模具零件，见图 3-15。

落料-拉深复合模及复合工序有一定的优越性，生产效率高。但要保证落料-拉深复合工序的顺利实现有一个力的校核问题：既不能简单地将落料力与拉深力叠加上去选择压力机，因为这种叠加的物理概念不成立，况且压力机的公称压力是指接近下止点附近的压力，而不是整个行程中的压力，故也不能仅凭落料力或拉深力的大小选择压力机。所以，应该依据压力机的压力曲线并结合落料力与拉深力曲线在压力机压力曲线中的位置选择压力机。否则，很可能出现压力机超载现象。如图 3-22 所示的情况，虽然落料力加拉深力之和小于压力机公称压力，但落料时已超载了，这是不允许的。

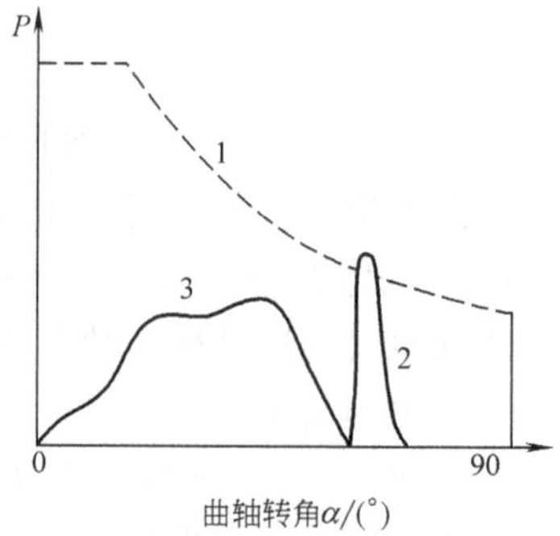

图 3-22　变形曲线与压机压力曲线
1—压机压力曲线　2—落料力
3—拉深力

3.5　非直筒形零件及特殊拉深

3.5.1　带法兰边零件

带法兰边零件如图 3-23 所示，它可能是一种成品零件，也可能是基本拉深件或形状复杂的冲压零件的一个过渡形状，即半成品中间毛坯。显然，从应力状态与变形特点来看，它与筒形件拉深是相同的，但它还仅是筒形件拉深的中间过程，其工艺参数的计算、意义及成形要求均具有其特点。

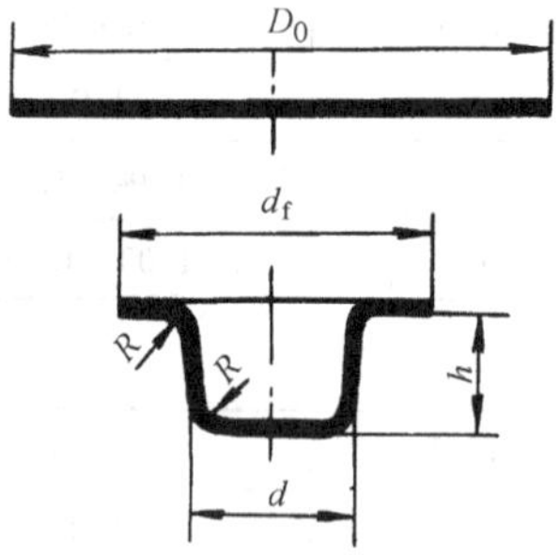

图 3-23　带法兰边零件示意

1. 拉深系数的计算

按照拉深系数的定义，可用零件的筒形直径 d 与坯料直径 D_0 之比

$$m_f = \frac{d}{D_0}$$

来表示。但是，D_0 的求法与筒形件计算式（3-33）不一样，应加上法兰和圆角部分。经简化计算为（依等面积法的假设）

$$D_0 = \sqrt{(d_f)^2 + 4hd - 3.44Rd} \tag{3-36}$$

将 D_0 代入上式得

$$m_f = \frac{d}{D_0} = 1/\sqrt{\left(\frac{d_f}{d}\right)^2 + 4\frac{h}{d} - 3.44\frac{R}{d}}$$

由此可见，带法兰边筒形件的拉深系数取决于三个因素，即法兰边的相对直径 d_f/d、零件的相对高度 h/d 和相对圆角半径 R/d。其中，第一项影响最大，第三项影响最小。法兰边的相对直径 d_f/d 及相对高度 h/d 值超过一定的界限时，便需要进行多次拉深工序。一次或多次拉深可能达到的法兰边的相对直径 d_f/d 和零件的相对高度 h/d 值，可由图 3-24 左半部的曲线查到。如果由法兰边零件的相对高度 h/d 与法兰边的相对直径 d_f/d 所决定的点位于曲线的下侧，则可以用一道拉深工序成形；如果其 h/d、d_f/d 所决定的坐标点的位置位于曲线的上侧，则必须采用多次拉深工序成形。图 3-24 所示曲线，是按法兰边零件的圆角半径为零的条件绘制的，所以，当零件的圆角半径较大时，图中曲线所表示的成形极限可以适当

提高。

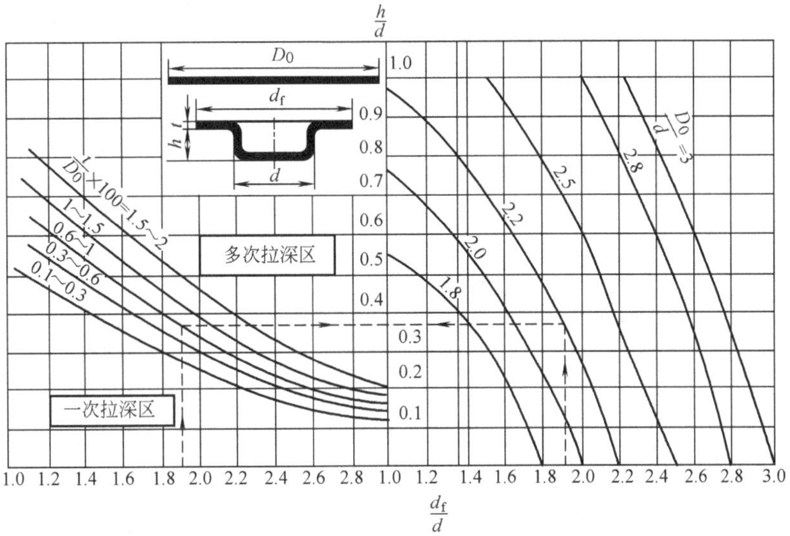

图 3-24　带法兰边零件拉深用计算曲线

2. 拉深系数的意义

带法兰边零件的拉深系数 m_f 不能简单地代表拉深变形程度，尤其是极限变形程度。因为带法兰边零件拉深时并不要求像筒形件那样把全部毛坯拉入凹模，而是相当于筒形件拉深过程中的一个中间状态，即当拉深过程进行到毛坯外径等于法兰边直径 d_f 时，拉深过程即可结束。

带法兰边零件的拉深过程，如图 3-25 所示。在拉深过程中法兰边的外径不断地缩小，高度不断增大。在拉深力与行程关系曲线上各不同点 O、A、B、C、D 所对应的毛坯形状与尺寸都不相同。

假如在毛坯外径收缩到等于法兰边直径 d_f 时，拉深力已经达到其最大值，则带法兰边零件的极限拉深系数与圆筒形完全相同；假如毛坯直径达到 d_f 时，拉深力尚未达到其最大值 F_{max}，而且，也不超过毛坯侧壁所允许的拉力 $\pi dt\sigma_b$ 时，带法兰边的极限拉深系数小于圆筒形零件。以图 3-25 中的变形过程 A 为例，零件的相对高度 h/d 较小，也就是说，毛坯的初始直径 D_0 与法兰边直径 d_f 相差并不多。虽然拉深系数小，并不表示拉深变形程度大，因为拉深时只将毛坯的外径稍微收缩便到了 d_f。这时毛坯变形区的压缩变形为 $\frac{D_0-d_f}{D_0}$，而不是筒形件的 $\frac{D_0-d}{D_0}$。

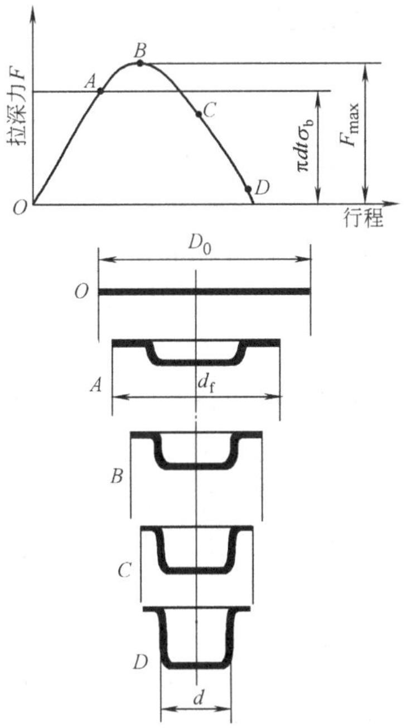

图 3-25　拉深过程中法兰边尺寸的变化

带法兰边零件第一次拉深可能达到的极限拉深系数见表3-14（为10钢材料的数据）。

表3-14　带法兰边圆筒形件的极限拉深系数 m_f

法兰边相对直径 $\frac{d_f}{d}$	毛坯的相对厚度$\frac{t}{D_0}$(%)				
	2～1.5	1.5～1.0	1.0～0.6	0.6～0.3	0.3～0.1
<1.1	0.51	0.53	0.55	0.57	0.59
1.3	0.49	0.51	0.53	0.54	0.55
1.5	0.47	0.49	0.50	0.51	0.52
1.8	0.45	0.46	0.47	0.48	0.48
2.0	0.42	0.43	0.44	0.45	0.45
2.2	0.40	0.41	0.42	0.42	0.42
2.5	0.37	0.38	0.38	0.38	0.38
2.8	0.34	0.35	0.35	0.35	0.35
3.0	0.32	0.33	0.33	0.33	0.33

注：此表数据也有表3-1注2所述的发展应用史。

从表中可以明显看出，当$\frac{d_f}{d}<1.1$时，带法兰边零件的极限拉深系数与普通圆筒形零件相同；当$\frac{d_f}{d}=3$时，带法兰边零件的极限拉深系数很小（$m_f=0.33$），但这并不表示需要完成很大的变形，因为当$m_f=\frac{d}{D_0}=0.33$，而且$\frac{d_f}{d}=3$时，可以得出

$$D_0=\frac{d}{0.33}\approx 3d=d_f$$

即毛坯的初始直径等于法兰边直径，这相当变形程度为零的情况。

3. 多次拉深的设计要点与方法

利用图3-24中左半部的曲线，或者根据极限拉深系数判断的结果，某带法兰边的零件不能一次拉深成功时，则必须进行多次拉深。

多次拉深设计步骤是：第一次拉深成带法兰边的中间毛坯，其法兰边外径等于成品零件的尺寸（加修边余量）；在以后的拉深工序中仅仅使已拉深成中间毛坯的筒形部分参与变形，逐渐地减小其直径、增加其高度。即保持第一次拉深时已经形成的法兰边的外径在以后的拉深工序中不再收缩。在设计时，通常把第一次拉入凹模的毛坯面积加大3%～5%，并在第二道和第三道工序中减少为1%～3%。这样，一方面可以补偿计算上的误差和板材在拉深时增厚的需要，另一方面也便于试模时的调整工作。

一般带法兰边圆筒形零件多次拉深时，第一次拉深所得到的半成品尺寸应当设计成尽可能小的圆筒形的直径，同时，又有尽量多的板料拉入凹模。保证这个条件的最适宜的第一次拉深后得到的圆筒部分的直径可用图3-24中的曲线求得。具体方法是：首先，假定一个圆筒部分直径d，然后，根据已知的尺寸d_f、D_0、t从两侧曲线分别求出相对高度h/d值，看其是否相等。如不相等，则改定一个d，直至使之从两侧求得的相对高度h/d相等，即可选取该已定的直径d作为第一次拉深后中间毛坯尺寸，而直筒部分的高度则可以根据面积相等的原则进行计算。

以后各次拉深的圆筒形部分的直径，可以按一般圆筒形件多次拉深的方法进行计算，如

第 n 次拉深时，可按下面关系式进行，即

$$d_n = m_n d_{n-1}$$

式中　m_n——拉深系数，其值可由表 3-14 中查到。

带宽法兰边零件的多次拉深，常用的方法有两种。一种是在第一次拉深后得到两圆角半径都较大的中间毛坯，在以后各道拉深工序中毛坯的高度基本上保持不变，仅仅缩小毛坯直筒部分的直径和圆角半径，如图 3-26b 所示。

另一种方法为，当毛坯的相对厚度较小，而且在第一次拉深会有起皱危险时，应采用图 3-26a 所示的方法。其特点是用多次拉深方法逐步缩小中间圆筒部分的直径和增大其高度。

对于零件的圆角半径较小，或者法兰边有平面度要求时，采用上述两种分法拉深后均需设计一道最终的校形工序。

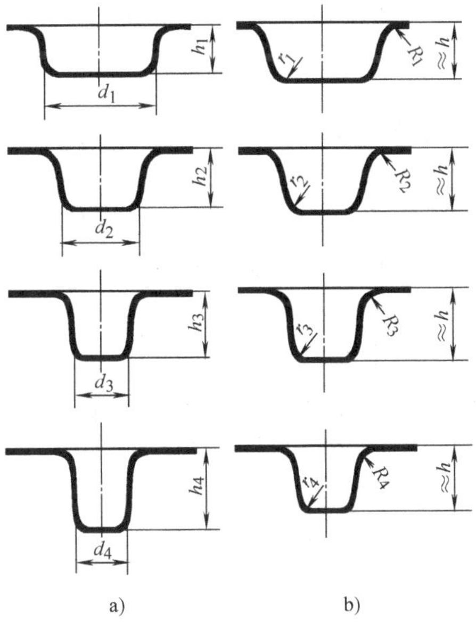

图 3-26　宽法兰边零件的多次拉深方法

3.5.2　阶梯形零件

阶梯形零件的拉深，可视为不同直径的筒形拉深件的组合。因此，其毛坯变形区的应力状态与变形特点与筒形件拉深基本相同。

对于阶梯形零件拉深最为关心的一个问题通常是能否一次拉深出来。这决定于零件的相对厚度和直径比。

若阶梯形零件的相对厚度较大$\left(\dfrac{t}{D_0}>0.01\right)$，且阶梯直径之差和零件高度较小时，可以一次拉深出来。一次拉深成功的条件，可以用下式粗略地进行判断

$$\frac{h_1+h_2+\cdots+h_n}{d_n}\leqslant\frac{h}{d_n}\text{或}\frac{d_n}{D_0}\geqslant m_c$$

式中　h_1、h_2、…、h_n——分别为每一个阶梯的高度（图 3-27）；

d_n——最小阶梯部分直径；

h——直径为 d_n 的圆筒形拉深时可能得到的最大高度；

m_c——极限拉深系数；

D_0——阶梯零件的坯料直径。

假如上式条件得不到保证，则需采用多次拉深。

当每相邻的阶梯部分的直径比$\dfrac{d_2}{d_1}$、$\dfrac{d_3}{d_2}$、…、$\dfrac{d_n}{d_{n-1}}$均大于相应圆筒形零件的极限拉深系数时，则可以在每道拉深工序里形成一个台阶，即拉深次数等于阶梯的个数。当某相邻的两阶梯直径的比值小于相应圆筒形零件的极限拉深系数时，对这种阶梯形零件拉深，应采用带法兰边零件的拉深方法。如果最小的阶梯部分的直径 d_n 过小，也就是比值$\dfrac{d_n}{d_{n-1}}$过小时，且最小阶梯部分的高度 h_n 又不大，则最小阶梯部分可用胀形方法得到。阶梯形零件多次拉深的

顺序，一般是首先成形直径大的 d_1，其次成形 d_2，最后成形 d_n。

当阶梯形零件的相对厚度$\frac{t}{D_0}$较大、且每个阶梯部分的高度不太大时，可采用拉深后再校形或胀形的方法，如图 3-28 所示的电喇叭底座零件，其加工过程就是先拉深成底角为大圆角半径 $R16$ 的带法兰边零件，然后，用胀形工序成形出 $\phi45$ 这个阶梯部分。这时应该注意的问题是，在胀形变形较大而材料又不容易得到邻近部位的补充时，可能在圆角及其附近产生过度的厚度变薄现象，影响零件质量。

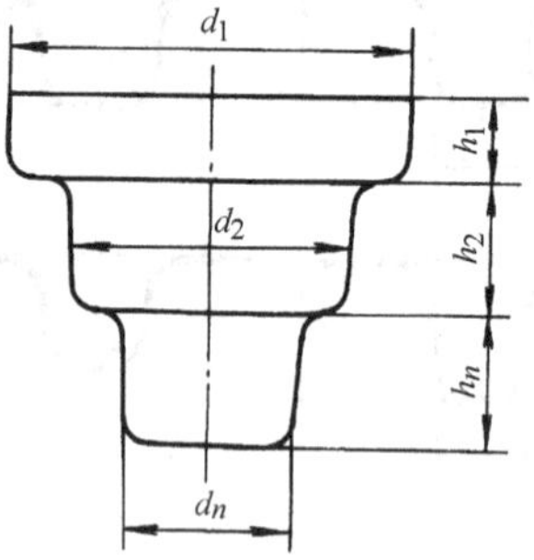

图 3-27　阶梯形零件示意

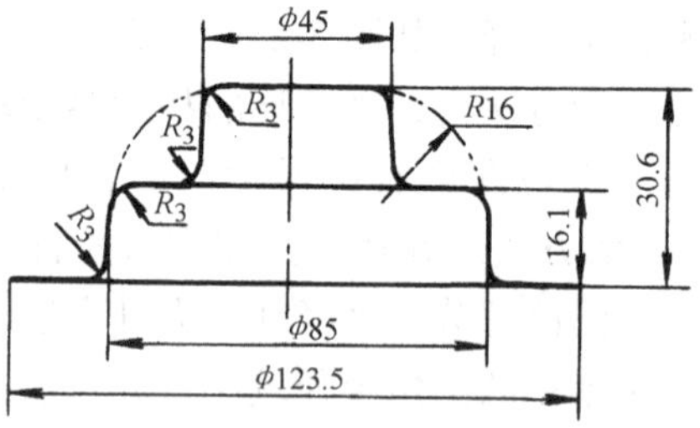

图 3-28　电喇叭底座的拉深

3.5.3　盒形件

盒形件在几何形状上与筒形件、带法兰边的零件及阶梯形零件不同，它是一种非旋转体非轴对称但为点对称形状的零件，其拉深变形有自己的特点，这主要是由拉深件周边上的变形不均匀而引起的。所以，在冲压工艺过程设计和模具设计当中，需要解决的问题和方法也与前述的各种拉深件不完全相同。

1. 盒形件拉深的变形特点

从盒形件的几何形状出发，可以把它划分为四个边长为（$A-2r$）和（$B-2r$）的直边部分以及四个半径为 r 的圆角部分，如图 3-29a 所示。圆角部分可视为四分之一的圆筒形件。因而，从局部一个圆角和一个直边来看，盒形件拉深的变形特点为：

1）变形区（也是法兰部分）变形不均匀，直边部分基本上是弯曲变形，圆角部分相当于四分之一圆筒形拉深变形，角部的变形严重。

2）从金属流动的角度来看，圆角部位金属流动较直边部位迟缓，故拉深抗力要比直边部分大。

3）从金属流线上来分析，角部流入凹模的孔口小，直边流入凹模位置宽，因此，转角部位与直边部位交界处附近金属流动有一个速度差，产生了剪切变形和剪切应力。这种剪应力对于直边部分的变形有利，促进金属的流动；而对于圆角部位的变形不利，阻碍了金属的流动，增加了拉深力。

4）如果用方形毛坯，且是如图 3-29b 所示的拉深位置，则毛坯的尖角部位有一个变形死区，该区的金属只有单纯的移动而无变形。

但是，盒形件的两部分并不截然分开，直边部分和圆角部分是联系在一起的整体。因此，在拉深过程中必要相互的作用和影响，致使这两部分不是简单的弯曲变形和四分之一圆筒形表面的拉深变形。变形快的直边部分对变形慢的圆角部分有某种带动作用，结果，使得圆角部分侧壁的底部转角处，即危险断面内的拉应力数值有所降低，从而有利于提高盒形件拉深时的极限变形程度。所以盒形件第一次拉深可能得到零件的最大相对高度，时常可以超过圆筒形零件很多。

2. 盒形件拉深的成形度量

图 3-30 为盒形件的拉深过程和拉深零件基本尺寸的情况。根据筒形件拉深系数的定义，可以导出盒形件拉深变形的拉深系数为

$$m = \frac{1}{\sqrt{2\frac{H}{r}}}$$

式中　H——盒形件的有效高度（即产品图上的尺寸）；

　　　r——盒形件（壁部）圆角半径。

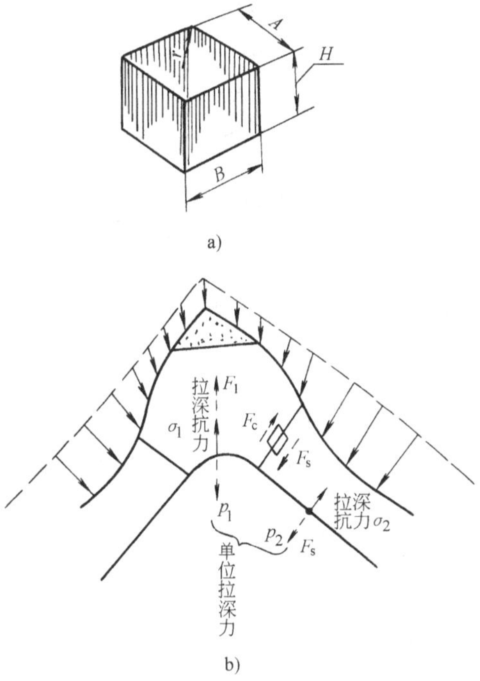

图 3-29　盒形件变形分析

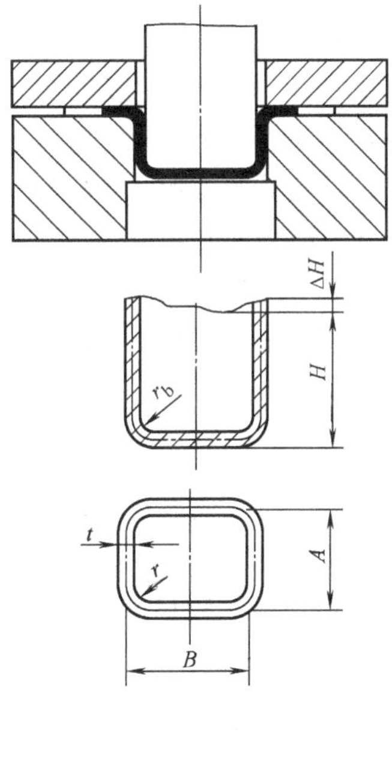

图 3-30　盒形件基本尺寸示意

如果用相对高度来表示变形程度，则盒形件可以用两种相对高度 H/r 和 H/B 来度量。图 3-30 中 ΔH 为凸耳高度或修边余量，一般视尺寸 A 为盒形件长度，B 为其宽度。

盒形件拉深中一个重要的形状参数为相对转角半径 r/B，其数值范围在 0～0.5 之间变化。

盒形件拉深的成形极限，可以仿照筒形件拉深给予定义：在一定的拉深条件下，变形区坯料不产生失稳起皱而拉深出工件壁部最高（传力区频于破裂或者集中细颈）时的变形程度。其极限成形参数有极限拉深系数 m_c、极限变形的相对高度 H/r 或 H/B。

盒形件拉深极限变形程度的大小，主要取决于盒形件的形状参数 r/B、相对厚度 t/B 和板材的性能。其极限数值可查表 3-15。当盒形件的相对厚度较小，$t/B<0.01$ 时，或者，$B/A\approx1$ 时，取表中较小的数值；当盒形件的相对厚度较大，如 $t/B>0.015$ 时，取表中较大数值。表中数据适用于拉深钢板。

表 3-15　盒形件初次拉深的最大相对高度

$\frac{r}{B}$	0.4	0.3	0.2	0.1	0.05
$\frac{H}{r}$	2~3	2.8~4	4~6	8~12	10~15

3. 盒形件拉深的坯料制备

一次拉深成功的各种盒形件（包括长矩形盒）所用坯料的形状和尺寸，传统的设计是根据“面积相等”和“圆滑过渡”两个原则确定的。具体制备可用下面的方法画图和作概略的计算。

首先，将盒形件的直边部分按弯曲变形、圆角部分按四分之一圆筒形件的拉深变形在盒形件的底部平面上展开，得到如图 3-31 所示的毛坯外形 *ABCDEF*；然后由 *BC* 段和 *DE* 段的中点 *G*、*H* 作圆弧 *R* 的切线；并用圆弧 *R'* 将切线与直边展开线 *AB*、*EF* 连接起来，得到毛坯外形 *ALGHMF*。

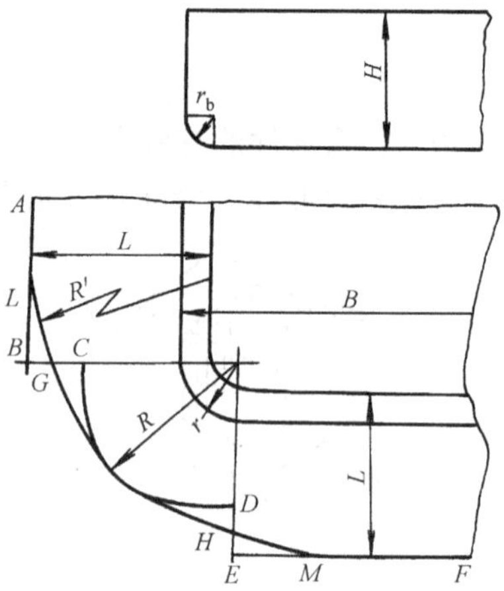

图 3-31　盒形件拉深毛坯的设计

图中直边部分展开长度 *L* 为

$$L = H + 0.57r_b$$

式中的 *H* 应包括修边余量；图中，*R* 的尺寸可按下式计算

$$R = \sqrt{r^2 + 2rH - 0.86r_b(r + 0.16r_b)}$$

对于长宽比不大或 $B < 1.2A$ 的盒形件（含方形件），有关文献推荐了形状简单而成形极限比较高的几种制坯方法，下面介绍其中的三种。

（1）圆形坯料　较早推荐的计算坯料直径公式的有两个[25]。

当 $r = r_b$ 时，

$$D = 1.13\sqrt{B^2 + 4B(H - 0.43r) - 1.72r(H + 0.33r)} \tag{3-37}$$

当 $r \neq r_b$ 时，

$$D = 1.13\sqrt{B^2 + 4B(H - 0.43r) - 1.72r(H + 0.5r) - 4r_b(0.11r_b - 0.18r)} \tag{3-38}$$

式中　*H*——包括了修边余量的盒形件高度；

B——指盒形件的内形宽度（可视为冲头的宽度）。

稍后又提出包括上述两种情况的经验试验公式[26]

$$D = 1.13\sqrt{B^2 + 4BH - 0.43rH} \tag{3-39}$$

该公式中尺寸 *H* 与式（3-37）和式（3-38）中不同，它不包括修边余量的盒形件高度，而是盒形件的有效高度，即盒形件产品图上的高度，见图 3-32。

（2）方形切角坯料　方形切角坯料，实际上也是一种八角形坯料。

此种盒形件用拉深坯料的作图和计算方法如图 3-33 所示。切角处相切的圆弧半径 R_0 为

$$R_0 = k\sqrt{r^2 + 2rh} \tag{3-40}$$

式中　*k*——补偿系数，对于普通冷轧钢板，由图 3-34 查得[26]，对于铜、铝金属板，由文

献［27］中查得；

h——坯料计算中的直边长度（可由弯曲展开得到）。

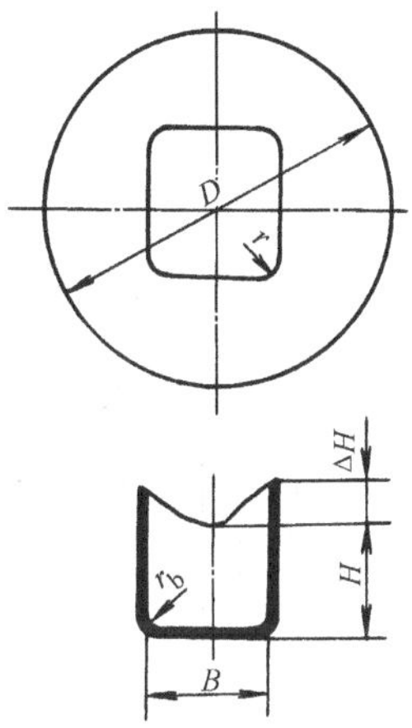

图 3-32　圆形坯料及盒形件

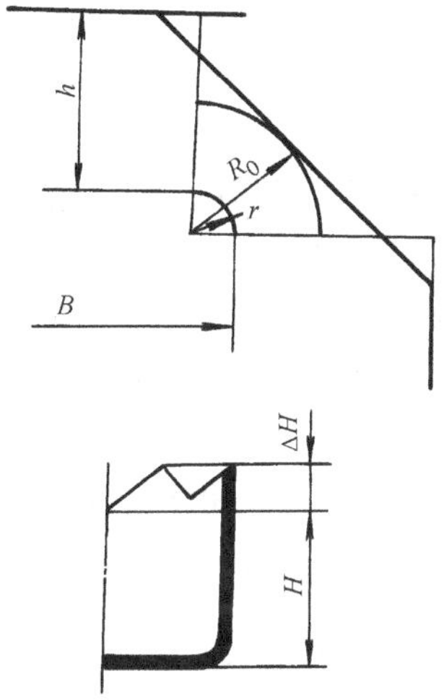

图 3-33　方形切角坯料及盒形件

当尺寸 B、A、r、H 一定时，式（3-40）中的 r、h、k 按图 3-34 关系选取，于是，盒形件拉深用的方形切角坯料形状和尺寸就可以作出来了。注意图 3-34 所示是极限成形状态下的 k 与 $\frac{H}{B}$ 值。

（3）圆坯切弓形料　圆坯切弓形料中有两种方法。

一种是所谓的“C 型毛坯”[28]，就是在圆形坯料上切去四个弓形部分，其计算和作图方法如图 3-35 所示。

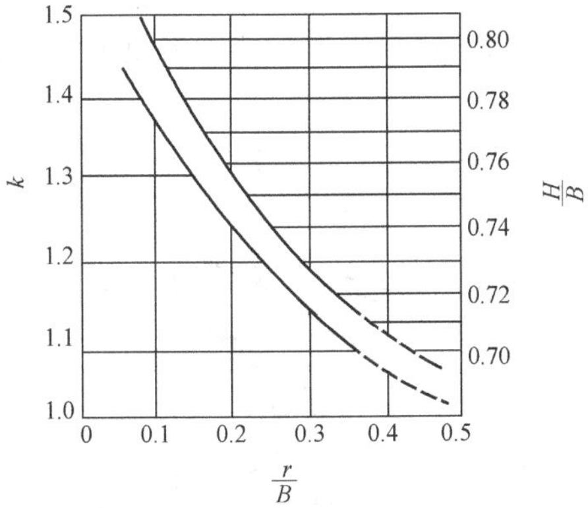

图 3-34　低碳钢板的 k 值与 $\frac{H}{B}$

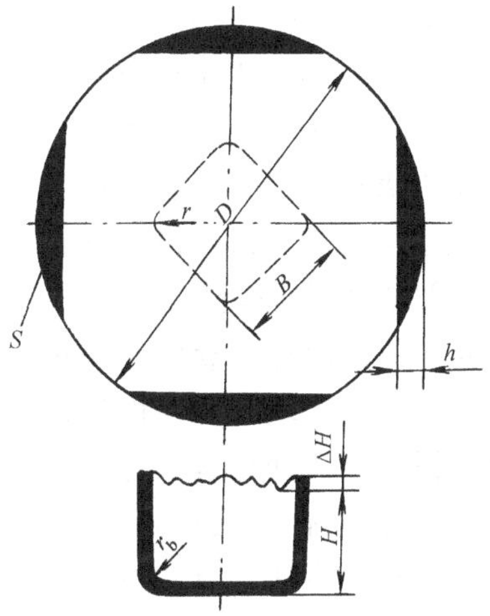

图 3-35　圆坯切弓形料及盒形件

$$D = KD_0 \tag{3-41}$$

式中　D_0——按盒形件展开面积求出的毛坯直径，即按式（3-37）或式（3-38）计算的坯料直径；

D——放大后的毛坯直径；

K——放大系数，可按下式进行计算

$$K = \sqrt{1 + \frac{4S}{\pi D_0^2}} \tag{3-42}$$

式中　S——每个弓形的面积，如图 3-35 所示。

从而，可以计算出切去的弓形高度 h（见图 3-35）及放大后毛坯直径 D。

另一种方法是在用式（3-39）求得的圆形坯料的基础上，直接切掉一个高度为 h_0 的弓形[26]（见图 3-35）

$$h_0 = eD \tag{3-43}$$

式中　D——按式（3-49）计算出的圆形坯料直径；

e——切高系数，可根据盒形件形状参数 $\frac{r}{B}$ 由图 3-36 中查取（适用于低碳钢材料）。

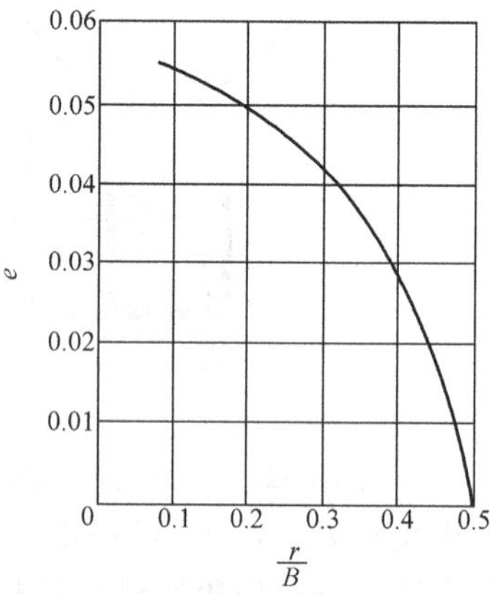

图 3-36　切高系数 e 值

这种圆坯切弓形料显然是相当于切掉了图 3-32 中盒形件形成的多余高度 ΔH，从而有可能使有效成形高度增加。

以上三类坯料中，尤以式（3-39）的圆形坯料、式（3-40）的方形切角坯料、式（3-43）的圆坯切弓形料能获得更高的成形极限，对于普通低碳钢板的成形极限$\left(\frac{H}{B}\text{和 } m_c\right)$，可由图 3-37 查出，图中曲线 a、b、c 对应$\frac{H}{B}$，a'、b'、c'对应 m_c。此外，这三种坯料的计算大为简便，作图容易或无需作图。由于在坯料中不需多段光滑相接的圆弧段，因此，模具制造容易，或做圆形模，或用剪床等下料，能缩短制模周期，备料十分方便。当然，此时盒形件一定的修边余量仍然存在，但对于大多数盒形件来讲，都要有切边工序，即使口部比较平齐的那种多段圆弧光滑相接的坯料也需要切边。既然切边不可少，那切边量或多或少就不成问题，况且，此三种制坯方法并未多耗费材料。

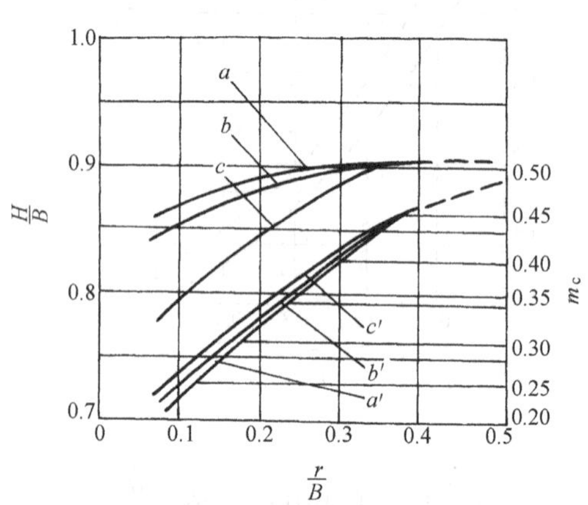

图 3-37　三种简易坯料下的成形极限

a、a'—圆坯切弓形　b、b'—圆形坯料

c、c'—方形切角

近年来，人们对于盒形件乃至各种不规则形状拉深件的毛坯计算与设计进行了较多的研究，提出了诸如分区域计算法、滑移线法、电模拟法及有限元模拟计算等各种方法[29,30]。这些新方法均有各自的特点和一定的效果。但要达到完全取消其切边工序的程度，还有一段距离。

4. 盒形件的多次拉深

（1）变形特点分析　盒形件多次拉深的变形特点仍然是变形区变形不均匀。其变形情况如图 3-38 所示。毛坯的底部为不变形区；高度为 h_2 的侧壁是传力区；与凹模的端面接触、宽度为 b 的环形法兰边是变形区；高度为 h_1 的直立侧壁是待变形区。在拉深过程中随着冲头的向下运动，高度 h_2 不断的增大，而高度 h_1 则逐渐减小。毛坯变形区内圆角部分和直边部分的拉深变形大小不同，必然引起变形区各部分在宽度 b 的方向上产生不同的伸长变形。由于这种伸长变形受到高度为 h_1 的侧壁的阻碍，在伸长变形较大的部位上要产生附加压应力产生材料的堆聚或横向起皱，而在伸长变形较小的部位上要产生附加拉应力使之破裂或厚度过分变薄。

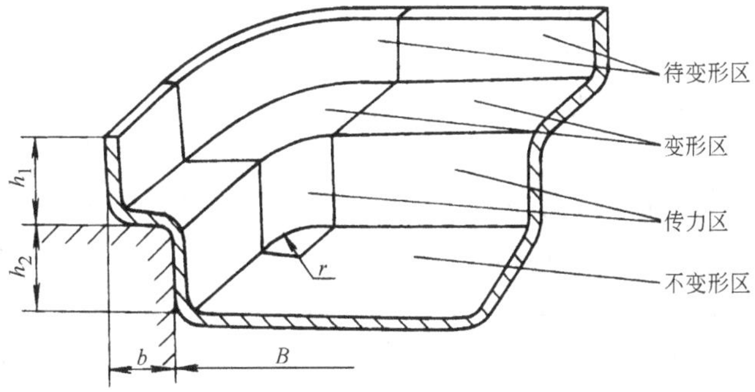

图 3-38　盒形件再次拉深时的变形分析

因此，保证拉深变形区内各部分不致发生材料的局部堆聚和局部过度拉伸或破裂的条件是：

$$\varepsilon_1 = \varepsilon_2 = \varepsilon_3 \cdots = \varepsilon_n$$

（2）多次拉深确定方法

1）对于方盒形件，如图 3-39 所示。通常采用直径为 D_0 的圆形毛坯，每道中间拉深工序都拉深成圆筒形的半成品，最后一道工序得到成品零件的形状和尺寸。

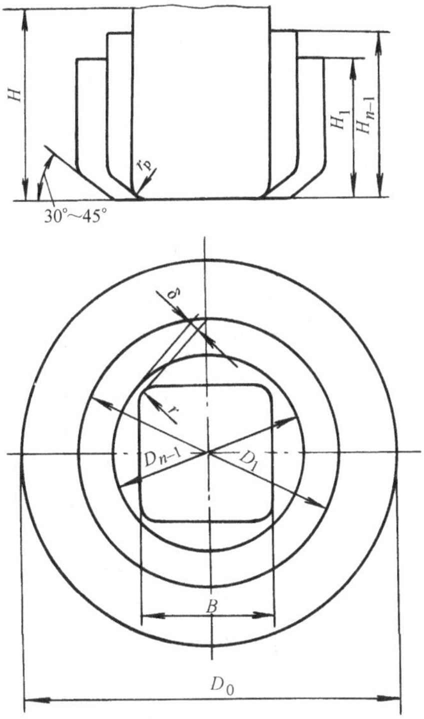

图 3-39　方盒形件的多次拉深

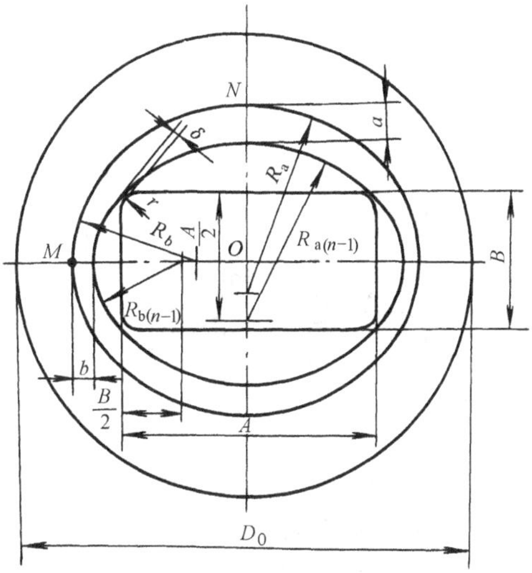

图 3-40　矩形盒多次拉深方法

最后一道由圆成方的变形过程中，角部壁间距离 δ 直接影响毛坯变形区拉深变形程度的大小和分布的均匀程度。有研究表明，可以保证沿毛坯变形区周边产生适度而均匀变形的壁间距离 δ 之值为

$$\delta = (0.2 \sim 0.25) r \tag{3-43}$$ [8,31,32]

其他各道工序的计算，可以参照圆形零件的多次拉深方法。

2）对于矩形盒形件，如图 3-40 所示，其作图方法和方盒形件基本相似。

曾有报道，通过用有限元分析的数学模拟方法，对其最后一道由椭圆到矩形过程中其壁间矩也是一个重要参数，并提出了壁间距的合理取值范围：

$$\delta = (0.1 \sim 0.4) r \tag{3-44}$$ [33]

3.5.4 特殊拉深方法

1. 弹性凹模拉深

如图 3-41 所示，用弹性凹模代替刚性凹模进行拉深。弹性凹模材料可以是橡皮、液体、聚氨酯或兼而有之。与弹性凹模拉深相对应的还有弹性凸模（包括黏性介质凸模）拉深。

弹性凹模把毛坯紧紧贴在冲头上，减轻了毛坯侧壁内的拉应力，减少了传力区的变薄可能，也增强了变形区的静水压作用，因而提高了成形极限，改善了成形件的质量。弹性凹模拉深的极限拉深系数 m_c 可达 0.4 ~ 0.45。

弹性凹模拉深需要有模具的密封结构及控制弹性凹模压力的计算或专用装置。尽管如此，目前国内外对这种拉深方法的研究还是比较活跃的[10]。

2. 强制润滑拉深

强制润滑拉深是弹性凹模拉深的一种特殊形式。毛坯放置在凹模上平面上以后，随着冲头的下行，凹模型腔内的液体压缩，被密封的液体产生高压。此高压液体包围毛坯紧贴凸模，并突破压边力的密封作用，从凹模与毛坯表面之间挤出，产生强制润滑的效果，如图 3-42所示。

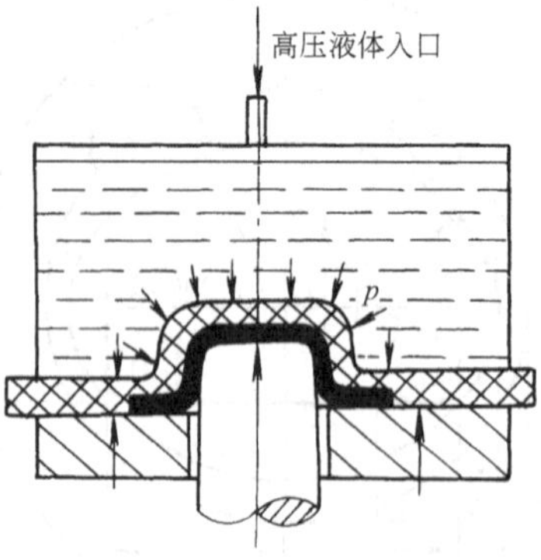

图 3-41　弹性凹模拉深示意

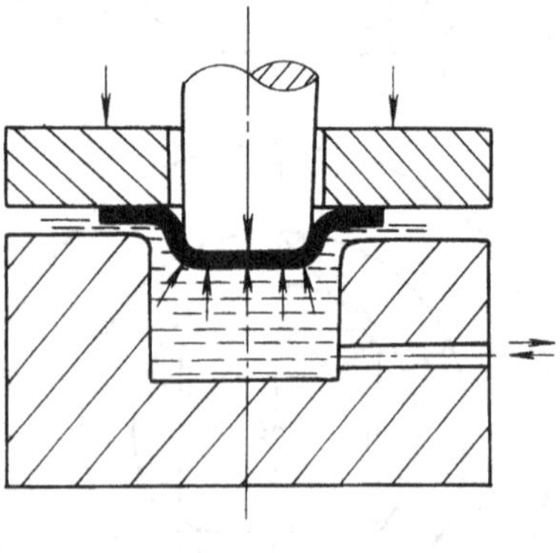

图 3-42　强制润滑拉深示意

如果坯料端部的压边圈与凹模之间又给以密封，则被挤出的液体又返回；或从法兰边的外围另外给以高压液体，造成对坯料边缘竖端的径向推力，更有利于提高拉深成形极限。故一般强制润滑拉深的极限拉深系数 m_c 可达 0.35 ~ 0.40 甚至更低。

这种拉深方法在日本称之为对向液压拉深，现已获得（软）铝材的极限拉深系数为 0.3[34]，且把这种方法扩大到盒形件、锥形件及多次拉深件的范围。

3. 温差拉深

温差拉深方法是使拉深过程中毛坯的变形区或传力区不处于常温下，而处于有利于提高其成形极限的高温或低温下进行的拉深方法。温差拉深方法可分为以下两种。

（1）局部加热拉深　通过辅助的加热装置，使加热元件对拉深毛坯的变形区，即对凹模与压边圈之间的毛坯法兰部分加热到高温，降低其变形抗力；同时，要设法保持毛坯传力区（直壁部分）的温度处于常温，即不降低传力区的强度。用这种方法拉深其极限拉深系数 m_c 可达 0.3～0.35。

（2）局部深冷拉深　它是使传力区毛坯材料通过与超低温的冲头的接触冷却到零下一百多度进行拉深。利用液态空气做制冷剂，可冷却到 -183℃；利用液态氨做致冷剂，可冷却到 -196℃。因为大多数金属在低温下强度性能提高很多，所以，这种拉深方法能使传力区危险断面上的承载能力大大提高，从而，能大大提高拉深成形极限。用这种方法拉深的极限拉深系数 m_c 也可降到 0.35 左右。

由于温差拉深需要专用装置，操作比较麻烦，生产效率不很高，故目前应用还不普遍。

4. 脉动拉深

脉动拉深是将压边圈的防皱作用改为消皱作用，即毛坯进入拉深凹模不是连续的，而是断续的。具体操作为：在拉深过程中，控制冲头的行程量，容许法兰边变形区材料产生不大的皱纹；然后用压边圈将皱纹压平、消除后，冲头再继续下行将毛坯拉入凹模一段距离。如此交替进行，直至把零件拉深出来。

脉动拉深的不断消皱，使变形区的径向拉应力有所减小，同时，又使传力区因压边作用造成的拉应力也有所减少。这都有利于拉深变形的进行。对于筒形件，其极限拉深系数 m_c 可达 0.22～0.40；对于盒形件，可代替 3～4 次常规拉深。但这种拉深方法需要专用设备，其效率仍然是个问题，故实用也少。

5. 摩擦拉深

摩擦拉深的装置及原理如图 3-43 所示，在容框 5 的底面放一聚氨酯垫环 4，平板毛坯 3 置于垫环 4 和凹模 2 之间，液压机横梁或压力机滑块频频打击传力筒 1。因此，垫环被压缩，由于垫环外圈受到容框限制，只能向凹模洞口流动。于是，经过多次打击的毛坯逐渐拉深成形。

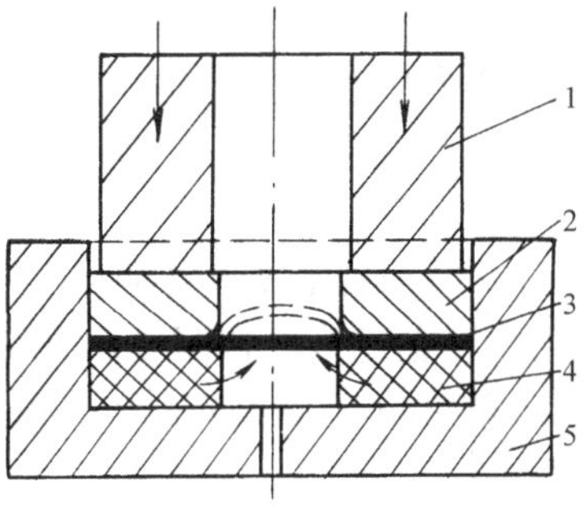

图 3-43　摩擦拉深原理
1—传力筒　2—凹模　3—平板毛坯
4—聚氨酯垫环　5—容框

这种方法对常规拉深工艺的改善主要表现在：对毛坯的变形区来说，改善了其应力状态，由于摩擦合力方向与金属流动方向一致，因而径向拉应力减少了；对传力区而言，基本上没有拉应力，不再有危险断面的抗拉伸断裂问题。从而，大大提高了拉深成形极限。拉深铝合金的极限拉深系数 m_c 可达 0.14 左右。但这种拉深方法的效率比较低，实用也很少。

3.6　拉深件的质量问题

3.6.1　一般缺陷及处理

拉深件的质量问题有两类情况：一类是在试模或生产过程中出现的，因模具设计制造或操作管理不当而产生的缺陷。表 3-16 列出了其中几种情况。出现这类问题时，首先应分析其具体原因。然后针对具体缺陷及原因，及时采取相应措施与对策，问题一般能获得解决。

表 3-16　一般缺陷分析

外观缺陷	可能原因
法兰边起皱严重	压边力太小、间隙太大，材料太软或错用
中途拉裂、局部开裂	压边力太大、间隙太小，材料太硬或错用
工件一边高一边低	定位不对中或坯料未放正或拉深模间隙不均匀
直壁不直、形状歪扭	间隙太大、凹模圆角太大及排气不好
壁部拉毛、划伤	模具不光滑、润滑剂不干净等

表 3-16 所列出的拉深件一般缺陷，实际上是一些宏观缺陷，一经试模就能发现，经过相对地整调模具结构与操作，很容易处理好。对于拉深件可能出现的尺寸精度、形位偏差等细观缺陷，也可通过试模检查出来；进而，通过修改、调整设计和制造中的某些工艺参数，包括模具结构及参数，例如：拉深间隙及压边间隙 C，凹、凸模圆角半径 R_d、R_p，拉深坯料尺寸与形状 D_0 或切角尺寸；盒形件壁间距 δ；压、卸料及出件构件尺寸与布置等，即通过试错、改错，将这些缺陷处理好，达到所期望的设计目标与零件质量。

3.6.2　反映变形本质的缺陷

另一类质量问题是板料拉深变形的根本特征所致，不能简单地从模具调整或注意操作方面轻而易举地得到解决。例如，表现在成形极限、凸耳、弹复和时效开裂等。这些特征质量问题，有的要正确地认识、合理地设计，有的可巧妙地利用、科学地控制；有的须采取后续的工序加以消除。

1. 起皱与破裂

在拉深成形中，变形区的起皱和传力区的破裂是拉深成形工序变形特征的主要反映。起皱与破裂现象作为拉深缺陷可进行拉深变形的分析，并从变形条件和模具结构设计方面采取相应措施去防止；但作为一种成形极限来对待，还必须对影响拉深成形极限的材料特性给以重视，其中两个最重要的材料特性值就是板材的各向异性系数和加工硬化指数。

大量研究表明，各向异性系数 r 值（或叫塑性应变化）是板材拉深性能的一个重要评定参数，r 值越大，拉深成形极限越高。比如有报告研究各向异性理论中 r 值的表现，提出拉深性能可用下式来评价[4]：

$$D' = K\sqrt{\frac{(1+r)^{1+n}\{r(1+c')^2+1+c'^2\}^{1-n}}{(1+2r)^{1+n}}} \tag{3-45}$$

该式表明，r 越大，则 D' 越大，拉深性能越好，拉深成形极限越高。

有介绍利用希尔各向异性理论导出的极限拉深比与 r 值的关系式[35]

$$\ln(LDR) = \eta\sqrt{r+1/2} \tag{3-46}$$

后来又有报告，由美国钢铁学会等研究提出的极限拉深比 LDR 与各向异性参数 r 值的关系有：

对于钢，当其 r 值由 1 增大至 2 时，其 LDR 约增加 10%，LDR 与 r 基本上呈线性关系；对于钛、铜、黄铜、奥氏体不锈钢、铁素体不锈钢和铝，LDR 与 r 值的关系曲线近似为

$$8\lg(LDR) = \lg r + 3 \text{ 或 } LDR^8 = 1.000r$$

20 世纪 90 年代以前，一直公认加工硬化指数 n 值对筒形件的极限拉深比影响很小，实用时可以忽略。但其实早有研究表明，n 值对带法兰边零件的拉深有影响，n 值越大，法兰边的收缩率（拉深深度）越大，只是未给出其数学关系式[14]。而在 90 年代有报告，加工硬化指数 n 值也与极限拉深系数 m 有关，并提出了实验式[36]：

$$m = 0.85 - \frac{0.335}{1 - \varepsilon_j^2} \tag{3-47}$$

式中　$\varepsilon_j = n$，表明拉伸试验细颈点的对数应变值与加工硬化指数相等。

2. 拉深凸耳

筒形件拉深，在拉深工件口端出现有规律的高低不平现象，这就是拉深凸耳，如图 3-44 所示。因此，欲获得口部平齐的筒形件，其修边余量至少为 $h_{max} - h_{min}$。

产生拉深凸耳的原因是板材轧制而使其纤维组织具有方向性之故。在低 r 值的方向上，壁部较低，厚度较大；在高 r 值的方向上，壁部较高，厚度较薄。凸耳的数目常为 4 个，也有 8 个的。凸耳的数目与方向的规律[37]如图 3-45 所示。

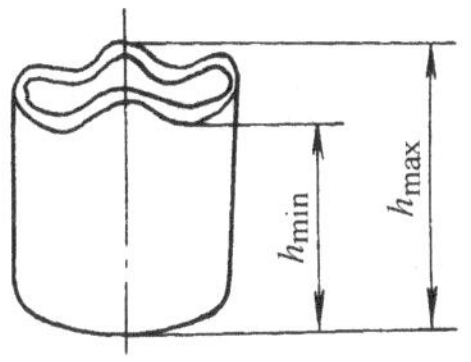

图 3-44　凸耳现象

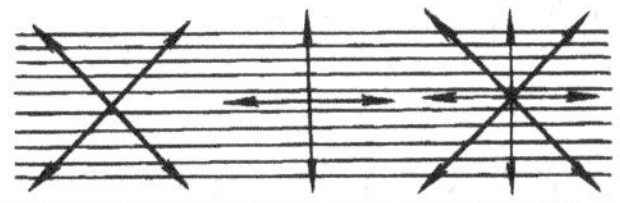

凸耳方向	45°	90°、0°	0°、45°、90°
凸耳的数目	4	4	8

图 3-45　凸耳发生的方向和数目

影响凸耳大小的是各向异性性质中的板平面异向系数 Δr。Δr 按下式计算

$$\Delta r = \frac{r_0 + r_{90}}{2} - r_{45} \tag{3-48}$$

$|\Delta r|$ 越大，凸耳越高。$\Delta r > 0$，凸耳发生在 0°、90°方向上；$\Delta r < 0$，凸耳发生在 45°方向上。如图 3-46[38]所示。

需要指出的是，虽然 r 值越大，拉深成形极限越高，LDR 越大或 m_c 越小；但是，r 值越大的材料，其 $|\Delta r|$ 也越大，凸耳越严重[39]。这说明板材各向异性对拉深件质量有相互矛盾的两个方面的影响。此外，板材的类别、牌号不同，其拉深凸耳的程度也有不同，说明拉深凸耳与金属板料的织构有关系。

3. 弹复问题

拉深弹复虽没有弯曲弹复那么严重，但也会影响到产品零件的精度与形状。弹复问题在拉深，尤其是像汽车覆盖件这样一类零件的拉深成形中，有时会成为一个不可忽视的质量问题。

由于拉深变形时，坯料变形区的凹模转角处、传力区的冲头转角处均有弯曲变形发生。这种摩擦弯曲的存在，取其一个弹复单元体的受力分析，能导出材料的抗拉强度 σ_b 与屈服强度 σ_s 有一个比值关系[35]：

$$\frac{\sigma_b}{\sigma_s} > e^{\mu\theta} \quad \text{或者} \quad \frac{\sigma_s}{\sigma_b} < \frac{1}{e^{\mu\theta}} \tag{3-49}$$

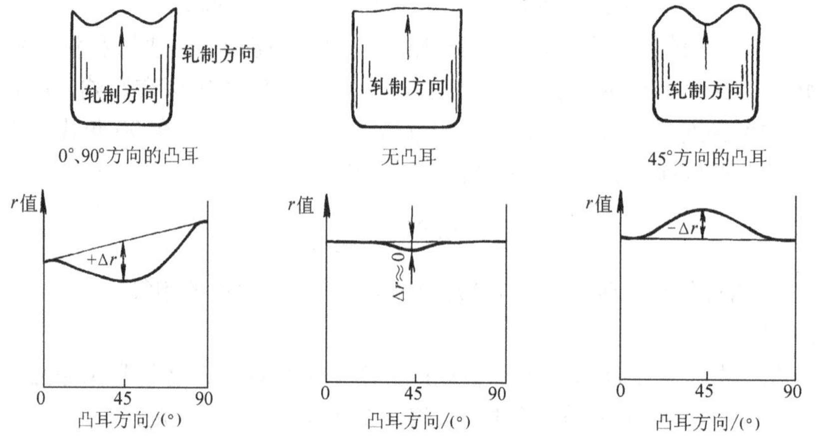

图 3-46　Δr 与凸耳方向的联系

由此可见，抗拉强度与屈服强度的比值必须大于 $e^{\mu\theta}$。对于某些高强度钢和铝合金，由于这个比值很小，例如，当 $\mu=0.2$，$\theta=\pi/2$ 时，则必须有 $\frac{\sigma_b}{\sigma_s}>1.37$，这种要求对这类材料来说很难满足。因此，在这种场合，弹复问题较为突出（注：工程技术中常用 $\frac{\sigma_s}{\sigma_b}$，叫屈强比，不用 $\frac{\sigma_b}{\sigma_s}$）。

然而，用符合质量要求的深拉深钢板，其拉深弹复不会成为一个很大的问题。因为，我国国家标准和冶金工业部标准中关于深冲钢板的力学性能有一项规定：

拉深最复杂零件的 08AL 钢板的屈强比 $\left(\frac{\sigma_s}{\sigma_b}\right)$ 不大于 0.66 $\left(\text{即}\frac{\sigma_b}{\sigma_s}>1.51\right)$；

拉深很复杂零件的 08AL 钢板的屈强比 $\left(\frac{\sigma_s}{\sigma_b}\right)$ 不大于 0.70 $\left(\text{即}\frac{\sigma_b}{\sigma_s}>1.43\right)$。

但用于拉深一般复杂零件的 08AL 钢板及其他深冲钢板（如 08F 等）的屈强比，在有关标准中没有作出规定。

4. 时效开裂

所谓时效开裂，是指拉深件在冲压加工完成以后，由于经受到撞击或振动，以及存放了一段时间以后，甚至作为商品在用户手中使用时而出现在口部像开花的一种破裂现象。

引起拉深件时效开裂的原因主要有两方面：金属组织与残余应力。

在金属组织方面，主要是金属中所含的氢的作用与影响。因此，脱氢处理对解决某些不锈钢等材料拉深件的时效开裂问题是相当有效的[41]。

残余应力的影响问题，主要是由于拉深变形区内毛坯变形不均匀性造成的。其表现为坯料变形区可以分为平面法兰区和凹模转角区两部分。在平面法兰区坯料产生纬向压缩变形和经向拉伸变形；在凹模转角区，坯料经历纬向弯曲和经向弯曲的变形。

另外一个变形不均匀问题是，坯料环形变形区在变成筒壁以后，虽然都经历了经向弯曲和纬向弯曲变形，但其内、外层的纬向压缩变形数值相差很大，即内边缘层（成筒壁底部）的压缩变形量小，近乎为零，而外边缘层（筒壁口部）的压缩变形量最大，即筒形件的筒壁从底部到口部存在很大的变形不均匀性。

由于上述不均匀变形的存在，使板料金属作为一个整体便产生了互相牵制的应力，在变形过程中和变形完成以后，就产生了附加应力和残余应力。因此，筒形件拉深后可能会自行开裂，且一般是从其口端先开裂起进而扩展开来。

解决时效开裂的措施有：拉深后及时切边；在拉深过程中及时进行中间退火；在多次拉深时尽量在其口部留一条宽度较小的法兰边等。

3.7 拉深润滑

3.7.1 拉深润滑理论

1. 单面润滑理论

在拉深变形过程中，材料与模具之间有摩擦存在，如图 3-47 所示，这时存在 5 种摩擦力：F_1——凹模上平面、压边圈下平面与毛坯间的摩擦力；F_2——凹模圆角处的摩擦力；F_3——凹模侧壁处之摩擦力；F_4——冲头侧壁与工件之间的摩擦力；F_5——冲头圆角处摩擦力。

摩擦力 F_1、F_2、F_3 逆拉深变形方向，不仅使拉深系数增大、拉深力增加，而且会磨损、刮伤模具和工件表面，所以是有害的。F_4、F_5 顺着拉深成形方向，且有阻碍材料在危险断面处变薄的作用，因而是有益的。

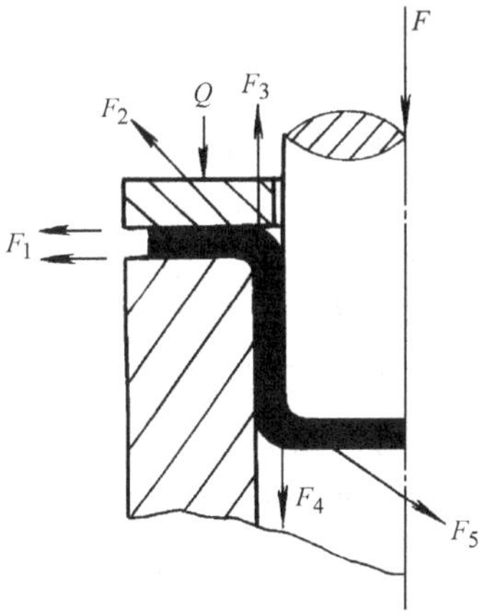

图 3-47 拉深时摩擦作用

基于这种分析，现有很多资料里提出了在拉深操作中，应该润滑凹模一面、不准润滑冲头一面的原则。在生产实际中，有时会将凹模和压边圈表面尽量抛光，而有意将冲头表面变粗糙来进行拉深。如果把这种理论称之为单面润滑理论，与此相对应的还应有双面润滑理论。因为：实际上，单面润滑理论是在 20 世纪 40 年代提出的关于拉深润滑的指导理论，几十年生产技术的发展和研究表明，它只适合于某些筒形件的拉深、而不适合整个拉深工艺中的各种拉深成形，如较浅筒形件、盒形件拉深及以胀形变形为主的曲面零件的拉深成形。

2. 双面润滑理论[42,43]

（1）盒形件拉深的双面润滑　从变形的角度来看，筒形件拉深的变形是均匀的。要求其变形区顺利变形且尽量减少传力区的塑性变形，以提高成形极限。这时，只有单面润滑才能满足要求。而在盒形件的拉深中，由于其变形区存在有不均匀变形的特点，因此，利用双面润滑条件发挥传力区的变形潜力来补偿这两部分变形区的变形不均匀性，既能提高传力区的承载能力，又能促进整个变形区顺利进行塑性变形，于是，盒形件的拉深成形极限便获得了一定程度的提高[4,42]。

实验研究结果[42]验证了上述基本分析，例如，对于$\frac{r}{B}=\frac{8}{40}=0.2$ 的钢、铝盒形件，双面润滑与单面润滑相比，其极限拉深系数 m_c 分别降低 4.5%、5.6%，而相对高度$\frac{H}{B}$分别提高 8.9% 与 7.6%。

（2）曲面零件拉深成形中的双面润滑　关于曲面零件拉深成形（例如图 3-48）的变形特点见第 7.4 节。

在曲面零件的拉深成形变形过程中，整个坯料均属于变形区。它是一种复合类冲压成形工序：凹模平面及圆角部分为拉深变形，冲头所对部分为胀形变形。其冲压成形机理有两个；一个是拉深变形机理；另一个是胀形变形机理。

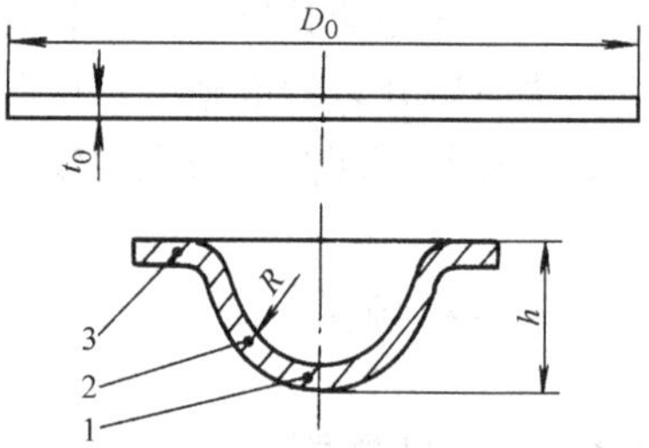

图 3-48　曲面零件拉深成形示意

此外，各种曲面零件形状和尺寸不一样，则变形机理的主次性就也不一样，有的以拉深变形为主，有的以胀形变形为主。因此，以拉深变形为主的曲面零件拉深成形，其润滑方法服从筒形件拉深润滑理论。而以胀形变形为主的曲面零件的拉深成形，其润滑方法可以与胀形成形一样。因胀形时是润滑冲头的，所以，这时应当润滑冲头方面。

这就是继盒形件之后，曲面零件拉深成形中的双面润滑理论。对此进行的实验研究[43]已验证了这种理论的正确，它能明显提高曲面零件拉深成形时的成形极限。

（3）双面润滑可操作性　双面润滑的可操作性比单面润滑的强。因单面润滑工艺执行比较麻烦，也很难真正做到。曾经出现过很多不按单面润滑工艺规程执行而工件质量未受影响的案例。比如，某种设计 3 道工序拉深洗衣机内筒的生产中，改用双面润滑，既未影响工件质量，又提高了生产率。因此，可以认为，除了某种筒形件为了提高一次拉深的成形极限时以外，其余大多数拉深件可以也应该采用双面润滑。

3. 域差润滑方法[44]

该方法的提出，是基于曲面形状零件的拉深成形分为图 3-48 所示的 1、2、3 部分变形区，对其进行不同的润滑以提高成形极限。即对应冲头头部 1 处的材料用低摩擦，其外侧 2 处为高摩擦，法兰部分 3 处又为低摩擦的润滑方法。

该方法的实验验证是用球形冲头拉深，冲头中心部分用摩擦系数较小的蜂腊润滑，其外侧用摩擦系数大的松脂润滑，法兰边处用摩擦系数小的中油石墨混合剂润滑，对软、硬不同的调质铝板实验，都显著地提高了其成形极限。

3.7.2　润滑剂

1. 润滑剂的种类

作为拉深用的润滑剂，历来用的是肥皂水乳浊液及各种油类，如机油（矿物油）、动物油（如猪油）、植物油（如蓖麻油）或在油中含有大量加料（加进白恶等添加剂）。新近，已出现了添加极压剂的极压润滑油，也出现了固体润滑剂和固液混和润滑剂。

不同的润滑剂特别是液体润滑剂的粘度不同，对拉深性能会产生不同程度的影响，收到不同的效果。市面上有专用拉深油出售，如拉深油Ⅰ号、Ⅱ号、Ⅲ号等，其黏度是不同的。

2. 涂层钢板

把润滑剂牢固地涂复在钢板上，其拉深润滑效果更好。于是，早已有了涂层钢板（涂复高分子薄膜等）新材料的问世，当然也有涂油钢板（在生产时不必再涂油润滑）。20 世纪 80 年代，在国外已出现了干膜复钢板[45]和用于不锈钢的干膜润滑剂 Dirform[46]。国内有的单位在生产中、实验研究中采用了加纸、垫聚乙烯薄膜、聚四氟乙烯薄膜润滑的拉深应用和研究，并提出了生产应用单面或双面带有塑料薄膜的拉深用板材的建议[43,47]。也可自制涂层钢板：拉深前，对毛坯进行除锈、除油处理，再涂敷聚乙烯醇高分子润滑膜液并经固化处理等过程，便可得到涂膜毛坯[48]。

3.8 拉深实例

【例1】 胶轮手推车轴碗的拉深（见图3-49）。

材料：10钢。

料厚：3mm。

工艺过程：1）落料。

2）拉深（$m=0.80$）。

3）冲孔。

4）口部倒 R 边（车削）。

5）磨弹槽处。

6）渗碳。

7）氧化（发蓝）。

拉深模特点：由于外径尺寸 $\phi62^{+0.11}_{+0.07}$要求精度高，采用正间隙总达不到要求，后革新用负间隙拉深，取 $C=(0.90\sim0.98)t$，拉深后就保证了尺寸精度和使用性能要求。

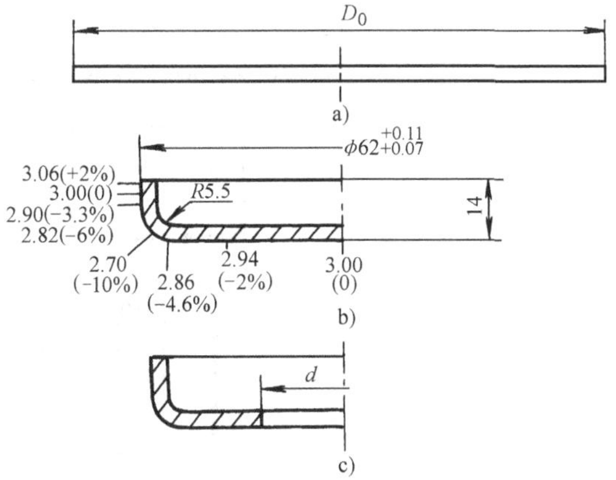

图 3-49

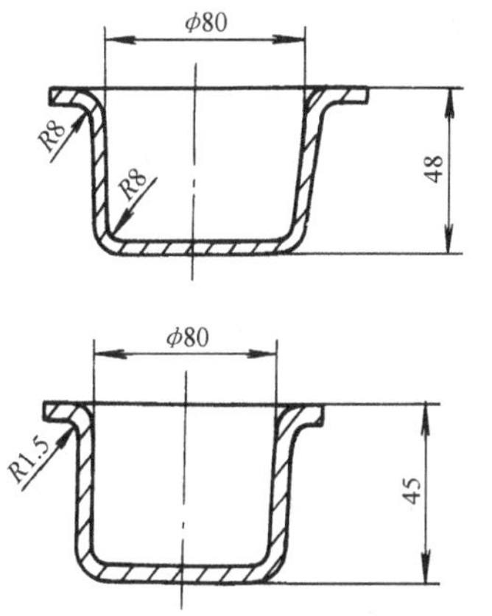

图 3-50

【例2】 汽车弹簧座的加工工艺（见图3-50）。

材料：SPCD、08F。

料厚：$t=1.5$mm。

加工工序：1）下条料：163mm×Lmm。

2）落料：$\phi157$。

3）拉深：$\phi80\times48$（上图）。

4）整形：$R1.5$（下图）。

5）切边：$\phi 90_{-0.2}^{0}$。

6）冲孔：$\phi 64$（图中未画出）。

7）去毛刺。

8）发蓝。

拉深特点：为带法兰边零件的拉深

1）其拉深系数为 $m_f = \frac{d}{D} = \frac{81.5}{157} = 0.52$，其特征形状参数有

$$\left.\begin{aligned}\frac{d_f}{d} &= \frac{90}{81.5} = 1.20\\ \frac{t}{D_0} &= \frac{1.5}{157} = 0.0095\end{aligned}\right\}\text{由此查表 3-12 得}[m_f] = 0.53\text{，而查图 3-24 得}\left[\frac{h}{d}\right] = 0.60$$

又

$$\frac{h}{d} = \frac{46.5}{81.5} = 0.57$$

显然，零件的 $m_f <[m_f]$、而 $h/d < \left[\frac{h}{d}\right]$，表明较难一次拉深成功。

2）工厂用 SPCD 等好材料拉深时，能一次成功，废品率极低；而用 08F 等性能差一些的材料，50% 拉破。

3）对于性能差一些的材料，采取下列措施之一，也可以少出废品：模具上加压边间隙、垫纸润滑、垫聚乙烯塑料薄膜润滑更好。

【例 3】 某种大型筒形零件的拉深（见图 3-51）。

材料：10 钢。

料厚：2.5mm。

工艺：1）落料 $\phi 965\left(m = \frac{357.5}{965} = 0.37\right)$。

2）正、反拉深（$m_1 = 0.5$，$m_2 = 0.7$）。

模具：复合模。

设备：双动压力机。

说明：1）如果工厂没有双动压力机，只有单动压力机，则加工方案可有：

① 落料——→拉深——→拉深。

模具简单，设备吨位小，生产率较低，适于小批量生产。

② 落料、拉深复合——→拉深。

复合模制造较复杂，设备吨位大，生产率高些，适宜于批量较大的生产。

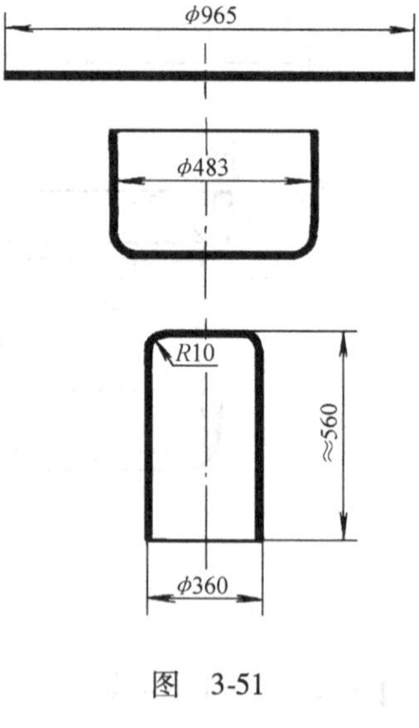

图 3-51

2）假如零件的材料是不锈钢，则不能采取正、反拉深复合的工序，因为不锈钢在每次拉深后都需进行软化处理（即中间退火）。

【例 4】 电度表方外壳拉深工艺的改进（见图 3-52）。

材料：1200（L5）（M）。

料厚：0.8mm。

使用设备：双动压力机。

1）原工艺设计（按传统方法）。

① 圆形坯料 ϕ232。

② 两次拉深（见图 3-52a）。

③ 机油润滑。

④ 平状压边圈。

⑤ 废品率高，生产率低。

2）改进的工艺。

① 从 5 个方面对原工艺进行了革新。

② 新工艺的废品率极大降低。

③ 新工艺具体内容见表 3-17。

图 3-52b 所示为工件示意图，这是哈尔滨电表厂 20 世纪 80 年代中期的技术革新成果。

表 3-17 改进工艺方案及废品率

序号	拉深条件		废品率
0	原工艺		80% 以上
1	新工艺	圆坯切弓形料（圆坯 ϕ238，对边 215），即切去弓形高 $h_0=23$mm	20% ~25%
2		蓖麻油润滑	8% ~11%
3		拉深间隙 直边 $C=1.05t$ 圆角 $C=1.1t$	5% ~6%
4		抛光凹模表面至表面粗糙度 $Ra0.2\mu m$ 以下	4% ~5%
5		压边间隙 + 锥形压边圈	2% 以下

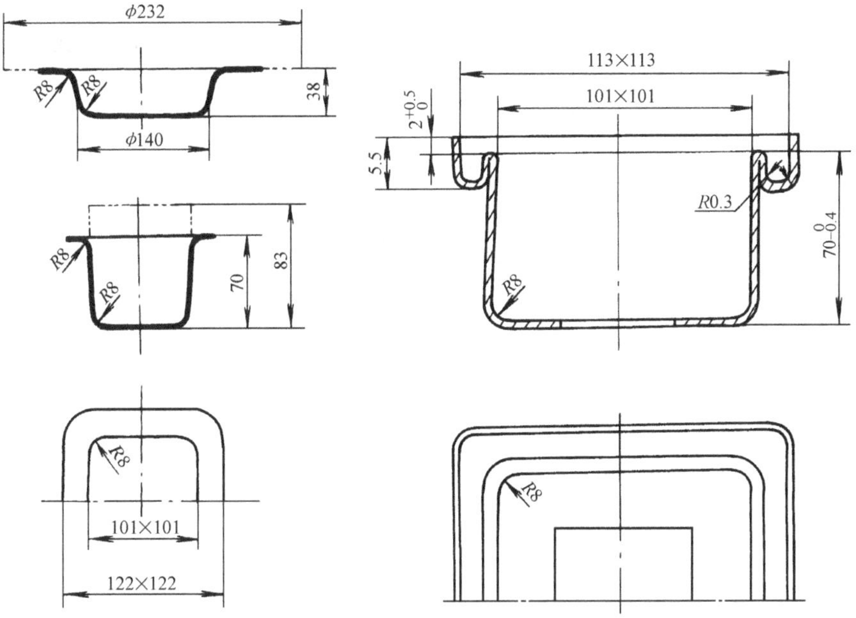

a) b)

图 3-52

本章内容一点说明：关于变薄拉深，形式上是一种拉深，或是一种特殊拉深方法。但实质上是一种冷体积成形，属于冷锻技术学科的范畴。因此，本章、本教材中对变薄拉深不作介绍。

习题与思考题三

3-1 用自己的语言说明拉深变形的特点。

3-2 多次拉深的总拉深系数总是能小于一次拉深的极限拉深系数，但生产实际中往往尽量减少拉深次数，为什么？

3-3 已知一种软钢筒形一次拉深件的 $m_c=0.50$，其高度为40mm（未修边时），$d_p=48$mm，$R_p=6$mm 料厚 $t=1.0$mm。试计算此拉深件的坯料直径、拉深力，并选择压力机吨位。

3-4 锥角按 $\alpha=\arctan\dfrac{zt}{(D-d)/2}$加工的平锥形和锥角为 $\beta=30°$的锥形压边圈都能降低极限拉深系数，其原因有何不同？

3-5 一助理工程师接到两张产品蓝图（习题3-5图），图a为电工器材上的罩，图b为手推车轴碗，要设计冲模。假设这两零件均能一次拉深成功，请你帮他设计其拉深模工作部分尺寸，并徒手画出相应的示意图。

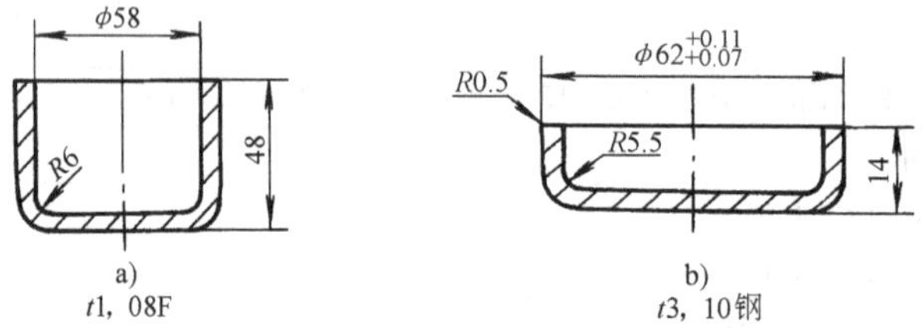

习题 3-5 图

3-6 “一种板材不止一个极限拉深系数”为什么这句话正确？

3-7 试设计图示带法兰边零件（习题3-7图）的拉深工序。若用原始坯料 D_0，改变为拉深成 $d=30$mm 的筒形件，拉深次数又将如何？

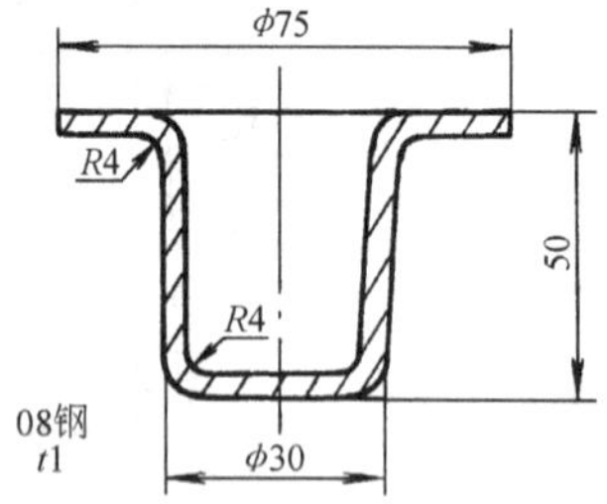

习题 3-7 图

第 4 章　翻　　边

4.1　翻边变形基础

4.1.1　基本知识

翻边是将金属平板坯料或半成品工序件的某一部分，沿其一定的轮廓线使其内法兰部分变大、成为有竖边边缘零件的冲压成形方法。通常，翻边是指圆孔翻边（或内孔翻边），如图 4-1 所示，将坯料上的预加工小孔 d_0 处的内环形部分，成形为直径为 d_1 零件的竖边，即为一种典型的翻边工序。

也有不变成竖边，只把坯料中某一部分的孔径加以扩大的。像富奇汽车灯架零件，其冲加工过程中就有一道称之为翻边或扩孔工工序的。该工序是将内孔为 d_0 的毛坯变成 d'_1（图 4-1 中虚线所示）的内孔零件。

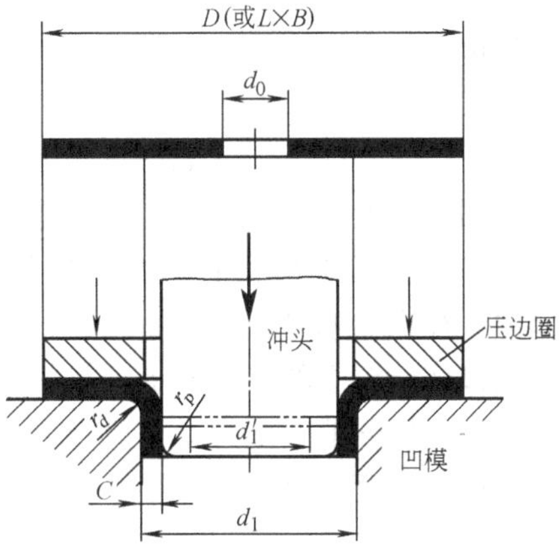

图 4-1　圆孔翻边示意

圆孔翻边是翻边的基本形式，亦有叫翻孔的。虽然还有一些翻边形式在变形特点与应力状态上较圆孔翻边要复杂些，但究其基础仍然是圆孔翻边。说翻边是拉伸类冲压成形的典型工序之一，也是基于圆孔翻边而言的。

4.1.2　变形特点分析

1. 变形特点

与分析拉深变形相仿，也可先用纸片来做一个实验：取一张外径为 D_0、中间有一小孔孔径为 d_0 的纸片，压住其外环形部分，使内环形部分变成直径为 d 的竖边，结果纸开裂了，变不成竖边；若按图 4-2a 将内环形部分沿径向剪开，再将它们翻成竖边，则如图 4-2b 所示，图中倒三角形部分为裂开的部分，材料不够，称其为“空缺三角形”。显然，金属材料在翻边变形过程中，假想的每个“空缺三角形”的材料只能依靠旁边材料、通过切向拉伸和厚度变薄来填补。

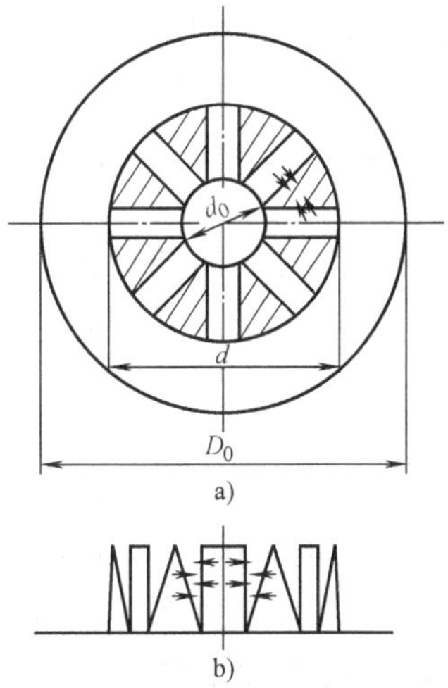

图 4-2　翻边材料转移

注：图中箭头方向是材料流动方向

该实验表明：与拉深相比，翻边工序变形部分的位置以及变形部位的变形刚好是相反的。

从图 4-3 所示翻边过程可知，翻边是在冲头作用下，坯料的内环形（外径为 d_1、内径为 d_0）部分逐渐变成了竖边的直壁部分。显然，这个内环形部分即为变形区（A 区），已翻成竖边的壁部为传力区（B 区），外法兰部分为不变形区（D 区）。其变形区的应力，应变特点与拉深不同；如图 4-3a 所示，它是在双向拉应作用下，其中最主要是在切向拉应力作用下，产生最大的切向拉应变，变形区材料变薄。

2. 应力应变关系

翻边变形区的应力关系取一扇形单元体分析，如图 4-3b 所示，切向受拉应力 σ_θ，径向也受拉应力为 σ_r。切向应变较大，其最大值在内孔边缘处为

$$\varepsilon_\theta = \ln\frac{L}{L_0} = \ln\frac{\pi d}{\pi d_0} = \ln\frac{d}{d_0} \tag{4-1}$$

翻边结束时，

$$\varepsilon_{\theta\max} = \ln\frac{d_1}{d_0} \tag{4-2}$$

由图 4-3 还可知，变形区内孔边缘上坯料是处于单向受拉的应力状态，这里只有切向拉应力，径向拉应力为零。故翻边后得到竖边边缘口部位置上的厚度最小，其值可按单向受拉变形时变形值的计算方法用下面方法进行估算。考虑拉伸前厚度为 t_0（内径为 d_0）的一小环形体，翻边后变成厚度为 t（内径为 d_1）的大环形体，两部分体积应相等，即：

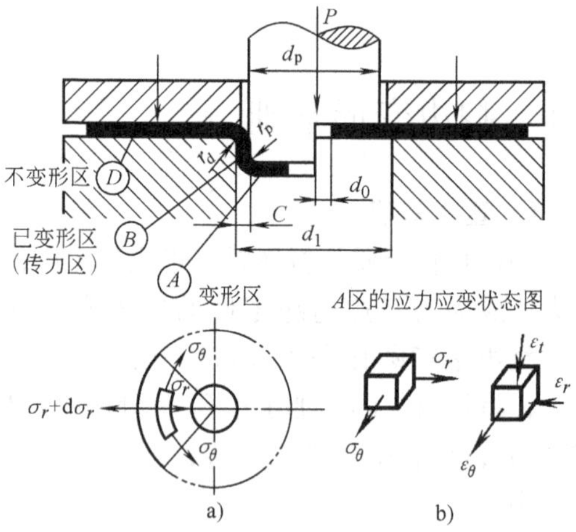

图 4-3　翻边过程分析

$$\pi d_0 t_0 \cdot t_0 = \pi d_1 t \cdot t$$

$$d_0 t_0^2 = d_1 t^2$$

故有

$$t = t_0\sqrt{\frac{d_0}{d_1}} \tag{4-3}$$

翻边过程中应力应变的分布情况及规律如图 4-4 所示。图中很直观地示出了变形过程中某一瞬时的径向应变 ε_r 和切向应变 ε_θ 的大小及分布，还示出了径向应力 σ_r 与切向应力 σ_θ 的规律，为翻边极限变形程度的度量提供了依据。

3. 极限变形程度

（1）意义　翻边变形程度用预加工小孔孔径与翻成零件竖边直径之比来表示，称为翻边系数 K_f

$$K_f = \frac{d_0}{d_1} \tag{4-4}$$

翻边变形的极限变形程度是指在一定条件下的翻边变形过程中，最危险部位（翻边完成时成为竖边的边缘处）出现微小裂缝时的变形程度。通常用极限翻边系数来计算

$$K_{f.c} = \frac{d_{0\min}}{d_1}\left(或 = \frac{d_0}{d_{1\max}}\right) \tag{4-5}$$

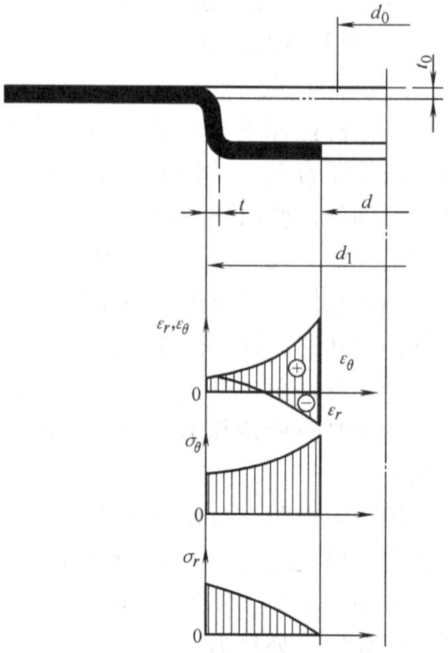

图 4-4　翻边中应力应变规律

式中　d_0——预加工小孔直径；

d_1——翻成零件直径（一般按竖边部分之中径计算）。

（2）度量评定参数　由于翻边时变形区内金属在最大主应力为切向拉应力作用下产生最大切向伸长变形，所以，极限翻边系数主要决定于毛坯金属材料的塑性，塑性指标值越大，极限翻边系数越小。更确切地说，是取决于板材的翻边性能，以及板材拉伸类冲压成形的性能。因此，极限翻边系数可由材料的性能参数来评定。

1）延伸率　翻边时，毛坯在变形区内半径方向各点的切向伸长变形量是不同的，最大的伸长变形发生在毛坯孔口边缘，故翻边过程中应保证毛坯孔口边缘部位上金属的伸长变形小于材料塑性所允许的极限值，即：翻边变形区内边缘上产生的最大相对伸长变形 $\delta_{翻}$ 应小于材料的延伸率 δ，即

$$\delta_{翻}=\frac{d-d_{0\min}}{d_{0\min}}=\frac{1}{K_{f.c}}-1\leqslant\delta \tag{4-6}$$

于是有

$$K_{f.c}=\frac{1}{\delta+1} \tag{4-7}$$

[7]

式（4-7）表明极限翻边系数与延伸率成反比关系。但实际上，上式中所用的延伸率 δ 的数值，常常大于在简单拉深试验中所得到的延伸率。这是因为翻变形区内直径方向上各点的切向变形不同，在边缘处最大，而在其余各点切向伸长变形随与边缘距离的增大而迅速减小。显然，伸长变形较小的邻域对具有最大伸长变形的边缘区有加强其变形稳定性的作用。从而，有抑制危险边缘的局部产生集中失稳变形的趋势，故翻边时竖边边缘部分材料的伸长变形会比简单位伸时大，即实际上存在有 $\delta_{翻}>\delta$。

一般说来，材料的延伸率越大，极限翻边系越小，翻边变形的极限变形程度越大。但是，延伸率的物理意义是表示相对应变，它有时不能真正反映塑性变形程度。所以，在研究冲压变形的成形极限、金属流动规律及变形力学特点中，往往都采用对数应变值，以反映真正的实际变形程度，尤其是大塑性变形时。

2）加工硬化指数和各向异性系数　冷变形加工的一个重要的基本特点是会产生加工硬化现象。加工硬化指数是表明材料冷变形硬化性能的特征参数，也叫 n 值。

拉伸类冲压成形性能与加工硬化指数有密切关系。较早的研究推导出极限翻边系数 $K_{f.c}$ 与加工硬化指数 n 的关系是

$$K_{f.c}=\frac{1}{2n+1} \tag{4-8}$$

[49]

在一般情况下，该公式对大多数材料是适用的，但不适用于拉深钢板 SPCD 等材料。

后经进一步研究，发现各向异性系数 r 值也对翻边性能有影响，并导出了一个新公式[50、54]

$$K_{f.c}=\frac{1}{(1+r)\ n+1} \tag{4-9}$$

实验证明，式（4-9）适用于更多的常用冲压板材，包括多种深拉深钢板。

（3）极限翻边系数的影响因素　除了材料性能的影响外，极限翻边系数还受到以下几方面因素的影响。

1）预加工小孔的加工方法。预加工小孔一般用冲孔或钻孔加工。不同的加工方法获得的极限翻边系数不同，生产效率也不同。用冲孔的方法，会形成孔口表面的硬化层、应力集中及毛刺等表面缺陷，导致极限翻边系数变大。为此，可以采取一些工艺措施；如冲孔后对坯料进行热处理退火或对小孔稍加整修；在翻边时置坯料有毛刺的一侧朝向冲头进行翻边。用钻孔的方法（包括钻孔后对孔口边缘稍加清理，如去除毛刺等），能获得较低的极限翻边系数，但生产效率比冲孔低一些。应当指出，钻孔后对孔口进行一系列精磨加工以达到降低极限翻边系数的方法，可以作为一种研究试验用，但在当前是没有多大生产实用价值的。

表 4-1 列出了不同加工方法对低碳钢材料翻边时的极限翻边系数值[8]。

表 4-1　低碳钢的极限翻边系数 $K_{f.c}$

冲头形状	预加工小孔的加工方法	相对厚度 $\frac{t}{d_0}$										
		0.01	0.02	0.03	0.05	0.07	0.1	0.13	0.15	0.20	0.33	1.0
球形	钻孔	0.7	0.6	0.52	0.45	0.40	0.36	0.33	0.31	0.3	0.25	0.2
	冲孔	0.75	0.65	0.57	0.52	0.48	0.45	0.44	0.43	0.42	0.42	—
柱形	钻孔	0.8	0.7	0.6	0.5	0.45	0.42	0.4	0.37	0.35	0.35	0.25
	冲孔	0.85	0.75	0.65	0.6	0.55	0.52	0.5	0.5	0.48	0.48	—

2）冲头的形状。冲头形状对极限翻边系数有较大影响，将翻边冲头头部形状加工成锥形、球形及抛物线形比柱形冲头好。因为这样能减少变形过程中引起边缘开裂的最大切向拉应力 $\sigma_{\theta\max}$，使翻边过程较为顺利，从而，能降低极限翻边系数。实验研究和生产实际表明，锥形冲头等比柱形冲头翻边降低极限翻边系数达 10% 以上[144]；其原由还可用下式[145]

$$K_{f.c} = \left[1 + \left(\frac{\sigma_{i\max}}{k}\right)^{\frac{1}{n}}\right]^{-1} \tag{4-10}$$

所表示的关系予以解释。在翻边变形中，等效应力 σ_i 与最大切向应力 $\sigma_{\theta\max}$ 有近似相等关系，且取用幂函数加工硬化规律 $\sigma = k\varepsilon^n$。因锥形冲头翻边时 $\sigma_{i\max}$ 较小，故其 $K_{f.c}$ 也较小。

3）材料的相对厚度。材料的相对厚度 t/d_0 越大，其极限翻边系数越小，这是很容易理解的。所以，在计算翻边系数中，工件直径取其中径进行计算也就是考虑了这种影响。

4.1.3　工艺参数的设计计算

1. 冲头、凹模圆角

冲头的圆角半径 r_p 越大越好。因为 r_p 越大，不仅能降低翻边系数，而且能减小翻边力。所以，最好用抛物线形、锥形或球形冲头翻边。凹模圆角半径 r_d 通常比 r_p 小，可直接按工件要求的大小设计，避免尖角即可。这样更能排除不变形区参与变形的可能，保证翻边件外径落料时的准确度。由此表明，翻边冲头与凹模圆角半径的取值规律正好与拉深相反。

2. 翻边间隙

翻边间隙 C 应以稍小于材料厚度为宜。这是因为在切向拉应力 σ_θ 作用下，变形区材料拉伸变薄。如果翻边间隙太大，容易使被翻成竖边的这部分材料脱离冲头端面而翘起，如图 4-5 所示。这时，这部分材料并不与模具贴合，成形结

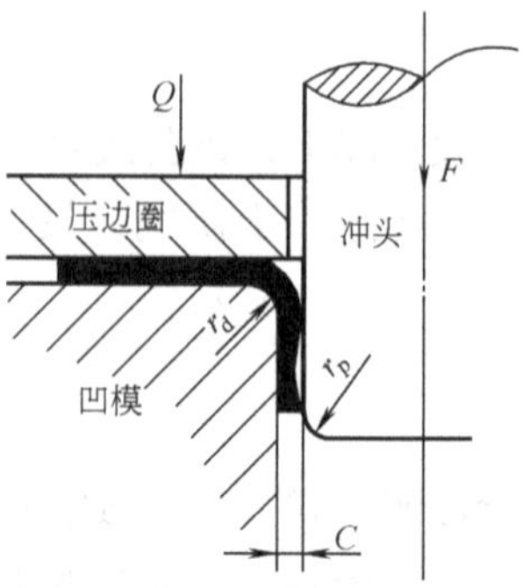

图 4-5　翻边件直壁的畸变

束后，零件直壁发生形状畸变。但间隙 C 太小也不好，会使翻边力增大，零件直壁变薄严重。

翻边间隙一般取为 $C=(0.80\sim1.0)t$；若翻成螺纹底孔或需与轴配合的小孔，则取 $C=0.7t$ 左右。

3. 凸、凹模直径

翻边凸、凹模直径尺寸的确定原则可参照拉深模的原则，只是应注意保证翻边间隙。即

工件标注外形时，先算 D_d，把间隙减去算 D_p；

工件标注内形时，先算 d_p，把间隙加上算 d_d；

制造偏差 δ_d、δ_p 可按拉深模原则设计选取。

4. 预加工小孔孔径

长期以来，翻边预加工小孔孔径都是按弯曲展开原则，即按中性层长度不变的原则进行设计估算的。近年来，也不断提出了一些新方法。下面作其简单介绍。

（1）弯曲展开法　这里的弯曲展开即中性层长度不变（结合图 4-6a）。是指已翻边的高度 h 与其凹模圆角部分展成直线长度之和等于翻边前变形区（d_2-d_0）/2 宽度尺寸。而且，通常在翻边系数 K_f 大于极限翻边系数 $K_{f.c}$时，采用一次翻边。因此，如图 4-6a 所示，一次翻边中预加工小孔孔径 d_0 及翻边高度 H 与翻边系数之间关系为：

$$d_0 = d_2 - \left[\pi\left(r_d + \frac{t_0}{2}\right) + 2h\right] \tag{4-11}$$

又因为

$$d_2 = d_1 + 2r_d + 2\times\frac{t_0}{2} = d_1 + 2r_d + t_0$$

$$h = H - r_d - t_0$$

所以，将 d_2、h 值代入式（4-11）中，便可得到预加工小孔孔径为

$$d_0 = d_1 - 2(H - 0.43r_d - 0.72t_0) \tag{4-12}$$

由于翻边变形区材料明显变薄、切向伸长、径向有所缩短（尤其是口部），所以，按上述板料中性层长度不变的原则和关系推导出的计算预加工小孔孔径实际上会偏大，其误差程度大约 10% 左右。

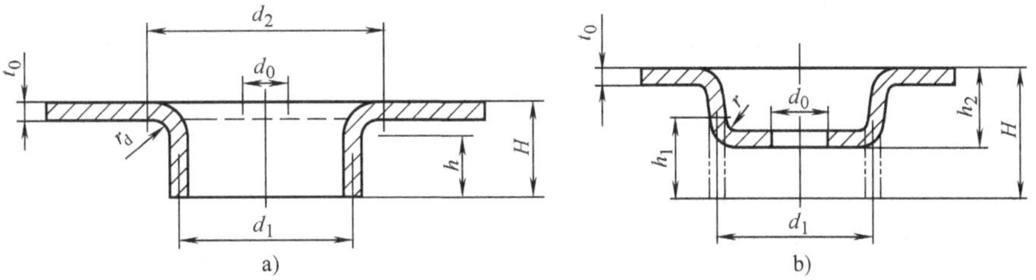

图 4-6　翻边件的计算用图

（2）修正计算方法　20 世纪末，基于按上述弯曲展开法存在的误差较大问题，提出了几个修正计算的方法[112]。

1）按变形区变形前后面积相等，即厚度不变原则计算。有实验验证的结果偏少。

2）将变形区应力状态处理为切向受拉，且假设径向与厚向应变相等。结果与实验接近。

3）将变形区内法兰部分划分为外部与内部两部分，外部（变为圆角部分）按面积相等

原则先计算出分界点 d'_0，内部（变为直壁部分）再按切向单拉应力状态，计算出孔径 d_0。有实验验证结果适中。

修正计算法同弯曲展开法一样，依然未考虑变形区材料明显变薄的翻边变形本质特征。

（3）等体积法　21 世纪初，有研究[113、114]提出，根据体积不变原理并考虑翻边变形本质特征，采用厚度变薄系数的方式，处理其体积计算，而获得新的计算公式。分别有：

1）可以手算的公式

$$d_0 = 2\sqrt{\left(\frac{d_1 + x't_0}{2} + r_d\right)^2 - \frac{1}{t_0}[(0.79d_1 + 1.13r_d)(x't_0)^2 + (1.13r_d^3 + 1.58r_d d_1 + d_1 h)x't_0]} \tag{4-13}$$

2）利用计算机软件 Pro/E 模型分析计算的公式

$$d_0 = \sqrt{d_2^2 - \frac{4x'}{\pi t_0}V} \tag{4-14}$$

式中　x'——平均变薄系数，即体积修正系数，按表 4-2 选取；

V——零件变形区体积，由 Pro/E 选型得到；

其余——参见图 4-6。

表 4-2　平均变薄系数 x'

r_d/t_0	用于 d_1 较大时	用于 d_1 较小时
≤0.5	0.7	0.8
0.5～1.0	0.7～0.75	0.8～0.85
1.0～3.0	0.75～0.8	0.85～0.9

经试验和实例验证，结果更接近于实际，符合工程计算要求。

5. 翻边高度

根据式（4-12）很容易导出翻边件高度 H 的一种粗略表达式，即

翻边高度　$$H = \frac{d_1}{2}(1 - K_f) + 0.43r_d + 0.72t_0 \tag{4-15}$$

最大翻边高度　$$H_{max} = \frac{d_1}{2}(1 - K_{f.c}) + 0.43r_d + 0.72t_0 \tag{4-16}$$

为了获得高度更高的翻边件，通常采用下面两种方法。

（1）多次翻边　当翻边系数小于或接近于极限翻边系数时，可采用多次翻边。图 4-6a 所示的情况相当于第一次翻边，再在此基础上进行第二次翻边，得到直径大于 d_1、高度大于 H 的翻边件。

由于冷变形硬化，在第二次翻边前，往往要对第一次翻边好的毛坯进行中间软化退火处理，这就增加了加工工序和加工成本，故这种多次翻边的方法应用较少。

（2）拉深后再翻边　当翻边系数小于极限翻边系数，可采用先拉深再翻边的方法达到翻边件的高度。如图 4-6b 所示，先确定翻边高度 h_1，再确定预加工小孔孔径 d_0 和拉深高度 h_2，从而保证整个翻边零件的总高度 H。

由图中的几何关系知

$$h_1 = \frac{d_1 - d_0}{2} + \frac{\pi}{2}\left(r + \frac{t_0}{2}\right) - \left(r + \frac{t_0}{2}\right) \approx \frac{d_1}{2}(1 - K_f) + 0.57r \tag{4-17}$$

所以　$$d_0 = d_1 + 1.14r - 2h_1 \tag{4-18}$$

于是有拉深高度或翻边件总高度 $h_2 = H - h_1 + r + t_0$ (4-19)

$$H = h_1 + h_2 - r - t_0 \tag{4-20}$$

这种在拉深件底面进行翻边或扩孔的方法在生产中实用还不少。不过应注意一点，预加工小孔若是在拉深之前加工好，则有可能在拉深过程中会变大，造成翻边达不到高度。对此种变形在第9.3节中有分析。

6. 翻边力

（1）理论公式

1）20世纪50年代~70年代，提出了翻边力 F 及翻边变形过程中最大径向主应力 σ_{pmax} 的计算公式[138、139]：

$$F = 2\pi\left(\frac{d_1}{2}\right)t_0\sigma_{pmax}\cos\alpha_0 \tag{4-21}$$

在推导 σ_{pmax} 过程中，认为加工硬化与料厚变化之影响相互抵消了。

2）21世纪初，先出现如下一个计算最大翻边力公式[142]：

$$F_{max} = 2\pi\left(\frac{d_1}{2}\right)t_0(\sigma_p + \sigma_w)e^{\left(\frac{\pi}{2}+\frac{r_p}{0.5d_1-r_p}\right)\mu} \tag{4-22}$$

在推导过程中，假设材料为刚塑性硬化材料，并采用线性硬化规律，并未考虑材料厚度变化。

3）21世纪初，后经研究提出了考虑幂函数关系的冷变形加工硬化规律及材料厚度变薄的实际的翻边力计算公式[143]：

$$F = 2\pi\left(\frac{d_1}{2}\right)m't_0(\sigma_{pmax} + \Delta\sigma_w)e^{\mu\left(\frac{\pi}{2}+\frac{r_p}{0.5d_1-r_p}\right)} \tag{4-23a}$$

及近似计算式

$$F = 2\pi\left(\frac{d_1}{2}\right)m't_0(\sigma_{pmax} + \Delta\sigma_w)(1 + 1.6\mu) \tag{4-23b}$$

上述公式中，径向拉应力 σ_p 或 σ_{pmax} 有不同的计算表达式，考虑弯曲影响的附加弯曲应力为 σ_w 或 $\Delta\sigma_w$ 表示，m' 为材料变薄系数，其余可参见图4-3、4-4。

（2）经验公式

1）柱形冲头翻边。先后提出和沿用的翻边力 F 计算的经验公式有：

$$F = 1.1\pi t\ (d_1 - d_0)\ \sigma_s \tag{4-24}$$
[69、72、83、102]

$$F = 1.25\pi t\ (d_1 - d_0)\ \sigma_b \tag{4-25}$$
[115]

$$F = 1.1\pi t\ (d_1 - d_0)\ \sigma_b \tag{4-26}$$
[8、10、101]

式中 t——板料厚度（即 t_0）（mm）；

d_1——翻边件直径（按中径计）（mm）；

d_0——预加工小孔孔径（mm）；

σ_s——材料的屈服极限（MPa）；

σ_b——材料的强度极限（MPa）。

2）球形冲头翻边。文献［51］提出球形冲头翻边力的经验公式为

$$F = 1.2\pi d_1 tm'\sigma_b \tag{4-27}$$

式中 m'——系数，可查表4-3；

其余同前。

表 4-3 翻边力计算中的 m' 值

翻边系数 K	系数 m'	翻边系数 K	系数 m'
0.5	0.2～0.25	0.7	0.08～0.12
0.6	0.14～0.18	0.8	0.05～0.07

（3）多种冲头翻边力试验　图 4-7 所示为翻边力—行程图，描述了 4 种不同形状冲头进行翻边时翻边力的比较[52]。图中清楚地表明：用抛物线形冲头翻边时翻边力最小，用球形冲头和锥形冲头时更大，用柱形冲头时翻边力最大。

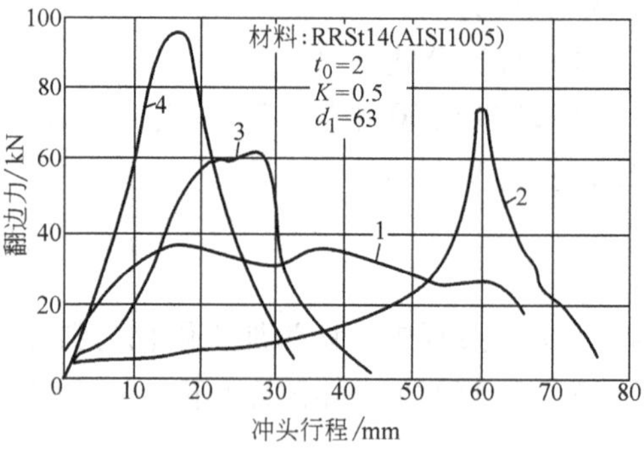

图 4-7　翻边力—行程图
1—抛物线形冲头　2—锥形冲头
3—半球形冲头　4—柱形冲头

7. 压边力问题

由于翻边时压边圈下面的坯料是不变形区，压边力的作用必须保证这部分材料不产生流动和变形。所以在一般情况下，翻边压边力比拉深压边力要大。翻边时压边力的大小要根据要求和条件而定。当外法兰部分面积比较小，分析或发现外法兰部分有变形趋势时，压边力的计算可参照拉深压边力计算并取偏大值。外法兰部分面积越大，所需的压边力越小，甚至不需要压边，完全可不用压边圈（但可能需要卸料板）。这一点刚好与拉深相反。拉深时，外法兰部分面积越大，所需压边力越大，必须用压边圈。

4.2　异形孔翻边

4.2.1　凹圆弧异形孔

如图 4-8 所示翻边件，它由凹圆弧部分和直边部分组成。显然，凹圆弧部分的翻边即为圆孔翻边的一部分，直边部分翻边是一种折弯。两部分变形不均匀，直边部分容易、圆弧部分较难变形。它们会相互影响，圆弧部分的翻边变形在一定程度上会扩展到直边部分，使得圆弧部分的切向伸长变形得以减轻。所以，它具有比圆孔翻边时更小的翻边系数。

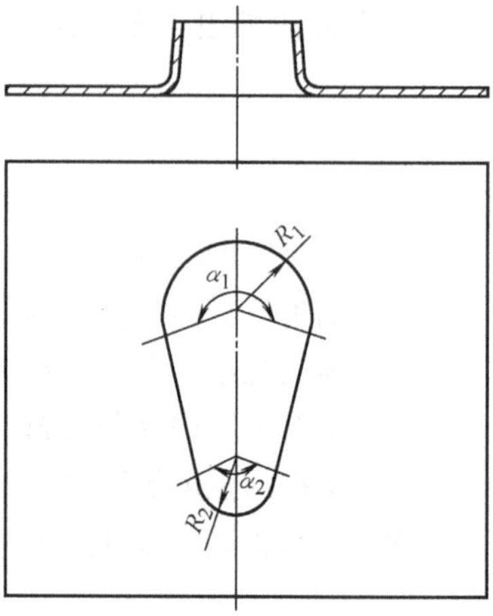

图 4-8　凹圆弧异形孔翻边

极限翻边系数降低的程度视直线部分与曲线部分的比例大小而异，实用时可按下式作近似计算：

$$K'_{f.c}=\frac{K_{f.c}\alpha}{180°} \qquad (4\text{-}28)$$

式中　$K_{f.c}$——圆孔翻边的极限翻边系数；

α——圆弧部分的中心角（°）。

式（4-28）只适用于中心角 $\alpha \leqslant 180°$；当 $\alpha > 180°$ 时，

或直边部分很短甚至不存在直边部分时，极限翻边系数的数值均应按圆孔翻边计算。

表 4-4 给出了中心角由 15°到 180°之内凹圆弧翻边时的极限翻边系数；此表适用于低碳钢及与低碳钢塑性参数相同的其他材料[116、101、102]。

表 4-4　低碳钢内凹曲线翻边系数

α/（°）	坯料相对厚度 t/d_0						
	0.02	0.03	0.05	0.08～0.12	0.15	0.20	0.30
>180	0.80	0.60	052	0.50	0.48	0.46	0.45
165	0.73	0.55	0.48	0.46	0.44	0.42	0.41
150	0.67	0.50	0.43	0.42	0.40	0.38	0.375
135	0.60	0.45	0.39	0.38	0.36	0.35	0.34
120	0.53	0.40	0.35	0.33	0.32	0.31	0.30
105	0.47	0.35	0.30	0.29	0.28	0.27	0.26
90	0.40	0.30	0.26	0.25	0.24	0.23	0.225
75	0.33	0.25	0.22	0.21	0.20	0.19	0.185
60	0.27	0.20	0.17	0.17	0.16	0.15	0.145
45	0.20	0.15	0.13	0.13	0.12	0.23	0.11
30	0.14	0.10	0.09	0.08	0.08	0.08	0.08
15	0.07	0.05	0.04	0.04	0.04	0.04	0.04

4.2.2　凹凸圆弧异形孔

如图 4-9 所示的内孔翻边件，孔型更为复杂。此种异形孔由三部分组成。其中：

a 段：凸弧部分，有切向压缩变形，类似于浅拉深。

b 段：凹弧部分，有切向拉伸变形，为圆孔翻边一部分。

c 段：直边部分，可视为折弯，是一种弯曲变形。

因此，3 种不同的变形复合在一起会增加变形的复杂性，也会增加工艺设计的难度。但是，这类异形孔的翻边，通常是内凹部分的比例比较大，且内凹部分相邻的直边弯曲变形、凸弧拉深压缩变形会有利于减轻内凹部分的切向伸长变形。所以，内凹部分的翻边系仍然可以小于圆孔翻边的翻边系数。

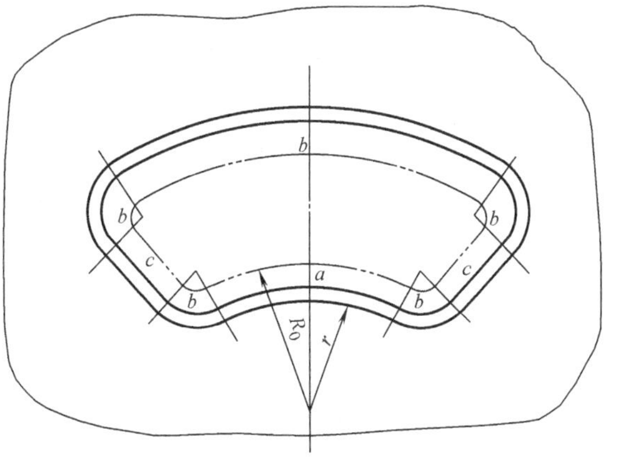

图 4-9　凹凸圆弧异形孔翻边

凹凸圆弧异形孔工艺参数设计计算：

1. 极限变形参数

内凹圆弧部分的极限翻边系数可按上面内凹圆弧的极限翻边系数计算，即按公式（4-28）计算或按表 4-4 选取；其中的弯曲部分可按第 6 章中的最小弯曲半径计算；其中的凸圆弧部分可按第 3 章中的拉深系数参考计算，也即可将凸圆弧部分的拉深系数表示为[101]

$$K''_{f.c} = \frac{r}{R_0} \tag{4-29}$$

式中　r——凸圆弧翻边线曲率半径；

R_0——凸圆弧预制孔边缘曲率半径。

2. 预制孔形状和尺寸

凹凸圆弧异形孔翻边应制备的预制孔形状和尺寸，应分别按圆孔翻边、弯曲和拉深坯料的计算方法进行设计。但是，按截然分开的设计在翻边后工件的高度会不平齐。通常，内凹弧部分的竖边高度较直线段部分的高度稍低。为此，应将内凹弧部分的预计算宽度取得比直线段的宽度增大，如大5% ~10%，以弥补翻边后高度的减小；最后，对设计计算的结果（即整个预制孔的形状）加以适当修正，使预制孔各段圆滑相接。

4.3 方孔翻边

方孔翻边指如图4-10所示的一类方（矩）形空心零件的翻边，其尺寸 $B<1.2A$。这类形状的翻边也可视为凹圆弧异形孔翻边的特例。

方孔翻边变形区（内法兰部分）可分为圆角区Ⅰ和直边区Ⅱ两部分，如图4-11所示。其圆角区相当于1/4圆孔翻边，直边部分相当于弯曲变形，分别按圆孔翻边和直角弯曲展开计算坯料形状，而翻边成方孔的竖边高度是不会平齐的。

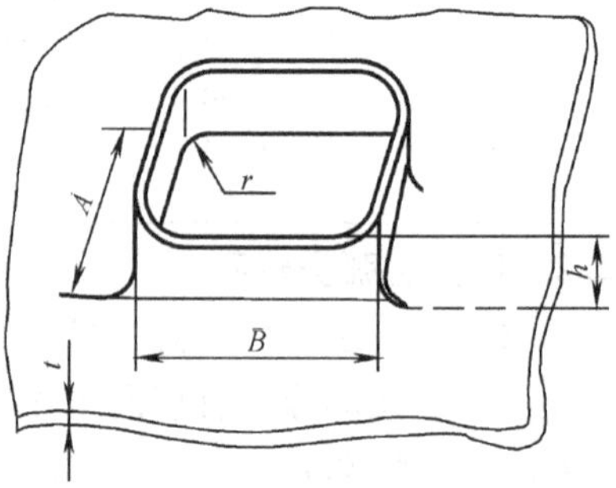

图4-10　方（矩）形空心零件

为了获得竖边高度平齐一致的方孔翻边件，经工艺试验研究表明，其预制孔形状应为相应的方形，且其圆角半径 r_0 和直边宽度 B_0 可按下式计算[117]

$$\begin{cases} B_0 = B - 2h + 0.86r_d + (3 \sim 4)\ t \\ r_0 = r/2 \end{cases} \tag{4-30}$$

式中，各参数意义参照图4-11；

厚度 t 前面的系数，3用于 r/B 较小时，4用于 r/B 较大时。

该研究指出：对于试验研究用的普通冷轧钢板——SPCC（硬度为124HV）这类材料，计算结果的相对误差在5%以内；但对于试验用的纯铝板——1060（硬度为40HV）这类材料，在试验中有些特殊。此外，给出了方（矩）形孔翻边的极限翻边高度 h/B 与翻边件的方形度 r/B 存在如图4-12所示的相应关系。

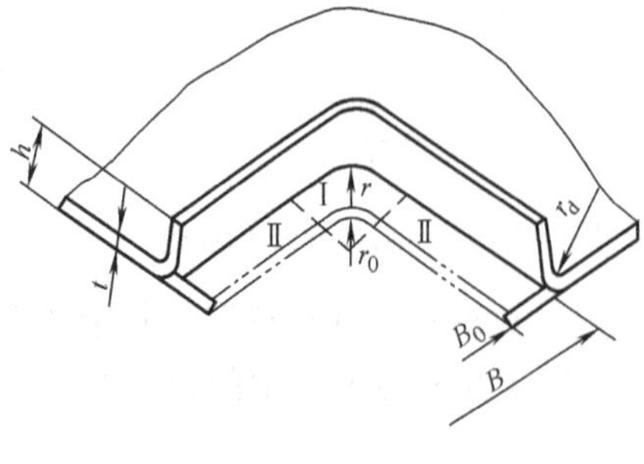

图4-11　方孔翻边变形示意

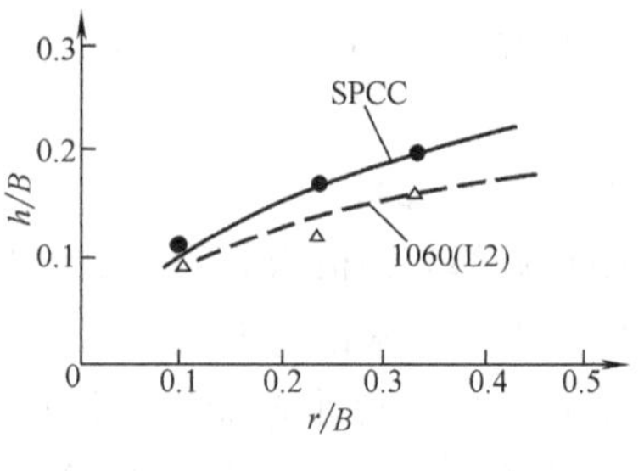

图4-12　相对翻边高度与方形度关系

本章内容一点说明： 变薄翻边，形式上也是一种翻边，或是一种特殊翻边方式。但其变形实质是冷体积成形，是属冷锻技术学科的范畴。本章、本教材中不包含这些应归属于冷锻加工的内容。

习题与思考题四

4-1　简述翻边的变形力学特点。

4-2　采用哪些工艺措施可以提高翻边的极限变形程度?

4-3　球形、锥形冲头与柱形冲头相比，对翻边的实现有何优越之处?

4-4　一种军用挂车上的零件如图所示（习题4-4 图），试设计计算出用冲裁的方法加工的预加工小孔之孔径及翻边系数（材料为 Q215）。

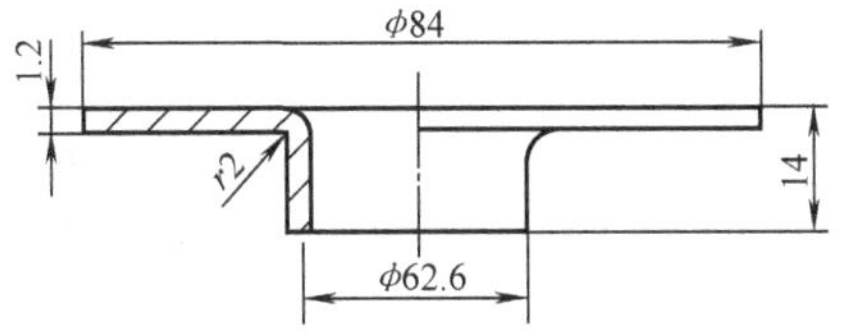

习题　4-4 图

4-5　课程设计中有一翻边冲头零件图（习题4-5 图），图中在尺寸偏差、精度等级及基准选取（标注）上有 3 处错误，试指出并予以改正（徒手重新画图并标注）。

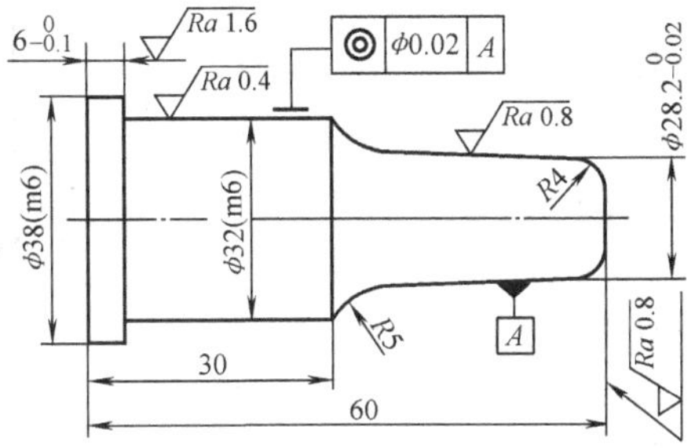

习题　4-5 图

第 5 章　胀　　形

5.1　胀形变形基础

5.1.1　基本知识

所谓胀形，是使金属板料或毛坯件中间位置产生鼓凸变形，从而获得表面积增大的零件的一种冲压成形方法。如图 5-1 所示，在较大面积坯料 D 的局部 d 处产生鼓凸变形，而外法兰部分不产生变形。

在胀形过程中，不存在坯料在凹模中的滑动与摩擦，工件表面没有划伤且比较光滑。因此，胀形间隙不成为重要的工艺参数，在图中也没有明确标出。另外，胀形时其变形区只有拉应力作用，成形后的几何形状易于稳定，卸载时的弹复很小，易于得到尺寸精度较高的零件。因此，一些冲压件的最后校形，往往也是用胀形机理去实现的。

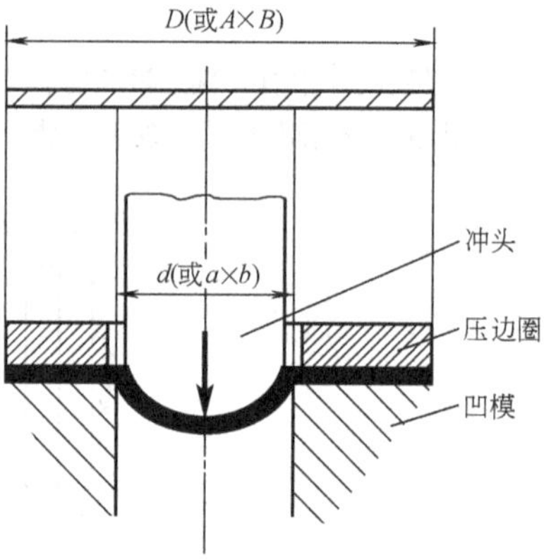

图 5-1　胀形示意

胀形的方法很多。按其成形的面积来分有：

1）局部胀形，包括平板坯料的局部胀形，如压筋条、凹坑、花纹等；管子坯料的局部胀形，如波纹管及自行车中接头等的成形。

2）整体胀形，如摩托车、自行车挡泥板以及飞机蒙皮等的成形。后者实际上是整块板料上的一种大曲面胀形，如汽车车身的外罩板零件及其他大曲率半径面上的很浅胀形，这种胀形的平均延伸率大约为 1% ~3% 左右。

按其冲头结构来分，有刚模胀形和软模胀形。

5.1.2　变形特点

1. 总体变形特点

认识和理解胀形变形特点，最好联想到吹气球。由于吹进去气体的压力使气球胀鼓。气球表面的切向（纬度方向）和径向（径度方向）均被拉伸变长，气球这层膜变薄了。这就表明，胀形变形区在拉应力作用下产生伸长变形，属于拉伸类冲压成形工序。显然，图 5-1 和图 5-2 中冲头所对部分为变形区（A 区）。变形区位置上应力应变特点见图 5-2 中的立方单元体。坯料的外环形部分为不变形区（D 区）。

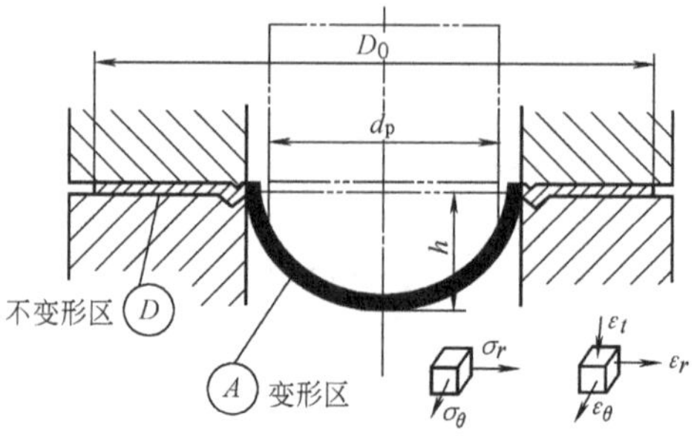

图 5-2　胀形变形特点

其简单变形过程及特点（见图 5-2）如下。

胀形时，外径为 D_0 的坯料在压边力的强烈作用下，只有直径为 d 的坯料范围产生变形，法兰部分因被压住而不参与变形。有时，为了使外法兰部分材料完全不参与变形，在凹模转角处增设了三角筋槽，这种胀形称为纯胀形。胀形结束后，坯料外径 D_0 不变，这一点与翻边相同。但是，胀形变形区材料在整个变形过程中也不向外转移，这是与拉深、翻边都不相同的地方。

由于变形区内金属处于双向拉应力作用，其坯料形状的变化主要是由该部分金属的拉伸减薄而使表面积增加。因此，拉伸变薄量对胀形成形极限起决定性的影响。这一点与翻边相同，所以，评定翻边性能的几个重要材料性能参数，如延伸率 δ，加工硬化指数 n 和各向异性系数 r，也是评定胀形性能的重要参数。

2. 极限变形程度

（1）变形参数表示　胀形变形程度最早用胀形深度 h 来表示，见图 5-2，80 年前出现的胀形试验机就采用了这个参数。极限胀形深度是指在一定的胀形条件下，变形区不发生拉伸破裂或明显局部细颈时的胀形深度。破裂通常并非发生在顶端，而是在离开顶端的一环形圈位置上，如图 5-3 所示。

极限胀形深度可用 Erichsen 试验（杯突试验）机来测量。

由于胀形时没有法兰边的金属流动，影响成形极限的因素比较少，主要是凸、凹模圆角半径和材料的屈服强度。因此，关于胀形深度计算的实验公式早有提出，例如纯胀形时（见图 5-4）极限胀形深度的经验公式就有几个，但公式太长，在此从略。

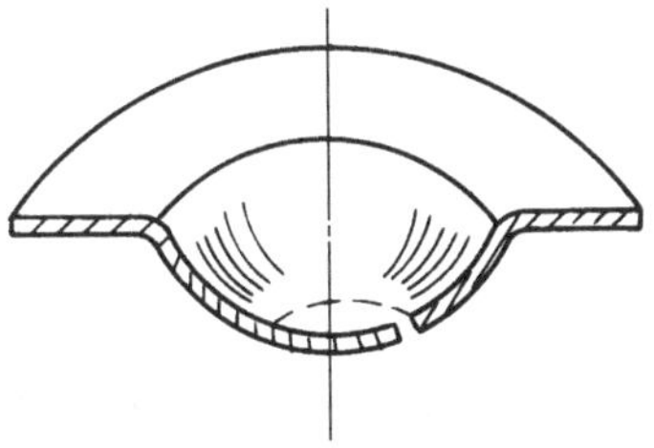

图 5-3　胀形破裂示意

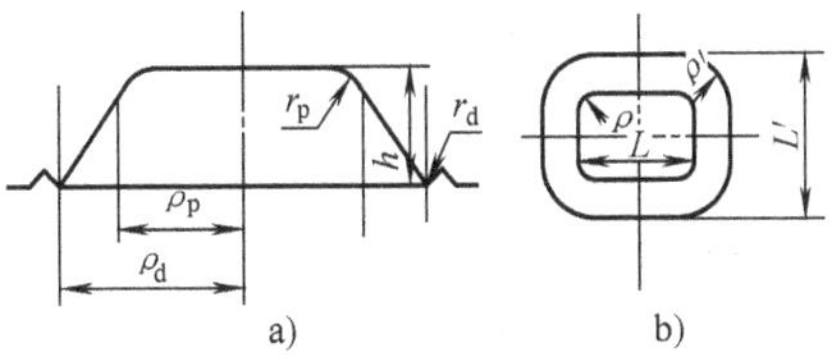

图 5-4　纯胀形示意

由于胀形深度是具体数值，可比性不太好，尤其是评价胀形性能时。因此，胀形变程度的另一个度量参数是胀形系数。胀形系数定义为胀形后与胀形前尺寸之比，记为 K_b。而胀形变形的极限变形程度就用极限胀形系数来表示，记为 $K_{b.c}$。

平板毛坯局部胀形
$$K_{b.c}=\frac{d_p+h}{d_p} \tag{5-1}$$

式中各参数符号的意义见图 5-2。

管子毛坯局部胀形
$$K_{b.c}=\frac{d}{d_0} \tag{5-2}$$

式中各参数符号意义见图 5-14。

（2）变形程度预测　极限胀形系数与材料的延伸率 δ、加工硬化指数 n 和各向异性系数 r 先后分别提出有以下关系

$$K_{b.c}=\delta+1 \tag{5-3}$$

$$K_{b.c}=2n+1 \text{ [49]} \tag{5-4}$$

$$K_{b.c}=(1+r)\,n+1 \text{ [50,54]} \tag{5-5}$$

和极限翻边系数的评价相类似，式（5-3）的精度较低，式（5-4）只适用部分材料，而式（5-5）适用于更多的常用冲压板材，包括多种深拉深钢板。

3. 应变测量

胀形变形的应变值是利用网格法进行测量计算的。变形前，在坯料的变形区制备好网目，其中每一个网格如图 5-5a 所示；变形后，网格也随之发生了变化，如图 5-5b 所示。于是，胀形时的应变值可以根据网格的变化进行测量与计算，其值为

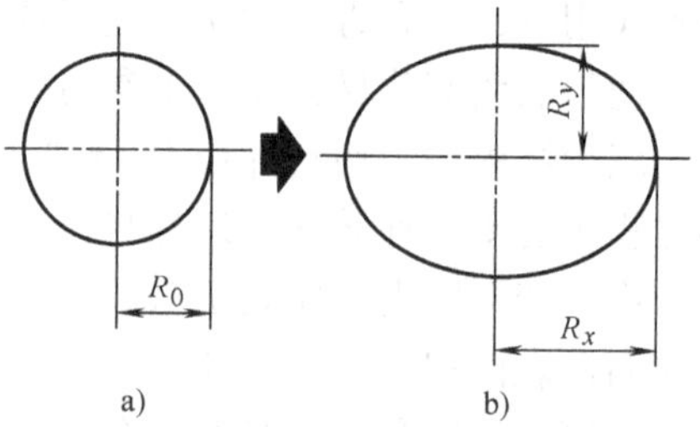

图 5-5　网格变形计算示意
a）变形前　b）变形后

$$\varepsilon_x = \ln\frac{R_x}{R_0} \qquad \varepsilon_y = \ln\frac{R_y}{R_0}$$

式中　R_0——变形前圆网目的半径；

R_x、R_y——变形后网格椭圆的长、短轴的半径。

常用的网目形式有圆形和方形两种。圆网目变形后成椭圆，其长、短轴方向与应力主轴方向重合，计算比较方便。网目的大小及布置视具体情况而定。网目的制备有刻画、电解腐蚀及照相法等。各种冲压成形都可以使用网格法来测量其应变，板材冲压成形极限图试验也要用到它。

5.2　平板毛坯的胀形

5.2.1　局部胀形

1. 胀形形式、变形机理

平板毛坯的局部胀形如图 5-6 所示。当平板毛坯的外径超过冲头或凹模孔径的 3～4 倍以上时，或虽不超过 3～4 倍、但压边力 Q 相当大时，坯料变形区在双向拉应力作用下通过自身的变薄形成凹坑（或又叫凸起）。这种变形方式的特点是，既没有法兰部分金属的补充，变形区金属也不向外转移，完全靠自身的拉伸变薄实现成形的目的。

生产实际中常用这种方法可以加工各种形状的凹坑、突起、筋条、字形及图案等，如图 5-7 所示。图 5-8 是油箱盖的局部胀形实例。

2. 胀形工艺参数

（1）胀形深度　在平板坯料上局部胀形，胀形深度受到材料塑性的限制，不可能太深。此外，胀形深度取决于冲头的几何形状、润滑条件等因素的影响。

当冲头的圆角半径 r 很小时，变形分布很不均匀且集中在冲头的圆角附近，所以胀形深度很小；当圆角半径 r 较大，材料的硬化指数 n 值较大及模

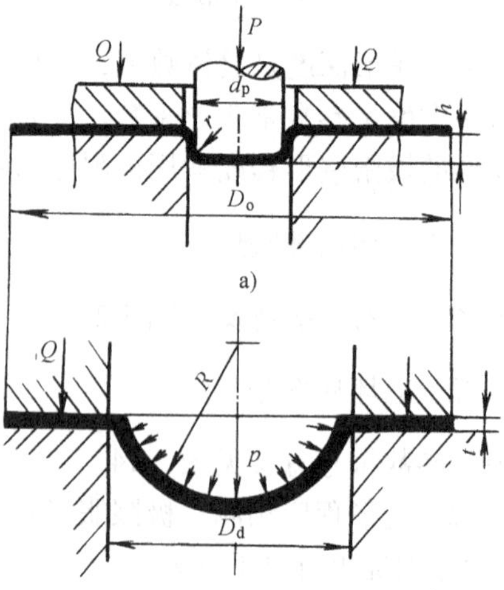

图 5-6　平板毛坯的局部胀形
a）刚模胀形　b）软模胀形

具表面摩擦较小时，变形趋于均匀，所以，总的变形深度有一定的提高。

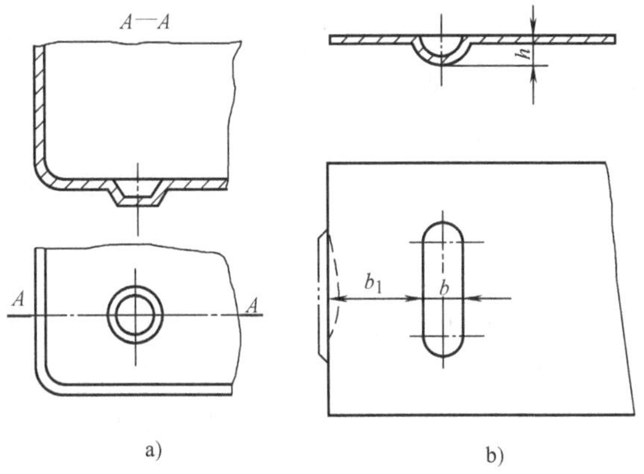

图 5-7　局部胀形应用例

a）压凹坑　b）压筋条

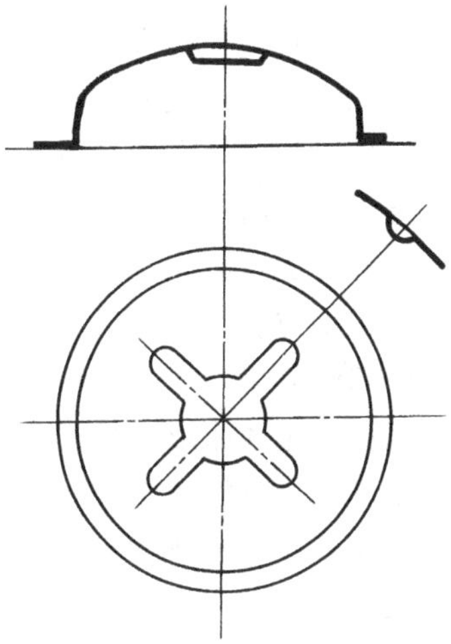

图 5-8　油箱盖的局部胀形

一般情况下用球形冲头（$r=d/2$）对低碳钢等胀形时，极限胀形深度可为 $h\approx$（1/3 ~ 1/2）d；用平冲头（$r<d/2$）胀形时，极限胀形深度仅为 $h\approx(1/5\sim1/4)d$。

另外，欲提高胀形深度，可用两次胀形法：第一次用大直径的球形冲头，达到在较大范围内聚料和均化变形的目的；再经第二次成形到所要求的尺寸，如图 5-9 所示。

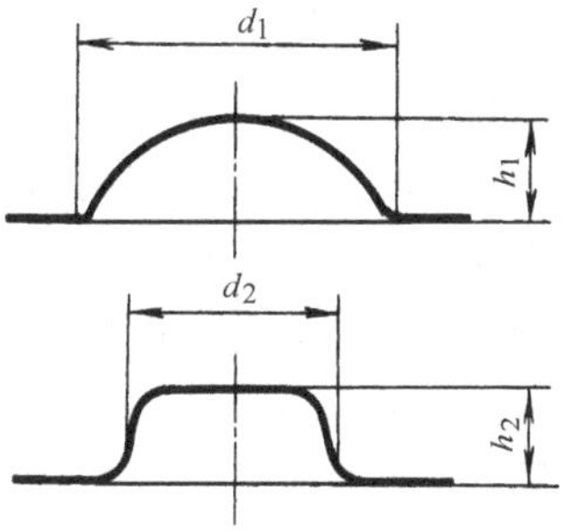

图 5-9　两次胀形示意

（2）胀形力计算　一般推荐以下方法：用刚性冲头胀形时，按下面经验公式计算

$$F=kLt\sigma_b \tag{5-6}$$

式中　L——胀形区的周边长度；

t——板料厚度；

σ_b——板料的抗拉强度；

k——考虑胀形程度大小的系数，一般取 $k=0.7\sim1$。

用软模成形时，可由变形区内板料的平衡条件求得，其单位压力（未考虑加工硬化等影响）的近似计算公式为

$$F=\frac{2t}{R}\sigma_s \tag{5-7}$$

式中　σ_s——材料的屈服强度，其余尺寸见图 5-6。

当局部胀出很大的条形筋时，局部胀形所需的单位压力可按下式计算

$$p=\frac{t}{R}\sigma_s \tag{5-8}$$

（3）胀形压边力问题　胀形时，压边力的作用和性质与翻边时完全相同，其压边力也比

拉深时要大。当外法兰尺寸不很大、且提供不出强大的压边力时，法兰边材料可能会产生某种程度的流动，因而影响工件的外形尺寸。此时，应该对坯料给予修正。当平板零件上压筋条与工件外边缘距离不够大时，胀形中外边缘材料可能要产生向内移动，见图 5-7b 中虚线。此时应适当加大外边缘尺寸予以补充，见图 5-7b 中双点划线。否则，得不到具有平直的外边缘的压筋件。江铃汽车一灯罩零件的工艺设计与模具制造中就遇到这种情况，针对该零件实际尺寸要求，当时试验找到外补 1mm 获得平直边零件[146]。

外法兰部分面积越大，所需压边力越小，甚至可不用压边。这一点也是与翻边相同而与拉深不相同的地方。

5.2.2 整体胀形

平板坯料的整体胀形，是指整大块坯料四周（或对边）被夹具夹紧并对坯料先施加拉力再行胀形的成形方法。通常叫拉形或拉弯。顾名思义，它是拉伸与胀形或拉伸与弯曲复合变形的一种复合类冲压成形方法。它更具有形状稳定、贴模性好、回弹量小的优点。

1. 工艺形式

拉形是用于板料厚度很小、胀形的曲率半径很大且变形区范围也很大的工件的成形，更相当于整块板料的胀形。工艺过程分预拉夹紧、张拉成形及补拉成形三个阶段。

其工艺形式仅以坯料对边夹紧为例，如图 5-10 所示，板料是在冲头力与侧向拉力作用下弯曲成形的。显然，其工艺装置中，模具可只有冲头、没有凹模；侧向有夹具夹住板料且能施加拉力。

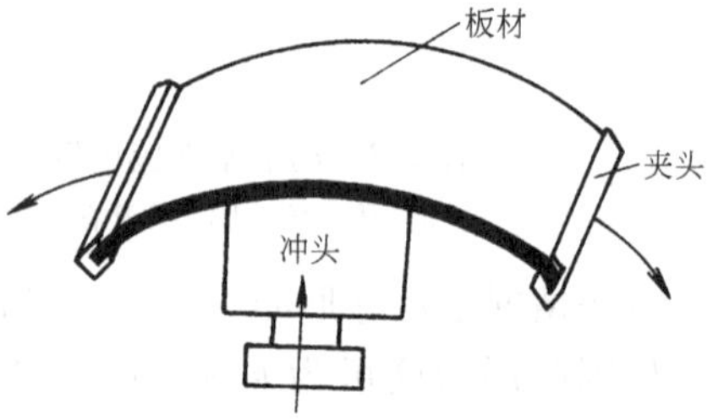

图 5-10 拉形示意

2. 成形原理与特点

在一般弯曲或仅靠冲头的压力成形时，毛坯截面的切向应力分布如图 5-11a 所示。此种应力的分布有三部分：外层拉应力、内层压应力、中性层附近处在弹性变形应力的范围内。

由于拉形是在毛坯的侧向增施了足够大的拉力 F，使毛坯截面的切向应力分布如图 5-11b 所示，即拉力 F 要使得毛坯内的拉应力大大超过材料的屈服强度 σ_s，整个截面内全是拉应力。这时弯矩 M' 较小，即 $M'<M$。

拉形变形区截面全处于拉应力状态，变形也是拉伸，应力应变关系比弯曲单纯。故拉形成形有以下特点。

1）由于弯曲力矩 $M'<M$，故弯曲变形量小，弯曲的弹复量也小。

2）弹复基本上是一种拉伸回弹，故成形后尺寸精度较高、形状稳定性较好。

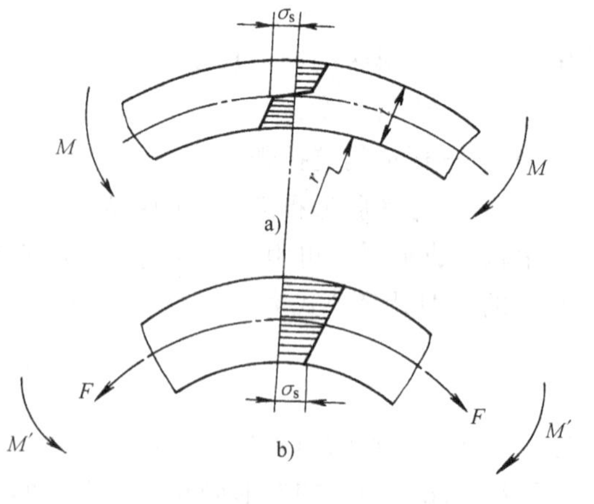

图 5-11 拉形中的应力分析

3）由于是拉伸-弯曲结合，毛坯变形最后实属（四边夹具夹紧时更甚）胀形变形，具有胀形变形的特点。所以，从变形实质方面来看将板料整体胀形称之为拉形要更为合理些。故本书将拉形单独作为冲压成形的基本工序。

5.3　空心毛坯的胀形

空心毛坯的胀形和平板毛坯胀形一样，也有刚模和软模的成形两种方法。

5.3.1　刚模胀形

如图5-12所示，由于芯子2锥面的作用，压力机滑块向下压分瓣凸模1使其向外扩张，并使毛坯3产生直径增大的胀形变形。胀形结束后，分瓣凸模在压力机气垫杆4的作用下回复到初始位置，便可取出零件。刚性凸模分瓣数越多，成形零件的精度越好，但模具的结构复杂。因此，分辨式凸模结构不便于加工形状复杂的零件。

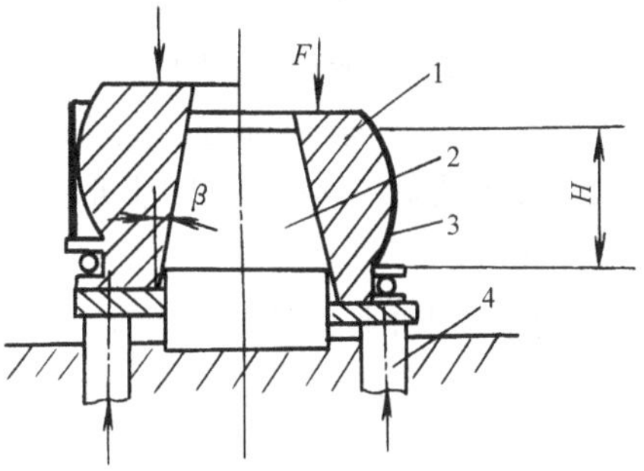

图5-12　刚模胀形

1—分瓣凸模　2—芯子　3—毛坯　4—压力机气垫杆

5.3.2　软模胀形

刚模胀形所需的压力可用如下简化公式计算（根据力的平衡方程式，且未考虑加工硬化的影响）

$$P = 2\pi H\sigma_b t \cdot \frac{\mu + \tan\beta}{1 - \mu^2 - 2\mu\tan\beta} \tag{5-9}$$

式中　μ——摩擦系数，一般$\mu = 0.15 \sim 0.20$；

β——心轴锥角，一般$\beta = 8°$、$10°$、$12°$或$15°$；

σ_b——材料的抗拉强度；

t——材料厚度；

H——胀形后高度。

用软模（包括液体、气体、橡胶、聚氨酯及黏性介质等）代替刚性的分瓣凸模便称为软模胀形。图5-13所示即为用橡胶元件进行的软模胀形。

软模胀形时毛坯的变形比较均匀，容易保证零件的正确几何形状，也便于加工形状较复杂的空心零件，所以在生产中应用比较广泛。例如波纹管、高压气瓶及某些火箭发动机的异形零件都常用液压胀形或气体胀形方法。目前，聚氨酯胀形代替橡胶或液压胀形也比较多。

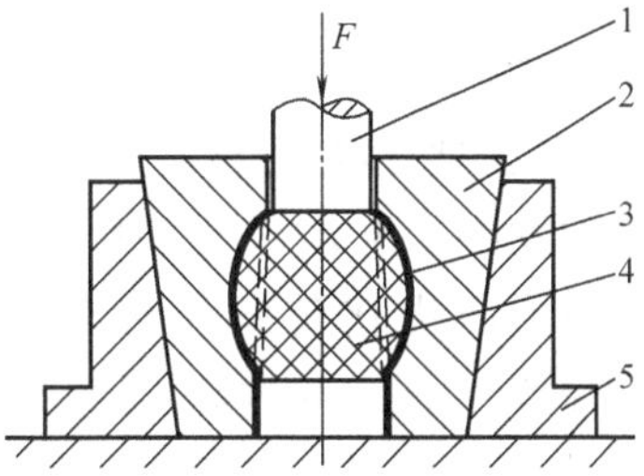

图5-13　软模胀形

1—传力块　2—凹模　3—毛坯　4—聚氨酯冲头　5—外套

1. 胀形力

空心毛坯软模胀形所需的单位压力，常由变形区内单元体的平衡条件求得（未考虑加工硬化的影响）。当胀形毛坯两端固定而且不产生轴向收缩时（即图5-13所示的情况中），胀形力为

$$p = \left(\frac{t}{r} + \frac{t}{R}\right)\sigma_s \tag{5-10}$$

当胀形毛坯两端不固定，而且允许产生轴向收缩时（例如图5-14所示是坯料两端施加有轴向压力，使之同时缩短的胀形），胀形力为

$$p\approx\frac{t}{r}\sigma_s \tag{5-11}$$

上两式中　σ_s——材料的屈服强度；

t——材料的厚度；

R 和 r——胀形部分的曲率半径。

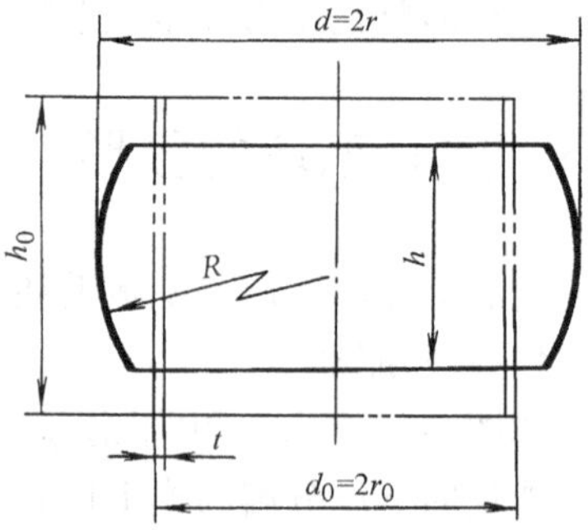

图5-14　坯料有轴向压缩的胀形

2. 胀形系数　空心毛坯胀形变形程度的表示参数（见图5-14）。

1）用相对伸长之胀形系数 K'_b 衡量极限变形程度，提出胀形时伸长变形最大部位上的胀形系数应符合下列关系：

$$K'_b=\frac{r-r_0}{r_0}\leqslant 0.8\delta \tag{5-12}$$

2）用变形前后尺寸比之胀形系数 K_b 表示胀形的变形程度的，即

$$K_b=\frac{d}{d_0}\left(=\frac{r}{r_0}\right)$$

式中　d_0（r_0）——空心毛坯的原始直径（半径）；

d（r）——胀形后的直径（半径）。

极限胀形系数为 $K_{b.c}=\frac{d_{max}}{d_0}$。显然，胀形系数 K_b、极限胀系数 $K_{b.c}$ 均是大于1的数值。由此可知极限胀形系数与材料延伸率的关系为

$$\delta=\frac{d_{max}-d_0}{d_0}=K_{b.c}-1$$

即式（5-3）所示。

5.3.3　内高压成形

内高压成形也叫管材液压成形，是在空心毛坯胀形的基础上，随着计算机技术和高压流体技术的发展，于20世纪70年代由苏联、联邦德国等国首先开展的新研究而不断发展起来的。其成形压力比传统胀形的成形压力大很多，现一般均大于500MPa，有的还超过1000MPa[101]，故多叫内高压成形了。

1. 内高压成形基本原理

在管坯液压胀形的同时，对管端施加轴向压力压缩管坯，不断补给胀形材料，从而使管坯与模具型腔贴合，如图5-15左所示。或者将管坯进行预成形后，再进行内高压成形，如图5-15右所示。

2. 内高压成形变形特点

在成形过程中，整个坯料都发生了变形，全是变形区，但各部分有主要不同的变形，如压缩、拉伸、胀形和弯曲等。故内高压成形是一种复合类冲压成形。

基于内高压成形的高压力、成形原理和变形特点，它使压力低于一个数量级甚至两个数量级的传统空心毛坯的胀形得到了新的发展。不仅可以使传统管坯胀形无法成形的零件得以

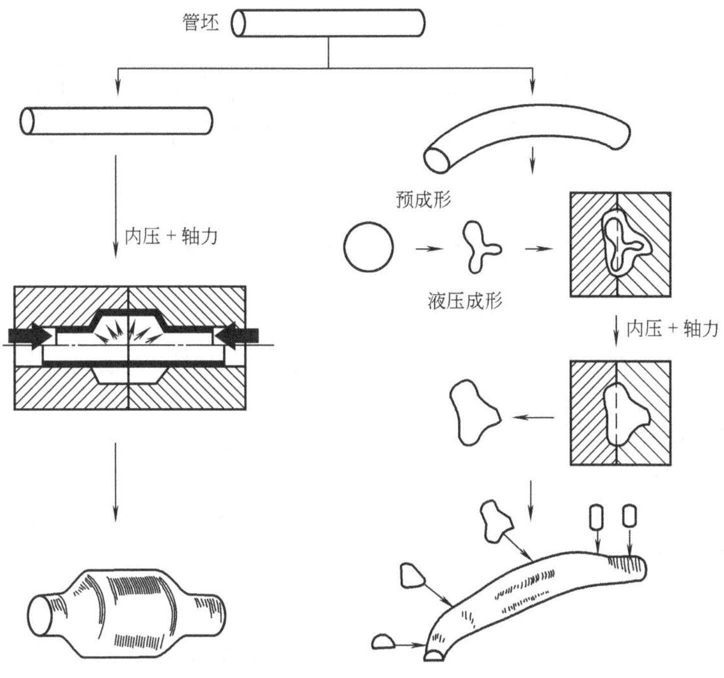

图 5-15　内高压成形示意

成形，而且还可以使成形件强度、刚度大幅度提高，还有减轻零件重量、节约材料和节省能源等优点。

5.3.4　工艺实例

自行车中接头聚氨酯胀形工艺。

自行车中接头（俗名叫“五通”）如图 5-16 所示。其成形工艺沿革：

1）最古老的加工方法，割出五段管子焊接而成。

2）20 世纪五、六十年代，采用板料热冲成形，即先冲裁出平板毛坯，加热后在 4 处进行局部胀形，再冲孔、翻边，最后卷圆。

3）七、八十年代，用管子坯料进行胀形（充高压液体，胀 4 凸包），然后钻小孔、翻边。

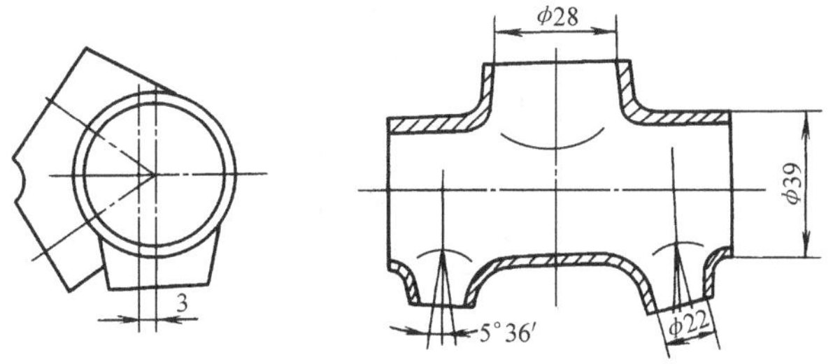

图 5-16　自行车中接头示意

4）八、九十年代，发展到用聚氨酯胀形。即在管坯中间改高压液体为聚氨酯，轴向加压于聚氨酯及管坯上，在一对冲头的作用下管坯受压缩短同时进行胀形，直至与凹模型腔内壁贴合成如图 5-17 所示形状，然后，再用其他后续工序，完成零件的成形。

5）21 世纪初，开始用内高压成形，即管坯内充高压液压，管端施轴向推力，既压缩管坯，又实现内部胀形。其后续工序同上。

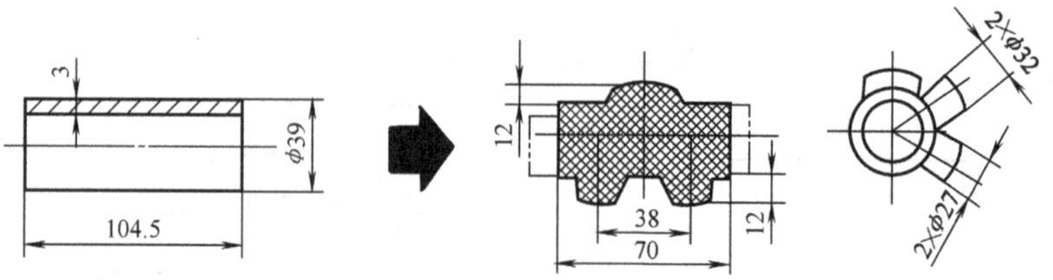

图 5-17　自行车中接头聚氨酯胀形过程

习题与思考题五

5-1　试将胀形变形区之应力、应变特点与翻边、拉深工序作一比较（列表）。

5-2　FLD 的力学特点与实际作用是什么？

5-3　胀形与局部胀形在概念上尚有微妙的差别，你知道其差别在哪里吗？

5-4　胀形冲头的圆角半径 r 对胀形成形极限有何影响？为什么？

5-5　08F 钢板允许的延伸率为 32%，欲用这种钢板进行胀形出如图（习题 5-5 图）所示的某种电器零件，试对它进行有关变形计算，以确定胀形工艺过程。

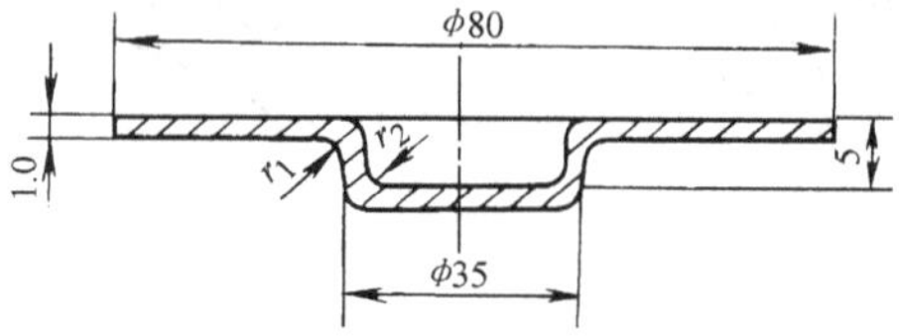

习题　5-5 图

5-6　一初学模具设计者设计出如图（习题 5-6 图）所示的胀形凹模，该零件图在①结构要求；②尺寸标注；③公差配合方面各存在一处错误。试帮他改正过来（徒手重新画图并标注）。

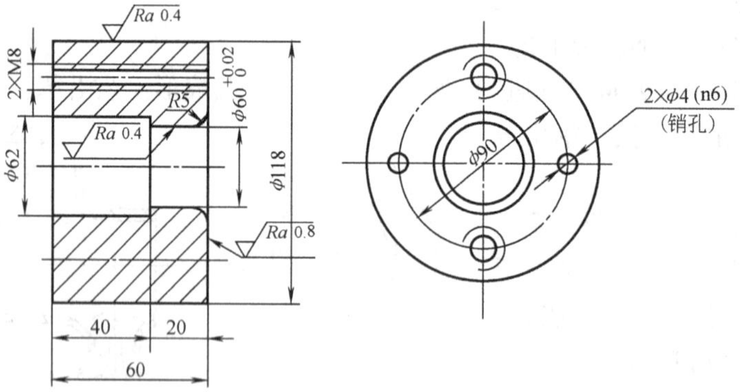

习题　5-6 图

第 6 章　弯　　曲

6.1　弯曲变形过程

6.1.1　基本概念

将金属平状坯料或管子毛坯等按照一定的曲率或角度进行变形，从而获得一定的不封闭形状零件的冲压成形工序叫弯曲。如图 6-1 所示，将宽度（或长度）为 b 的坯料，通过弯曲模具的直接作用，沿弯曲线 m-m，压弯成所需形状与尺寸的工件，这是一种最基本的弯曲方式。显然，在弯曲变形过程中，坯料宽度 b 上弯成圆角的部分为变形区，而两边的直边部分为不变形区。

弯曲的应用范围相当广泛，如汽车大梁、门窗销座等都是弯曲件。

从不同的角度可以对弯曲变形进行不同的分类。

（1）从力学角度来分

1）弹性弯曲。变形区内应力数值小于屈服强度，仅产生弹性变形。

2）弹—塑性弯曲。变形区先产生弹性变形然后过渡到塑性变形。

3）纯塑性弯曲。变形区的塑性变形很大，忽略中性层附近的弹性变形区，并认为应力状态是线性的。

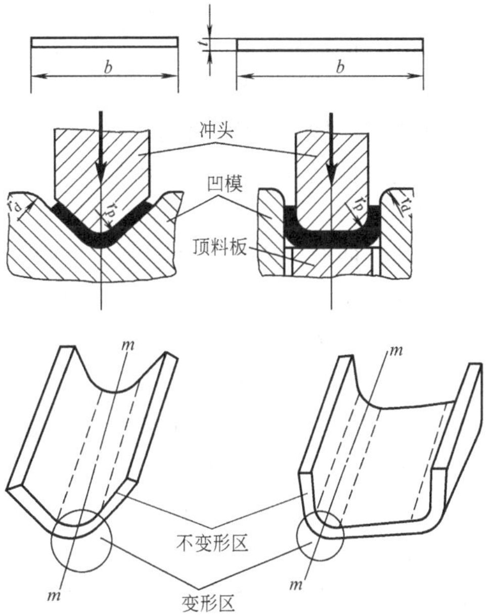

图 6-1　弯曲加工示意

4）无硬化纯塑性弯曲。在纯塑性弯曲中假设无加工硬化效应，热弯就属于这种弯曲。

以上 4 种弯曲的应力特点如图 6-2 所示。因为弯曲变形中变形区切向应力较之其他方向应力要大且更为主要，故图中只给出了切向应力 σ_θ 的分布。

（2）从工件形状来分　有 V 形弯曲、U 形弯曲和折弯等。

（3）从使用的设备来分　有压弯（普通压力机上）、折弯（折弯机上）、滚弯（滚弯机上）、拉弯（拉弯机上）及数控弯管（数控弯管机上）等。

（4）从模具与工件接触程度来分　有自由弯曲、接触弯曲和校正弯曲。

6.1.2　变形特点

1. 变形形式

从图 6-2 可知，一块平板，沿某一弯曲线弯曲（设其几何中性层曲率半径为 ρ），原 $A_0B_0D_0C_0$ 部分变成了 $ABDC$ 部分。其中外层受拉伸长，$\overset{\frown}{AB} > A_0B_0$；内层受压缩短，$\overset{\frown}{CD} <$

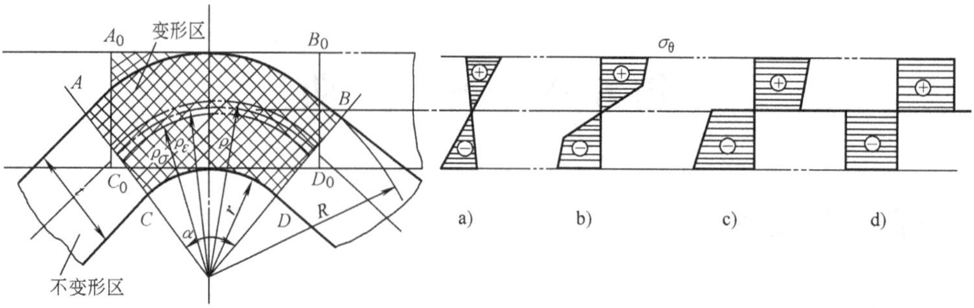

图 6-2　弯曲变形示意及切向应力分布

a）弹性弯曲　b）弹-塑性弯曲　c）纯塑性弯曲　d）无硬化纯塑性弯曲

C_0D_0。ABDC 范围为变形区，AC、BD 以外直边段为不变形区。弯曲变形区中部存在有一应力突然变化或不连续的纤维层，称为应力中性层（ρ_σ）。同时，还可知道，弯曲变形区外层金属切向受拉、伸长，内层金属受压、缩短，中间必然有一过渡层，既不被拉长、也不被缩短，叫应变中性层（ρ_ε）。该纤维层的曲率半径为 ρ_ε 把变形区划分为内、外两个部分：一部分以拉伸变形为主，一部分以压缩变形为主。所以，弯曲变形是一种复合类冲压成形工序。

在弹性弯曲时，应力中性层与应变中性层重合，其应力值与应变值均为零，该层金属通过横截面几何中心。塑性弯曲时应力中性层（曲率半径为 ρ_σ）并不与应变中性层（曲率半径为 ρ_ε）重合；在变形过程中，两者都从原几何中心层向内移动了，且应变中性层的内移总是滞后于应力中性层的。

2. 变形区的应力、应变状态

为便于分析，本书首先定义冲压加工中弯曲为板的压弯，即不涉及窄板或梁的概念，此也符合冲压生产的实际。并假设弯曲应力中性层与应变中性层重合，且与原几何中心层重合，即有 $\rho=\rho_\sigma=\rho_\varepsilon$。

由图 6-2 易知，宽板弯曲过程中，毛坯变形区在切向，外层应力、应变为拉，内层为压；厚度方向（实属径向）均为压；而在宽度方向受到毛坯断面形状的阻碍，宽度方向应变难以发生，故其横向应力不为零。于是，在该方向的外层产生了拉应力、内层产生压应力。绝对值最大的主应力仍在切向。如图 6-3 中的小立方单元体。实际上板宽的边缘也发生了变形（只是近似取为零），并非是理论上或理想的平面应变状态。

3. 弯曲畸变

弯曲变形区横截面形状与尺寸发生变化（由矩形变成近似梯形）的现象称为弯曲畸变。仔细观察分析，有两种弯曲畸变现象：一种是横截面尺寸发生了变化，最外层宽度由 b 变成了 b_{out}，宽度变小了，而最内层宽度变宽了。虽然这种宽度变化相对于宽度尺寸而言数值较小，对于大多数弯曲件可以给予忽略。但对于某些特殊的生产场合或零件加工，如在铰链加工的工艺与模具设计制造中，因有两个宽板弯曲件的配合问题，这种畸变（叫边缘效应）的

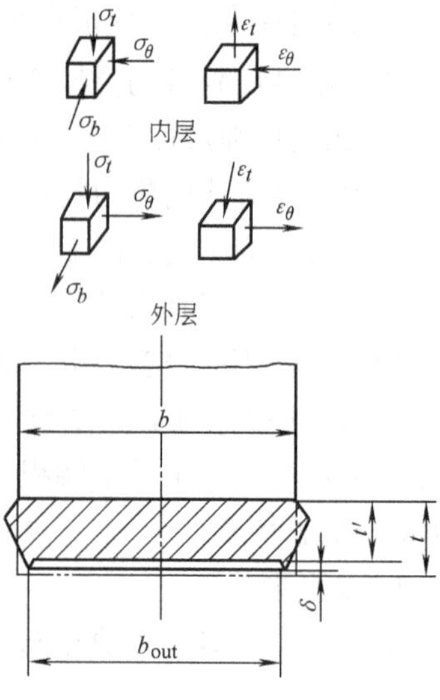

图 6-3　弯曲的应力、应变分析

影响就一定得考虑[56]；也有称这种畸变为鼓起，可在弯曲变形部分预做圆弧切口来予以消除[57]。

弯曲畸变的另一种现象，是弯曲件断面会产生翘曲，即端面宽度方向内凹，它可用一个挠度指标 δ 来表示。如图 6-3 所示，这个挠度 δ 值与弯曲件宽度的减小量成正相关关系，但当宽度减小量（$b-b_{out}$）大到一定程度、且 $b>$（8～10）t 时，其 δ 值为某个定值；而且，δ 值与板材的轧制方向有关，在 45°方向弯曲的 δ 值均大于在 0°、90°方向上弯曲的 δ 值[58]。

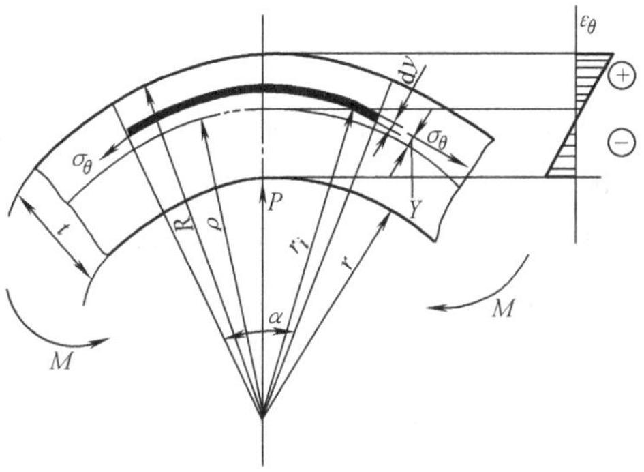

图 6-4　弯曲极限变形分析

4. 极限变形程度

弯曲变形的极限变形程度，主要表现为弯曲开裂，原因当然是切向拉伸应变过大，板料厚度变薄。如图 6-4 所示，在弯曲变形区板厚方向不同位置上的切向应变值 ε_θ 按线性规律变化，其值为

$$\varepsilon_\theta \approx \delta_\theta = \frac{r_i\alpha - \rho\alpha}{\rho\alpha} = \frac{r_i - \rho}{\rho} = \frac{Y}{\rho} \tag{6-1}$$

式中　r_i——计算切向应变值位置上的曲率半径；

ρ——应变中性层的曲率半径；

α——弯曲角；

Y——计算点与应变中性层之间的距离。

显然，在弯曲毛坯的内、外表面上切向应变值为最大，并认为数值相等，可由式（6-1）求得

$$\varepsilon_{\theta\max} = \frac{\frac{t}{2}}{\rho} = \frac{t}{2\rho} \tag{6-2}$$

今以 $\rho = r + \frac{t}{2}$ 代入，得

$$\varepsilon_{\theta\max} = 1\Big/\left(2\frac{r}{t}+1\right) \tag{6-3}$$

式中　r——弯曲件内表面的圆角半径；

t——毛坯的厚度；

r/t——相对弯曲半径。

由式（6-3）可知，弯曲的极限变形程度（外表面的变形）和相对弯曲半径大致成反比例关系。因此，在生产中常用相对弯曲半径来表示弯曲变形的大小，即用弯曲内层金属内表面的圆角半径与被弯曲材料厚度之比 r/t 来度量弯曲变形程度。

当相对弯曲半径小到一定程度之后，可能使毛坯外层纤维的伸长变形超过允许的界限而发生破裂。故通常用最小弯曲半径 r_{min}/t 条件下弯成的工件不破裂时的成形极限来表示弯曲极限变形程度。

6.2 弯曲力

6.2.1 力学模型

材料力学中梁的弯曲载荷简化图形可作为板料冲压加工中弯曲的力学模型的基础。弯曲变形的力学模型如图 6-5 所示。在适当的位置上支承一块板料，距离支点 B 不同位置的 A 点加一外力 F，则在支点 B 引起反力 F，并形成弯曲力矩，其大小在 A—A 之间等于 Fa，如图 6-5a 所示，图 6-5b 是表示离 B 点 x 距离地方的弯矩为 Fx。如果外力的作用点及板的支承点位置不变化，那么，外力 F 增加则弯矩变大，板料往后的弯曲变形就越来越大。通常，弯曲的曲率半径是逐渐变小的。

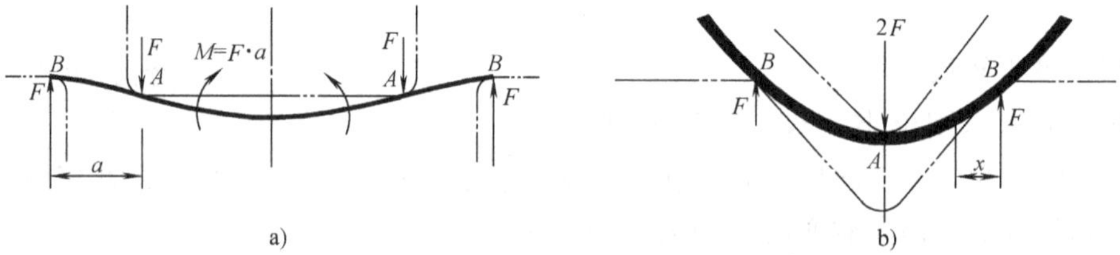

图 6-5　弯曲的力学模型

在图 6-5a 所示的情况下，因为 A—A 间受到大小均一的弯矩作用，其间的曲率半径也是一样的，所以称为均匀弯曲。这样的变形相同于 U 形弯曲开初时冲头底面部分的变形。另一方面，V 形弯曲则相当于图 6-5b 的场合，弯矩的大小沿其长度方向变化，弯曲程度在 AB 之间随位置不同而不同，换句话说，如果究其曲率半径，在 A 点最小，然后向着 B 点逐渐变大。

6.2.2 弯曲力的计算

1. 理论公式

（1）U 形件自由弯曲弯矩　20 世纪 50 年代，文献［138］综合介绍了前苏联研究提出的一组计算弯矩的公式，例如：

无硬化纯塑性弯曲（$\frac{r_{\min}}{t}<5$），不考虑料厚变化时为

$$M_{u1} = \beta\sigma_s \frac{t_2}{4} \tag{6-4}$$

考虑线性硬化（$\sigma-\varphi$）而不考虑料厚变化时为

$$M_{u2} = f(\beta, \sigma = f(\varphi), \rho, r, R\cdots\cdots) \tag{6-5}$$

考虑有横向力 N 作用而不考虑硬化与料厚变化时为

$$M_{u3} = f(\beta, \sigma_s, t_0, N\cdots\cdots) \tag{6-6}$$

20 世纪 80 年代及以后，有文献介绍了线性弹塑性与线性纯塑性弯矩计算[8、147、148]。

（2）U 形件自由弯曲力

20 世纪末以来，文献［149、150］给出过 U 形件自由弯曲力（文献［151、152］给出了 V 形件自由弯曲

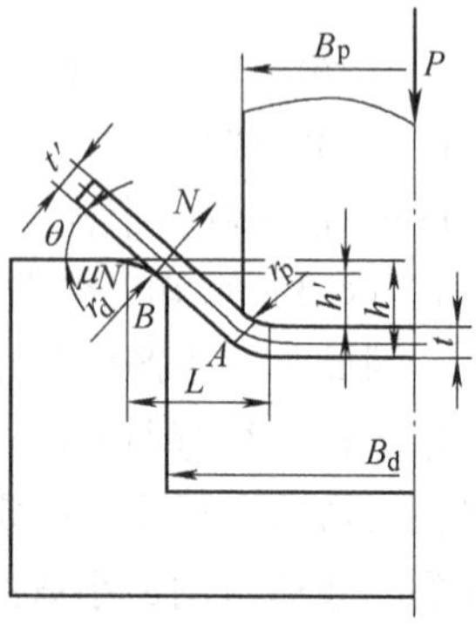

图 6-6　U 形件自由弯曲力计算模型

力）的计算公式，但均没有考虑料厚变化与加工硬化（或仅用线性硬化规律）。

21 世纪初，经研究考虑幂函数规律的冷变形加工硬化及料厚变化，先导出了一种弯矩 M_Q 计算公式，继而给出了其弯曲力的计算公式[153]，如图 6-6 所示。

$$M_Q = f(\beta, \sigma = k\varepsilon^n, \rho, r, R, \eta t_0 \cdots) \tag{6-7}$$

$$F = \frac{2(\mu\sin^2\theta\cos\theta + \sin\theta\cos^2\theta)}{[(\beta_d - \beta_p)/2 + r_p + r_d]\sin\theta - (r_p + r_d)\sin^2\theta + (\mu\sin\theta\cos\theta + \cos^3\theta)\eta t_0} M_Q \tag{6-8}$$

式中　μ——摩擦系数；

η——变薄系数（可按表 6-4 选取）；

其余参数——见图 6-4、图 6-6。

2. 经验公式

一般定性比较各种弯曲力的大小为：接触弯曲力比自由弯曲力大，校正弯曲力最大。在生产实际中常采用表 6-1 中的经验公式作概略的计算。

表 6-1　弯曲力的计算公式

弯曲方式	简　图	经验公式	备　注
V 形自由弯曲	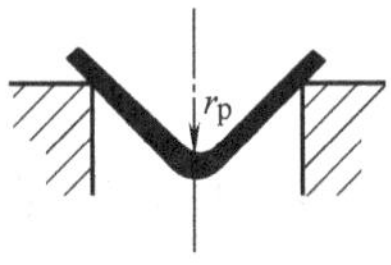	$F=\dfrac{cbt^2\sigma_b}{2L}=Kbt\sigma_b$	b——弯曲件沿弯曲线的长度； t——弯曲件厚度； σ_b——抗拉强度； K——系数，$K\approx\left(1+\dfrac{2t}{L}\right)\dfrac{t}{2L}$； c——系数，取 $c=1.0\sim1.3$； $2L$——支点间距离
V 形接触弯曲	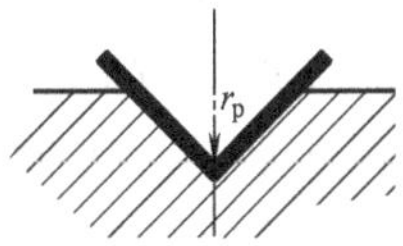	$F=0.6\dfrac{cbt^2\sigma_b}{r_p+t}$	r_p——冲头圆角半径（弯曲半径）；余同上
U 形自由弯曲	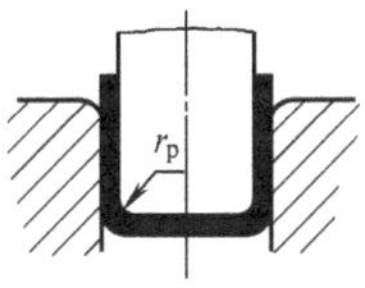	$F=Kbt\sigma_b$	K——系数，取 $K=0.3\sim0.6$；余同上
U 形接触弯曲	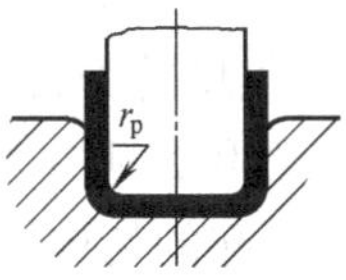	$F=0.7\dfrac{cbt^2\sigma_b}{r_p+t}$	c——系数，取 $c=1.0\sim1.3$；余同上
校正弯曲	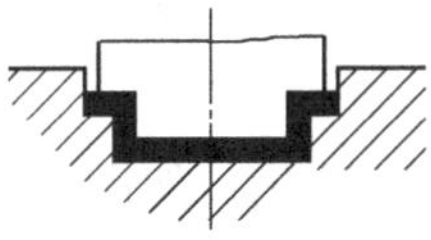	$F=Aq$	A——校形部分的投影面积； q——单位校形力，见表 6-2

图 6-7 所示为弯曲力-行程图，板的弯曲过程分为三个阶段：第一阶段，板料（变形区）由冲头顶端和凹模斜面支持进行弯曲（见图 6-5b）；第二阶段，变形区板料在冲头与凹模斜面间波折压平，力又开始增大；第三阶段，板料变形区被冲头与凹模压靠，接触，接近或达到校正弯曲，弯曲力最大。

表 6-2　单位校正弯曲力 q　（单位：N/mm^2）

材　料	料厚 t/mm	
	<3	3 ~ 10
铝	30 ~ 40	50 ~ 60
黄铜	60 ~ 80	80 ~ 100
10 ~ 20 钢	80 ~ 100	100 ~ 120
25 ~ 35 钢	100 ~ 120	120 ~ 150
钛合金 BT1	160 ~ 180	180 ~ 210
钛合金 BT3	160 ~ 200	200 ~ 260

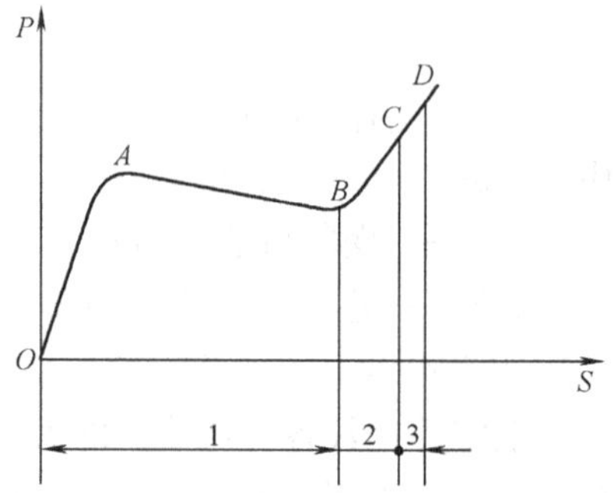

图 6-7　弯曲力-行程图

6.3　弯曲的弹复

6.3.1　弹复现象和原因

塑性弯曲和任何一种塑性变形一样：在外力作用下毛坯产生的变形由弹性变形部分和塑性变形部分组成；外力去除以后，弹性变形部分消失、而塑性变形保留下来。因此，工件最后在模具中被弯曲成形的状态与取出后的形状不完全一致，这种现象称为弹复。

在加载过程中，弯曲变形区内、外两层的应力与应变性质相反，在卸载后这两部分弹复变形的性质也是相反的，但是，弹复的方向都是一致的，即反弯曲变形的方向，所以，它们引起弯曲件的形状和尺寸的变化是十分显著的。此外，从整个坯料上来看，弯曲变形中不变形区所占的比例比变形区所占的比例大得多。这是弯曲与其他冲压成形存在的一个很大区别。显然，大面积的不变形区的惯性影响会加大变形区的弹复。这是弯曲弹复比其他成形工序弹复都严重的另一个原因。

弯曲弹复使弯曲件的几何精度受到损害，时常成为弯曲件生产中不易解决的一个特别棘手的问题。当前，有很多的研究者正在对这个问题进行 CAE 分析。

6.3.2　弹复规律及表示[8]

1. 卸载过程中的应力变化规律

纯塑性弯曲毛坯在塑性弯矩 M 作用下，即在弯曲冲模的作用下，毛坯断面上的应力（切向）分布如图 6-8a 所示。假设在塑性弯矩的相反方向上加一个假想的弹性弯矩 M'_s，其大小与塑性弯矩相等，即 $|M| = |M'_s|$，这时毛坯所受的外力矩之和为 $M - M'_s = 0$，这相当于卸载后毛坯从冲模中取出后的状态。假想的弹性弯矩在断面内引起的切向应力的分布如图 6-8b 所示，塑性弯矩和假想的弹性弯矩在断面内的合成应力便是卸载后弯曲件处在自由状态下断面内的残余应力。它在断面内由内表面到外表面是按拉、压、拉、压的顺序变化的，如图 6-8c 所示。

同理，还可以得出弹-塑性弯曲卸载时毛坯断面内切向应力的变化，如图 6-9 所示，也是在断面内由内表面到外表面按拉、压、拉、压的顺序残存着。

2. 弹复的表示

（1）表示参数　弯曲后卸载过程中的弹复现象表现为弯曲件的曲率及角度的变化，如图6-10所示。用ρ、α、r分别表示弹复前（弯曲终了贴模时）中性层的曲率半径、弯曲角和弯曲毛坯内表面的圆角半径；用ρ'、α'、r'分别表示弹复后（弯曲工件出模后）中性层的曲率半径、弯曲角和弯曲内表面的圆角半径。

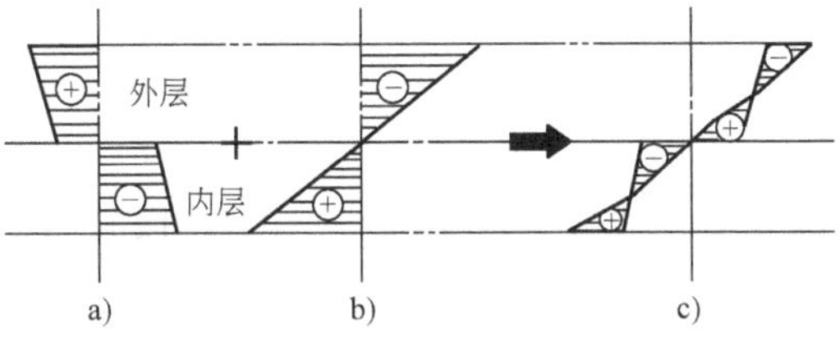

图6-8　纯塑性弯曲的卸载分析

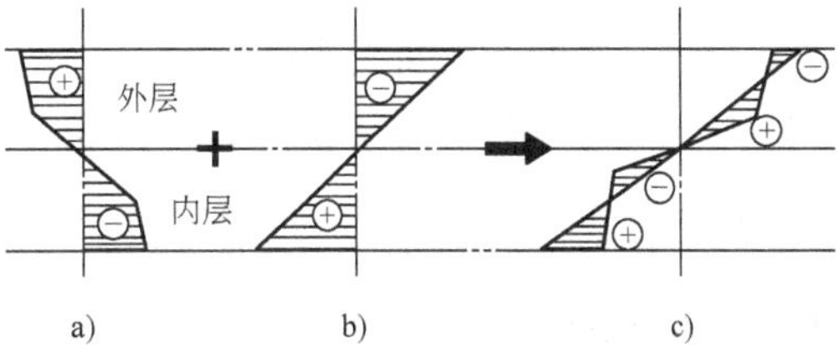

图6-9　弹-塑性弯曲的卸载分析

（2）分析计算

1）曲率半径。在弯曲加载与卸载过程中，毛坯变形区外表面金属所受的应力和产生的变形按图6-11所示的曲线变化。折线OAB表示加载过程，线段BC表示卸载过程。在卸载过程结束时，毛坯外表面金属因弹复产生的弹性应变ε_{sp}值，可由图6-11中曲线的卸载部分所表示的应变之间的关系得到，其值为

$$\varepsilon_{sp} = \varepsilon_{be} - \varepsilon_{re} \tag{6-9}$$

式中　$\varepsilon_{be}=\dfrac{t}{2\rho}$，卸载前总应变值；$\varepsilon_{sp}=\dfrac{Mt}{2EI}$，卸载过程中产生的弹性应变值；$\varepsilon_{re}=\dfrac{t}{2\rho'}$，卸载后产生的残余应变值。

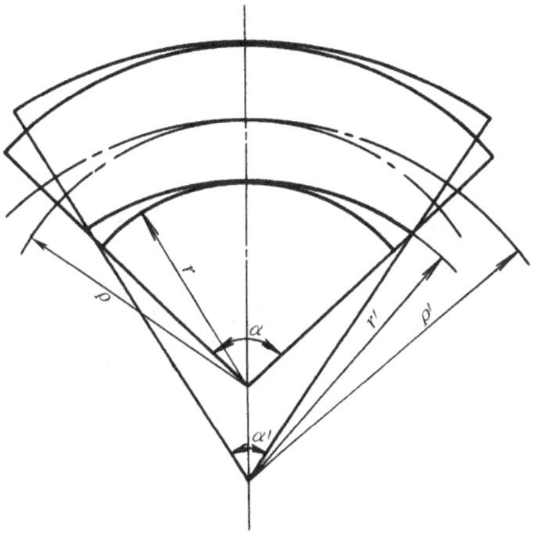

图6-10　弹复示意

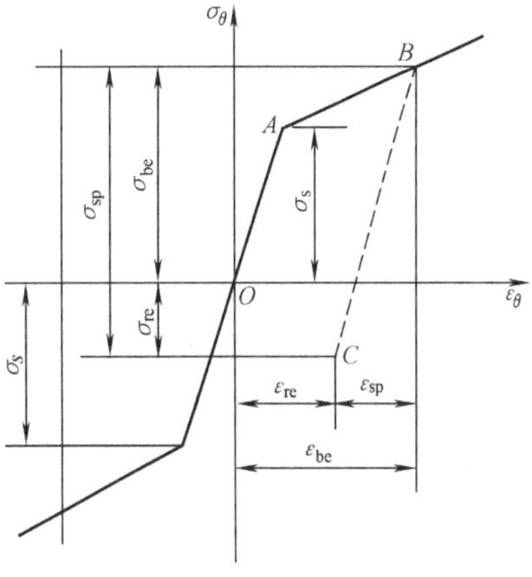

图6-11　弹复时的应力、应变

将ε_{sp}、ε_{be}及ε_{re}之值代入式（6-9）中，经整理后得

$$\frac{1}{\rho} - \frac{1}{\rho'} = \frac{M}{EI} \tag{6-10}$$

上式为卸载前后弯曲件中性层曲率半径之间的关系。由式（6-10）可得到如下实用形式

$$\rho' = \frac{\rho EI}{EI - M\rho} \tag{6-11}$$

及

$$\rho = \frac{\rho' EI}{EI + M\rho'} \tag{6-12}$$

式中　E——弹性模量；

I——弯曲毛坯断面惯性矩；

M——卸载弯矩，其值等于加载弯矩。

用$I = \frac{bt^3}{12}$、$M = W\sigma_{sp} = \sigma_{sp}\frac{bt^2}{6}$及$\rho = r + \frac{t}{2}$、$\rho' = r' + \frac{t}{2}$代入式（6-11）、式（6-12），经整理后可得卸载前后弯曲件内表面的圆角半径之间的关系为

$$r = \frac{2r't(E - \sigma_{sp}) - t^2\sigma_{sp}}{2Et + 2\sigma_{sp}(2r' + t)} \tag{6-13}$$

及

$$r' = \frac{2rt(E + \sigma_{sp}) + t^2\sigma_{sp}}{2Et - 2\sigma_{sp}(2r + t)} \tag{6-14}$$

式中，σ_{sp}为卸载弯矩引起的卸载应力，它表示卸载过程中弯曲毛坯外层金属纤维所受切向应力的变化量（见图6-11），其值由$M = W\sigma_{sp}$与线性纯塑性弯曲弯矩式比较，可得下面的计算式

$$\sigma_{sp} = m\sigma_s \tag{6-15}$$

式中　m——相对弯矩，意义和数值前已叙及。

当弯曲半径较大、材料的相对厚度较小时，为简化计算可使式（6-11）、式（6-12）中$\rho = r$、$\rho' = r'$并将$I = \frac{bt^3}{12}$、$M = \frac{bt^2}{6}\sigma_{sp}$代入此两式，经整理后可得下列比较简单的公式

$$r' = \frac{Ert}{Et - 2\sigma_{sp}r} \tag{6-16}$$

$$r = \frac{Etr'}{Et + 2\sigma_{sp}r'} = \frac{1}{K}r' \tag{6-17}$$

利用上式公式可计算纯弯曲时曲率弹复的数值，并且根据弹复的计算结果对模具工作部分的曲率半径作相应的修正。

2）弹复角。多数的弯曲零件在变形区以外的两端还有两个直边部分存在，为保证两个直边部所构成的角度符合精度要求，除曲率弹复值外，还要进行角度弹复值的计算。

用$\Delta\alpha$表示卸载过程中毛坯两直边之间夹角的变化（见图6-10），即弹复角

$$\Delta\alpha = \alpha - \alpha' \tag{6-18}$$

根据卸载前后弯曲毛坯中性层长度不变的条件

$$\rho\alpha = \rho'\alpha'$$

可以将式（6-18）改写为下面形式

$$\Delta\alpha = \rho\alpha\left(\frac{1}{\rho} - \frac{1}{\rho'}\right)$$

将式（6-10）中$\frac{1}{\rho} - \frac{1}{\rho'} = \frac{M}{EI}$之值代入上式得

$$\Delta\alpha = \frac{M\rho}{EI}\alpha = \frac{M\rho'}{EI}\alpha' \tag{6-19}$$

将 $M = W\sigma_{sp} = \frac{bt^2}{6}\sigma_{sp}$、$I = \frac{bt^3}{12}$、$\rho' = r' + \frac{t}{2}$及 $\rho = r + \frac{t}{2}$之值代入上式，整理后可得弹复角的计算式

$$\Delta\alpha = \frac{\alpha\sigma_{sp}}{E}\left(2\frac{r}{t} + 1\right) = \frac{\alpha'\sigma_{sp}}{E}\left(2\frac{r'}{t} + 1\right) \tag{6-20}$$

需要指出，弯曲回弹中引出 σ_{sp}为卸载应力这一新概念，对于推导公式或引导计算有较好的作用，但是 σ_{sp}的实用意义并不大，因为它是假想的，所以生产实际中常采用有关资料介绍的回弹值的计算公式、图表作计算参考。

根据 $\sigma_{sp} = \sigma_s + F\varepsilon_\theta$，将式（6-20）变换成下面的另一种形式，该式的分析作用和实用意义相对大些。

$$\Delta\alpha = \left[\frac{\sigma_s}{E}\left(2\frac{r}{t} + 1\right) + \frac{F}{E}\right]\alpha = \left[\frac{\sigma_s}{E}\left(2\frac{r'}{t} + 1\right) + \frac{F}{E}\right]\alpha' \tag{6-21}$$

利用式（6-19）~式（6-21）可以计算弯曲毛坯变形区两端断面（实际上也是两直边部分）的角度在卸载过程中的变化量（弹复角）。但在一般用冲模压弯的实际条件下，由于毛坯的非变形区在模具的作用下也产生一定的变形和弹复，影响卸载后弯曲件直边部分的夹角，所以，不能直接用上述公式计算的结果作为修正模具工作部分角度的唯一依据。只能以此计算为参考，针对不同的具体情况，逐步试验修正模具，达到弯曲件的精度要求。

注意：弹复角有时会出现负值。如图 6-5b 所示的弯曲的力学模型，变形区 *AB* 段在变形过程中，并非依次从 *A*→*B* 逐渐或同时与模具表面接触，而是经波折起伏然后再压平完成变形的，故有时会出现负弯曲角的情况。

6.3.3 对弹复值的影响和预防

1. 影响因素

（1）材料的力学性能　由弹复公式可知，材料的 σ_s 越大、E 越小、硬化模量 F 及 n 值越大，则弹复值越大。这一点从拉伸曲线上也很容易理解。

（2）相对弯曲半径 r/t　相对弯曲半径 r/t 变小，弯曲中弹性变形部分所占比例下降，则比值 $\Delta\alpha/\alpha$ 与 $\Delta\rho/\rho$ 也变小。

（3）弯曲角　弯曲角 α 越大，表明变形区的长度越大，因而弯曲弹复角 $\Delta\alpha$ 越大。但对曲率半径的弹复没有什么影响。

（4）毛坯非变形区的变形与弹复　一般来说，变形区与非变形区只是相对的。非变形区并非是一点也不变形，也有位移或转动，故或多或少要产生相反的弹复变形。

（5）弯曲方式　通常，弯曲件形状越复杂，其弹复量越小，所以，⅂⌐形件的弹复值比 U 形件小，U 形件又比 V 形件小。还容易理解的一点有，校正弯曲成分越高，则弹复值越小。

（6）摩擦　一般认为，摩擦在大多数情况下会增大弯曲变形区的拉应力，有利于零件接近于模具的形状，使弹复减小。

（7）材料性能的波动、板厚的偏差　显然，这对弹复值及弯曲件的精度有一定的影响，且这种影响也是波动的，无规律的。因此，为了保证弯曲件的精度，必须严格其板厚偏差。

2. 预防措施

从模具结构及弯曲方法上可采取以下减小或消除弯曲回弹的措施。

(1) 凸模角度上予以补偿　根据弯曲弹复趋势及弹复值的大小，控制凸模角度予以补偿。这是工程实际中被广泛应用的方法。

V 形件弯曲，可根据弯曲件弹复方向和弹复值，将凸模角度与圆角半径预先加工出一个小于 $\Delta\alpha_1$ 的角度及相应的圆角半径，如图 6-12a 所示。卸载后正好补偿了弹复角 $\Delta\alpha_1$。

U 形件弯曲，将凸模两侧分别作出等于弹复角 $\Delta\alpha$ 的斜度，如图 6-12b 所示。卸载后，正好补偿工件直边的弹开。

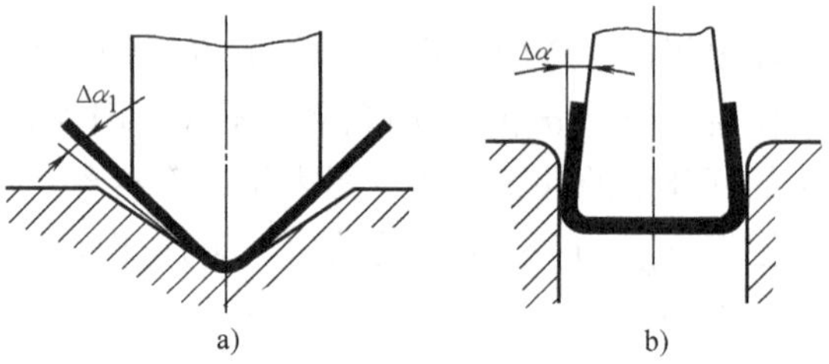

图 6-12　凸模角度的补偿

(2) 摆动凹模或软凹模结构　根据弯曲弹复方向和弹复值 $\Delta\alpha$，将凹模做成组合式，其中摆动凹模块上加工出扣除弹复角 $\Delta\alpha$ 的弯曲角。卸载后，工件将回复至所需的弯曲角，如图 6-13a 所示。

利用橡皮或聚氨酯软凹模代替金属的刚性凹模进行弯曲，如图 6-13b 所示，可以阻碍弯曲过程中毛坯不变形区的变形与弹复，增加变形区的附加压力，减少弹复量。这种软凹模结构的另一个好处是，对冲头进入凹模的深度可以调节，从而更有利于控制弯曲角度，使卸载后所得零件的弯曲角度符合精度要求。

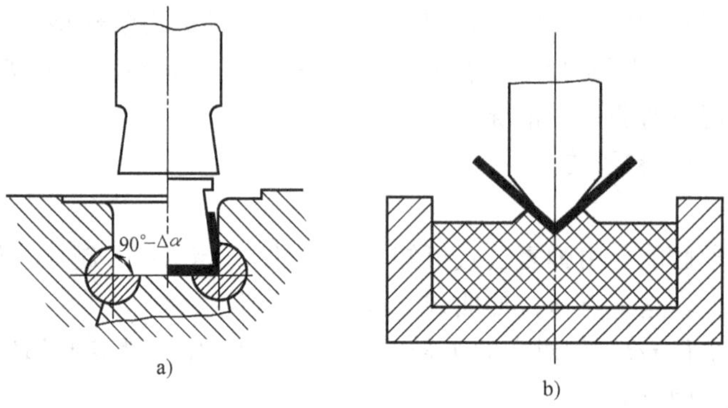

图 6-13　摆动凹模与软凹模

(3) 顶料板端面成弧形或斜面　通过改变顶料板形状来补偿 U 形件弯曲弹复的方法，主要有以下两种结构形式。

对于小形弯曲件，做成有圆弧 R 凸面形状的顶料板，如图 6-14a 所示，且将冲头顶部相应的内凹圆弧 R_r 按以下条件设计

$$t < 1.6\text{mm}, R_r = R$$
$$t = 1.6 \sim 3.0\text{mm}, R_r = R + t/2$$
$$t > 3\text{mm}, R_r = R + 0.75t$$

对于大型弯曲件，做成有倾斜面的顶料板形状，如图 6-14b 所示，中间用圆弧相接，两侧倾斜角为弹复角 $\Delta\alpha$，且使冲头顶部的内凹倾斜角取得比 $\Delta\alpha$ 稍微大些。

(4) 凹模下部成斜面　改变一般弯曲凹模全为直壁平面状，而在其局部加工成斜面，让

弯曲变形区材料在弯曲变形过程中有一自由空间，使之弯曲稍稍过度，以此来补偿弯曲弹复。

例如，富奇汽车厂20世纪末采用如图6-15所示的革新，在距凹模底面20mm处加工出β角，通过试模调整β角，有效地补偿了工件的弯曲弹复，获得了符合精度要求的U形件。

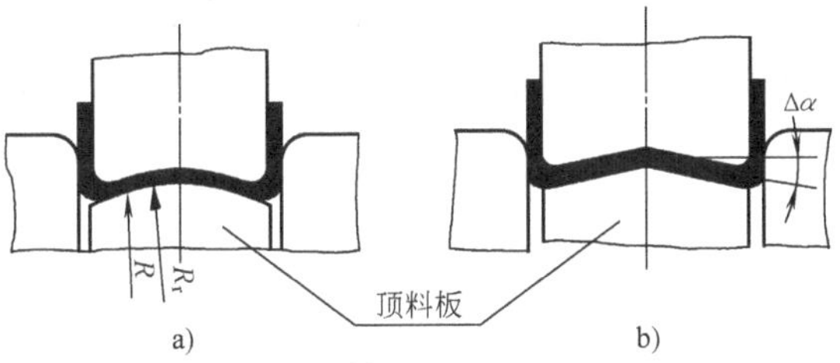

图6-14　顶料板形状的变化

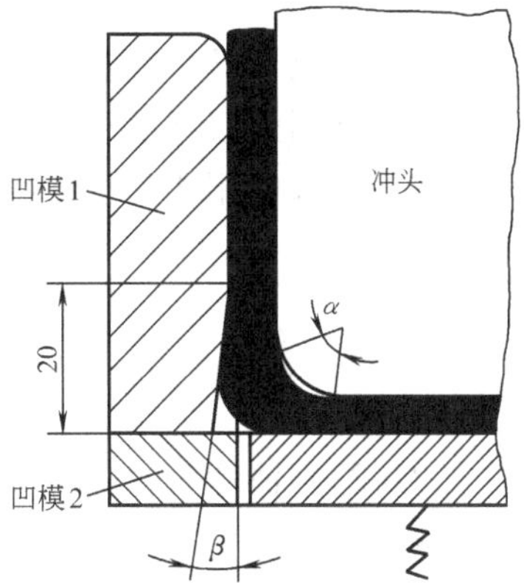

图6-15　凹模下部斜角

（5）增加校正弯曲成分　校正弯曲实际上是对弯曲变形区施加了附加压力，使得变形区内层产生拉伸应变。这样就能减小内、外层材料的压、拉应变差别程度，且卸载以后，使该两层纤维的回弹趋势互相抵制，于是可以得到减少弹复值的效果。因此，在接触弯曲中，增加校正成分，可以提高弯曲件的精度。

（6）切向推力弯曲法　在弯曲变形终了贴模时，利用模具的突肩结构，从弯曲变形的不变形区对变形区施加的切向推力，使变形区外层的切向拉应力数值减少或叠加抵消而成为压应力状态，减小弯曲弹复值。切向推力弯曲法也叫纵向加压力的弯曲方法，如图6-16所示。

（7）增加拉应力的压弯法　对于一般中、小型弯曲件，可以在弯曲模上设计出压边装置，如图6-17所示，或同时减小弯曲模间隙，限制坯料的自由流动，增加变形区的拉应力、拉应变，从而能显著地减少弯曲弹复值。某些两直边或一直边很长的V形件（单角弯曲件），不便用一般对称压弯而采用折弯时，应用这个原理和类似压边装置，也能显著地减少工件的弹复值。

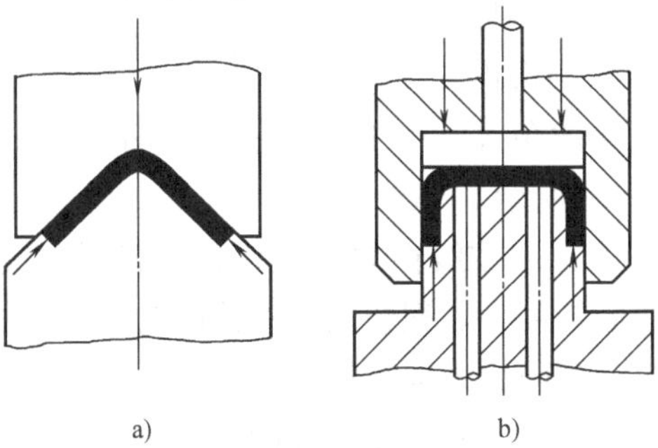

图6-16　切向推力弯曲法

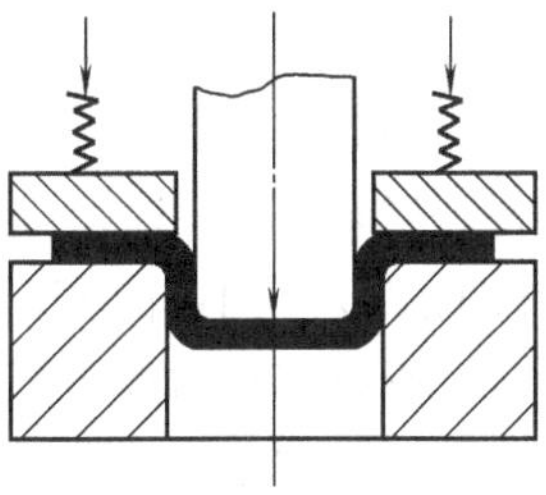

图6-17　增加拉应力的压弯法

6.4　弯曲工艺参数

6.4.1　最小弯曲半径

1. 概述

在6.1节里已对最小弯曲半径作过叙述，它是表示弯曲变形的极限变形程度的一个参数指标。在保证坯料外层纤维不发生破坏的条件下，所能弯曲成内表面的最小圆角半径，称为最小弯曲半径。通常用相对于坯料厚度的比值为表示，即 r_{min}/t。从式（6-2）所表达的意义可改写成

$$\varepsilon_{\theta max} = \frac{t}{2\rho} = \frac{1}{2\frac{r_{min}}{t} + 1} \tag{6-22}$$

显然，式（6-22）清楚表明：r_{min}/t 越小，$\varepsilon_{\theta max}$越大，即弯曲时的极限变形程度越大。

2. 影响因素

（1）材料的力学性能　材料的力学性能指标，特别是伸长率越大，r_{min}/t 可以越小；另外，在生产实际中，可选择软态出厂材料或采用热处理方法恢复冷变形硬化材料的塑性，提高材料的弯曲变形程度，使 r_{min}/t 变小。

（2）板材的方向性　弯曲件的弯曲线与板材纤维方向垂直时，可以得到较小的最小弯曲半径。例如，用10钢板材实验测出，弯曲线与板材纤维方向垂直时，其 $r_{min}/t = 0.1$；而两者平行时，$r_{min}/t = 0.5$。因此，应尽量避免弯曲线与其板材纤维的方向平行，在排样和下料时应注意这种方向性。

（3）弯曲件的宽度　当弯曲件的相对宽度 b/t 较小时，对 r_{min}/t 的影响比较明显；当 b/t 较大时，$b/t > 10$ 以后，其影响变小，参见图6-18。

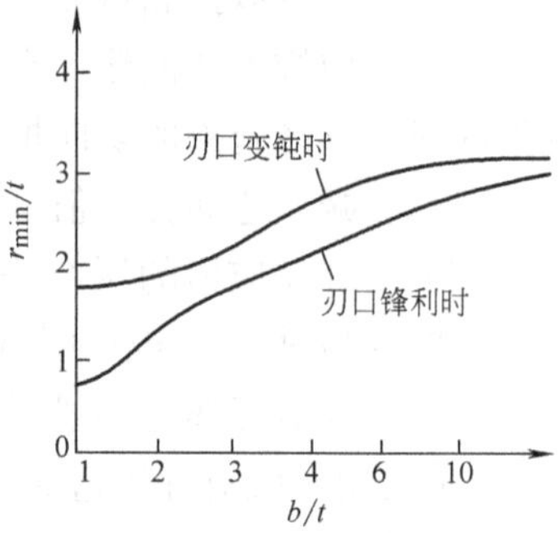

图6-18　相对宽度与最小弯曲半径

（4）板材的表面质量和剪切断面质量　这两个质量指标差，易造成应力集中和降低塑性变形的稳定性，使材料过早地破坏。在这种情况下，应该采用较大的弯曲半径。生产实际中常采用清除冲裁毛刺或把有毛刺的表面朝向弯曲凸模、切掉剪切断面的硬化层等措施来降低 r_{min}/t。

（5）弯曲角　弯曲角 α 较小时，变形区不大，不变形区可能产生的一定的伸长变形使变形区的变形得到一定程度的缓和，所以弯曲的曲率半径可小些。实验表明，当弯曲角 $\alpha < 70°$时，弯曲角越小，r_{min}/t 越小，影响显著；当 $\alpha > 70°$以后，影响减弱，如图6-19所示。

（6）板材的厚度　因弯曲变形区切向应变在厚度方向按线性规律变化，外表面上最大，在中性层为零，所以当板材厚度较小时，切向应变的梯度大、很快由最大值降为零。当板料厚度较大时，与切向应变最大值相邻近的金属可以起到阻止表面金属产生局部不稳定塑性变形的作用，使总变形程度得以变大，即最小弯曲半径更小。具体影响如图6-20所示。

3. 最小弯曲半径参考值

最小弯曲半径的参考值可按表6-4选取。从表中可以明显地看出，最小弯曲半径的相对

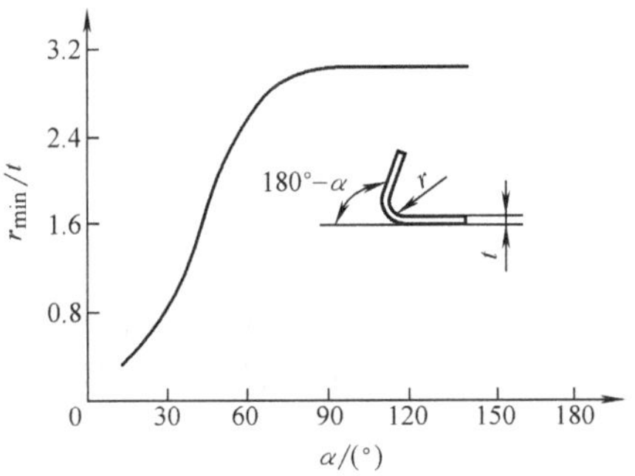

图 6-19　弯曲角的影响

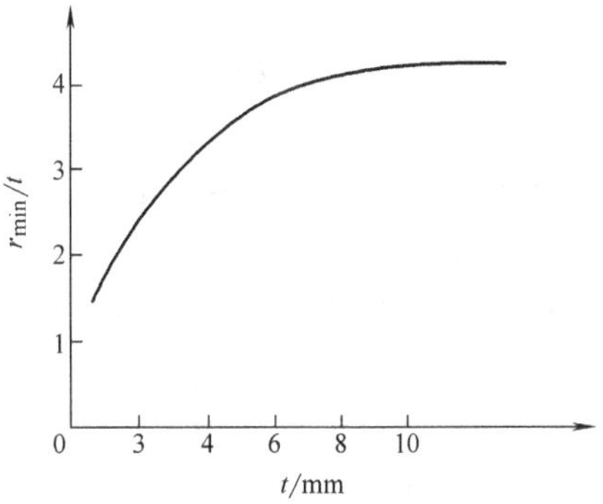

图 6-20　材料厚度的影响

值随着被弯曲材料种类的不同、弯曲材料的供货状态的不同及弯曲线方向的不同而有较大差别。表 6-3 数据提出很早，后不少文献沿用了它；现我国已制订了最小弯曲半径值的行业标准，见 JB/T5109—2001，应予执行。

表 6-3　最小弯曲半径 r_{min}/t

材料	正火或退火的		硬化的	
	弯曲线方向			
	与轧纹垂直	与轧纹平行	与轧纹垂直	与轧纹平行
铝 退火纯铜 黄铜 H68 05、08F	0	0.3	0.3 1.0 0.4 0.2	0.8 2.0 0.8 0.5
08～10，Q195，Q215	0	0.4	0.4	0.8
15～20，Q235	0.1	0.5	0.5	1.0
25～30，Q255	0.2	0.6	1.2	
35～40，Q275	0.3	0.8	0.8	1.5
45～50，	0.5	1.0	1.0	1.7
55～60，	0.7	1.3	1.3	2.0
硬铝（软）	1.0	1.5	1.5	2.5
硬铝（硬）	2.0	3.0	3.0	4.0
镁合金①	300℃热弯		冷弯	
MA1—M	2.0	3.0	6.0	8.0
MA8—M	1.5	2.0	5.0	6.0
钛合金②	300～400℃热弯		冷弯	
BT1	1.5	2.0	3.0	4.0
BT5	1.5	2.0	5.0	6.0
钼合金	400～500℃热弯		冷弯	
BM1，BM2 （t≤2mm）	2.0	3.0	4.0	5.0

注：本表用于板厚小于 10mm，弯曲角大于 90°，剪切截面良好的情况。

① 为俄罗斯标准 ГОСТ14957。

② 为俄罗斯标准 ГОСТ19807。

6.4.2 弯曲件坯料长度的计算

1. 计算的依据和假设

1）应变中性层在变形前后长度不变。

2）变形区在变形前后体积不变。

2. 计算方法

如前所述，在弹性弯曲时应变中性层与应力中性层是重合的，且通过毛坯横截面中心。在塑性弯曲中，当变形程度较小时，通常也认为应变中性层与弯曲毛坯截面中心的轨迹相重合，即 $\rho_\varepsilon = r + t/2$。而冲压加工中的宽板弯曲，塑性变形程度均较大，应变中性层不通过毛坯截面中心，并向内侧移动，有 $\rho_\varepsilon < r + t/2$。另外，也由于弯曲时板厚的变薄，致使应变中性层的曲率半径小于 $r + 0.5t$。在这种情况下，应变中性层可以根据体积不变条件确定，如图 6-21 所示。

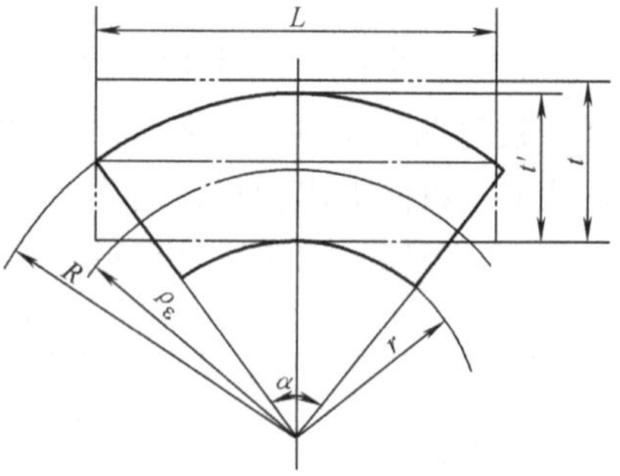

图 6-21　体积不变计算示意图

弯曲前变形区的体积是

$$V_0 = Lbt = \rho_\varepsilon \alpha bt$$

弯曲后变形区的体积是

$$V = \pi(R^2 - r^2)\frac{\alpha}{2\pi}b'$$

因为 $$V_0 = V$$

所以 $$\rho_\varepsilon = \frac{R^2 - r^2}{2t}\frac{b'}{b}$$

将 $R = r + t'$ 之值代入上式并整理得

$$\rho_\varepsilon = \left(\frac{r}{t} + \frac{\eta}{2}\right)\eta\beta t < r + \frac{t}{2} \tag{6-23}$$

式中，$\eta = \frac{t'}{t} < 1$，为变薄系数，其值可查表 6-4；$\beta = \frac{b'}{b}$，是展宽系数，计算宽板弯曲时，$\beta = 1$（不考虑畸变）。

表 6-4　变薄系数 η 值

r/t	0.1	0.5	1	2	5	>10
η	0.8	0.93	0.97	0.99	0.998	1

式（6-23）即为弯曲变形中应变中性层内移的公式。在冲压生产实际中常采用下面经验公式确定应变中性层曲率半径

$$\rho_\varepsilon = r + Kt \tag{6-24}$$

式中，K 为与变形程度有关的系数，其值可查表 6-5[8] 或图线[57]，或取 $K = 0.4$[59]。

表 6-5　系数 K 之值

r/t	0～0.5	0.5～0.8	0.8～2	2～3	3～4	4～5
K	0.16～0.25	0.25～0.30	0.30～0.35	0.35～0.40	0.40～0.45	0.45～0.50

关于应力中性层的内移公式的推导，留给读者自己去进行。

应当指出，内移理论公式或经验公式还能表明，应力中性层和应变中性层两者是不重合的。所以，在第 6.1 节里分析弯曲变形的应力、应变关系中，有假定重合的前提条件。

下面，具体介绍两种情况下毛坯长度的确定方法。

（1）圆角弯曲　如图 6-22 所示的有一个弯角（90°）时，毛坯长度按下式计算

$$L = L_1 + L_2 + L_0 = L_1 + L_2 + \frac{\pi}{2}(r + Kt) \tag{6-25}$$

若工件有几个弯角（且角度 α 不一定是 90°），也可相仿把各个弯角部分的长度展开出来计算

$$L = L_1 + L_2 + \cdots + L_n + L_{n+1} + \frac{\pi\alpha_1}{180°}(r_1 + K_1 t) + \cdots + \frac{\pi\alpha_n}{180°}(r_n + K_n t) \tag{6-26}$$

上两式中 K，K_1，K_2，…，K_n 视各个弯曲处的$\frac{r}{t}$并按表 6-6 选取。

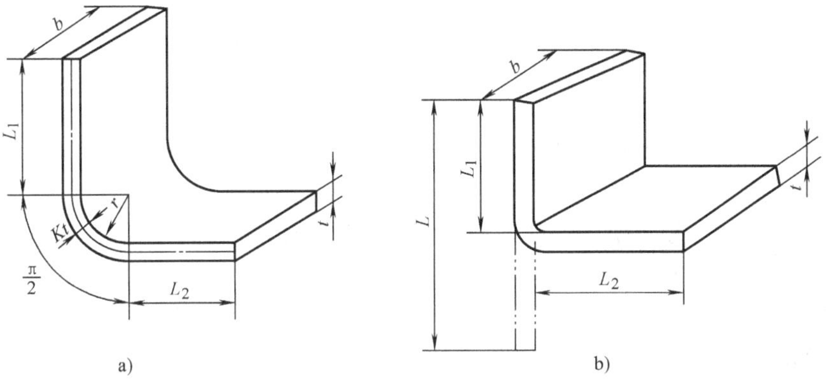

图 6-22　弯曲坯料计算

a）圆角弯曲　b）尖角弯曲

（2）尖角弯曲　尖角弯曲也指$\frac{r}{t}<0.3$ 时的弯曲，如图 6-22 所示，其弯曲件的毛坯长度可利用体积相等条件来进行计算。

弯曲前的体积是：

$$V_0 = Lbt$$

弯曲后的体积是：

$$V = (L_1 + L_2)bt + \frac{\pi t^2}{4}b$$

由 $V_0 = V$ 可得：

$$L = L_1 + L_2 + 0.785t \tag{6-27}$$

由于弯曲变形的特点，变形区变薄，所以利用上式计算的结果往往偏大，还必须作如下修正：

$$L = L_1 + L_2 + x't$$

式中，x'为系数，一般可取 $x' = 0.4 \sim 0.6$。

上述各计算公式只适用于形状简单、精度要求不高的弯曲件；对于形状复杂、精度要求高的弯曲件，因弯曲时有不同因素的影响，所以，应先用上述公式进行初步计算，然后根据试冲结果最后确定毛坯的长度。

6.4.3 弯曲模工作部分尺寸

1. 凸、凹模的圆角半径及凹模深度

弯曲模工作部分尺寸如图6-23所示，其尺寸确定应视变形条件、变形程度、材料的厚度与性能而定。弯曲凸模的圆角半径和弯曲角应根据工件的内圆角半径和角度并考虑弹复值进行修正后确定。

(1) 冲头圆角半径 r_p　当 r/t 较小时，$r_p=r$；当 r/t 较大时，则应考虑回弹现象而予以修正。

(2) 凹模圆角半径 r_d　常根据材料厚度选取，

$t\leqslant 2$mm 时　　$r_d=(3\sim6)t$

$t=2\sim4$mm 时　　$r_d=(2\sim3)t$

$t>4$mm 时　　$r_d=2t$

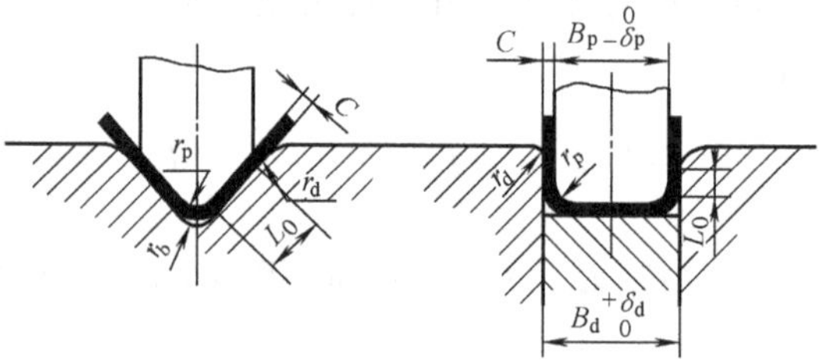

图6-23　弯曲模工作部分示意

(3) r_b　为V形弯曲凹模底部圆角半径，可取 $r_b=(0.6\sim0.8)(r_p+t)$，或开退刀槽，或取为变形区变薄后外表面层的圆角半径。

(4) L_0　为弯曲凹模直壁段深度（或长度），不宜太大或太小，可依据实际工件、模具结构、操作方便情况进行设计或查找有关资料选定。

2. 弯曲模的间隙

弯曲模的间隙 C 可按弯曲件精度要求的不同，并考虑材料厚度偏差，分别用以下公式计算。

1）精度要求不高时，如自由弯曲　$C=t_{max}+xt$　(6-28)

2）精度要求较高时，如接触弯曲　$C=t$　(6-29)

3）精度要求更高时，如校正弯曲　$C=t_{min}$　(6-30)

式中　t_{max}——材料的最大厚度；

t_{min}——材料的最小厚度；

x——系数，可按表6-6查取。

表6-6　弯曲模工作部分尺寸及系数 x 值

L/mm	t/mm											
	<0.5			0.5~2			2~4			4~7		
	L_0	r_d	x	L_0	r_d	x	L_0	r_d	x	L_0	r_d	x
10	6	3	0.1	10	3	0.1	10	4	0.08	—	—	—
20	8	3	0.1	12	4	0.1	15	5	0.08	20	8	0.06
35	12	4	0.15	15	5	0.1	20	6	0.08	25	8	0.06
50	15	5	0.2	20	6	0.15	25	8	0.1	30	10	0.08
75	20	6	0.2	25	8	0.15	30	10	0.1	35	12	0.1
100	—	—	—	30	10	0.15	35	12	0.1	40	15	0.1
150	—	—	—	35	12	0.2	40	15	0.15	50	20	0.1
200	—	—	—	45	15	0.2	50	20	0.15	65	25	0.15

这个间隙值对于V形弯曲，是靠调整压床的闭合高度来实现的；对于U形弯曲，还要

根据零件要求等认真选择。

3. 凸、凹模尺寸

弯曲模凸、凹模的宽度尺寸的确定，可参照拉深模的设计原则进行。例如对于图 6-23 所示 U 形件弯曲，当工件标注内形尺寸时，先设计计算 B_p，再选择间隙，后计算 B_d；若标注外形尺寸，先设计计算 B_d，再选 C，后算 B_p。其中凸凹模的制造偏差 δ_p、δ_d 常按 IT7 ~ IT9 选取。

4. 模具结构上的注意点

由于弯曲线大多数并不与弯曲件的对称轴重合，所以，弯曲坯料在开始弯曲变形时不像轴对称件那样平稳。为保证坯料在弯曲时不产生偏移和窜动，应该尽量利用零件上的孔来定位。无孔可用时，还应考虑设置工艺定位孔。有时也可设计定位尖（销）、顶杆或压料板来防止材料偏移，或者在坯料上、下方设置防止其移动的板条物。采用以上措施时，应该考虑模具结构上不要妨碍和阻止毛坯在合模过程中弯曲变形的实现。

设计弯曲模时应考虑弯曲毛坯两侧所受外力能够平衡，以防止弯曲材料产生偏移。为此，希望零件具有对称形状，非对称零件可考虑成双弯曲，弯曲后再切开成单件。但是，利用弯曲模来压弯两直边（不变形区的长度）相差很大的弯曲件，成双弯曲反倒会造成模具结构、性能和成本上的不利。所以，对于某些折弯件，除了用模具来折弯外，还可有专用的折弯机、折边机。

还有一些比较特殊的弯曲模和弯曲件，比如：设计对称的摆动块式凹模，可一次弯曲出圆形零件，利用多次 V 形或 U 形弯曲，可以制造出较复杂的、多角形状零件；利用多次弯曲，可以制造出弯曲件内层叠合的弯曲件，即所谓叠弯等。这类零件的弯曲工艺及弯曲模凸、凹尺寸和形状的设计计算可参阅有关文献。

6.4.4 弯曲工序设计事例

1. 一次弯曲件

对于形状简单的弯曲件，如 V 形、U 形、Z 形及⌐┘└¬形的弯曲件，常可采用一次弯曲而成形出来，如图 6-24 所示。

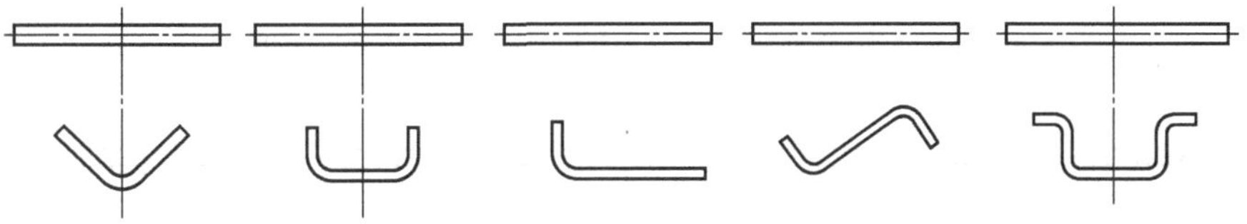

图 6-24　一次弯曲件

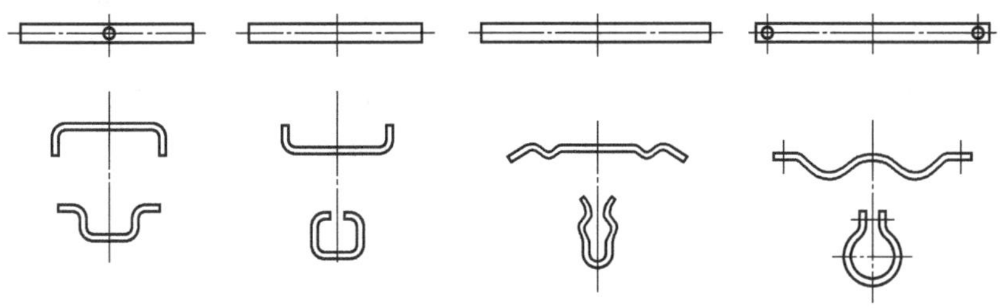

图 6-25　常用两次压弯的弯曲件

2. 两次弯曲件

两次压弯可弯曲出形状较复杂或多角弯曲件。如图 6-25 所示，是常被采用的通过两次弯曲而成形出来的弯曲件断面形状。

如图 6-26 所示的一种具有 12 个弯曲角的多角弯曲件，也可以采用两次压弯而成形出来[118]：第一次压弯工艺及模具示意如图 6-27a 所示，第二次压工艺及模具示意如图 6-27b 所示。该技术成果为著者的国家发明专利[119]。

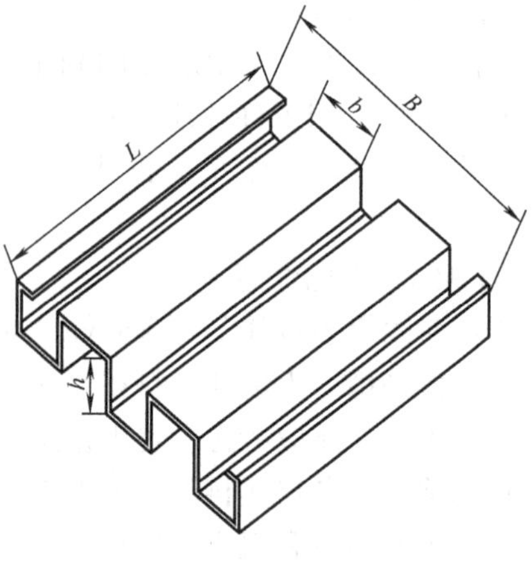

图 6-26　一种 12 个弯曲零件

3. 三次弯曲件

形状较复杂的，或具有异型断面的弯曲件，通常采用三次压弯工序，如图 6-28 所示。

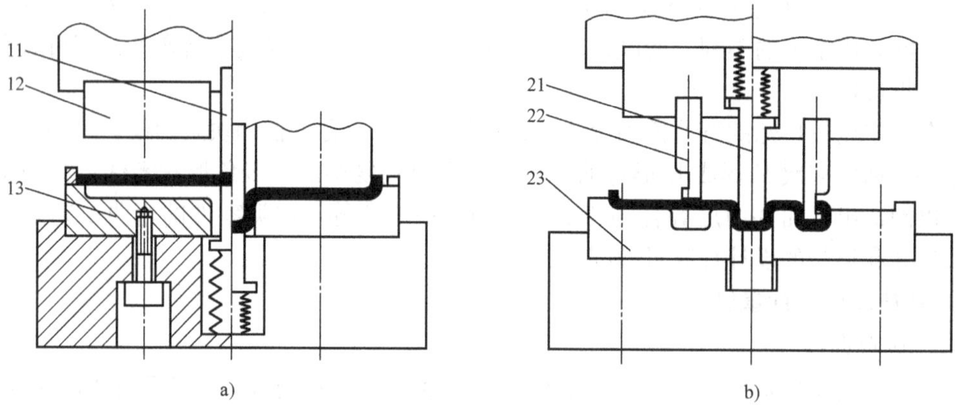

图 6-27　12 个弯角件两次压弯模

11—凸模 1　12—凸模 2　13、23—凹模　21—定位压紧板　22—凸模

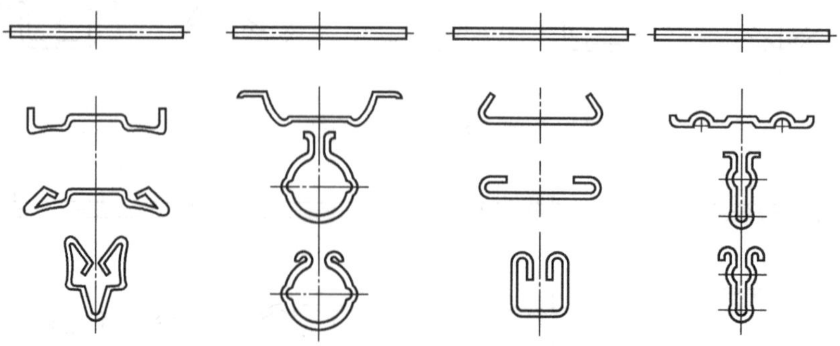

图 6-28　用三次压弯的弯曲件

6.5 弯曲的其他形式

弯曲加工除了如图 6-1 所示的最基本形式以弯曲线为直线的压弯，以及前面简单提及的折弯以外，还有弯曲线为弧线的弯曲及滚弯和拉弯。拉弯内容在上一章已有介绍（它基本附属于拉形），故本节仅介绍板料弧线弯曲、滚弯和管材弯曲。

6.5.1 外缘弧线弯曲

外缘弧线弯曲是指平板坯料的外边缘部分沿圆弧曲线的弯曲线进行的一种弯曲加工。很多文献资料上称这种外缘弧线弯曲为外缘翻边，当然是有道理的；但从它是获得不封闭形状零件这一角度来考虑，将它称之为一种弯曲更符合本章给出弯曲的定义。

1. 变形型式与特点

按其变形形式及性质来分，外缘弧线弯曲可分为凹圆弧线弯曲和凸圆弧线弯曲两种基本形式，尽管也有两者的组合形式。

凹圆弧线弯曲，如图 6-29 所示。该种成形在变形过程中，存在有两个变形区：按曲率半径 R 所指圆弧为弯曲线的圆角区域和形成竖边的直边区域。因此，它是一种复合类冲压成形工序。一部分变形区具有弯曲变形的特点，另一部分变形区具有圆孔翻边的变形特点（切向拉应力、拉应变最大）。而且，后一种变形特点往往更为显著，所以，该种成形的变形程度多用弯边系数（相当于翻边系数）来度量

$$K' = \frac{r}{R}$$

当内凹弧线弯曲的变形程度用 $E' = b/r$ 表示，外凸弧线弯曲的变形程度用 $E'' = b/R$ 表示时，各种材料的极限变形程度可由表 6-7 确定[83、101]。

凸圆弧线弯曲，如图 6-30 所示。该种成形在变形过程中，也存在两个变形区，与凹圆弧线弯曲相类似。所不同的是，直边部分变形区为具有拉深变形特点（切向压应力、压应变最大），故其变形程度用弯边系数（相当于拉深系数）来度量

$$K'' = r/R$$

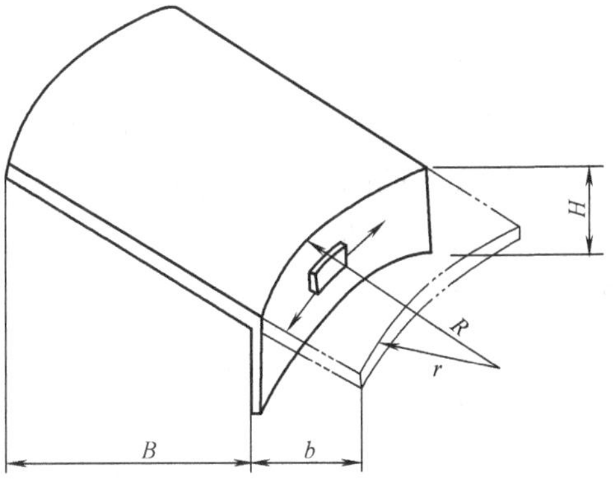

图 6-29　凹圆弧线弯曲

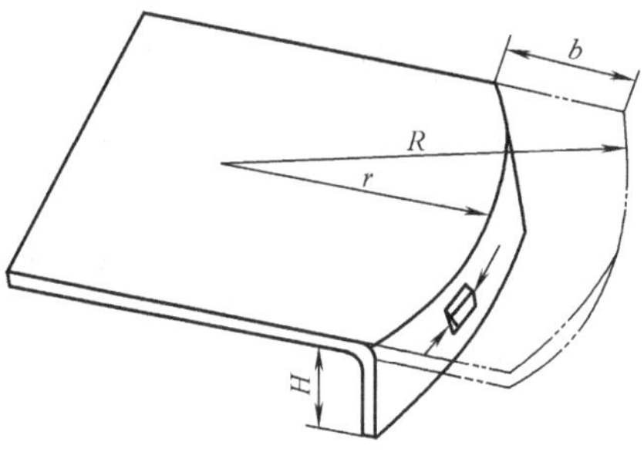

图 6-30　凸圆弧线弯曲

2. 竖边高度问题

外缘弧线弯曲的上述变形特点，决定了其弯曲后竖边的高度不很平齐：内凹弧线弯曲

时，竖边中间低，两端稍高；外凸弧线弯曲时，竖边中间高，两端稍低。如果工件允许，则可充分利用这一变形规律；倘若工件不允许，可以通过对坯料形状的修正，去达到竖边高度的平齐与端线的垂直。

表 6-7　外缘翻边材料允许变形程度

材料		E'（%）		E''（%）		材料		E'（%）		E''（%）	
		橡皮成形	刚模成形	橡皮成形	刚模成形			橡皮成形	刚模成形	橡皮成形	刚模成形
铝合金	1035-0	6	40	25	30						
	1035-HX6	3	12	5	8	黄铜	H62 软	8	45	30	40
	3A21-0	6	40	23	30		H62 半硬	4	16	10	14
	3A21-HX6	3	12	5	8		H68 软	8	55	35	45
	5A02-0	6	35	20	25		H68 半硬	4	16	10	14
	5A03-0HX6	3	12	5	8	钢	10	—	10	—	38
	2A1Z-0	6	30	14	20		20	—	10	—	22
	2A12-HX8	0.5	9	6	8		1Cr18Ni9 软	—	10	—	15
	2A11-0	4	30	14	20		1Cr18Ni9 硬	—	10	—	40
	2A11-HX8	—	—	5	6		2Cr18Ni9	—	10	—	40

试验研究表明：为了获得外缘弧线弯曲件竖边平齐一致的高度，应在坯料的两端对其轮廓线作必要的修正。可采用如图 6-31 中虚线所示的形状，即从两个方面进行修正[69,8]。

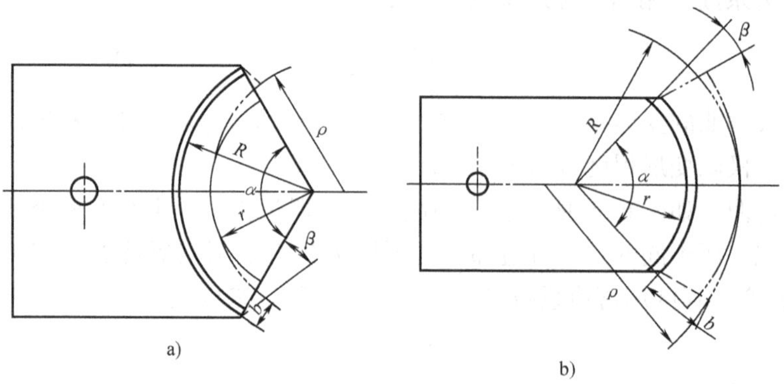

图 6-31　外缘弧线弯曲坯料修正

一是在两端对两弧线之间的宽度 b 进行修正，凹弧弯曲时变小，凸弧弯曲时变大；二是两端端部夹角取异于零件中心角 α，凹圆弧线弯曲时增大，凸圆弧线弯曲时减小。表 6-8 给出了凹弧线弯曲坯料修正的试验值，凸弧线弯曲可相对应参照使用。

表 6-8　凹弧线弯曲坯料修正值

α/（°）	弯边系数 K'	β/（°）	ρ/mm
150	0.62	25	
120	0.50	30	
120	0.37	30	20.0
120	0.34	47	26.0
90	0.25	38	65.0
85	0.40	38	32.0
70	0.43	32	35.0
60	0.25	30	$+\infty$

注：材料 08　料厚 1mm　$R = 32.5$mm

3. 变形力计算

对外缘弧线弯曲的变形力计算，介绍下面的近似计算公式

$$F = 1.25Lt\sigma_b K^{[101]} \quad 或 \quad F = CLt\sigma_s^{[102]} \tag{6-31}$$

式中 L——弯曲线长度（mm）；

t——料厚（mm）；

σ_b——材料抗拉强度（MPa）；

K——系数，近似为0.2～0.3；

C——系数，可取0.5～0.8；

σ_s——材料的屈服极限（MPa）。

4. 外缘弧线弯曲件实例

图6-32所示为机车车辆上的外缘弧线弯曲件，图a、b为凹圆弧线、图c为凸圆弧线弯曲件[53]。

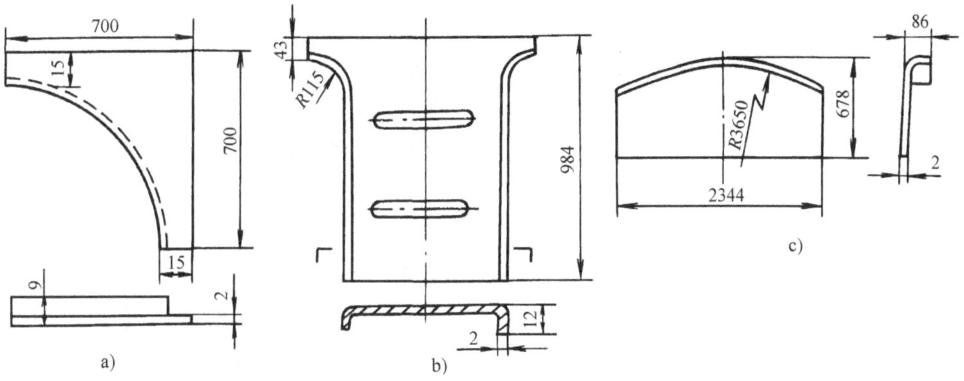

图6-32 外缘弯边的零件

a）客车脚蹬门压铁 b）客车中墙板 c）客车中间端顶板

6.5.2 滚弯

1. 变形特点

所谓滚弯，是在连续滚弯机上，使用多个或多对滚模（轮），对板带材、型材、管材进行弯曲的一种加工方法。滚轮在结构上均为可绕其中心轴线旋转的轴对称零件。

对板带材的滚弯，主要成形两类零件：一类是通过连续滚弯，成形出具有不同截面形状的直条形零件；一类是先滚弯成一定形状的截面，然后弯成一定曲率的中、大型零件。

板带材、型材和管材等弯成较大的曲率半径时，可利用滚轮进行滚弯，图6-33所示的三滚连续弯曲用得较多。三滚弯曲机也是比较简单、外型尺寸最小的滚弯设备。

三滚弯曲，如果简单地考虑材料的变形，则下面两个滚轮为支点、中间滚子是施力进行弯曲的（见图6-33a）。因此，下面两个滚子的中心连线离中央滚子中心越近，那么弯成的零件曲率半径越小。但是，这个距离太近了，平板材料在出口处便会送不出去，弯曲就不能正常进行。出现这种情况的分界线是图6-33b所示的θ角约为50°左右时。

另外，三滚弯曲的开始和终了，两端材料有很长一段受不到弯矩的作用，一般有10～20倍板厚的范围，这就需要预先按要求的曲率进行端部弯曲。

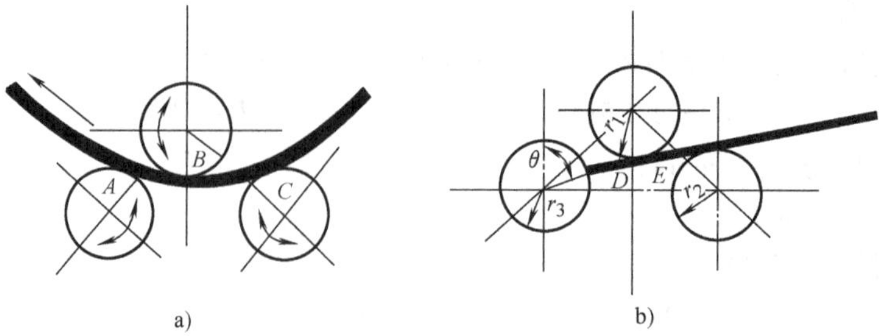

图 6-33　三滚弯曲示意

三滚或五滚连续弯机还可用于对已弯曲成大曲率半径的圆形零件作滚弯校圆工作。

2. 工艺实例

一种自行车轮圈成品零件如图 6-34 所示。它是用带料在滚弯成形机上卷边、滚弯成形的。先卷成宽度为 40mm 的弧形剖面，然后滚弯成能装配轮胎的大圆形，使用的材料是用普通冷轧钢带，厚度为 1.3mm。这里使用的滚弯成形机（见图 6-36）上平置一系列的成对滚轮。自行车车圈带料由滚弯机前的承料架支承，通过引导被送入滚轮 1 中；由于各组滚轮均同时向带料前进方向旋转，故带料能自动送进；在各对滚轮间，带钢剖面产生一定的弯曲、卷边变形，于平置滚轮的最后一对滚轮中完成车圈断面形状的卷边成形；紧接着又进入滚弯滚轮（成三滚弯曲）而进行大曲率半径的滚弯。

具体成形顺序是：先通过滚弯成形机上 1、3、5、7、9 五对主滚轮（期间还有五对副滚轮导向）逐渐将其剖面形状滚弯、卷边出来。图 6-35 示出了第 1 对滚弯模的大致形状，其各工步中滚弯的变形分配如图 6-35 右所示。然后，在滚弯机后面的滚弯轮的附加作用下，将 ϕ650 的外径滚弯出来。各道工步成形位置及最后滚大曲率半径而成圆的情况如图 6-36 所示。滚弯成形后的成卷车圈料再锯断、焊接接头，最后在三滚或五滚弯曲机上校圆。

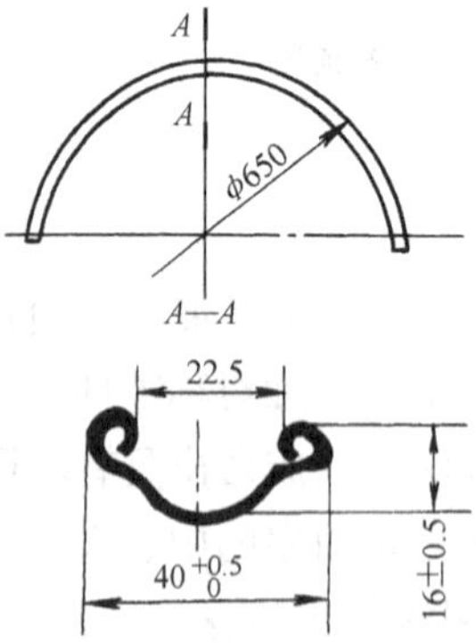

图 6-34　车圈尺寸

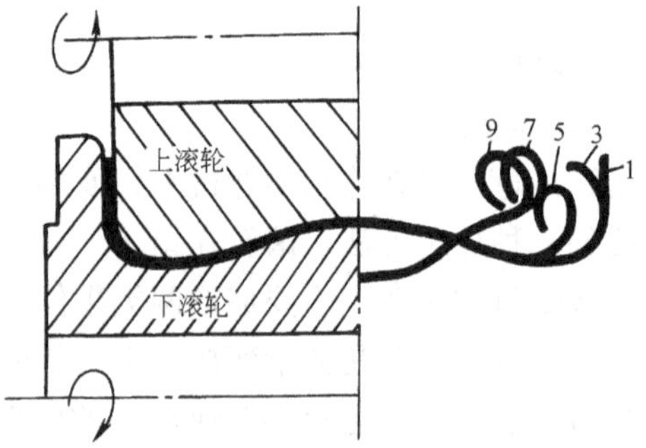

图 6-35　车圈截面滚弯过程示意

现今，滚弯直条形型材（如门窗窗条）的滚弯机应用日趋增多，有的滚轮达 20 多对。平置多滚轮机上的弯曲工艺设计，除了要考虑各对滚轮间的弯曲变形合理以外，还有一个材料送进的纵向拉伸伸长变形问题，即后一对滚轮的节圆直径应比前一对的稍微增大些，以防止材料起皱而影响顺利滚弯成形。

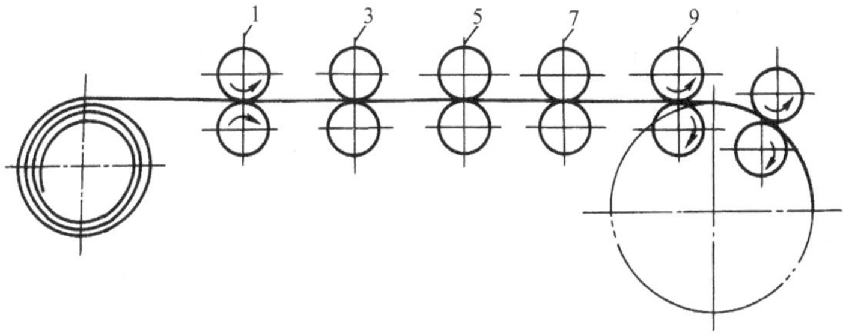

图 6-36　滚弯机滚弯原理

6.5.3　管子的弯曲

1. 截面的变形

管的弯曲机理与板的弯曲基本一样。由于管子中间是空的，外侧金属在切向拉应力作用下产生的拉伸变形及内侧金属在压应力作用下产生的压缩变形都比较自由。随着弯曲的进行，外侧逐渐变薄、内侧逐渐增厚。另外，由于管厚与直径相比很薄、小，故内侧更易产生压缩失稳而起皱。管子弯曲更清楚地说明了弯曲变形区分为内外两个部分的概念。

已弯曲拉长的外侧材料由于拉应力的作用多少要带动内侧，而内侧材料由于周向压缩也易向内侧凹进。当然，因为模具的作用，这种变形倾向受到了妨碍。由于这些作用综合的结果，整个截面变成了椭圆形，如图 6-37 所示，这可以说是管子弯曲的截面畸变。对于一些有外观要求的装饰件，控制其管子弯曲的截面畸变是一个很重要的工艺问题。

一种滚弯机上的滚弯模组成如图 6-38 所示。三个滚模即夹紧模、弯曲模和压力模，均为内凹半圆形的滚轮；使用芯棒是为了减小管子弯曲变形的椭圆度。

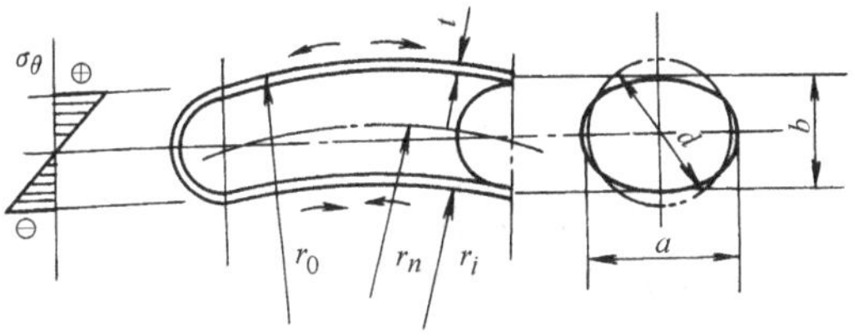

图 6-37　管子弯曲畸变

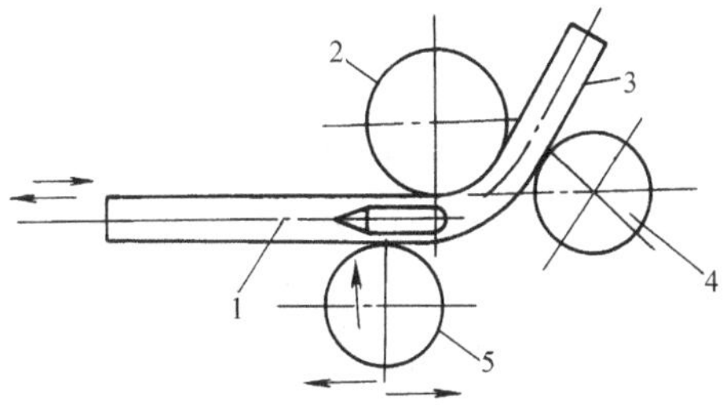

图 6-38　车把管滚弯原理

1—芯棒　2—弯曲模　3—车把管
4—夹紧模　5—压力模

2. 工艺实例

【例 1】　一种自行车车把管的成形，是滚弯成左右对称的各两个弯曲圆弧，如图 6-39 所示。材料为普通冷轧钢带高频焊管，外径 ϕ22mm，壁厚 1.2mm。

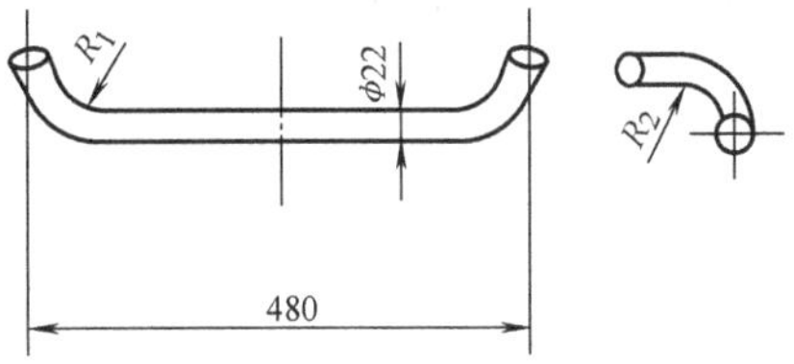

图 6-39　一车把形状尺寸

车把滚弯的最大质量问题就是在图中所示位置 R_1、R_2 处的圆度问题。车把是外观件，故弯曲处的圆度是自行车 50 项质量考核指标之一。20 世纪 70 年代的生产经验表明：无锡自行车厂利用图 6-38 所示的将车把管两端分别滚弯，比两端同时滚弯质量要好，椭圆度要小。

【例 2】 一种航空导管的成形，材料为铝合金管，规格为 5A02-M-G10 × 1，总长为 160mm。

由于该零件既非轴对称也非点对称弯曲件。故传统弯管在普通滚弯机上须有三次装夹、三次弯曲。才能成形出各一处共三处的圆弧 R 来，如图 6-40 所示。

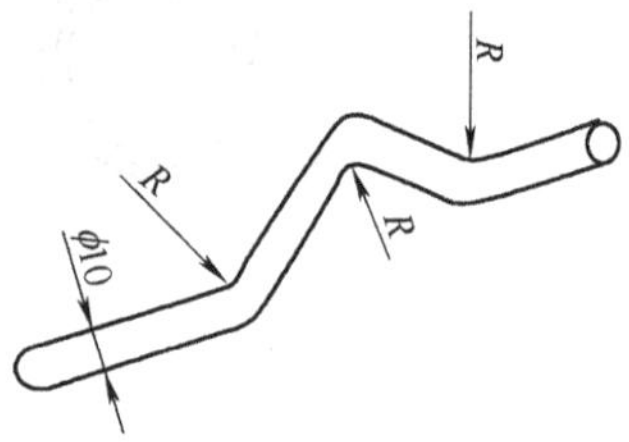

图 6-40

21 世纪初，洪都航空工业集团引进了一套数控弯管机系统装置，先向机床内置计算机输入导管的“增量管形数据”，制出导管实样，然后装夹管坯，由机床自动控制弯曲成形。一次装夹弯曲便将三处的圆弧 R 成形出来了[154]。

显然，数控弯管技术提高了生产效率和产品质量。

习题与思考题六

6-1 试归纳出板材弯曲时变形区的应力、应变情况，并与拉深及翻边进行对比。

6-2 现有的经验公式或图表计算弯曲弹复值，为什么不太精确而往往要通过试模去加以修正？你能否可利用金属学中位错理论的知识来对弹复作某种解释？

6-3 若有 4 种硬化模量 F 均很小的金属板材，其牌号及参数见表

材料牌号	屈服应力 σ_s/MPa	弹性模量 E/MPa
70 钢	420	210
1Cr18Ni9Ti	196	196
2A12（LY12）	330	70
H68	98	108

在同一副弯曲模中进行弯曲，试列出它们的弯曲回弹角大小顺序并予以解释。

6-4 试计算习题 6-4 图所示工件（$B/t = 50$）的坯料长度。已知：$t = 5\text{mm}$，$L_1 = 50\text{mm}$、$L_2 = 40\text{mm}$、$L_3 = 30\text{mm}$、$L_4 = 100\text{mm}$，$r_1 = 20\text{mm}$、$r_2 = 60\text{mm}$、$r_3 = 10\text{mm}$；$\alpha_1 = \frac{5}{6}\pi$、$\alpha_2 = \frac{\pi}{2}$、$\alpha_3 = \frac{\pi}{3}$。

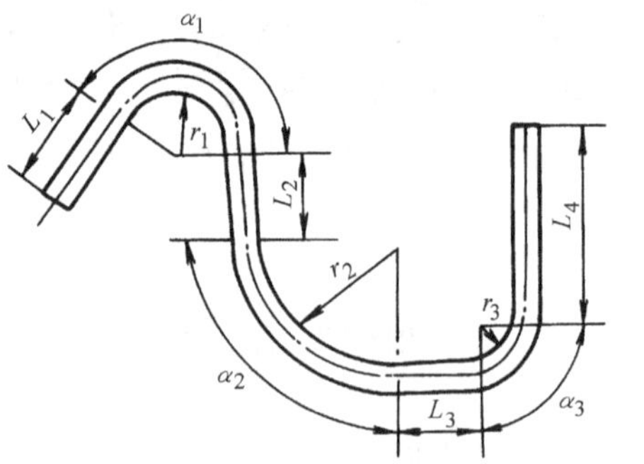

习题 6-4 图

6-5 试推导出应力中性层、应变中性层内移的表达式。

6-6 举出工厂参观见习到管子弯曲或滚弯的一实例并加以评价。

6-7 有一 V 形弯曲件（参见图 6-22），其中 $l_1 = l_2 = 35\text{mm}$，$b = 60\text{mm}$，$r = 2\text{mm}$，$t = 1.5\text{mm}$，$\alpha = 90° \pm 0.1°$。试设计切向推力弯曲模冲头与凹模工作部分尺寸并画出示意图。

第 7 章　其他成形工序

7.1　扩口

7.1.1　基本知识

1. 扩口的概念

扩口也称扩径，它是对管子毛坯或平板坯料冲压成空心件毛坯的口部直径用扩口模加以扩大的冲压成形工序。这种工序的变形过程如图 7-1 所示。在扩口过程中，整个坯料可分为三个区域，显然，变形区是其中间的锥形部分。

扩口模一般有冲头而没有凹模。材料待变形区（传力区）有的不用支承固定，但多为有用支承固定的。当然，也可有凹模，并起到支承坯料的作用。

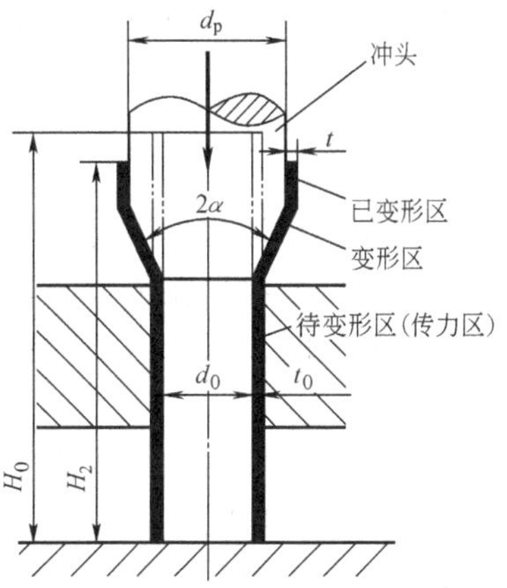

图 7-1　扩口变形示意

2. 扩口的用途

1）加工成喇叭口形的各种零件。图 7-2a 所示的是丰收牌拖拉机上一种机油管零件，用 3 号纯铜管（T3）$\phi 5 \times 0.7$ 的坯料在口端予以扩大，就是一个实际例子。

2）加工两端直径相差较大的零件。如图 7-2b 所示的工件，可以用一种直径介于两端中间的坯料，一端扩口、另一端缩口，在一道工序里实现成形。

3）管子质量检验的一种方法。如自行车车架用的高频焊管，就要用直径大于管子直径 10% 的冲头扩管检验。如果经过扩管后管子的焊缝处不开裂，表明它符合质量要求，否则，表明管子的焊接质量太差。

4）还有一种扩径是将整段管子孔径加以扩大，实际上是扩径整形。如一些用无缝钢管做的零件将孔径扩大 1～2mm，以使其圆度及孔径偏差减小。

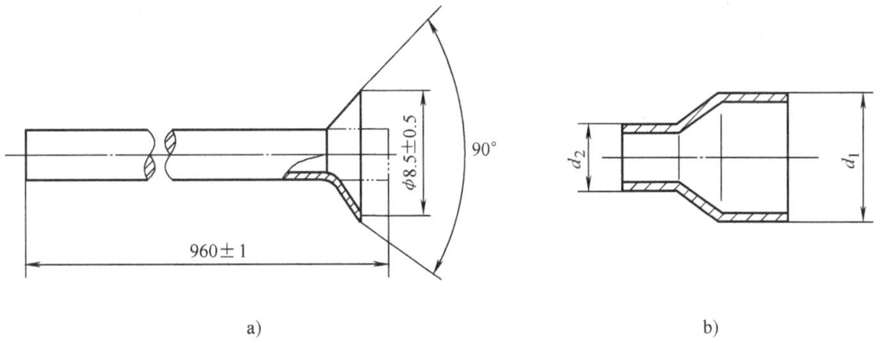

图 7-2　扩口零件实例

a）拖拉机油管　b）扩口与缩口复合工作

7.1.2 变形特点

1. 应力应变关系

在冲头施加力的作用下，扩口毛坯口部直径扩大、坯料高度变短。扩口变形区受到双向应力的作用；切向拉应力与轴向压应力，其中切向拉应力值更大。相对应的应变为：因孔径扩大，切向拉伸应变量大；径向压缩变形；板厚方向是压应变，厚度减薄。变形区体积不变。

变形区的应力应变关系，取扩口中一小单元体来表示，如图7-3所示。这种应力应变关系的最本质特征与翻边、胀形是相同的。因此，扩口也是属于拉伸类冲压成形工序。

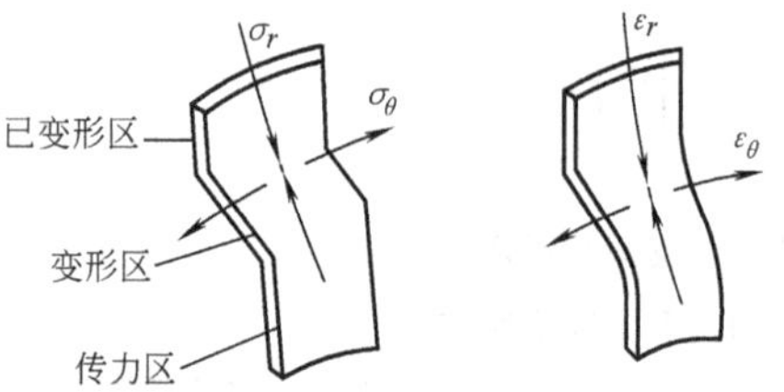

图7-3 变形区应力应变关系

2. 变形程度的度量

扩口变形程度的大小用扩口系数来表示。扩口系数 K_e 定义为冲头直径 d_p 与工件原始直径 d_0 之比，即

$$K_e = \frac{d_p}{d_0}$$

计算时，d_0 一般取其中径尺寸。

极限扩口系数是在传力区不压缩失稳条件下变形区不开裂时，所能达到的最大扩口系数，用 $K_{e \cdot c}$ 来表示。

极限扩口系数的大小取决于材料的种类、坯料的厚度和扩口角度 α 等因素。扩口半锥角 α 常取为20°~30°。图7-4给出了用15钢、扩口半锥角 α 为20°时的极限扩口系数值。

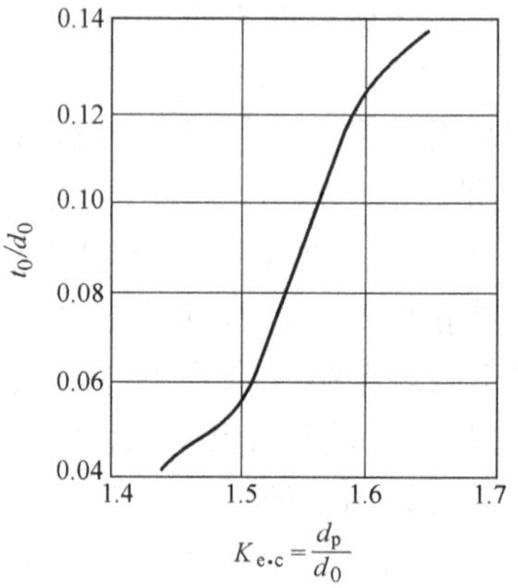

图7-4 极限扩口系数

7.1.3 坯料尺寸和工件精度

1. 坯料尺寸的计算

扩口件的坯料尺寸，定义为坯件的原始高度 H。

关于扩口坯料尺寸的计算，在20世纪50年代前苏联就有了理论公式的提出[10,60]，一个是锥口形扩口件（见图7-5）、一个是带圆筒形扩口件（见图7-6）的坯料长度计算。因该两理论公式中有参数 t_2/t_0、t_1/t_0，而 t_2、t_1 又未给出具体数值或计算方法，未能在工程实际中得到应用，故从略。

20世纪90年代作者依据体积不变条件和有关几何关系的推导，并经生产实践初步验证，提出扩口件坯料长度的计算实验公式如下[61]。

1）对于锥口形扩口件（见图7-5），有

$$H_0 = (0.97 \sim 1.0)\left[h_1 + \frac{1}{8}\,\frac{d^2 - d_0^2}{d_0 \sin\alpha}\left(1 + \sqrt{\frac{d_0}{d}}\right)\right] \tag{7-1}$$

2）对于带圆筒形部分扩口件（见图7-6），有

$$H_0 = (0.97 \sim 1.0)\left[h_1 + \frac{1}{8}\,\frac{d^2 - d_0^2}{d_0 \sin\alpha}\left(1 + \sqrt{\frac{d_0}{d}}\right) + h\sqrt{\frac{d}{d_0}}\right] \tag{7-2}$$

3）对于平口形扩口件(见图 7-7)，有

$$H_0 = (0.97 \sim 1.0)\left[h_1 + \frac{1}{8}\frac{d^2 - d_0^2}{d_0}\left(1 + \sqrt{\frac{d_0}{d}}\right)\right] \tag{7-3}$$

4）对于整体扩径件(见图 7-8)，有

$$H_0 = H\sqrt{\frac{d}{d_0}} \tag{7-4}$$

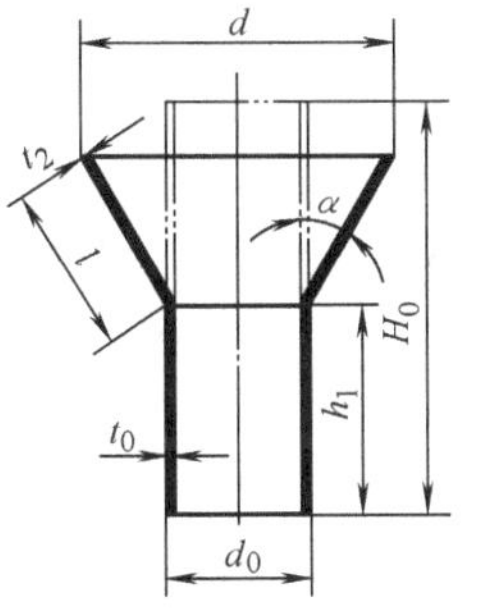

图 7-5　锥口形扩口件

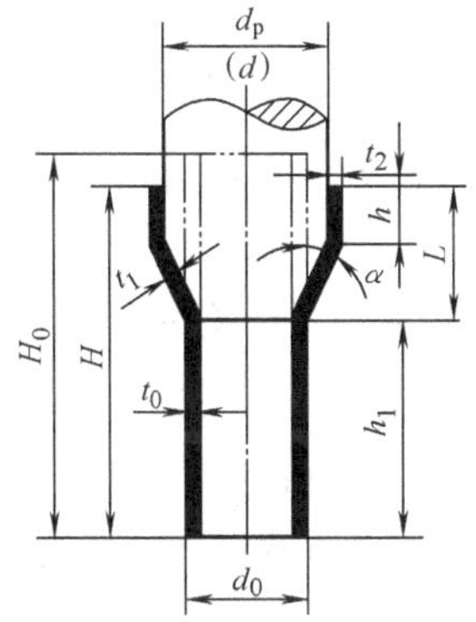

图 7-6　带圆筒形扩口件

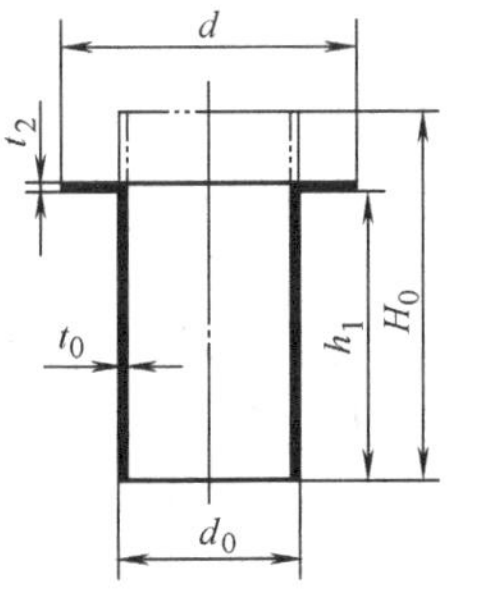

图 7-7　平口形扩口件

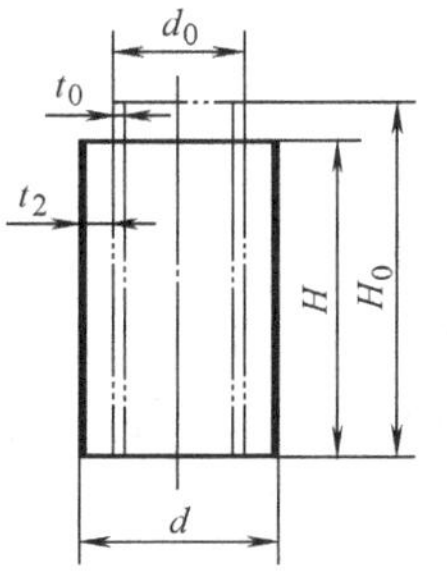

图 7-8　整体扩径件

2. 精度问题

扩口件的精度主要是对带圆筒形扩口件和整体扩径件而言的。分析和试验表明，扩口件的尺寸会比扩口冲头直径稍有增大。把这种稍微增大的变化量叫做附加扩径量。附加扩径量的规律性数值目前尚未提出。

整体扩径件的尺寸变化规律：两端口部直径较小，其余所有部分都产生附加扩径量。为了提高整体扩径件的尺寸精度，可采取扩径校正的措施：在冲头后部接近行程末端及管坯的支承定位面上作出一定锥角的相应锥面。

7.1.4　扩口力的计算

扩口力的大小与扩口件的材料、形状、变形程度、变形条件及模具结构等因素有关系。对应于图 7-5、图 7-6 的扩口变形时，其单位扩口力 p 于 20 世纪 60 年代开始提出[155]，后一直被引用，下面理论公式计算[120、10、101]

$$p = 1.15\sigma\frac{1}{3 - \mu - \cos\alpha}\left(\mathrm{Ln}K_e + \sqrt{\frac{t_0}{d}}\sin\alpha\right) \tag{7-5}$$

式中 σ——单位变形抗力（N/mm^2）；

μ——摩擦系数；

α——扩口半锥角（°）；

K_e——扩口系数；

t_0——料厚（mm）；

d——扩口件直径（按中径计算）（mm）。

文献［121］在进一步考虑扩口变形有冷变形加工硬化的影响，并采用幂函数关系的硬化规律的条件下，提出了计算扩口力的一个理论公式

$$F=1.15K\pi t_0r_0(1+\mu\cot\alpha)\cos\alpha\Big[(1-2n)(K_e-1+\mathrm{Ln}K_e)+\frac{n}{2}(K_e-1)(K_e+3)-(1+\mu\cot\alpha)(1-2n+nK_e)\frac{(K_e-1)(K_e-3)+2K_e\ln K_e}{2K_e}\Big] \quad (7\text{-}6)$$

式中 n——材料加工硬化指数；

K——材料常数（MPa）；

$r_0(=d_0/2)$——扩口毛坯原始直径的一半（mm）；

其余——同上。

7.2 缩口

7.2.1 基本知识

1. 缩口的定义

缩口工序与扩口工序的意义是相对应的。它是将管子毛坯或平板坯料冲压成形的空心件毛坯的口部直径经缩口模将其缩小的一种冲压成形工序。其变形过程如图7-9所示。在工程实际中，还有缩口部分的长度超过坯料长度一半及整段管子直径加以缩小的。故缩口也称为缩径。

缩口模一般是有凹模而没有冲头。坯料在缩口变形过程中也可分为三个区域，对其中待变形区（传力区）为防止其压缩失稳，在大多数情况下会采用内或外支承。为了提高缩口件精度，有的内支承还伸入到变形区及已变形区的内侧位置上。当然，如果将图7-9旋转180°（凹模置下），则也可缩口模既有冲头也有凹模。

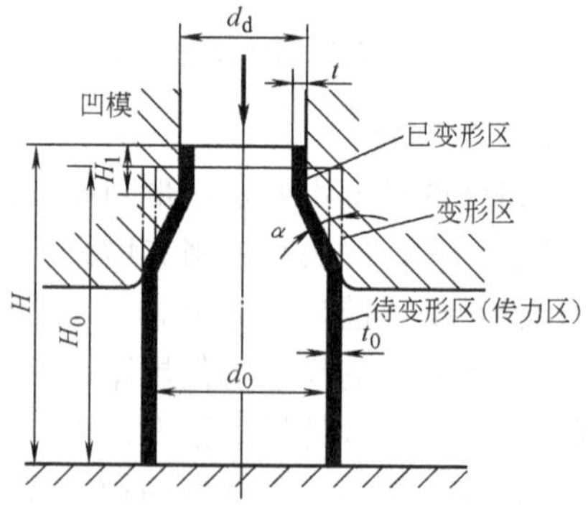

图7-9 缩口示意图

2. 缩口的应用

缩口的应用甚至比扩口要更为广泛，它在国防工业、机械工业、日用品工业中等都有相当多的应用，如子弹壳、钢精水壳、自行车车架立管、坐垫鞍管等均需经缩口工序加工。

有趣的是，有用缩口代替拉深的，如图7-10所示。该零件原工艺用板料从落料、拉深到最后冲孔，共需6道工序；后改为用管子切断、缩口和二次缩口，只需3道工序，取得了明显效益。当然，这种替代只有在对某些细长的管状类零件时才较有效。

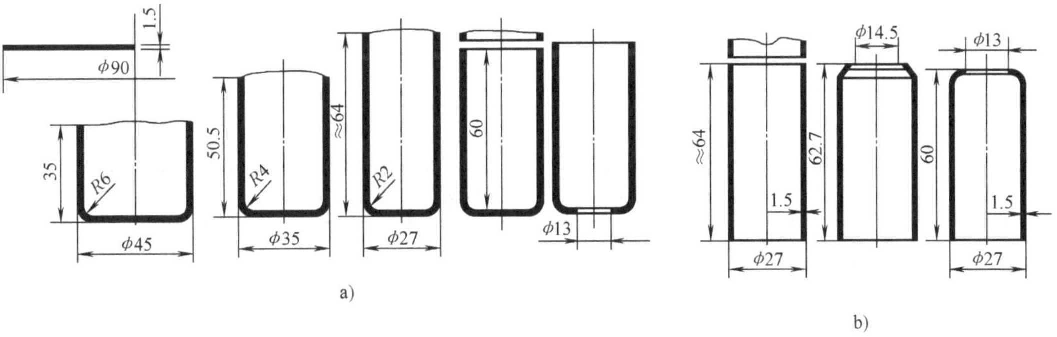

图 7-10　缩口代替拉深实例

a）原拉深工序　b）缩口工序

7.2.2　变形特点

1. 应力应变关系

缩口属于压缩类成形工序。其变形区的变形力学特点如图 7-11 所示。变形区的应力状态为均为压应力，其中切向压应力 σ_θ 的绝对值大于径向压应力 σ_r 的绝对值。变形区的应变特点是切向受压，压缩应变 ε_θ 绝对值最大，故轴向（或径向）应变 ε_r 为拉应变，板厚（方向）ε_t 也为拉应变，料厚增大。

与拉深变形相比，其变形特点有相同及不同之处。

相同的地方：应变性质相同，切向受压，该方向压应变最大；变形区（在切向压应力作用下）坯料易产生压缩失稳起皱。

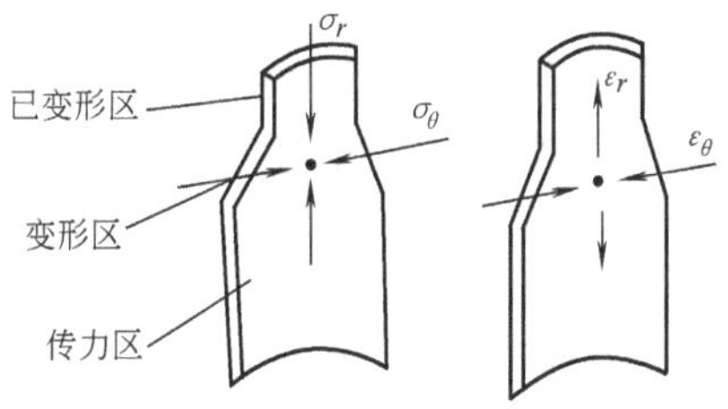

图 7-11　缩口变形区的应力变关系

不同的地方：缩口变形区应力状态决定应变的数值不同，它是从单压到双向等压范围，而拉深是从单压到一压一拉范围；缩口变形的传力区是受压应力的作用，故也有产生压缩失稳起皱的问题；而拉深变形的传力区是受拉应力的作用，超过拉伸变形极限则在最危险截面严重变薄或拉裂。

2. 极限变形程度

缩口的变形程度用缩口系数来度量，缩口系数定义为凹模内径 d_d 与坯料直径 d_0 之比

$$m_N = \frac{d_\mathrm{d}}{d_0}$$

计算时坯料直径 d_0 通常按其相应中径尺寸来计算。极限变形时的缩口系数称为极限缩口系数 $m_{N\cdot C}$。

由于缩口变形的顺利进行主要是看能否有效地控制变形区与传力区的压缩失稳，因此，极限缩口系数取决于对受压失稳条件的限制。极限缩口系数的大小直接与材料的种类、坯料厚度、模具的结构形式及坯料的表面质量等有关。

极限缩口系数参见表 7-1 及表 7-2 给出的两组实验数据，也是前人早已提供的大致数值范围。其中，表 7-1 是黄铜和钢在不同的料厚情况下的极限缩口系数；表 7-2 列出的是一些材料在不同模具结构形式下的极限缩口系数。

表 7-1　极限缩口系数（一）

材　　料	材料厚度/mm		
	≤0.5	>0.5～1	>1
黄铜 钢	0.85 0.85	0.8～0.7 0.75	0.7～0.65 0.7～0.65

表 7-2　极限缩口系数（二）

材　　料	支承方式			材　　料	支承方式		
	无芯棒	芯棒加外支承	内、外支承		无芯棒	芯棒加外支承	内、外支承
软　钢 黄　铜 铝	0.70～0.75 0.65～0.70 0.68～0.72	0.55～0.60 0.50～0.55 0.53～0.57	0.3～0.35 0.27～0.32 0.27～0.32	硬铝（退火） 硬铝	0.73～0.80 0.75～0.80	0.60～0.63 0.68～0.72	0.35～0.40 0.40～0.43

7.2.3　坯料尺寸和工件精度

1. 坯料尺寸的计算

缩口件坯料尺寸，定义为坯件的原始高度 H_0。

有关缩口件坯料尺寸的计算，自从 20 世纪 60 年代中文文献［161］首次介绍了锥形、带圆筒形部分及圆弧形缩口件三个坯料计算公式之后，文献［101、102］，也包括本书的第 1 版、第 2 版[147,148]均引用了此三个 1.05 系数系列的计算公式；国外文献［152］也给出了类似的计算公式（只是弧形缩口件特指为一种形状）。

最近，作者在教学和科研的实践中，发现按传统的上述系列公式进行计算，结果误差偏大，甚至出现难以理解的现象。究其原因，主要是公式简单依据了面积相等、料厚不变及参数未标清楚等。

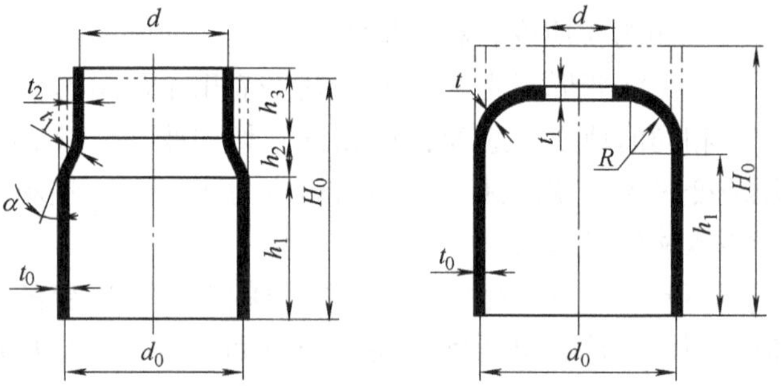

a)　　　b)

图 7-12　两类缩口件形状

a）锥形类　b）弧形类

于是，经研究考虑按体积相等、变形区材料增厚变化的原则和规律，提出了如图 7-12 所示的锥形类、弧形类缩口件坯料计算的新公式[162～165]：

1）锥形缩口件，参见图 7-12a（其中 $h_3=0$）

$$H_0=\frac{t_1[d_0h_2-h_2^2\sin\alpha]}{d_0t_0}+h_1 \tag{7-7}$$

2）带圆筒部分缩口件，如图 7-12a 所示

$$H_0=\frac{dt_2h_3'+t_1[d_0h_2-h_2^2\sin\alpha]}{d_0t_0}+h_1 \tag{7-8}$$

3）1/4 球形凸环状缩口件，图 7-12b 中 $R=(d_0-d)/2$ 时

$$H_0=\frac{\frac{2}{3}[(R+t)^3-R^3]+\frac{\pi}{2}\left(\frac{d_0}{2}-R-\frac{t}{2}\right)[(R+t)^2-R^2]+\left\{\left[\frac{d_0}{2}-\left(R+\frac{t}{2}\right)\right]^2-\left(\frac{d}{2}\right)^2\right\}t_1}{d_0t_0}+h_1 \tag{7-9}$$

4）圆弧形缩口件，如图 7-12b 所示

$$H_0=\frac{\frac{2}{3}[(R+t)^3-R^3]+\frac{\pi}{2}\left(\frac{d_0}{2}-R-\frac{t}{2}\right)[(R+t)^2-R^2]}{d_0t_0}+h_1 \tag{7-10}$$

公式中的 t_1、t_2、t 对应图中相应尺寸，为缩口件的一种实际尺寸，可定义一个平均增厚系数 $\beta_i=t_i/t_0$ 进行计算，其值可按表 7-3 选取。

表 7-3　缩口件的平均增厚系数（$\beta_i=t_i/t_0$）

缩口件形状	锥形	带圆筒形部分	1/4 球凸形	圆弧形
增厚系数 β_i	1.00～1.04	t_1：1.04～1.10 t_2：1.10～1.15	1.18～1.20	1.15～1.18

2. 精度问题

缩口变形后由于弹性回跳，缩口工件的尺寸往往会比凹模内径实际尺寸稍有增大。这对于有配合要求的缩口件，在缩口工艺及模具设计时应予以考虑。缩口件的弹复值可参考以下经验数据选择。

缩口件尺寸会比模子尺寸增大 0.5%～0.8%[7]，但这个数据给出的条件并不充分。更确切地说，由于缩口变形程度及缩口变形条件的不同等，其弹复量是不相同的。比如[62]：自行车鞍管的缩口系数为 0.88，平均弹复量为 0.44%；自行车立管的缩口系数为 0.975，平均弹复量为 0.18%；

因此，对缩口工件有配合要求时，最好通过具体实验去测定，进而在模具设计时予以修正，使之保证达到缩口件的精度要求。具体实验时，可依据缩口系数 m_N 从小到大的过程进行凹模尺寸设计和修正，从小 0.8% 到小 0.2% 逐步实验确定。建议可视 0.5%～0.8% 为极限缩口系数下的缩口件的弹复值。有兴趣者可对此进行更深入的研究。

7.2.4　缩口力的计算

1）20 世纪 60 年代，有资料[161]较早介绍了缩口力计算的两个公式。锥形缩口件只有外支承而无芯轴内支承时，其缩口力可按式（7-11）计算；圆弧形缩口件考虑补偿弯曲力矩的影响，增加了一个附加力，即按公式（7-12）计算。

$$F=k\left[1.1\pi d_0t_0\sigma_s\left(1-\frac{d_d}{d_0}\right)(1+\mu\cot\alpha)\frac{1}{\cos\alpha}\right] \tag{7-11}$$

$$F=k\left\{\left[1.1\pi d_0t_0\sigma_s\left(1-\frac{d_d}{d_0}\right)(1+\mu\cot\alpha)\frac{1}{\cos\alpha}\right]+\frac{1.82\sigma_st^2[d+r_d(1-\cos\alpha)]}{r_d}\right\} \tag{7-12}$$

式中　σ_s——材料的屈服点（也有用抗拉强度 σ_b 的）；

μ——工件与凹模接触面的摩擦系数；

k——速度系数，对于曲轴冲床 $k=1.15$；

其余符号——意义见图 7-12，其中，角度 2α 一般为 30°～80°。

同时代，有文献［138］详细推导给出了考虑料厚变化、加工硬化（$\sigma=\sigma_s+B\varepsilon$）及弯曲影响因素下，缩口变形中最大径向拉应力的表达式

$$\sigma_{r\max}=0.5\left[\sigma_s+B\frac{1-d/d_0}{2}\right]\left(1+\sqrt{\frac{d_0}{d}}\right)\times(1+\mu\cot\alpha)\left(1-\frac{d}{d_0}\right)(3-2\cos\alpha) \tag{7-13}$$

可以根据几何关系，经简单的计算化简，给出由式（7-13）而转化出的缩口力计算公式

$$F = \frac{\pi d_0 t_0}{2}(1 + \cot\alpha)[\sigma_s + B(1 - m_N)/2] \times \left(1 + \sqrt{\frac{1}{m_N}}\right)(1 - m_N)(3 - 2\cos\alpha) \tag{7-14}$$

2）21 世纪初，经研究报告了在进一步考虑锥形凹模缩口过程中冷变形加工硬化的影响，并采用 $\sigma = k\varepsilon^n$ 幂函数关系的硬化规律前提条件，且分析了缩口变形中附加弯曲的作用，提出了计算这种缩口变形力的以下两个理论计算公式[122、123]。

当缩口半锥角 $\alpha = 10° \sim 25°$时，为

$$P = 1.15K\pi r_0 t_0(1 + \mu\cot\alpha)\cos\alpha \times \left[\left(1 + \frac{n}{2}\right)(1 - m_N - L_n m_N) + n(1 - m_N)(2m_N^2 - 7m_N - 31)12\right] \tag{7-15}$$

当缩口半锥角 $\alpha = 25° \sim 40°$时，即考虑缩口变形中有弯曲作用影响时为

$$P = 2.3K\pi r_0 t_0(1 + \mu\cot\alpha) \times \left[\left(1 + \frac{n}{2}\right)(1 - m_N) - n(5 - 6m_N^2 - m_N^3)/6\right](3 - 2\cos\alpha) \tag{7-16}$$

式中 n——材料加工硬化指数；

K——材料常数（MPa）；

r_0（$= d_0/2$）——缩口坯料原始直径的一半（mm）；

m_N——缩口系数；

其余——同上。

7.3 卷边

7.3.1 基本概念

卷边又称卷圆（或卷缘），它是一种将冲压成形的空心件半成品或管材坯料的端部，经卷边模成形为卷曲边缘或双层侧壁零件的冲压成形工序。卷边是在扩口与缩口的基础上发展起来的，从变形形式上看，是扩口与缩口复合在一起的成形。

卷边适用于各种筒杯、壶体等口端成形，以及一些双层管、阶梯管形状零件的冲压成形。图 7-13 给出了某些卷边零件的示意。卷边工艺的应用范围正在日渐扩大。

卷边模工作零件只有凹模或冲头，不需成对出现。但有时为了确保卷边后止端的形状和精度，也可能附加一导流或限制作用的零件。卷边模工作部分的形状主要有锥形、圆弧形和

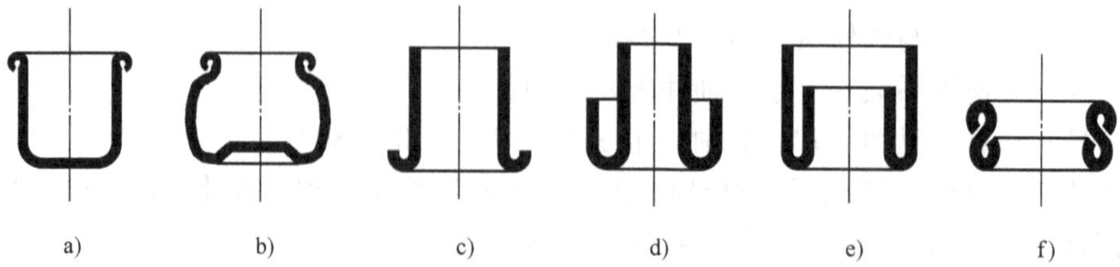

图 7-13 卷边零件形状示意

槽形。

7.3.2 变形特点

卷边变形过程如图 7-14 所示。由设备动力给出的轴向压力 F^*，使置于卷边模上的空心毛坯受力，并在其端部产生卷边变形。在变形过程中，变形坯料可分为待变形区（也是传力区）和变形区两部分。随着变形的进行，待变形区材料不断减少，变形区不断有新材料补充。

根据零件卷曲边缘形状要求的不同，其变形区组成的部分有不同：当要求成形半封闭边缘时，分为两部分，Ⅰ是扩口变形区，Ⅱ是翻边变形区；当要求成形封闭式边缘时，分为三部分，Ⅰ为扩口变形区，Ⅱ为翻边变形区，Ⅲ为缩口变形区。因此，分析这种变形特点可以看出，卷边从变形实质上来讨论，它是一种复合类冲压成形的基本工序。

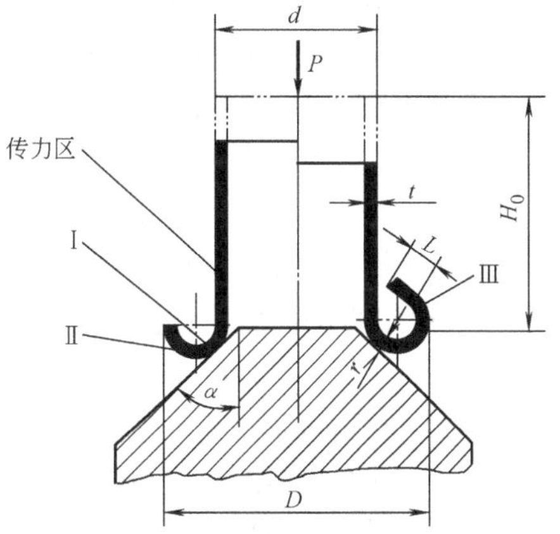

图 7-14　卷边变形过程

卷边的变形程度可用卷边系数度量。卷边系数 K_c 定义为空心件毛坯直径 d 与卷曲后最大直径 D（均按中径计算）之比，即

$$K_c = \frac{d}{D}$$

据以上分析，可以认为，卷边系数 K_c 尚不能完全反映卷边变形的实际变形程度。

7.3.3 工艺参数

1. 半锥角 α

锥形模卷边时，模具的半锥角 α（见图 7-14）是最关键的工艺参数。α 的大小决定了卷边成形的可行性，还影响着卷边形状和卷边系数。

与扩口变形分析比较可以认为：扩口变形是在模具半锥角比较小时产生和进行的；而卷边变形要发生和进行，其模具半锥角应该比扩口模的大。因此，存在一个临界半锥角 α_0，当模具的半锥角 $\alpha \geqslant \alpha_0$ 时，卷边才能正常进行。

文献［124、102］根据主应力法较早提出了卷边模临界半锥角 α_0 的理论计算公式（7-17），和加上考虑卷边变形加工硬化影响的公式（7-18）

$$\alpha_0 = \frac{\pi}{2} - \frac{\sin\alpha_0}{\sqrt{\cos\alpha_0}}\sqrt{1 - \frac{t}{d\sin^2\alpha_0}} \tag{7-17}$$

$$\alpha_0 = \arccos\left\{\frac{\sqrt{3}d}{L}\left[\frac{(n+2)\sigma_s t}{3AL}\right]^{n+1}\right\} \tag{7-18}$$

式中　L——卷边部分平直端长度 $L = 0.17t\tan\alpha\sqrt{t^2\tan^2\alpha + 4dt}$；

d——空心件外径（按中径计）；

t——坯料壁厚；

n——材料加工硬化指数；

A——材料常数；

σ_s——材料屈服强度。

随之，用一种 $\phi42\times1$ 的防锈合金铝（退火态）材料，进行了试算，算出 $\alpha_0=55°\sim60°$。并作了实验验证：当 $\alpha=68°$时，卷边顺利进行，轴向压力 F 为最小；当 $\alpha=55°\sim60°$时，卷边变形不一定进入封闭式阶段；当 $\alpha<55°$时，管端只扩口而不卷曲。

2. 圆角半径 r

圆弧形模卷边时，模具的圆角半径 r（见图 7-15）为最重要的工艺参数。

有文献[88]以卷边过程得以稳定进行且所需变形力最小作为目标函数，优化出了卷边模最佳圆角半径（在第 12.6 节中稍有详细介绍）为

$$r/t=2.5$$

还有研究[125]报告了实验研究情况，不过，仍然是用一种退火态（管坯预成形出带法兰后）的防锈铝管（$\phi42\times1$）进行实验。实验测试的结果为：当 $r=1\text{mm}$ 时，$F=6.95\text{kN}$；当 $r=2\text{mm}$ 时，$F=7.83\text{kN}$；当 $r=3\text{mm}$ 时，$F=8.1\text{kN}$，虽仍可实现卷边，但壁厚减薄严重；当 $r=4$ 时，卷边件外壁破裂，卷边不能进行。

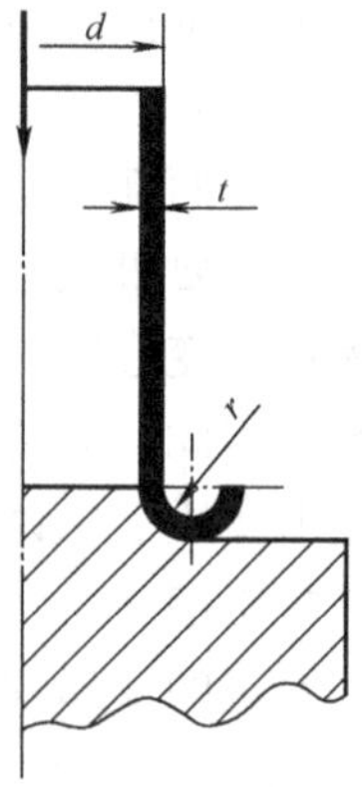

图 7-15　圆弧形卷边模

7.3.4　双层侧壁件卷边

双层侧壁零件的卷边，有的叫管材翻卷，其零件形状见图 7-13。

卷边成形出的双层侧壁零件，主要有以下几种基本形式。

如图 7-13d 所示，为卷边出外侧壁零件。这种形式的变形，其成形原理、变形特点及工艺参数选择基本上为与上述卷边相同，而较长的直壁段是通过卷边变形区材料完成卷边变形进入直壁段后的平移而获得的。

如图 7-13e 所示，为卷边出内侧壁零件。这种形式的变形机理不同于上述卷边，它是一种缩口与翻边复合的变形。由于这种内卷比外卷的可成形区域更窄，尤其是其圆弧形卷边模的圆角半径 r 值更难确定，因此，出现了一种所谓拉应力内卷边的方法：先将管坯预成形出外法兰边，再压紧外法兰边，从管坯另一端外侧面用另一冲头进行翻卷，即有些类似于反拉深得到双重侧壁零件的方法。

如图 7-13f 所示，为有外、内侧壁双重卷边零件，用带台阶的空心件，由上部外卷边、下部内卷边而成。

7.4　曲面形状零件拉深成形

7.4.1　基本概念

在第 3 章里讲述的拉深，实际上是平底直壁零件。在工程生产中还有很多非平底非直壁的空心零件，其中相当一部分可以归属为曲面形状零件。曲面形状零件的拉深成形包括：球面形状零件、锥形零件、抛物面形状零件以及诸如汽车复盖件一类零件的拉深成形。因为这类零件的拉深成形，其变形区及变形特点并不是单一的，而是属于复合类冲压成形工序。所以在这里不是简单地定义为拉深，而定义为拉深成形。

从电动喇叭罩的成形实验中，可以大致了解这类曲面零件的变形特点。图 7-16 中标明了电动喇叭罩拉深成形后的变形数值，括号内是径向变形值（ε_r，拉应变），括号外是切向

变形值（ε_θ，一部分为负，表示压应变，一部分为正的，表示拉应变）。从拉深成形过程及实测的结果还可以看出：零件的曲面由三部分组成，即：

一、毛坯的法兰边及进入凹模中的一部分，这一变形区部分产生拉深变形；二、毛坯的中间部分，也是产生拉深变形；三、坯料靠近球形冲头顶部的部分，这一部分变形区产生的是胀形变形。后两部分的分界点在图 7-16 中的第 4 点位置。

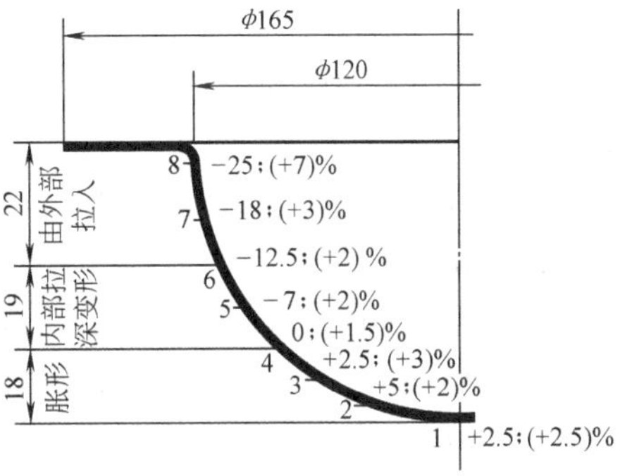

图 7-16　电动喇叭罩应变数值

材料：08 钢，料厚 0.8mm　坯料直径：φ199

这一典型零件拉深成形的变形数值表明，曲面零件拉深成形共同特点是拉深和胀形两种变形方式的复合。当然，不同曲面形状零件拉深成形的成形极限和方法的判断是不同的。

7.4.2　球面、抛物面形状零件

球面、抛物面形状零件的拉深成形是曲面零件拉深成形中最典型、最基本的形式。其变形特点主要有表现在以下几个方面。

1）整个坯料于变过程中全为变形区，且分为三部分：法兰部分、中间悬空部分和球底部分，如图 7-17 所示，各部分特征有别。

2）成形机理分为两种：第一种是拉深机理，基本上发生在法兰部分和悬空部分，其变形特征和应力状态与筒形件拉深时坯料变形区的性质相同；第二种机理是胀形机理，位于图 7-18 中 D 点以下的球底部分，在双向拉应力作用下产生双向拉伸变形。

3）成形极限的判据：成形极限的表现形式为起皱与拉裂。起皱位置在中间部分偏下的 D 点附近。破裂的规律与第 5 章中胀形的破裂基本相同。有研究[63]提出：起皱关键点 D 处于坯料贴模后为异号应力、但靠近单向拉应力状态的位置上。起皱的判据是 D 点的径向位移 $\Delta R \leqslant \Delta R_{\max}$，其

$$\Delta R_{\max} = R\delta_u \ (r/1 + r) \tag{7-19}$$

式中　R——D 点的半径；

δ_u——均匀延伸率；

r——板料的各向异性系数。

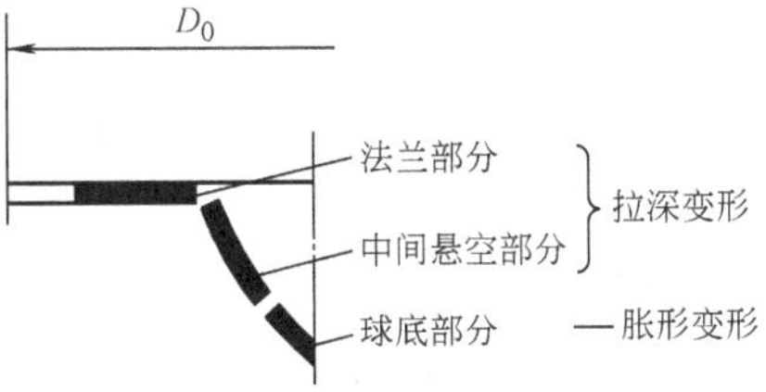

图 7-17　球面零件拉深成形变形区

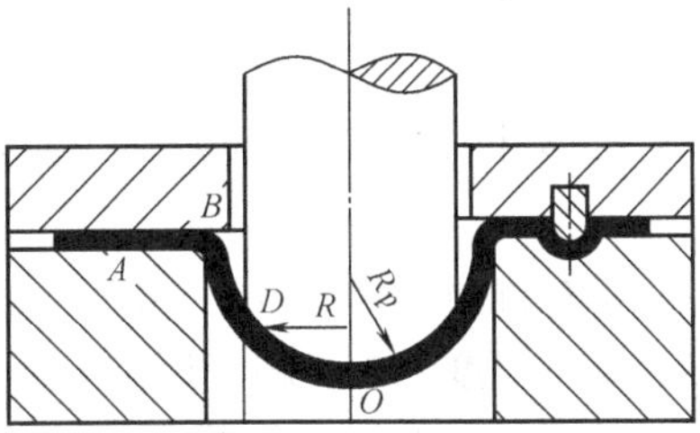

图 7-18　起皱关键点的位置

具体的判断可通过计算或测量 D 点的弧长 $\overset{\frown}{OD}$（见图 7-18）并按下式方法进行判断

$$\widehat{OD} \leqslant OD_0\ (1 + C\delta) \tag{7-20}$$

式中，δ 为延伸率；C 为系数，对于低碳钢取 0.65～0.75，黄铜取 0.7～0.8，铝取 0.5～0.55。

4）拉深系数不是这种拉深成形的主要参数，在生产实际中往往用相对厚度来初步判断和设计其拉深成形方法。

$t/D \times 100 > 3$ 时，可不用压边圈一次成功；

$t/D \times 100 = 0.5 \sim 3$ 时，可用带压边圈一次成功（也有认为需满足 $t/D \times 100 \geqslant 2$）；

$t/D \times 100 < 0.5$ 时，需在模具上增设拉深筋或采用反拉深方法。有的抛物面形零件的反拉深还得分多次完成。

另外，当毛坯直径 $D_0 \leqslant 9\sqrt{Rt}$ 时（R 为球底的曲率半径），可用带底凹模压成，但需注意毛坯窜动和成形后弹复。当毛坯直径 $D_0 > 9\sqrt{Rt}$ 时，应采用加大法兰边等方法增大成形中的胀形成分，增大的工艺余料于拉深成形后再行切除，这样拉深成形出来的零件其尺寸精度和形状稳定性比较好。

5）在模具结构上增设拉深筋，以防止中间悬空部分起皱，也是这类零件变形与模具结构的特点。拉深筋的作用是使坯料在拉深筋处弯曲和滑动时产生拉深（外法兰变形区）变形阻力，提高径向拉应力，增大中间部分的胀形成分。拉深筋的种类很多，图 7-18 中右边所示意的结构形式是生产中常用的一种，具体尺寸参见 12.5 节。

7.4.3 锥形零件

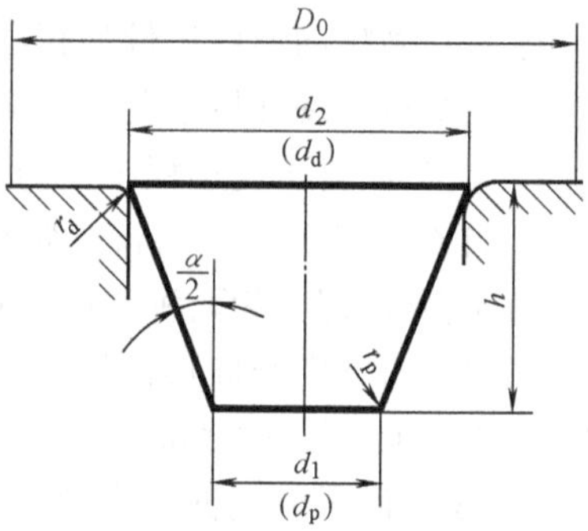

图 7-19 拉深成形锥形零件示意

锥形零件的拉深成形机理与球面形状零件一样，具有拉深、胀形两种机理。由于锥形零件各部分的尺寸比例关系（见图 7-19）不同，其冲压难易程度和应采用的成形方法也有很大差别。锥形件拉深成形极限表现为起皱与破裂，起皱出现在中间悬空部分靠凹模圆角处，破裂是在胀形部分的冲头转角处。文献［14］介绍了 20 世纪 70 年代提出的锥形件拉深最大成形深度与材料各向异性系数 r、模具几何参数及材料厚度 t 的关系实验式

$$h_{max} = (0.057r - 0.0035)d_d + 0.171d_p + 0.58r_p + 36.6t - 12.1$$

对锥形零件拉深成形工艺参数及成形方法的一般分析简介如下：

1. 影响参数

（1）锥形件的相对高度 h/d_2　相对高度 h/d_2 越大，成形难度大，需要进行多次拉深成形。

（2）相对锥顶直径 d_1/d_2　相对锥顶直径 d_1/d_2 较小时，需要多次拉深成形。

（3）相对厚度 t/d_2　相对厚度 t/d_2 较小时，也需要增加拉深成形次数。

2. 综合分析指导

1）当 $h/d_2 < 0.2$ 时，d_1/d_2 的影响不很重要。此时，如果 $t/d_2 > 0.02$，可以一次拉深成功。

2）当 $h/d_2 < 0.4$，且 $d_1/d_2 > 0.5$ 及 $t/d_2 > 0.02$ 时，可用带底凹模一次拉深成功兼整形。

当相对厚度较大，且成形高度超过上述范围或又带有宽法兰时，可用图 7-20 的方法，先拉深成圆筒形件或带法兰的圆筒形件，然后用锥形凹模拉深，并在行程终了进行整形。

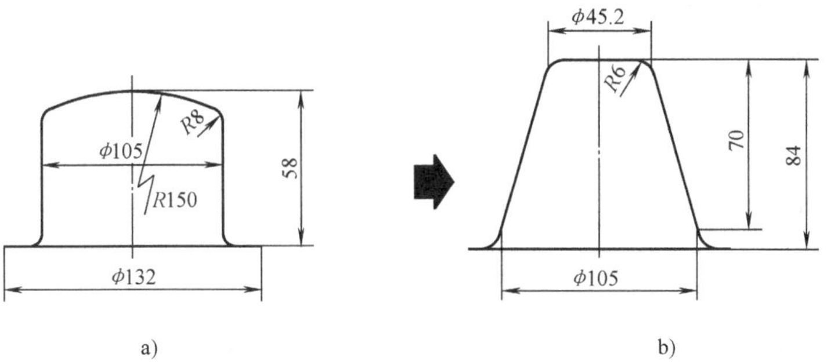

图 7-20　高度较大的锥形件拉深成形

材料：08 钢　料厚：1.2mm

3）当 $h/d_2=0.3\sim0.5$，$d_1/d_2\geqslant0.5$，$t/d_2<0.015\sim0.02$ 时，通常应采用两道拉深成形工序。第一次拉深成具有较大圆角半径的筒形或球面形状零件，第二道工序为带有胀形的整形。搪瓷厂的某些锥形零件产品就是采用这种方法成形的。

4）当 $h/d_2>0.5$，尤其是 d_1/d_2 较小时，需用多次拉深成形。多次拉深成形的方法可为锥形→锥形→锥形的阶梯形过渡方法，最好按圆筒形零件的多次拉深的极限拉深系数确定每道工序毛坯底部直径。

3. 具体实例

（1）两道工序完成锥形件拉深成形实例　如图 7-21 所示锥形件，材料 Q235、料厚 1.5mm，坯料直径 ϕ108.9。第一道工序拉深成球面形状，第二道工序过渡至锥形。这里是采用保持第一、二道拉深工序中高度不变，外径在第二道有所增大的方法。也可采用外径不变、高度有所增加的方法。

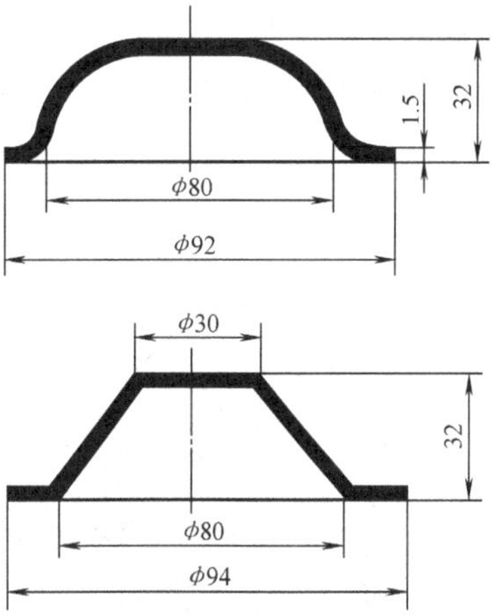

图 7-21　两道工序的锥形件拉深成形

（2）一道工序完成的锥形件——拖车轴端盖　该锥形零件 $\frac{h}{d_2}\approx0.5$，$\frac{t}{d_2}=0.025$，虽然 $\frac{d_1}{d_2}=0.85$，但带较宽法兰边。这样的锥形件，按照上述参数影响及工艺方法的一般分析，需要采用两次拉深成形工序。但实际生产中却能一次拉深成功[64]，且没有采用其他特别的结构和润滑方法。零件形状参见图 15-7。

分析该种拖车轴端盖锥形件能一次拉深成形出来的原因，是因为锥形件拉深成形与球面形状零件拉深成形一样，存在拉深变形机理和胀形变形机理，锥形件成形极限是两种机理共同作用的结果。而上述对锥形件拉深成形的基本分析的出发点，主要考虑了其拉深变形部分，且分析较充分，而对其中的胀形变形部分的分析有所忽略。

4. 补充说明

由于锥形件的形状多种多样、难以规范，因此，对锥形零件拉深成形的分析尽管在不断深入，但尚未获得十分准确且符合所有情况的认识。20 世纪末出现锥形零件分为浅器皿形两种、锅形、锥杯形、尖头锥台形、反射形、球形、抛物线形及大小直径差大的两种分段形共 10 种形状，并提出了其拉深成形工艺方法的要点[14]，这是一种较新的观点和进步。

7.4.4 汽车覆盖件

汽车覆盖件多为立体曲面、形状复杂且大多是非轴对称；结构尺寸较大，一般都比普通中、小型冲压件大一个数量级，长达 1m 以上。例如，图 7-22 所示的面包车侧滑门内盖板拉深成形后的毛坯件，长宽尺寸为 1180mm × 910mm。其高顶蓬零件尺寸比这还大。因而，与普通冲压零件成形相比，有以下几个主要特点。

（1）成形工序多　大多数汽车覆盖件冲压加工工序有近 10 道之多。比如，解放牌汽车前围外盖板，有 6 道冲压工序（有的还是在复合模里完成数道工序），包括拉深、修边冲孔、翻边、冲窗口、压圆角及翻边翻口；左、右里门板有拉深、压圆角、修边冲孔、翻边冲孔压圆角、翻边、冲孔及校平 7 道工序。

（2）在如此多的冲压工序特别是成形工序中，拉深是比较关键的工序。在拉深中往往是带有胀形成分的复合类成形。而且由于是非轴对称、非旋转体的曲面形状零件，变形沿周边分布不均匀。因此，在拉深成形时，多采用带拉深筋的拉深成形。比如，侧滑门内板盖（见图 7-22）及油箱（见图 7-23）的拉深，实际上都是带有曲面形状零件的拉深成形与盒形件拉深的复合变形。在零件的直边处设置了一、两条拉深筋，以消除其变形区中间悬空部分的内皱和圆角部分的破裂现象。当然，有一些汽车覆盖件变形不均匀程度不很大、变形程度或胀形成分不需要很大时，也可以用不带拉深筋的平面压边装置。

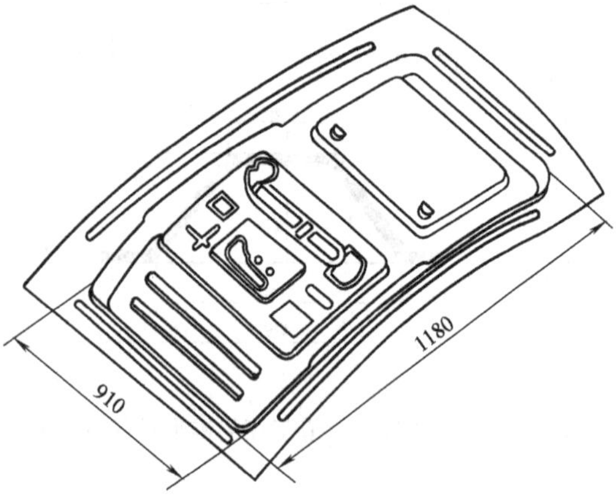

图 7-22　汽车侧滑门内盖板拉深件

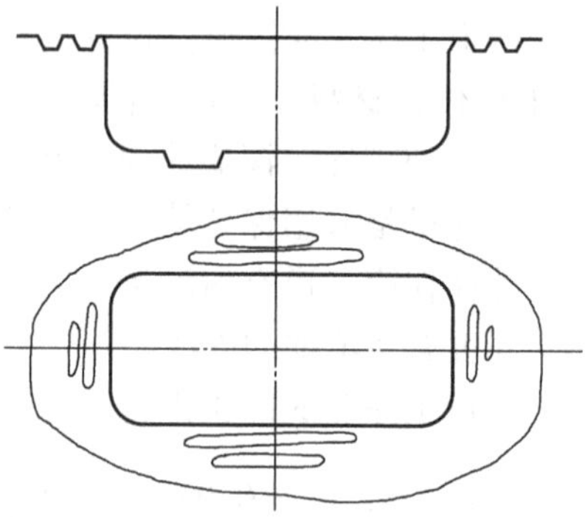

图 7-23　汽车油箱拉深示意

7.5 特殊成形

7.5.1 高速高能成形

高速高能成形主要有爆炸成形、电水成形和电磁成形。它们在模具结构上的特点，都是只有凹模而没有冲头。且不是使用压力机，其动力来源和传递均为特殊设备或装置。

1. 爆炸成形

爆炸成形是利用炸药，例如 TNT（三硝基甲苯）这类爆炸物质的化学能在很短时间里转变成周围介质（水或空气）中的高压冲击波，并以脉冲波的形式作用于金属坯料，使之产生塑性变形，与凹模贴合。图 7-24 为其成形原理的示意。

因此，这种成形方法的特点：一、用水或空气作为传压介质而代替凸模，简化了模具结构与加工；二、加工零件不受现有冲压设备的限制，适用于加工某些形状特殊、难于在普通冲压设备上加工出来的零件及小批量生产的特大型零件。

爆炸成形在国防、航空、造船、化工设备及机械制造工业部门有重要的应用，如生产封头、蒙皮等零件。我国有的工厂曾经有用夯实土坑做凹模、用湿稻草盖住圆形炸药包，加工出好几种大型封头零件，20 世纪 70 年代以前，叫做“土法上马”。现在我国已有爆炸成形设备制造厂，生产爆炸成形容器和装置。由于爆炸成形的能量大，故还可用爆炸分离、爆炸焊接及表面强化等加工。至 21 世纪，我国科学家创成了“爆炸力学”。

2. 电水成形

电水成形的基本原理如图 7-25 所示。来自电网的交流电，由升压变压器将电压提高到 20 ~ 40kV，经整流后变为高压直流，并向电容器充电。当充电电压达到一定数值时辅助间隙被击穿，高电压瞬时地加到两放电电极所形成的主放电间隙上，并使主间隙击穿，于其间产生高压放电。在放电回路中形成非常强大（如达 3×10^4A 左右）的冲击电流，结果在电极周围的介质中形成冲击波及液流冲击使坯料成形。

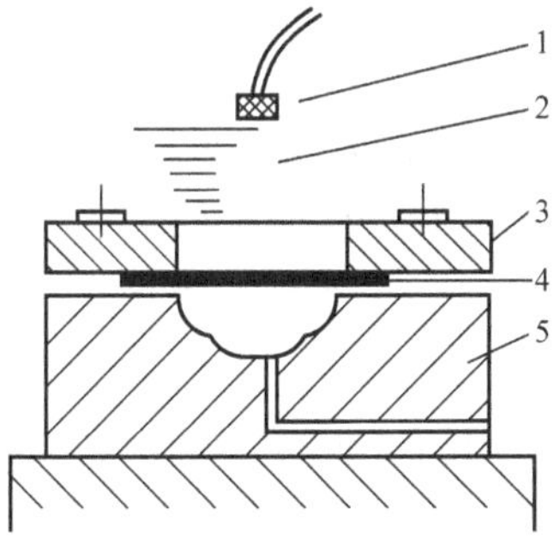

图 7-24　爆炸成形原理图

1—炸药包　2—水或空气　3—压边圈　4—坯料　5—凹模

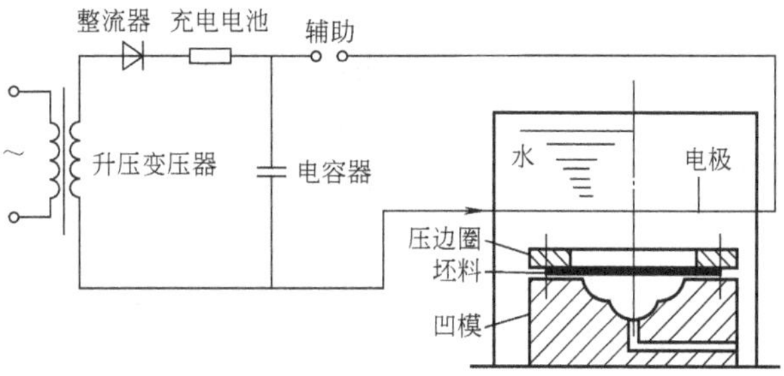

图 7-25　电水成形原理图

与爆炸成形相比，电水成形时能量的调整与控制较为简单，成形过程稳定，操作方便，容易实现自动化；但其加工能力受设备容量的限制，只适用于形状简单、坯料较薄零件的中小批量生产。在前苏联、现俄罗斯这种电水成形工艺和设备有很多新的发展。

3. 电磁成形

电磁成形的原理如图 7-26 所示。充电回路中由升压变压器、整流器、限流电阻组成的高压直流电流向电容器充电。然后，闭合放电回路中的开关，使电容

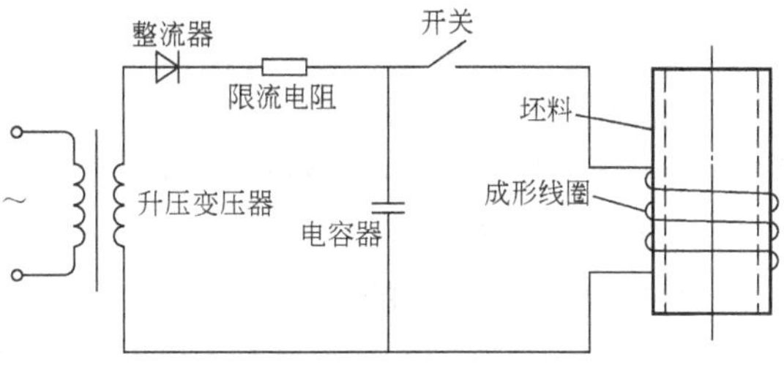

图 7-26　电磁成形原理

器所储存的电荷在放电回路中形成很强的脉冲电流。由于放电回路中的阻抗很低，故成形线圈中的脉冲电流在极短时间内迅速地增长和衰减，并在其周围空间形成一个强大的变化磁场，从而使坯料成形。

电磁成形特别适宜于胀形、缩径、管件间的连结及金属薄膜片的成形。近年来，对电磁成形的研究有新发展[65、166]，不仅可用于薄片零件的各种成形，以及零件复杂或精度较高部位最终成形，而且还可用于冲孔与落料，成形原理上还发展了带传力介质的结构。

7.5.2 旋压

旋压这种特殊的冷压成形方法，是用旋床使平板坯料或冲压半成品，变成如同拉深、胀形、缩口、卷边及扩口等工件的加工方法。下面仅介绍旋压拉深的基本知识。

旋压拉深的基本原理如图 7-27 所示。平板坯料 1 通过顶板 3 夹紧于装在旋压机主轴的模具 2 上，并随主轴一同旋转。旋轮 4 通过加压装置加压于坯料。于是，坯料的变形由点至线、由线到面，最后包覆于模具成形。

旋压拉深可以加工成圆筒形、锥形、抛物面形等各种曲面形状的旋转体（必须是轴对称）零件。旋轮也有置于坯料内表面的，例如对痰盂的旋压。

从旋压的变形过程可知，旋压拉深的生产率较低，且要求工人操作技术比较高，故一般宜于加工批量小、形状复杂且尺寸多变的零件。旋压的点到线到面的逐渐成形过程，决定旋压力比模具的冲压力小，所以，可以用功率和吨位都非常小的旋压机加工出大型冲压件。

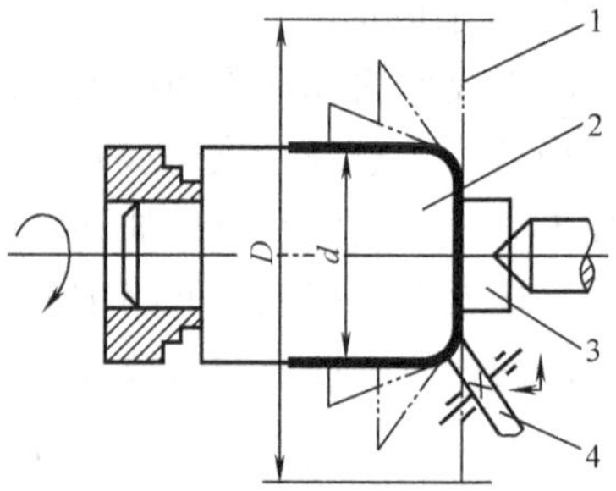

图 7-27 旋压拉深原理
1—平板坯料 2—模具
3—顶板 4—旋轮

旋压拉深的变形程度可用旋压拉深系数 $m = d/D$ 来表示。这里的 m 一般在 0.6～0.8 之间，这与坯料的相对厚度 t/D 等因素有关。欲获得更低的拉深系数，可用多次旋压来实现。

旋压拉深在航空、导弹等国防工业中应用较多。在一些日用品工业部门应用较多的是旋压卷边，如搪瓷厂生产的把缸、脸盆就是在冲床上进行拉深后用旋压来卷边完成的。近年来，已成功地研发出了一些断面由圆—方或由方—圆以及非圆、非正方形乃至壁厚不均匀等二维、三维非轴对称等空心零件的成形工艺与设备[167]。

7.5.3 整形

整形，又称校形。对已经相当接近成品零件要求的冲压加工件，或者某些局部形状和尺寸精度未达到成品零件要求的冲压件，最后采用一道冲压加工序，使其产生不大的塑性变形，从而提高零件的形状和尺寸精度的冲压加工方法，称之为整形。

不同的冲压件有不同的整形内容和方法。因为本章是讲述冲压成形工序，故只介绍冲压成形件的整形，且主要是拉深件、翻边件和弯曲件的整形。由于胀形件本身变形稳定性能比较好，使一般不需再增加专门整形工序。

1. 拉深件的整形

筒形拉深件，其整形的目的主要是提高直壁段的精度，可以把整形工序和最后一道拉深工序结合在一起，以一道工序完成。这时应取稍大些的拉深系数，而拉深模的间隙可取为（0.9～1.0）t。也可以取上述相同的间隙单独进行一道整形工序。

对带法兰边拉深件整形的目的时常包括：整平法兰边平面①，校小根部和底部的圆角半径②和③，校直侧壁和整平底部平面④和⑤（见图7-28）。

当要求校小根部的圆角半径时，一般是让其有由大到小的变化，要求从外部向圆角部分补充材料。如果校形工序所用半成品的高度等于成品零件的高度，便不能从侧壁向圆角部分补充材料（见图7-29a），这时，只能从法兰边部分转移，并使法兰边直径 d_F 由大变小。但若 $d_F \geqslant (2\sim2.5)d$，法兰边外径也不可能产生收缩变化，则只能靠校形零件的侧壁和法兰边内口附近的变薄实现。在生产中常取校形时零件变形部位的伸长变形为2%～5%左右。遇到校形圆角半径变化量较大时，也可取校形前半成品的高度稍微大于成品零件的高度，即取 $h'>h$，以防止校形时因胀形变形过大而造成零件的破裂（图7-29b）。但 h' 过大，可能出现半成品的面积等于或大于成品零件所需的面积，就不会产生胀形变形而使零件表面形成波纹，降低零件的质量。

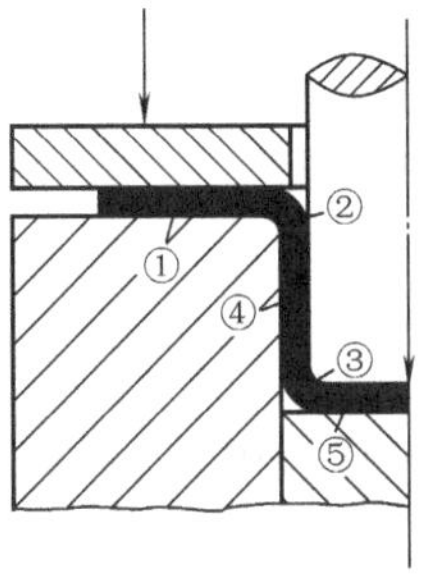

图7-28　带法兰边拉深件整形

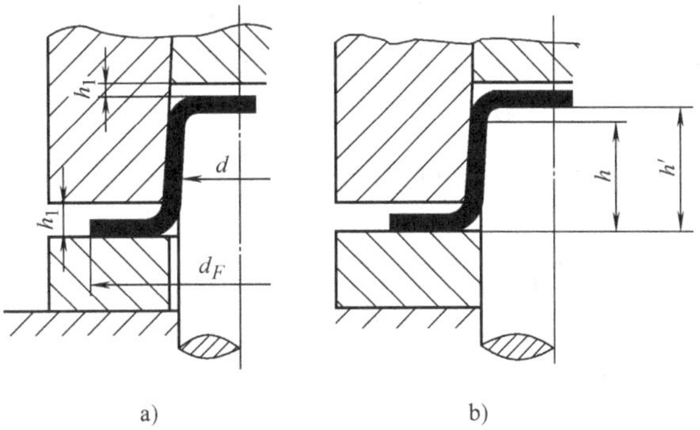

图7-29　整形中材料的变形流动

整平拉深件的法兰边平面时，除了依靠上、下模平面对法兰边的压平作用外，还必须综合地考虑校平时零件的侧壁和法兰边根部圆角变形的影响。在生产中也常采用改变根部圆角大小的方法，以求达到可以整平法兰边平面的目的。

2. 翻边件的整形

翻边件的整形主要是针对法兰边平面、法兰边根部的圆角半径及竖边部分的垂直度与精度要求而进行的。

翻边件整形的方法和变形特点与拉深件的整形很相类似。也有单独或与翻边工序结合起来整形的。

图7-30所示为某种柴油机上的一个小零件。显然，其圆角半径 $R<t$（$=1.5$mm），这是在一般情况下翻边工序中达不到的，因此，需要通过翻边后的整形来保证。该零件由大 R 变小到 $R1$，可能从法兰部分的外径收缩变化及竖边部分高度的减小而达到；如果法兰边直径较大，则只能依靠翻边高度的减小来达到。

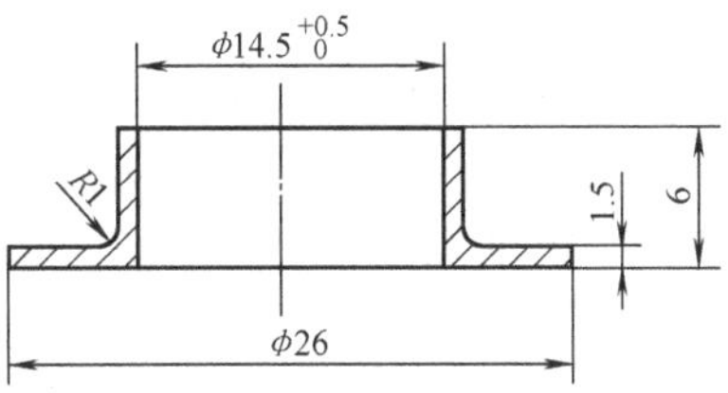

图7-30　翻边件整形例

假如要整形得到竖边垂直及尺寸精度有要求的内径或外径，其翻边件整形模的间隙一般应取为 $(0.8\sim0.9)t$。

3. 弯曲件的整形

因为弯曲成形的弹性回复是较为特殊的，所以众多弯曲件往往都要经过弯曲后的整形才能达到成形零件的形状与尺寸精度要求。

弯曲件的高精度是通过弯曲加校形在一道工序中完成的。但是，折弯件、滚弯件和某些压弯件并不能实现校正弯曲，所以，还都要通过弯曲后增加一道校形工序来达到。

折弯和压弯件的整形主要是校正弯曲角各直边（平面）的平直度，其实质是精压（或称为镦校）使整个工件不同部位上都受到压应力的作用，成为三向压应力状态。压应力在厚度方向上的分布也比较均匀，有利于减小回弹，获得形状准确的零件。

图 7-31 是 V 形弯曲与 U 形弯曲件的整形示意。该图所示的弯曲件整形与 6.3 节中预防弯曲弹复的切向推力的弯曲法原理相同。生产实际中也有不加切向推力的弯曲整形。

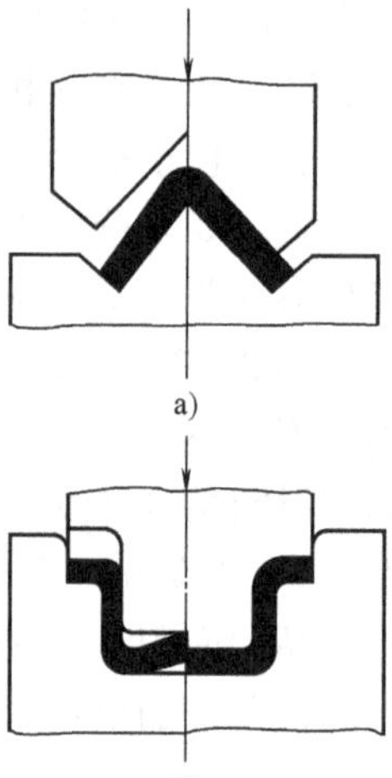

图 7-31　弯曲件整形示意

4. 整形力的计算

上述几种冲压成形件的整形力可按一般经验公式计算：

$$F = Aq \tag{7-21}$$

式中　A——整形件的投影面积（mm^2）；

q——单位整形力（MPa），对于软钢与黄铜，取 $q \leqslant (80 \sim 100)$ MPa；对于平面形状或接近平面形状零件，其 q 可取大 1 ~2 倍。

7.6　成形工序特点小结

1. 成形工序分类进展简介

1）20 世纪 50 年代末，吉田清太提出将冲压成形工序分为三类四域[71]：法兰边压缩变形类——拉深区；法兰边拉伸变形类——胀形区、翻边（扩孔）区；弯曲变形类——弯曲区。

2）20 世纪 80 年代初，李硕本提出了为压缩类成形和伸长类成形两类[73]：作用于毛坯变形区内的拉应力绝对值最大时，在这个方向上的变形一定是伸长变形，称这类冲压变形为伸长类变形；当作用于毛坯变形区内的压应力绝对值最大时，在这个方向上的变形一定是压缩变形，称这类冲压变形为压缩类变形。并提及兼有压缩类和伸长类的多数变形区的成形。

3）20 世纪末至 21 世纪初，著者提出根据变形区的应力应变特点分为三个类组[126~128、148]：压缩类——变形区切向压应力最大，产生压缩变形，材料增厚；拉伸类——变形区切向拉应力最大，产生拉伸变形，材料减薄；复合类——变形区切向连续，但同时进行有拉、压应力最大而产生拉、压的变形。

2. 成形工序划分为三个类组的框图描述

将冲压成形基本工序，从其变形区力学特点中切向应力应变特征关系角度，划分成压缩类、拉伸类和复合类三个类组的分类方法与结果，可用图 7-32 对第 3 章 ~ 第 7 章讲述的冲压成形基本工序最本质特征的一种归纳和直观描述，也是一种知识点的系统化。

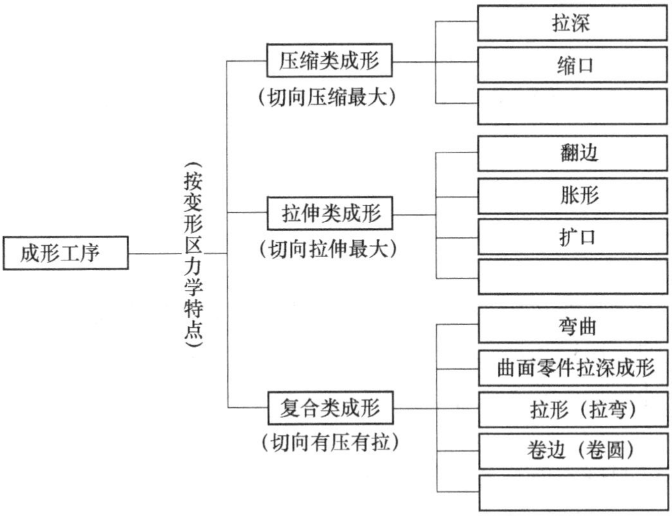

图 7-32　成形工序三类组

习题与思考题七

7-1　试从应力应变关系角度上把扩口与翻边、胀形工序作一比较。

7-2　缩口与拉深在变形特点上有何相同与不同的地方？

7-3　球底冲头与平底冲头的拉深在变形机理上有何异同之处？

7-4　你理解汽车覆盖件的冲压成形会有什么特点？

7-5　某种型号的客车司机门内蒙皮零件如图（习题 7-5 图）所示，试分析并提出该零件必须包含的冲压加工基本工序。

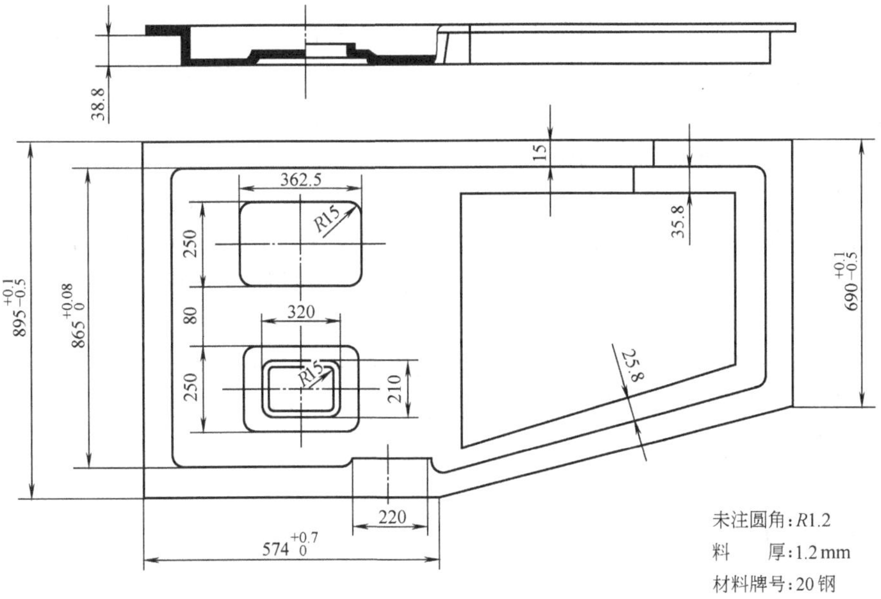

习题　7-5 图

第 8 章　组合变形工序

8.1　概述

冲压加工基本工序是指在压力机的一次行程中，金属材料在模具里一个工位上实现的变形工序。如果将拉伸、压缩和剪切等的材料变形力学行为作为冲压变形工序基本工艺单元的特征加以区分，则冲压加工基本工序中有的完成一项基本工艺单元，有的完成多项基本工艺单元。

在第 1 章里早已明确指出，各种冲压加工基本工序在冲压变形过程中，并不是整个坯料都处于变形状态，其变形区仅限于坯料的部分区域，还有部分区域处于非变形区状态。分析变形区里实现各自基本工艺单元，是定义和研究各种冲压加工基本工序的力学原理与变形特点的基础，也是进行分类认识的前提。

本篇前 7 章讲述的冲压加工基本工序，是指单一变形工序，即在坯料一个变形区上实现一个基本工艺单元，也包括可细分出几个部分的一个连续变形区上实现几个基本工艺单元的基本工序。

例如：在第 1、2 章分离类工序中，有冲裁中的落料、冲孔，精密冲裁中的精冲落料、精冲孔，整修中的外缘整修与内缘整修等，其变形区均位于沿其分离轮廓线的局部范围，坯料的大部分范围属于不变形区。它们均是在变形区实现断裂分离，只是其分离机理不同。

又如：在第 3 ~7 章成形类工序中，拉深、翻边、胀形、缩口、扩口、卷边及弯曲等，其变形区均位于坯料的一部分。拉深在其外法兰部分，翻边与胀形在其内法兰部分，扩口、缩口与卷边在其端口部分，弯曲则位于其圆角部分（尽管它还可分成内层、外层）。这些变形工序均是在变形区实现相应的塑性成形。还有拉形、曲面形状零件拉深成形等，是在其连成一体的变形区的不同部分实现塑性成形，完成不同的基本工艺单元。

总之，这些分离与成形工序均是在模具中一个工位上完成。

但是，在冲压生产实际中，为了不同的目的与需求，或为了提高生产率，或为了缩短生产周期，或为了节约原材料与节省能源，或为了提高零件的精度与质量等，而需要将不同或相同的冲压基本工序组合在一起，在一次冲压行程中于模具的多个工位上完成，成为一种组合变形工序类。

本章内容将专门简述这类组合变形工序。其主要形式可划分出分离工序的组合、成形工序的组合、分离与成形工序的组合。按照分类学理论，此 3 组组合工序的下位还可分出“混合”和“复合”两小类。

8.2　分离工序的复合

1. 复合型组合

分离工序的复合型组合是指在压力机的一次冲压行程中，于模具的一个工位上，完成两道或两道以上分离加工基本工序的一类组合变形工序。

分离工序这类组合的形式很多，比如，垫圈的落料与冲孔，三垫圈冲裁、冲孔与切断等等。介绍较常用的此类组合基本工序事例。

（1）落料冲孔　对坯料上两个相互隔开的变形区在压力机的一次冲压行程中，同时或先后完成其分离变形。所谓落料冲孔是既有一处落料，又有一处冲孔。其模具结构在理论上有4个（两对）模具工作零件，实际上多是落料冲头兼作冲孔凹模，只有3个模具工作零件。图8-1所示为落料冲孔件的示意图。

（2）切边冲孔　对经拉深或其他冲压成形出带法兰边的零件，切圆其不规整的外法兰边直径，并在零件中心部位冲孔，其实质与过程同落料冲孔，且变形区也是在相互隔开的位置上。切边冲孔件如图8-2所示。

（3）冲裁整修　冲裁整修的变形区一定在坯料的内或外边缘上，变形过程必须是在压力机的一次冲压行程中先冲裁后整修。若凹模设计成阶梯形且之间有容屑槽断开，则为先落料、后进行外缘整修；若冲头做成阶梯形且之间有退刀槽分开，则为先冲孔、后进行内缘整修。图8-3所示为落料外缘整修件的示意图。

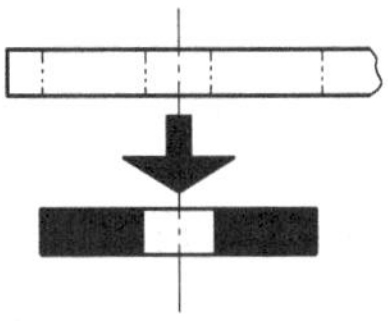

图8-1　落料冲孔

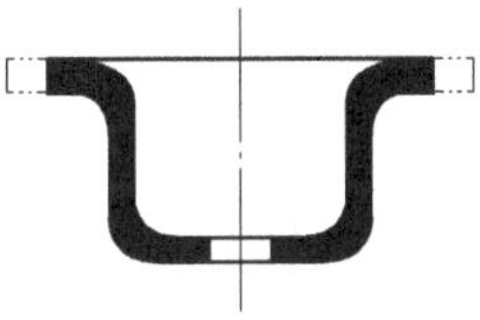

图8-2　切边冲孔

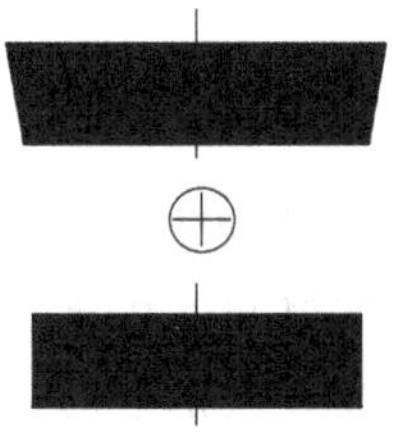

图8-3　冲裁整修

（4）精冲落料与半冲孔　利用复合精冲模，在坯料的外边缘处进行精冲落料，在坯料内部一处完成精冲半冲孔。两个变形区位置是隔开的，但其变形过程基本上是同时进行的。图8-4所示为精冲落料与半冲孔之工件示意图。

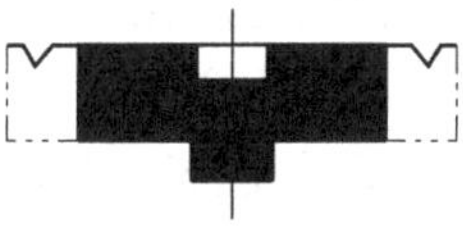

图8-4　精冲落料与半冲孔

（5）光洁冲裁落料冲孔　在半精冲模里，对坯料的外边缘处进行光洁冲裁，对坯料内部某处进行普通冲孔。两个变形区位置互相隔开，其变形过程可以同时也可以有先后次序完成。

2. 混合型组合

分离工序的混合型组合是指在压力机的一次冲压行程中，于模具的多个工位上，完成两道或两道以上分离加工基本工序的一类组合变形工序。

分离工序这类组合的形式也很多，上述那些复合型组合形式基本上均可设计改变成混合型组合形式。比如垫圈的冲压加工可以有：先在第一个工位上对坯料冲孔，再在第二个工位上进行落料；设计成双排或三排排样的连续加工；增加废料侧刀节制送料步距的一排或双排连续且复合式加工等。

8.3　成形工序的复合

1. 复合型组合

成形工序的复合型组合是指在压力机的一次冲压行程中，于模具的一个工位上完成多道成形加工基本工序的一类组合变形工序。

冲压成形工序的此类组合形式有很多，这里主要针对那些具有相互隔开的多个变形区、实现多种变形机理的成形工序的组合问题。下面例举一些常见的方式。

（1）拉深翻边　在相互隔开的两个变形区位置上，一处进行拉深变形，一处进行翻边变形。图 8-5 所示为对中心有小孔的带法兰边线拉深件毛坯，进行在外法兰边处拉深、内法兰边上翻边的复合变形工序。显然，内外两变形区并未相连。

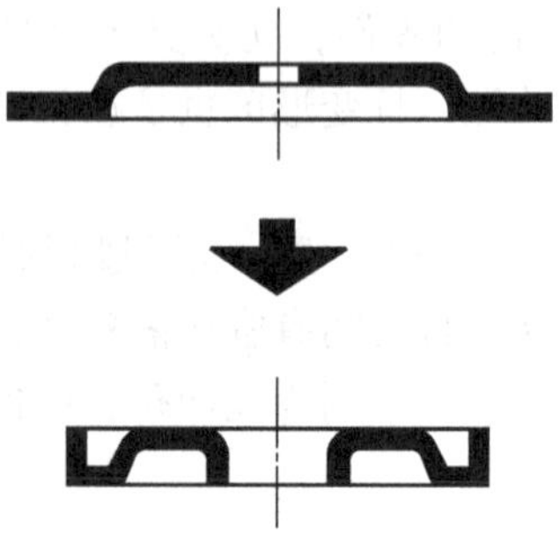

图 8-5　拉深翻边

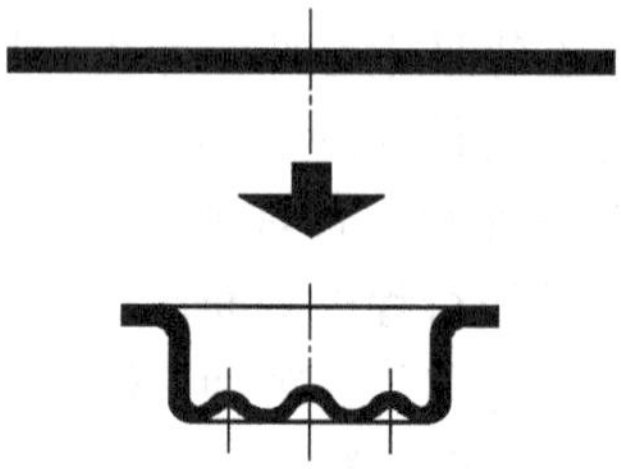

图 8-6　拉深胀形

（2）拉深胀形　在两相互隔开的变形区位置上分别进行拉深与胀形的变形。如图 8-6 所示，对坯料的外法兰边（拉深的变形区）进行拉深变形，在坯料的内法兰上（拉深的不变形区）实现胀形变形。显然，两种变形产生的变形区是被其传力区隔开的。

（3）正反弯曲　在生产实际中，常常将在一次冲压行程中实现正拉深与反拉深、或正弯曲与反弯曲的工艺，称之为正反拉深、或正反弯曲复合工艺，其相应的模具称之为正反拉深复合模、正反复合弯曲模。据此，如图 8-7 所示，是先在坯料中部进行正弯（U 形弯曲），继而在其两边进行反弯（两个 U 形弯曲），当然是一种复合变形工序。

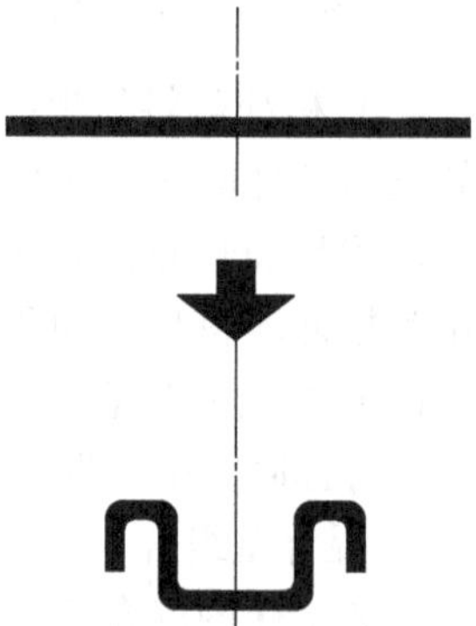

图 8-7　正反弯曲

从相互隔开的多个变形区角度来看，图 8-7 所示的正反弯曲中，实际上是复合了 6 个弯曲变形区（圆角部位）、或复合了 6 个弯曲基本工艺单元的复合变形工序。

（4）缩口扩口　在上一章里提及的加工两端直径相差较大零件，如图 8-8 所示，用图中虚线代表的管坯，一端缩口，一端扩口，在一个工位上完成了两种成形工序。

2. 混合型组合

成形工序的混合型组合是指在压力机的一次冲压行程中，于模具的多个工位上，完成两道或两道以上成形加工基本工序的一类组合变形工序。

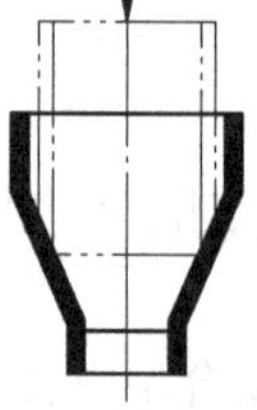

图 8-8　缩口扩口

成形工序这类组合的形式也很多，上述那些复合型组合形式基本上均可设计改变成混合型组合形式。不过，此时在冲压操作及效率方面则可能受到较多限别，故应用较少。

8.4 分离与成形工序的组合

1. 复合型组合

分离与成形工序的复合型组合，是指在压力机的一次冲压行程中，于模具的一个工位上，先后完成有分离与成形加工基本工序的一类组合变形工序。在此类组合变形工序中，明显具有多个变形区、实现多种变形机理、完成多项基本工艺单元。

冲压件采用分离与成形复合变形加工的形式很多，应用也颇为广泛，尤其在中、小型冲压件上常用。仅介绍两个颇为典型的实例。

（1）落料拉深　落料拉深这种工艺形式已多次提及。它是先落料，变形区在坯料直径的周边处；继而拉深，变形区在坯料的外法兰处。图 8-9 所示为落料（一种分离工序）和拉深（一种成形工序）的复合，并同在一次冲压行程中完成。

（2）落料拉深冲孔翻边　显然，这是一种复合了 4 种基本工艺单元的分离成形的复合变形。如图 8-10 所示，是在一次冲压行程中先后依次完成落料、拉深、冲孔与翻边工序。

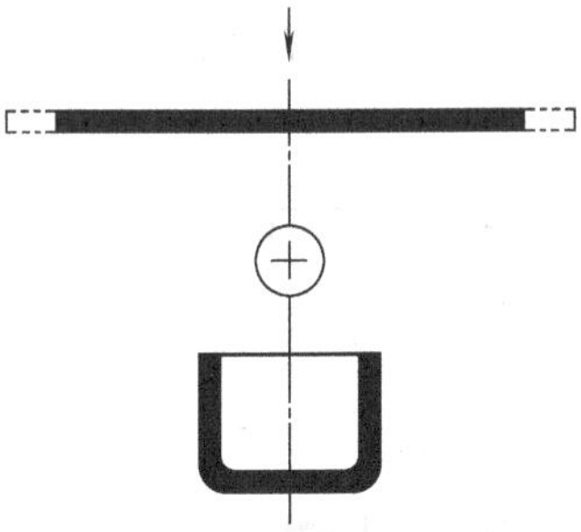

图 8-9　落料拉深

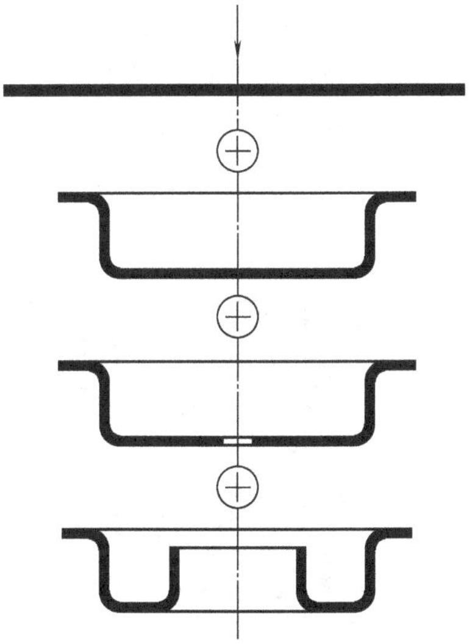

图 8-10　落料拉深冲孔翻边

2. 混合型组合

分离与成形工序的混合型组合，是指在压力机的一次冲压行程中，于模具的多个工位上，先后完成有分离与成形加工基本工序的一类组合变形工序。在此类组合变形工序中，更明显具有多个变形区、实现多种变形机理、完成多项基本工艺单元。

冲压件采用分离与成形混合变形加工的形式很多，应用也颇为广泛，不仅中、小型冲压件上常用，而且汽车覆盖件等大型冲压件上更为常用。下面例举其中几个实例。

（1）切断拉深胀形　某种微型汽车前轮护板零件，因左、右两件对称，故设计者将它设计成对称件冲压，分三道次冲压工序完成。在第一道冲压中，先是将坯料（一张钢板）在模具上切除 4 个角，而后在该模具上进行曲面形状零件的拉深成形，如图 8-11 所示，实现了分离与成形的混合变形，其中包含了切断、拉深、胀形 3 种基本工艺单元。

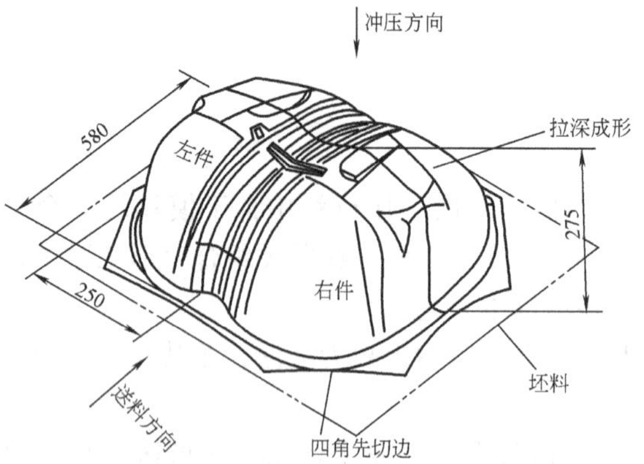

图 8-11　切断拉深胀形

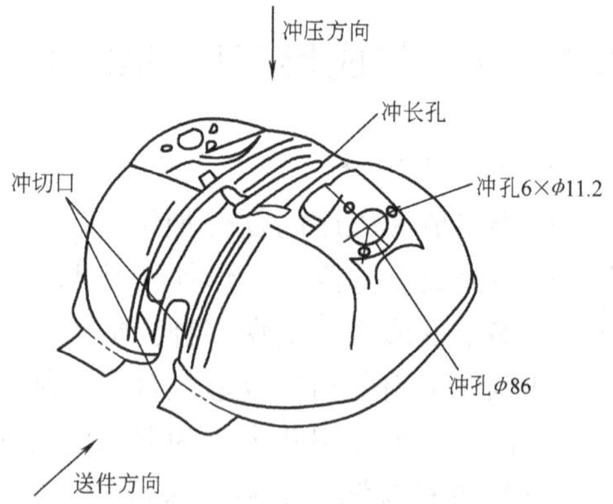

图 8-12　整形冲孔切口

（2）整形冲孔切口　该零件在第二道次冲压中，既有整形（校形）的成形工序，也有冲多种孔的冲孔和切口工序的分离工序，如图 8-12 所示，也完成了 3 种基本工艺单元。

该零件在第三道次冲压中则是完成切边、剖切和冲孔（另外的孔）。

（3）带料连续拉深　分离与成形工序混合型组合较具代表性的例子为带料连续拉深。由于它存在多次拉深典型应用之特点，故长期被称之为带料连续拉深。实际上，它是自动化冲压加工中的一种，排列组合了多个（竟有几十个的）工位、多位工序（成形与分离）。

以图 8-13 所示为例，其中图 8-13a 所示为无切口带料拉深，前面有 4 次连续拉深，后面

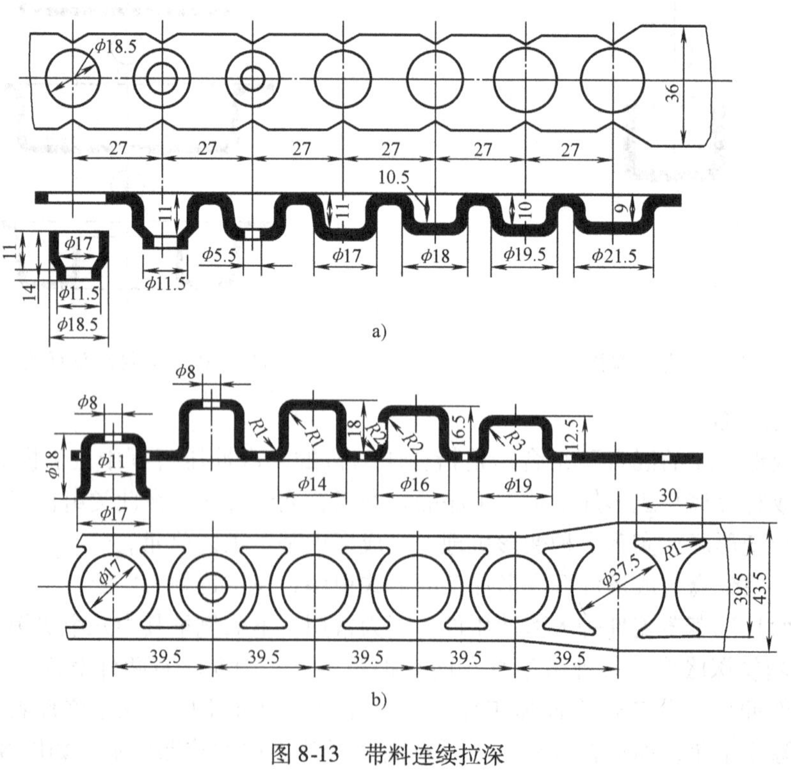

图 8-13　带料连续拉深

a）无切口带料拉深　材料：黄铜　厚度：0.8mm　b）带切口带料拉深　材料：08 钢，厚度：1.2mm

有冲孔、翻边和切断落料3道工序；图8-13b所示为有切口带料拉深，先切口，接着3次拉深，后还有冲孔和切断落料两道工序。显然，两者均属成形与分离工序的混合型组合。

习题与思考题八

8-1 选择题（4选1）：

1）在分离工序的组合冲压基本工序中，其材料的变形力学行为主要有________变形。

a. 拉伸　b. 压缩　c. 剪切　d. 扭转

2）分离工序组合冲压变形过程中，各基本工序的变形区位置关系一定是________。

a. 完全分开　b. 紧密相连　c. 部分分开　d. 一处相连

3）成形工序组合的冲压变形过程中，各基本工序的变形区位置关系一定是________。

a. 全部分开　b. 全部相连　c. 有分有连　d. 外分内连

8-2 分类学理论告知：分类法必须能够表示两种关系——类目之间的合成关系和等级关系。分类法表示的合成关系必须能提供4种类目——简单类目下的简单类目、迭合类目与组合类目下的混合类目、复合类目。本章讲述的冲压加工组合变形工序3组组合下，均按复合型及混合型给予分述。对此，你感觉新鲜吗？或能引发某点兴趣吗？

8-3 组合变形工序中，3组组合形式的组合之基本工序数量均会受到不同工艺条件的限制，试对此作一些定性的分析。

8-4 在冲压加工基本工序中，增加组合变形工序的内容，且构成一章，你认为有什么意义？

第 2 篇　冲压工艺过程

阐述冲压件的工艺性能，工艺过程设计目标要求、工艺方案确定原则与方法，冲压工艺知识结构体系，以及冲压设备的选择与常用板材的合理选用。

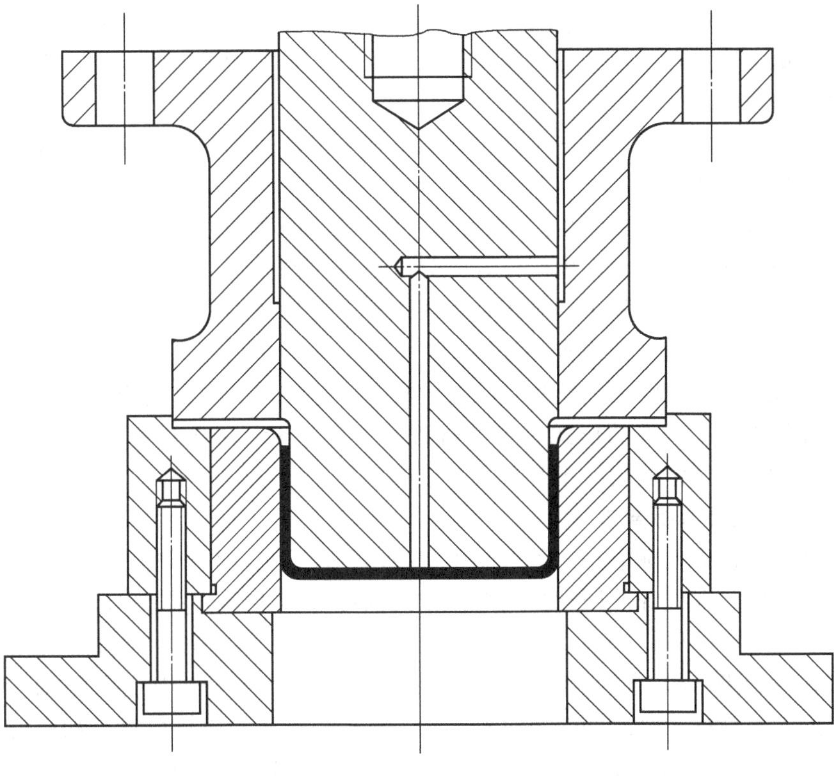

第 9 章 冲压件工艺过程设计

9.1 工艺过程设计概论

9.1.1 工艺过程设计与工艺规程

冲压工艺过程是冲压件各加工工序的总和。它不仅包括冲压产品所用到的冲压加工基本工序，而且包括基本工序前的准备工序、基本工序之间的辅助工序、基本工序完后的后续工序，以及这些工序的先后次序排定与协调组合。由于冲压工艺过程的优劣，决定了冲压件制造技术的合理性、冲压件的质量和产品成本，故必须认真进行冲压工艺过程的设计。

冲压工艺过程设计的归宿是编制出冲压工艺规程。冲压工艺规程是对冲压产品的生产方式、方法、数量、质量乃至包装等所作出的全部决定。它对于工厂的设计、生产准备及正常生产都是至关重要的。

（1）工厂设计的依据 设计一个新工厂或兴建、扩建一个冲压车间，其规模、投资与效益必须以工艺规程为依据。

（2）生产准备的基础 由于生产准备的时间较长、内容较多、涉及面广，因此，要慎重编制出工艺规程，使之能为正常生产作好充分的准备工作。

（3）现场生产的指导 除了指导正常生产之外，在生产中出现的质量、安全等方面的问题，当然也要用工艺规程来作检查和分析。

冲压工艺规程所形成的工艺资料包括各种技术工艺文件、模具图样、设备图样和设计说明书等。各种技术工艺文件的形式有工艺规程卡、工序卡、工艺过程（流程）卡、工艺路线明细表以及材料工艺定额表、工艺成本明细表等。

9.1.2 工艺过程设计目标要求

冲压工艺过程设计实际上是一种产品生产技术的设计，而生产技术是生产优质廉价产品的制造技术。因此，在保证冲压产品功能需求的前提下，冲压工艺过程设计的主要目标要求如下。

（1）工艺性合理 根据产品图样要求及有关标准要求，分析冲压件的结构、性能及加工难易程度，确定科学的、合理的工艺过程。为了优质，应该考虑优质材料和尽可能采用较先进的技术工艺。如果发现该冲压件的工艺性较差、在不影响其使用性能的条件下，对该零件的形状或尺寸在某些地方作必要的修改也是合理的。

（2）经济性合算 用最好的材料，采用最先进的加工技术，可以得到最高性能的产品。但是，这样的产品不会是廉价的，其经济效益肯定不会最好。所以，冲压工艺过程设计不能选择这样的方法。而应该采用适宜的材料，尽量节约用料，通过选择先进且合理（对具体条件）的加工技术，努力减少加工费用及模具设备费用的方法，获得完全合乎要求与规定的产品。这样的优质产品经济上才是合算的。

总而言之，冲压工艺过程的设计是一种对产品生产过程的综合分析和设计。如果在电子计算机上进行这种设计（CAD），则最佳的冲压工艺过程设计应该是工艺上先进合理、经济上合算这两个目标函数的综合寻优，以达到工艺过程设计的最佳化。

冲压工艺过程设计的主要包括[10]以下内容。

1）冲压件的分析。

2）原材料的选定与备料。

3）变形工序的确定。

4）辅助工序的确定。

5）模具类型的选定、设计。

6）冲压设备的选择。

7）机械化与自动化方案的选定。

8）确定质量检验方法。

9）作出经济分析（工艺成本计算）。

9.2 冲压件的工艺性

9.2.1 工艺性的涵义

冲压件工艺性是指冲压零件在冲压加工中的难易程度。虽然冲压加工工艺过程包括备料—冲压加工工序—必要的辅助工序—质量检验—组合、包装的全过程，但分析工艺性的重点应在冲压加工工序这一过程里。而冲压加工工序很多，各种工序中的工艺性又不尽相同。即使同一个零件，由于生产单位的生产条件、工艺装备情况及生产的传统习惯等不同，其工艺性的涵义也不完全一样。

冲压件工艺性的主要具体指标如下。

1）材料消耗少，生产准备周期短。

2）工序数量少、劳动量与劳动强度低。

3）尽量减少后续的机加工量及有关辅助工序。

4）冲压工艺装备少，生产面积需要小。

5）操作简便、无论采用非高级技工与否。

6）提高模具在完成生产批量前提下的寿命。

7）生产效率高、加工成本低。

9.2.2 工艺性的基本要求

冲压件的尺寸精度等级可达 IT6（或 IT7）级，精度等级越低其冲压加工越困难。表 9-1 列出了冲压加工中冲裁、精冲及拉深工序等与其他加工方法所能达到尺寸精度的及 ISO 等级大致比较[38]。

除了尺寸精度要求合理外，还应要求冲压件的结构工艺性好。冲压件的结构工艺性一般指其结构的几何形状。显然，其几何形状越简单、越容易冲压出来，则其结构工艺性越好。冲压件结构工艺性的基本要求详见下一节内容。

为了使冲压件工艺性具体指标达到优良程度，对其工艺性的基本要求是，尽量发挥冲压加工的优越性及各种冲压基本工序的变形特点。具体应从以下几方面考虑。

1）原材料的选定不仅要能满足冲压件的强度与刚度要求，还应该要有良好的冲压性能。这是由于每一种板材都有自己的化学成分、力学性能以及与冲压性能密切相关的特征性能。

在生产实际中经常出现这种情况，一个冲压件的加工能否顺利地、高质量地完成，直接取决于板材的冲压性能。所以，有必要根据冲压变形的特点与要求，正确地选用原材料。

表 9-1　冲压加工方法与其他方法精度比较

50mm 长度上公差/mm	0.011	0.016	0.025	0.039	0.062	0.100	0.160	0.25	0.39	0.62	1	1.6
ISO 等级 加工方法	5	6	7	8	9	10	11	12	13	14	15	16
热　锻				----	----	---- ——	---- ——	—— ——	—— ——	——	——	——
温　锻			----	----	----	----	——	——	——	——		
冷　锻		----	——	——	——	——	——	——				
轧　制			——	——	——	——	——					
光洁轧制	----	——	——	——								
精　整		----	—— ----	—— ——	—— ——	—— ——	——	——				
拉　深						——	——	——	——			
变薄拉深	----	——	——	——	——	——						
管、线材拉拔					——	——	——					
冲　裁				——	——	——	——	——	——	——		
精　冲	----	——	——	——	——							
旋转锻造			——	——	——	——	——					
车　削		----	——	——	——	——						
研　削	——	——	——	——								

2）冲压加工是一种冷变形加工方法，它优于热变形加工方法最本质的特点是：有冷变形加工硬化效应。因此，应该充分利用这一特征，尽量选择软而塑性好的、避免过厚的金属材料。

3）当对产品零件要求重量轻而强度、刚度高时，可采用加强筋形式及翻边、卷圆等工序来达到要求。

4）尽量用廉价材料代替贵重材料。

5）合理排样，尽量做到无废料或少废料，有时还应考虑一种工件的废料能为另一种工件所利用，在排样下料时称为“套裁”。

6）必须统一并减少所用材料的种类、牌号、规格和厚度等要求。

9.2.3　冲压件的结构工艺性

在冲压加工的基本工序中，主要分为两类：分离工序与成形工序。显然，这两类工序加工出来的冲压件，一类是分离加工件（以平面形状为主），一类是成形件（以立体形状为主），其结构工艺性要求不一样。另外，成形件又分为拉深件、翻边件、胀形件、弯曲件……，各自又有不同的结构工艺性要求。但是，所有的冲压件有一个共同的结构工艺性要求：尽量避免有应力集中的结构。对冲裁等分离加工平板件，一般不应有平面尖角存在（冲裁件的外轮廓可以用单边剪切的方法得到者例外）。对于成形类的零件，不应有急剧的突变形状。如图 9-1 所示的某种汽车覆盖件，按左边结构冲压成形，常在过渡部分产生皱折和裂缝；按右边结构加大过渡圆角和增加台阶冲压成形，因急剧变化改缓，工艺结构性变好了，使工件质量大为提高，能大大减少冲压件的废次品率。

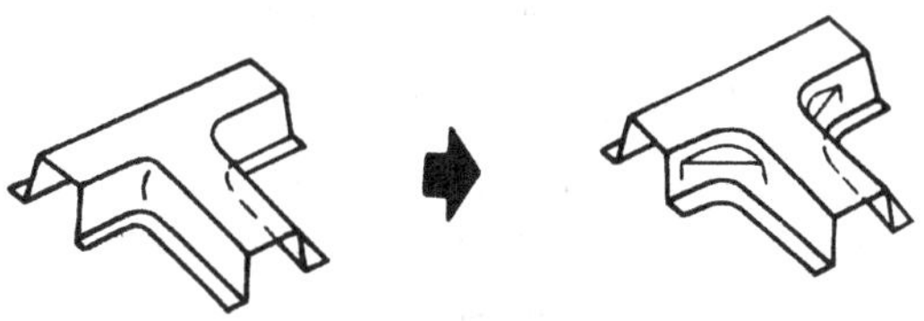

图 9-1　断面急剧变化改缓的成形件

下面，分别就冲裁件、拉深、翻边、胀形件及弯曲件的结构工艺性作简要说明。

1. 冲裁件的结构工艺性

1）冲裁件的形状尽量简单，最好是由规则的几何形状或由圆弧与直线所组成。

2）对于外形为正方形或矩形的落料件，可考虑用剪床剪切下料代替落料模落料。如东风牌汽车上有如图 9-2 所示的一种零件，原设计有一个图中虚线所示的 $R5$ 尺寸；经会审后认为取消 $R5$，改成直角，不影响该零件的功能。于是就用 65mm 宽的条料生产，用剪床切成 24mm 一件，再冲两个孔。工艺性好多了，还节约了原材料。

3）冲裁件应当避免有过长的悬臂与狭槽，槽的宽度 b 应大于料厚 t 的 2 倍。如图 9-3 所示，悬臂长与槽长 L 的最大尺寸为 $L_{max}=5b$。

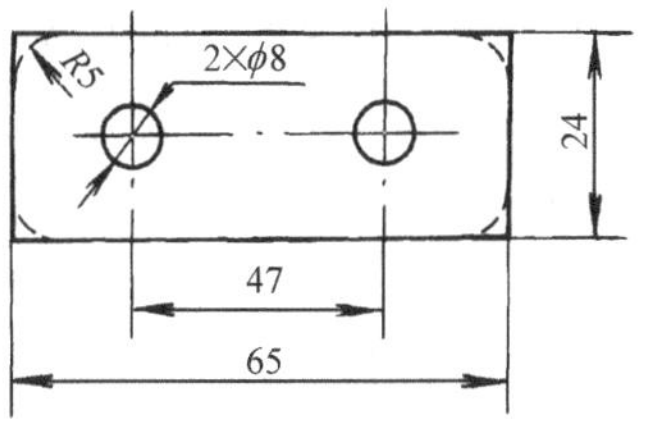

图 9-2　省去冲模落料的冲裁件

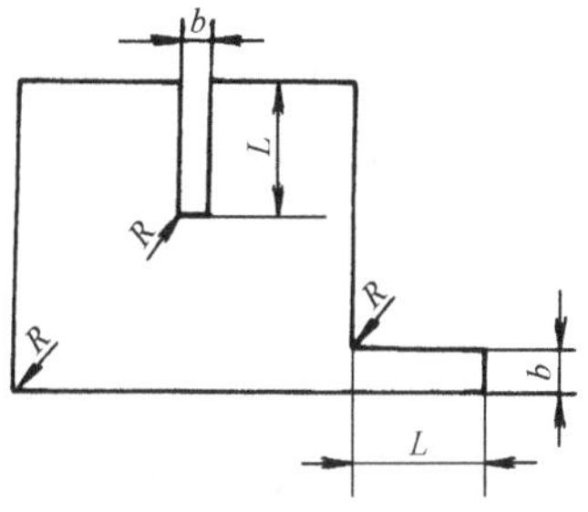

图 9-3　冲裁件的悬臂与狭槽

4）虽然可以冲裁出带尖角的零件，但一般情况下，都应用 $R>0.5t$ 的圆角代替尖角。图 9-4 所示为某工厂新开发的农用挂车上一个叫支撑板的零件，原设计有 5 处尖角，后经协商分别改为圆角，完全不影响其使用性能。使冲压件的结构工艺性变好了，模具加工容易、寿命也高，同时大大节省了原材料。

5）因受冲头强度的限制，冲孔尺寸不宜过小，一般冲孔的最小尺寸（直径或方孔边长）$S\geq t$（料厚），或查国家标准。

6）冲裁排样时，一般有搭边值（见图 9-12），从节省原材料来讲，搭边值越小越好；但从模具寿命和冲件质量来考虑，搭边值 a 至少应大于 t，极薄板冲裁时还应大些。比如，当 $t=0.2$mm 左右时，应取 $a\geq(2\sim3)t$。

7）应当避免在成形零件的圆弧部位上冲孔，但球形零件底部中心孔例外。在筒形件壁部冲孔应设计斜楔式冲模。

2. 拉深、翻边、胀形件的结构工艺性

由于成形零件的种类较多，有的形状比较复杂，用到的冲压成形工序也是多种多样的，所以，其结构工艺性应视具体形状提要求。下面仅对拉深、翻边、胀形基本件提出一般性要求（有些具体结构尺寸要求应按国标规定）。

1）轴对称零件结构工艺性最好，对称形零件则次之，非对称或非轴对称零件应避免急剧的轮廓变化（见图 9-1）。

2）能够一次拉深或胀形成功的零件比需多次拉深或胀形的零件其工艺性要好。因此，对于高度较大的成形件，能用一道工序完成的一般不宜采用两道工序，应当尽量采取各种技术措施提高冲压成形极限。

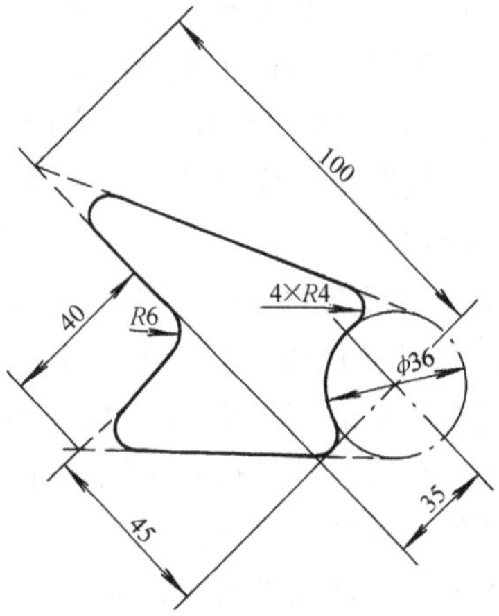

图 9-4　避免尖角的冲裁件

3）尽量避免空心零件的尖底形状，尤其是高度大时，其工艺性更差。如图 9-5 所示的消声器后盖，原设计的工艺性较差，在保证其使用性能不变的前提下，改进其设计，结果由原 8 道冲压工序减为两道，材料消耗也减少了 50%。

4）成形零件的圆角半径不宜过小，一般情况下，无论是拉深件、翻边件或胀形件等，其相对应于冲头处的圆角半径应满足 $r \geqslant t$，相对应于凹模处的圆角半径应满足 $R \geqslant 2t$，否则，必须采取成形后再增加一次整形工序来达到要求。但对于翻边件与胀形件，相应凹模圆角处的圆角半径 R 有时可放宽到小于料厚 t，但决不能为尖角。

5）拉深厚板（$t > 4$mm）零件时，其冲头圆角也可取为 $r_p < t$，尤其是当凹模采用锥形或渐开线形状时。比如，摩托车飞轮壳零件是一厚板拉深件（$t \geqslant 4$mm），某厂就是采用锥形凹模，冲头圆角半径 $r_p = 2$mm，达到产品图样要求并稳定地生产着。

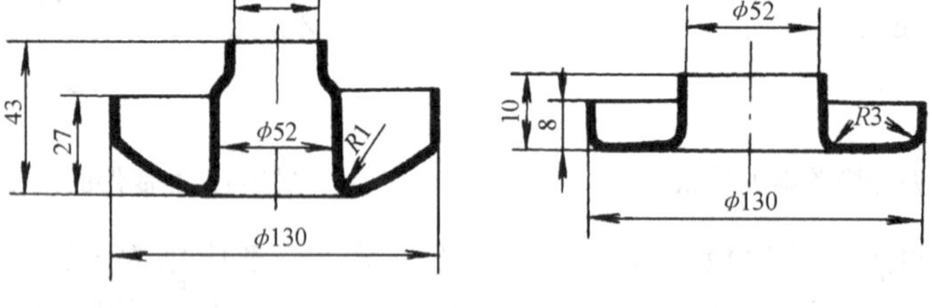

图 9-5　消声器后盖的设计更改

a）原设计　b）改进后设计

3. 弯曲件的结构工艺性

1）弯曲件的圆角半径应大于最小弯曲半径；但不宜过大，以免由于弹复而影响精度。

2）弯曲件的边长不宜过小，一般 $h > R + 3t$（见图 9-6）。当 h 过小时，直边（不变形区）在模具上支持的长度过小，不易形成足够的弯矩，很难得到精确形状的零件。

3）局部弯曲的零件，应该在弯曲与不弯曲部分之间先切槽，以消除不弯曲根部的伸长变形和拉裂，如图 9-7a 所示。

4）应该尽量避免在突变尺寸处的弯曲，遇到这种设计时，把弯曲线从该突变处移动一段距离，如图 9-7b 所示，按箭头方向移动一段距离。否则，由于突变处尖角部位的应力集中可能产生撕裂。

5）弯曲线（图 9-6、图 9-7 中 $m-m$）与板材纤维方向（图 9-6、图 9-7 中 $n-n$）垂直时，弯曲件的结构工艺性好于其两者平行时。故应尽量避免弯曲件的弯曲线与板材纤维方向平行；一个弯曲件有多处弯曲时，可让其弯曲线与纤维方向互成一定的角度。

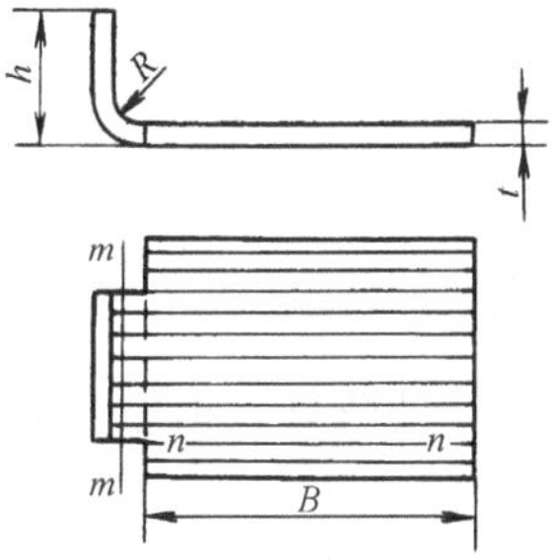

图 9-6　弯曲件的圆角与边长

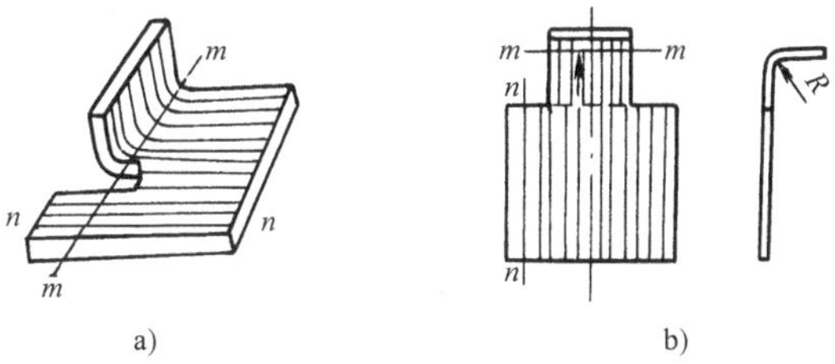

图 9-7　避免突变处弯曲示意

9.3　冲压加工的经济性

经济性要求是工艺成本越低越好。当然，应遵循价值工程的原理。下面就冲压加工的优越性及其工艺成本计算中最主要的方面作简要说明。

9.3.1　冲压加工替代其他加工举例

对于某一些机械加工（包括铸、锻、焊）零件，倘若能重新设计或更改部分原有设计成冲压零件，则可能获得更加合理的冲压加工方案并生产出质优价廉的产品。以下为在 20 世纪里由冲压加工替代他种加工成功实例。

1. V 形带轮

传统设计如图 9-8a 所示，是由铸造经切削加工而成的；后改其设计为如图 9-8b 所示，用 08 钢板（$t=2$mm）经拉深→液压胀形等，成为了冲压零件。

2. 端轴套

原设计如图 9-9a 所示，为车削件；后改成冲压件，设计成如图 9-9b 所示。冲压件上端带有锥度，是根据冲压件的实际尺寸修改的；其各部分壁厚有所不同，是零件性能的需要；而零件的端小孔、总长度没有改变。所用原材料厚度为 1.4mm。

3. 曲柄

如图 9-10 所示，该板形零件大部分断面要求表面粗糙度为 $Ra1.6\mu$m。泵用机械加工切削方法生产；后用精密冲裁加工，零件设计基本未变，仅需注明允许的塌角和最小圆角半径值。

4. U 形挂钩

如图 9-11 所示的这种零件，在保证零件功能的条件下，可有 5 种设计：

1）图 9-11a 所示为铸件，并经切削加工，不仅很重且加工费用高。

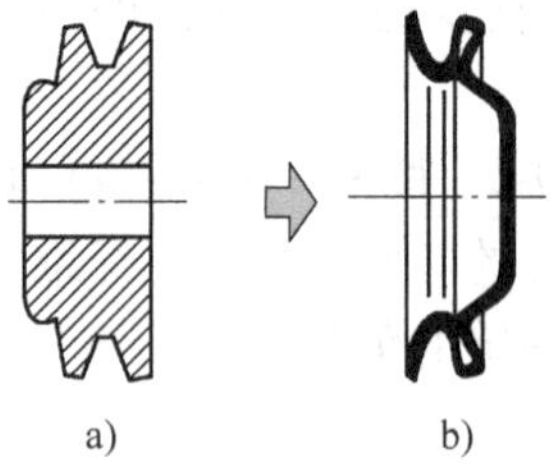

图 9-8　V 形带轮

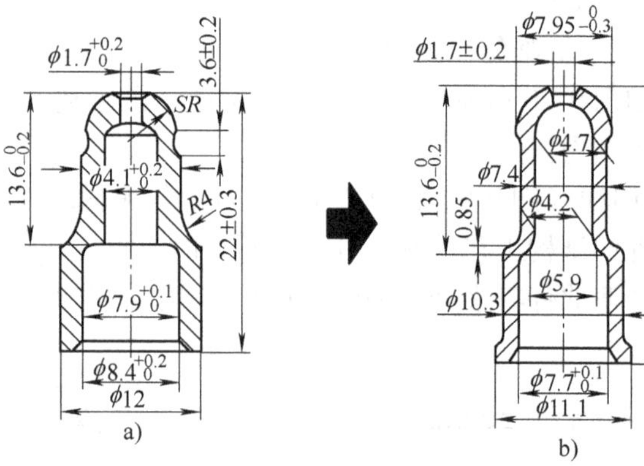

图 9-9　端轴套

2）图 9-11b 所示为用棒材轧制或型材与冲压件焊接而成，设计较好，但钻孔和焊接工序增加了费用。

3）图 9-11c 所示为将同种冲压件对称地焊接而成，是一种较好的设计。

4）图 9-11d 所示为整体冲压加工而成，是一种加工工艺较简易的设计，还保证了同轴度。

5）图 9-11e 所示为极其简易的冲压工艺设计，无论在模具和生产方面都很经济。

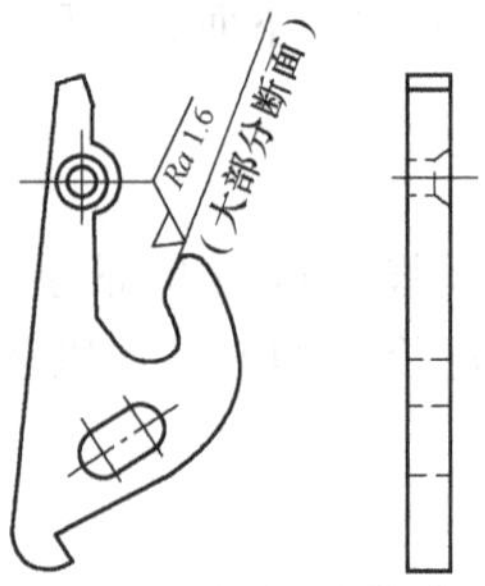

图 9-10　曲柄

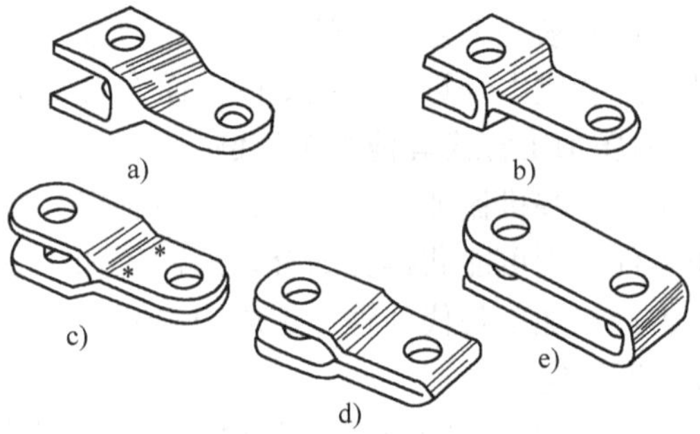

图 9-11　U 形挂钩

9.3.2　材料的经济排样

材料的经济排样是指冲压件在条料及板料上的合理布置问题。衡量排样是否合理、是否经济，可用材料的利用率这一指标。材料利用率是用工件的实际面积 A_0 与所用材料的面积 A 之比值来表示的，即

$$\eta = (A_0/A) \times 100\% \tag{9-1}$$

据此并从冲制垫圈的排样图 9-12 可以看出：图中 1 为结构废料，由工件尺寸决定；2 是搭边；3 是余料。2 和 3 组成工艺废料。若能减少工艺废料，则能提高材料利用率。

因此，一张板料或一段定长条料上材料利用率 $\eta_{总}$ 为

$$\eta_{总} = \frac{n_{总} \times A_0}{L \times B} \times 100\% \tag{9-2}$$

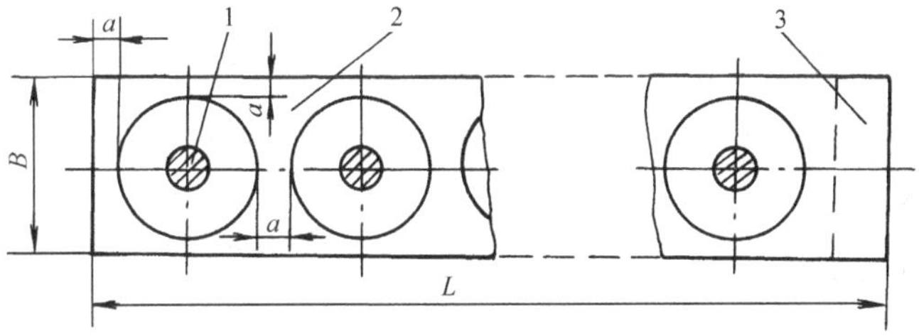

图 9-12　冲裁材料利用情况

1—结构废料　2—搭边　3—余料

式中　A_0——工件的实际面积（有时也包括结构废料）；

$n_{总}$——板（条）料上冲压件总数目；

L——板（条）料长度；

B——板（条）料宽度。

要减少工艺废料，应该根据零件的形状设计出搭边和余量尽量少的排样。比如，对于落料圆形工件，采用如图 9-13a 所示的多行错开直排要比单行直排或双行对排省料；对于丁字形工件，采用如图 9-13b 所示的对头斜排要比对头直排省料；有些冲压件若能采用如图 9-13c 所示的无废料排样或“套裁”，则材料利用率最高。

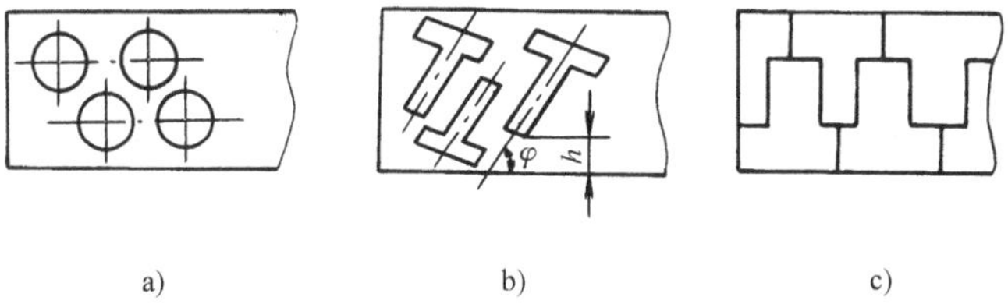

图 9-13　减少工艺废料的排样例

当然，大多数情况下的排样均有搭边值，见图 9-12 中的 a 值。一般情况下，搭边值 a 取为料厚 t 的 1.0～2.0 倍。具体数值也可查阅有关资料。

利用计算机进行优化排样，已经是一种比较成熟的 CAD 方法。例如，像确定图 9-13b 中角度 φ 与距离 h 之参数的最优值，已有标准的程序软件了。

9.3.3　降低模具费用

工模具的成本在冲压产品成本中占有重要的比例。生产批量不同，降低模具成本的途径也不同。在大批量生产中，主要是通过提高模具寿命来降低模具费用。因此，要千方百计使模具延寿，乃至发展高技术、高精度及高性能的先进模具。而在小批量生产中，则应采用通用模、简易模、经济模及简化模具结构等方法来实现。

如图 9-14 所示的为某一机械产品中的 4 种垫圈零件　按常规需用 4 副模具;后设计制造了一副通用模,冲此 4 种不同垫圈,只要更换其冲头。模具成本费用因而降低了近 3/4[66]。

各种简易模，如锌基或铋锡合金模、聚氨酯模等，都能降低模具费用。简易模能降低模具费用，主要是因为节省了模具钢及减小了模具零件的加工难度及装配难度所致。

例如，低熔点合金模，一般是冲头用钢材料，而凹模用低熔点合金。由于低熔点合金的

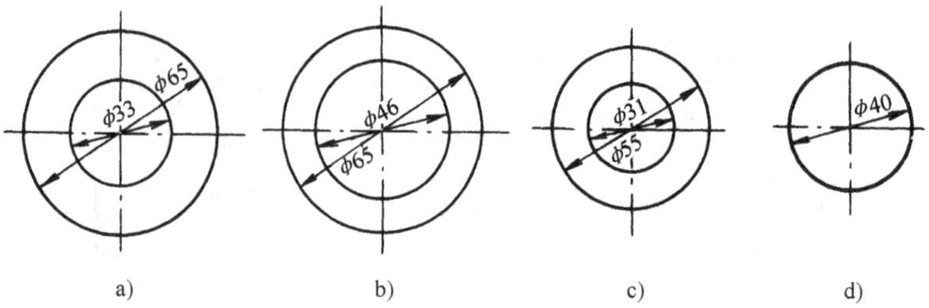

图 9-14　通用模上冲裁的垫圈

a）t=6mm　1件　b）t=6mm　1件　c）t=5mm　1件　d）t=6mm　4件

凹模磨损坏后，可重新熔炼加工成凹模而反复使用，因此，节省了模具钢，缩短了制模周期，自然降低了模具成本。故低熔点合金模特别适用于小批量试制的冲压生产中。

又如，对于那些极薄板金属材料及较薄板的非金属材料冲裁件，用常规的冲裁模加工，因其凸、凹模的实际间隙太小，导致模具制造相当困难，模具的组装与修配也相当麻烦。此时，用聚氨酯模就很合算。因为聚氨酯代替了冲头（或凹模），减少了模具加工和组装的困难。图 9-15 所示的典型多孔零件[67]和图 9-16 所示的带有 3 个小孔的垫圈零件采用聚氨酯冲模加工，其技术、经济意义都比普通钢模冲裁时要大。故聚氨酯冲裁模特别适用于多小孔件或狭窄异形件的冲裁加工，但对于强度和硬度较高的薄板金属（如 65Mn）材料却不适宜。

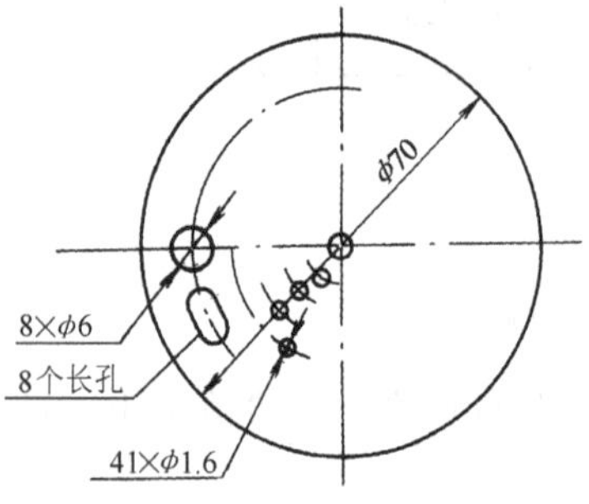

图 9-15　典型多孔零件

（锡磷青铜 t=0.035mm）

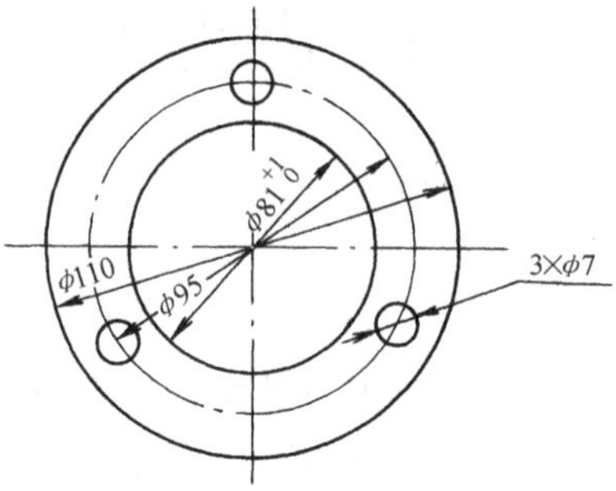

图 9-16　薄垫片零件

硬纸板（t=0.25mm）或纯铜板（t=0.3mm）

9.4　确定冲压工艺方案的原则

9.4.1　冲压变形的发生及控制

冲压加工的目的是获得一定形状、尺寸和性能的产品零件。为此，就必须预先了解在冲压加工过程中：坯料哪些地方产生塑性变形；产生的塑性变形是以什么方式进行的，能否在收到预期的变形效果的同时，排除其他一些不必要的乃至有害的变形等。这些就是冲压变形的发生与控制问题。依据金属塑性成形原理，可以指导解决这些问题，制订出合理工艺方案。所以分析、了解冲压变形的发生与控制是冲压工艺过程设计的一个结合实际的理论基础。

1. 冲压变形的发生

在第1篇各章讲述的基本工序中，都首先强调了变形毛坯的变形区及分区问题。其变形区发生塑性变形所必需的力，首先是由传力区获得。由于传力区与变形区是相毗邻的，故它们之间的分界面上作用的内力性质和大小是完全相对应的。在这样同一个内力的作用下，变形区和传力区都有可能产生塑性变形。但是，由于它们之间的尺寸关系及变形条件不同，其应力应变状态又是不相同的。因而，它们可能产生的塑性变形方式及变形的先后是不相同的。通常，总有一个区需要比较小的变形力，即该区最先满足塑性条件，进入塑形状态，产生塑性变形。另一方面，为了保证冲压过程的顺利进行，应当在把塑性变形限制在变形区的同时，排除传力区产生不必要的塑性变形。

例如，拉深变形（见图9-17a）中变形区（A）和传力区（B）相毗邻处，虽然都受到径向拉应力 σ_r 的作用，但变形区比传力区还多一个切向压应力 σ_θ 的作用。因此，在外力 F 的作用下，变形区能最先满足塑性条件——最大主应力与最小应力之差等于屈服极限，$|\sigma_1-\sigma_3|=\sigma_s$。即有

变形区　$\sigma_r+\sigma_\theta\longrightarrow\sigma_s$

传力区　$\sigma_r\longrightarrow\sigma_s$　因 $\sigma_r+\sigma_\theta>\sigma_r$，所以，变形区先产生塑性变形。

再如翻边变形图9-17b中，变形区（A）受双向拉应力的作用，且最大拉应力为切向应力，而传力区（B）只有径向拉应力。所以，在冲头施加的力 F 作用下，变形区能最先满足塑性条件，即有

变形区　$\sigma_\theta\longrightarrow\sigma_s$

传力区　$\sigma_r\longrightarrow\sigma_s$　因 $\sigma_\theta>\sigma_r$，故变形区最先发生塑性变形。

再如，图9-18所示的缩口工序，其变形区（A）和传力区（B）均可产生需要的及不需要或有害的变形：对于变形区，有需要的缩口变形及有害的失稳起皱；对于传力区，有不需要的镦粗变形和有害的失稳起皱。容易理解，欲使变形区先产生并稳定进行变形，首先是该塑性变形的部位及方式应该是变形力最小的。

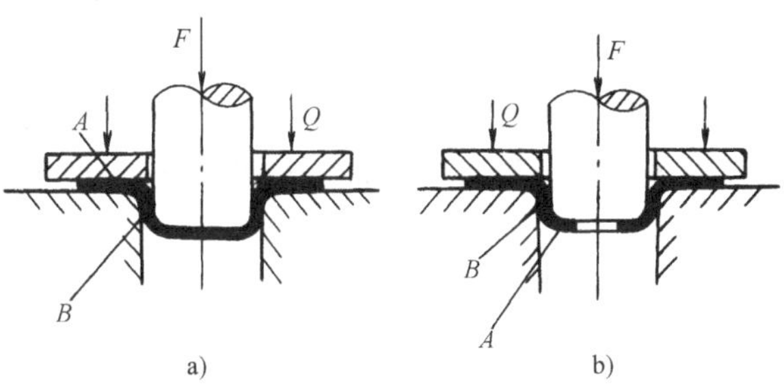

图9-17　拉深与翻边对比示意

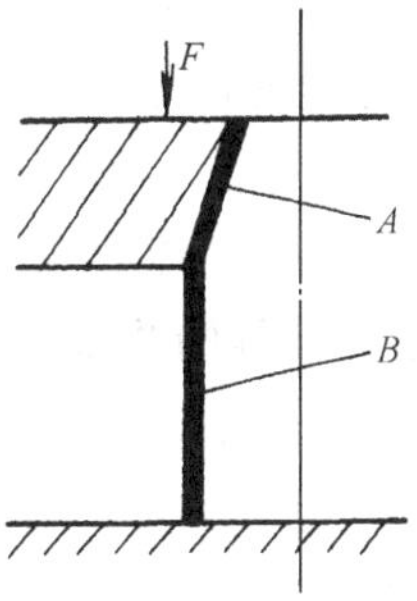

图9-18　缩口变形两个区

同时，必须要求缩口传力区不产生可能出现的两种变形（不过镦粗变形有时是必然的，其变形量较小）。或者说变形区仅仅产生所要求的切向压缩变形的必要条件是：与其他变形方式相比，缩口变形所需要的变形力最小，使 A 区能最先满足塑性条件。

2. 冲压变形的控制措施

（1）合理确定毛坯各部分的相对尺寸　图9-19所示的变形条件，由于其尺寸 D_0、d_0 与

d_p 的相对关系不同，具有三种变形发生的可能：拉深、翻边和胀形，其结果可能得到三种完全不同的形状零件。这是因为尺寸关系不同，各部分的应力状态不同，最易满足塑性条件、变形阻力最小的位置不同。详见表 9-2。

（2）改变模具工作部分的几何形状与尺寸　例如增大冲头圆角半径 R_p、减小凹模圆角半径 R_d（见图 9-19），可以使毛坯法兰边拉深变形的阻力增大，冲头底部材料翻边的阻力减小，从而有利于翻边的实现；反之，则有利于拉深的实现。所以拉深时冲头和凹模有一个比较合理的圆角半径值。

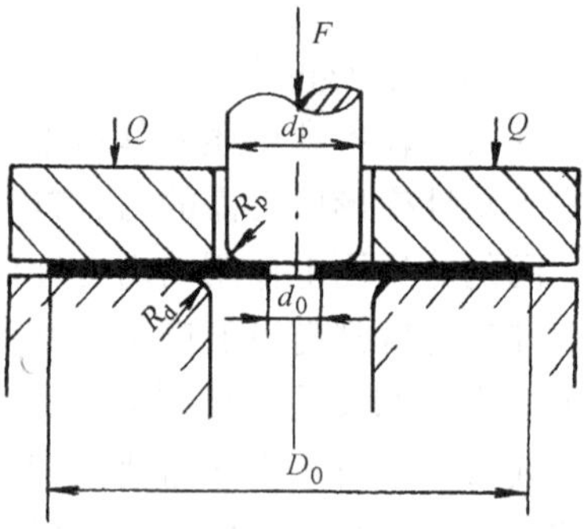

图 9-19　平板坯料变形发生的可能性

表 9-2　平板毛坯变形的发生

尺寸关系	先发生变形部位	成形方式	备　注
$\frac{D_0}{d_p}<1.5\sim2$　$\frac{d_0}{d_p}<0.15$	法兰边	拉深	注意合理防止失稳起皱
$\frac{D_0}{d_p}>2.5$　$\frac{d_0}{d_p}>0.2\sim0.3$	冲头底部	翻边	$\frac{d_0}{d_p}$值太小，内孔口部开裂
$\frac{D_0}{d_p}>2.5$　$\frac{d_0}{d_p}<0.15$	冲头底部	胀形	当$\frac{d_0}{d_p}=0$ 时更为胀形

（3）正确地利用摩擦与润滑条件　实际上这是一个改变毛坯与模具接触表面之间的摩擦阻力问题。例如图 9-19 中，压边力 Q 太大，会使毛坯与压边圈及凹模上平面之间的摩擦阻力加大，结果不利于拉深而有利于翻边或胀形的实现。所以，圆筒形零件拉深采用“单面润滑”传统理论就是基于这种道理。

（4）特殊办法　例如利用局部加热方法的拉深和缩口或局部深冷法的拉深，降低变形区的变形抗力或提高传力区的强度，都是使变形区的变形阻力变小而易于塑性流动的方法。

9.4.2　各种条件的要求

在设计冲压工艺过程多道工序加工时，必须综合考虑下列各种条件的要求及影响。

1. 冲压变形发生及趋向的要求

在需经数道工序加工成形时，对其工艺过程的总体设计、工序先后的安排及其是否要增加一些附加工序，都应从变形的发生及其控制的原理出发，以保证需要变形部分先变形、不需要变形的部分不变形、有害的变形排除掉，使之能很好地达到精度和质量的要求。

例如，有拉深变形和扩孔变形趋向的带底孔拉深件，研究表明：当拉深系数 m 小于一临界值 m_0（08 钢为 $m_0=0.6$）时，拉深件底部的任意小孔都要发生变形[68]。因此，该类零件上的小孔必须在拉深后冲出，否则，底部会发生扩孔（即翻边）变形。

2. 冲压件尺寸精度的要求

1）当对孔的尺寸及位置或零件上某一部分尺寸有较高的精度要求时，应当把这种工序安排在成形之后。如图 9-20 所示锁圈，因内孔尺寸 $\phi22_{-0.1}^{\ 0}$是配合尺寸，有精度要求，故其工艺过程应为落料、成形、冲孔。若其内孔 $\phi22$ 没有精度要求，不是配合尺寸，则其工艺过程可以是：落料冲孔、成形两道工序，这样工序少且效率高。

2）拉深件的口部、扩孔件的孔边缘等，都难以得到规则而平齐的形状，尤其当使用的板料具有较大的方向性时更为严重。因此，在一般情况下，拉深件、翻边件、扩口件等最后都排有一道修边工序（切边或冲孔）。当然高度小且对周边口部没有较高精度要求者除外。

3）当对冲压件的几何形状或尺寸有较高的精度要求时，必须增加一道整形工序。比如，图 9-21 所示的调温器外壳在冲压成形后（前面共有 5 道工序）就设有一道对底部和法兰边的整形工序。实际上精压、校正弯曲也属于整形工序。

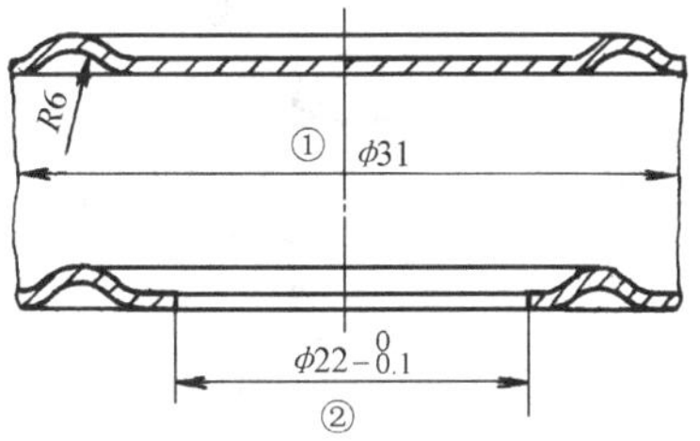

图 9-20　有精度要求的锁圈

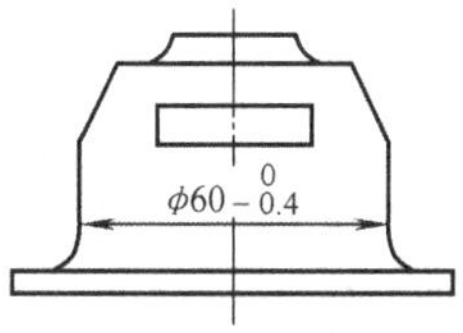

图 9-21　调温器外壳零件示意

4）对零件壁部的变薄量有无要求，是选择拉伸类成形或压缩类成形的主要依据。如图 9-21 所示的零件，若底部侧壁的壁厚要求不严，则可采用翻边工序；若不允许变薄，则必须是采用拉深工序，最后把底冲切掉。

3. 操作上的要求

1）选定好定位尺寸是为了使得操作安全、方便及稳定工艺、保证尺寸精度。

如图 9-21 所示零件，第一道拉深工序拉深出的 $\phi60_{-0.4}^{\ 0}$是以后各道工序的定位尺寸；图 9-22 所示零件，仅用同样性质尺寸 $\phi62$ 定位则不够。为了防止毛坯的转动，必须增加定位。该零件是用两 $\phi5.5$ 孔解决冲侧孔和冲切翻边两道工序的方向定位。

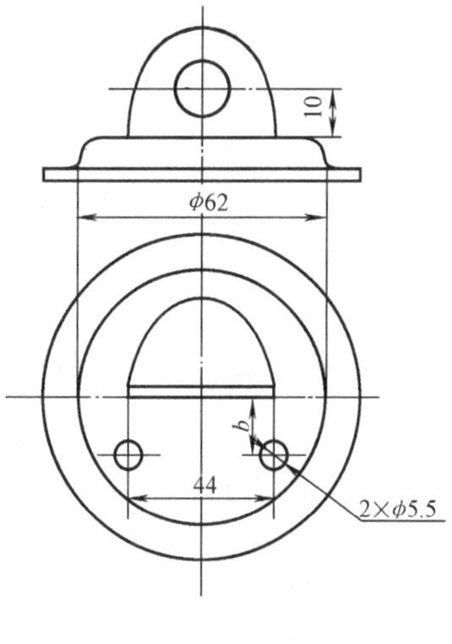

图 9-22　增加工艺孔定位的零件

为了消除多次定位的误差，应该尽量使全部工序中都用同一定位尺寸，最好是选用毛坯的外形或孔，且应该选择在各道冲压工序中不致产生变形或位移的尺寸。当在冲压零件毛坯上找不到合适的定位部分时，也可以利用在以后的工序中需要切除的废料上冲制“工艺孔”来定位。

2）不便取拿操作、或形状特殊不易定位的零件，不要先落料分离，应在冲压完成后冲切分离。如各种链条零件及日用小五金零件等大多采用这种加工方法，或叫带料连续冲压。

3）工艺稳定性也是一个重要原则。特别像带料连续拉深这样的连续流水线冲压生产就必须工艺稳定。为此需要：各道工序的变形程度均不应接近极限变形程度；对原材料的规格、模具精度与耐磨性、设备性能与操作技术都应严格要求。

4. 模具的结构与强度上的要求

模具形式的选定，决定条件之一是生产批量的大小。

一般生产批量大，宜设计多工序模，把冲压件的多工序组合成一道工序；批量小可选单工序模。而且，当生产批量大时，可选用合金工具钢模或硬质合金模；生产批量或试产时，可选用通用模与简易模，如弹簧模、聚氨酯模、锌基合金模等。

模具强度也要考虑，复合模结构中，有时凸凹模的侧壁厚度比较小，强度得不到保证，这时则应该放弃组合模而选用简单模或者修改冲压件某些工艺尺寸。

9.4.3 半成品形状与尺寸的确定

半成品是毛坯和冲压件之间的过渡件。每个半成品都可分为两个部分：已成形部分，它的形状与尺寸和成品零件相同；待成形部分，它的形状与尺寸和成品零件不同，是过渡性的，虽然其尺寸和形状在零件冲压加工完成后会完全消失，但对每道工序的成败及整个冲压件的质量却有重要的影响。因此，半成品形状与尺寸的确定是冲压工艺方案确定的重点内容之一，主要应考虑冲压变形的要求。下面以出气阀罩盖（图9-23）零件（材料为黄铜H62，$t=0.3\text{mm}$）为例，来说明冲压半成品形状与尺寸确定的依据和方法[8]。

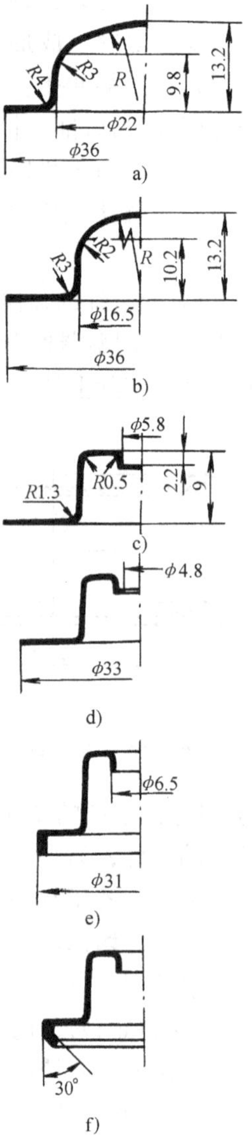

图9-23 多道工序半成品设计例

a）落料拉深成形 b）拉深成形 c）胀形 d）冲孔切边 e）外缘拉深及内孔翻边 f）缩口

1）有一些半成品尺寸可以根据该道冲压工序的极限变形参数求得，这样可以减少工序、增加定位因素。图9-23a所示零件第一道落料拉深的直径 $\phi22$，就是根据极限拉深系数计算得出的。

2）确定半成品尺寸时，必须保证在每道工序中被已成形部分隔开的内部与外部，在以后的加工中都各自在本身范围内进行金属的分配和转移，不能企图从其它部分补充金属，也不应有多余的金属。图9-23b所示零件在第二道拉深成直径为 $\phi16.5$ 的圆筒形部分，在以后的工序中它不再变形了。于是，被这部分隔开的内外两部分的各个尺寸，都是根据这个道理再作后续设计计算。

3）半成品中遇到局部的凹坑或凸起时，应设计判断好通过何种变形去实现。从图9-23c所示零件第三道工序后的半成品底部的形状和尺寸来看，由于凹坑的直径过小（$\phi5.8$），假如把第二道工序做成平底的形状，凹坑的一次冲压成形是不可能的（拉深系数 $m=\frac{5.8}{16.5}=0.35$）。现把第二道工序的半成品形状做成球面形状，可以为以后形成凹坑的部位上储存材料，使第三道工序中一次胀形凹坑成为可能。

4）曲面形状零件的半成品形状是具有较强抗失稳能力的形状，能有效防止下一道工序中的失稳起皱。如图 9-23a、b 中第一、二道工序球底形状，对第三道工序的成形（实际上这里是胀形，形式上像反拉深）是较为有利的。

5）有时半成品的过渡尺寸，直接影响成品零件的表面质量。如多道拉深工序中凸模的圆角半径或宽法兰边零件多次拉深时，凹模与凸模的圆角半径都不宜过小，否则在制成零件的表面上会残留有其圆角部位弯曲与变薄的痕迹，降低零件的表面光滑程度。

9.4.4 工艺方案确定举例

根据产品图或实物，按照冲压件的形状、尺寸、精度要求、所用材料及生产纲领等条件，首先，分析该冲压的结构工艺性是否良好，是否需要进行必要的更合理的修改。然后，以冲压变形的发生与控制原理及可能达到的极限变形程度为依据，提出该产品可能的冲压加工方案，包括工序的性质、名称、数量、顺序及组合方式。并以产品质量、生产效率、使用设备、模具制造的难易程度及寿命高低、操作方便与安全等方面为考虑点，进行综合的分析与比较。最后，确定适合于所给定生产条件的最佳工艺方案。

例如，一种摩托车零件，其形状与尺寸如图 9-24 所示。其中圆角 $R1$ 处有装配要求，不能修改。图样上要求所用材料为 08F 钢，料厚 $t=0.8$mm，生产纲领为大批量。

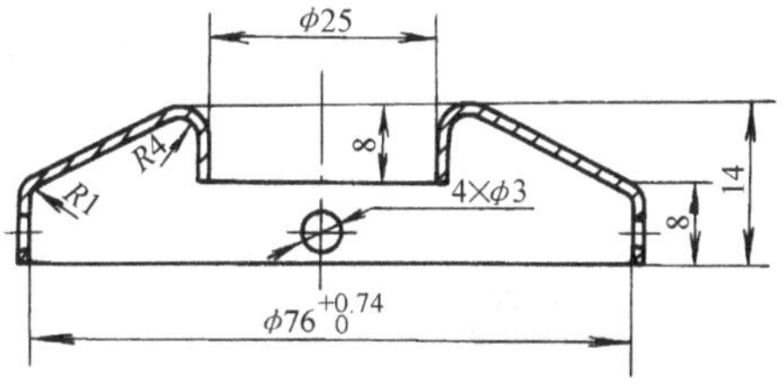

图 9-24　一种摩托车零件图

根据产品图样及相关要求可知：该冲压为一空心、非平底且中间有竖边通孔、四周有侧孔的形状，所有尺寸精度要求不高，虽然圆角半径 $R1$ 较小，但可采用整形工序来达到。因此，该零件冲压加工的基本工序包括有落料、拉深、胀形、冲孔、翻边、整形、切边或修边以及冲侧孔等。若不考虑采用过多的单工序及特殊成形中的旋压加工，用这些基本工序的不同组合至少可能有以下 A、B、C 三种工艺方案，即

方案 A：①落料拉深胀形，②整形，③冲孔切边，④拉深翻边，⑤冲侧孔。

方案 B：①落料拉深，②整形；③冲孔切边，④拉深翻边，⑤中间退火，⑥内缘再翻边，⑦冲侧孔。

方案 C：①落料拉深胀形，②二次拉深，③整形，④修边，⑤切底（冲孔），⑥冲侧孔。

各方案中的工序草图及半成品主要尺寸如图 9-25 所示。

显然，各方案均有不同特点，分析其主要特点分别有：

方案 A　工序及模具较少、生产效率较高，但用料稍多。

方案 B　翻边质量较好、模具结构简单，但工序多并要中间退火。

方案 C　用料较少，但修边与切底（孔）比较麻烦。

经过全面分析、综合考虑，并主要以成形极限、零件质量、生产效率及经济性合算几个

方面衡量，认为三者之中方案 A 较佳，故工厂采用方案 A。

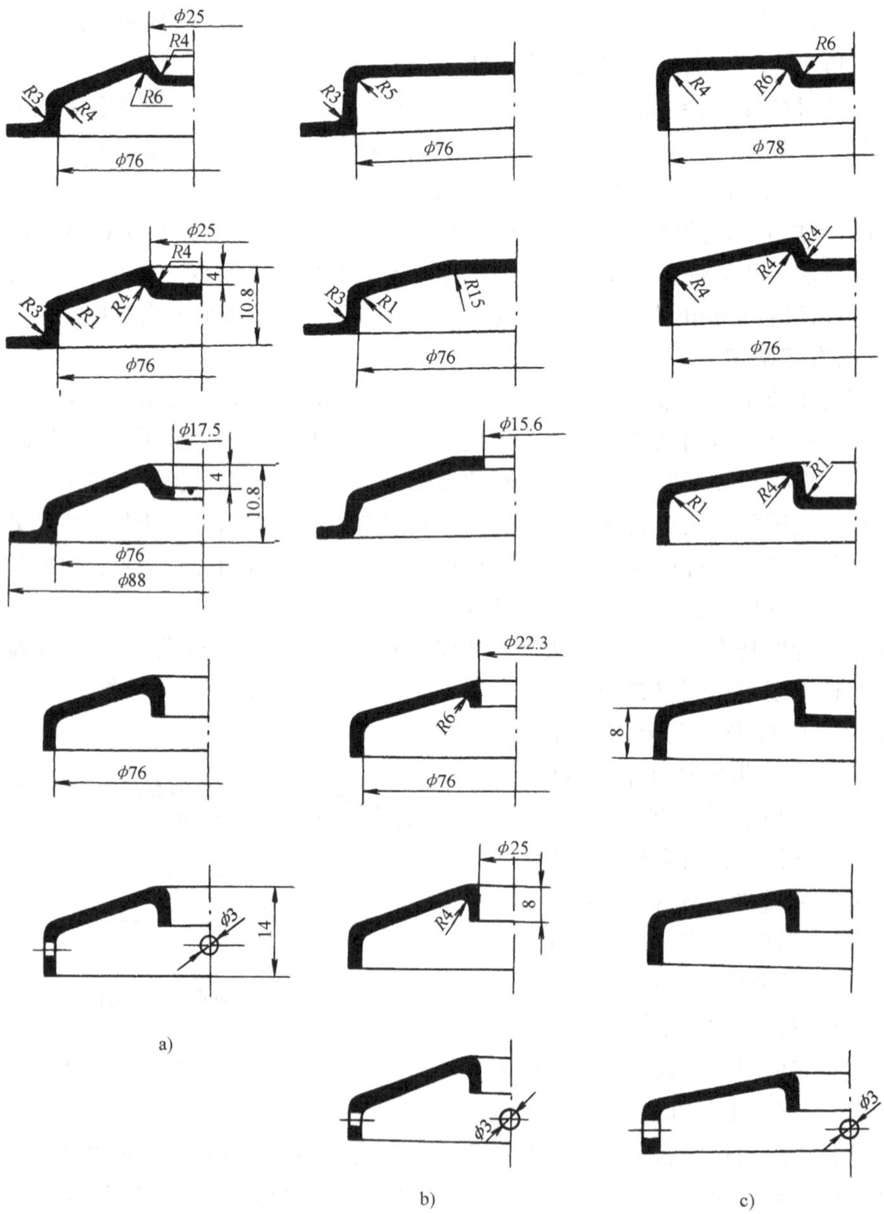

图 9-25　工艺方案及工序草图

a）方案 A　b）方案 B　c）方案 C

9.5　冲压工艺知识的结构体系

9.5.1　冲压工序的组成与分类

广义的板料冷冲压加工工序是多种多样的，可谓五花八门，需要对它们加以系统化。在前人研究成果的基础上，从工程实用角度出发，提出对冲压件产品加工所可能用到加工工序按其本质所属范围分成两大类：基本工序和其他工序，如图 9-26 所示。

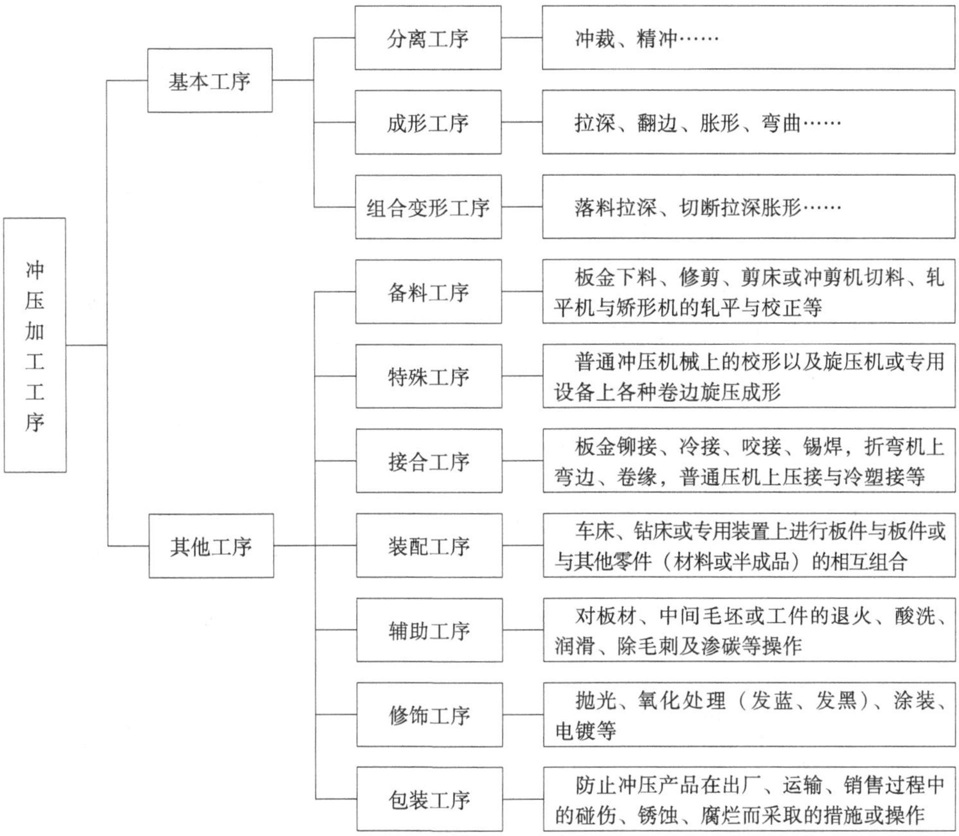

图 9-26　冲压加工工序的分类

基本工序是指借助于典型的冲压设备及冲压模具且在一次冲压行程中实现板料冲压加工的工序。基本工序有自己典型的变形机理，其应用范围相当广泛。或者说，基本工序即狭义的冲压加工工序。其他工序是指除了基本工序外，成为冲压产品所涉及的那些加工工序。例如有备料工序、接合工序、辅助工序和包装工序等。图 9-26 中列出了共 7 种冲压加工其他工序。

9.5.2　冲压工艺知识结构体系

1. 冲压工艺的类组

冲压工艺指冲压变形中各种基本工艺单元即基本工序的总括。冲压工艺类组的划分即为其基本工序的构成。

冲压加工中的基本工序包括分离工序和成形工序两大类。这种分法早已为工程上所采纳，实际上也是有其理论依据的。它是依据了材料的变形力学范围来划分的。分离工序——材料的变形力学范围表现为产生断裂变形的工序；成形工序——材料的变形力学范围是在塑性变形范围，不论在何种冲压成形工序中都不准工件出现破裂或失稳皱折。这种传统的分类方法仅仅考虑了单一变形方式而认识的。正如第 8 章中指出的，在冲压生产的实际中，还有一类组合变形工序大量存在，包括分离与分离的组合、成形与成形的组合以及分离与成形的

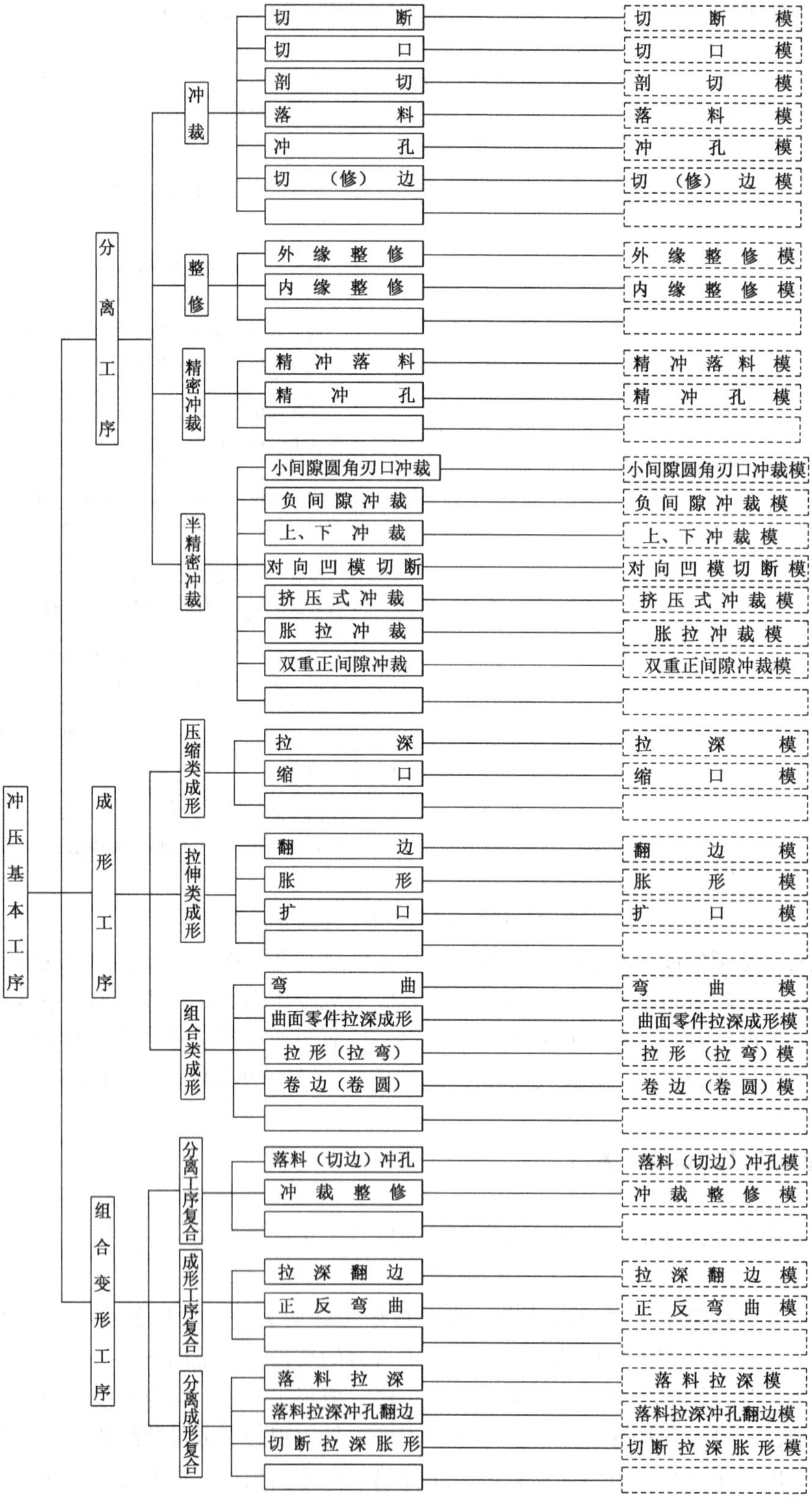

图 9-27　冲压加工工艺知识结构体系

组合。显然，冲压基本工序应该可分为分离工序、成形工序以及组合变形工序三种类别。

由于按断裂分离变形机理的不同，可将分离工序类分为 4 个组别；按塑性变形机理的不同，可将成形工序类分为 3 个组别；按分离与成形的不同组合，可将组合变形工序分为 3 个组别，因此，冲压基本工序的总括即冲压工艺类组可划分为三类四组，见表 9-3。

表 9-3　冲压工艺分类分组表

类、组		特点与变形机理	基本工序例
分离工序		变形部位材料产生断裂分离	
	冲裁	剪裂缝发生，发展至重合而断离机理	切断、剖切、落料、冲孔
	整修	切削变形机理	内缘整修、外缘整修
	精冲	抑制剪裂缝发展而实现材料塑性分离	精冲落料、精冲孔
	半精冲	复合了两种以上断裂分离机理	上、下冲裁、对向凹模切断
成形工序		变形部位材料产生塑性变形而不破断	
	压缩类	变形区切向压缩变形，材料增厚	拉深、缩口
	拉伸类	变形区切向拉伸变形，材料减薄	翻边、胀形、扩口
	复合类	变形区连续，存在有拉、压的变形	弯曲、拉形、卷圆
组合变形工序		不连续变形部位产生各自的塑性变形或断离	
	分离工序组合	不同变形部位上的分离	落料冲孔、冲裁整修
	成形工序组合	不同变形部位里的成形	正反弯曲、拉深翻边
	分离成形组合	不同变形位置上有分离及成形	落料拉深、落料拉深冲孔翻边

2. 冲压工艺知识结构体系

如果将冲压工艺知识结构分为 4 个层次：第 1 层次为冲压工艺的 3 大类别；第 2 层次为其各类别划分出的 10 个组别；第 3 层次为其各个组别中所包含的典型基本工序；第 4 层次为典型基本工序对应的冲压模具，则可以用框图 9-27 表示一种冲压工艺知识结构体系。

此种工艺知识结构体系，以冲压基本工序为单元，实际上成为了建立计算机冲压工艺知识库及其知识源的纲目，同时，也为建立冲压模知识库及知识源的一种纲目，图中并用虚线框出了模具的名称。

由于该三大类十小组的冲压工艺知识结构体系是以基本工序为单元，故其派生工艺及接合工艺尚未列出；在十小组的基本工序框图里均留有空格，可为未列出的现有工艺或将发展出的新工艺填充，尤其是复合类小组中。

习题与思考题九

9-1　冲压工艺过程设计的目标要求是什么？

9-2　今有一冲裁件（习题 9-2 图）有三种可能形状和尺寸，试问：哪种设计方案的冲裁件结构工艺性好？为什么？

9-3　冲压变形中变形发生的条件是什么？试举两例加以说明。

9-4　深入理解冲压件的尺寸精度或几何形状要求较高时，往往是决定工序的前后顺序和是否需要修边、校形的依据。

9-5　试对拟新生产铜灯头座的 4#圈零件（习题 9-5 图）进行工艺方案设计（列出工序顺序、名称并画出示意图）。

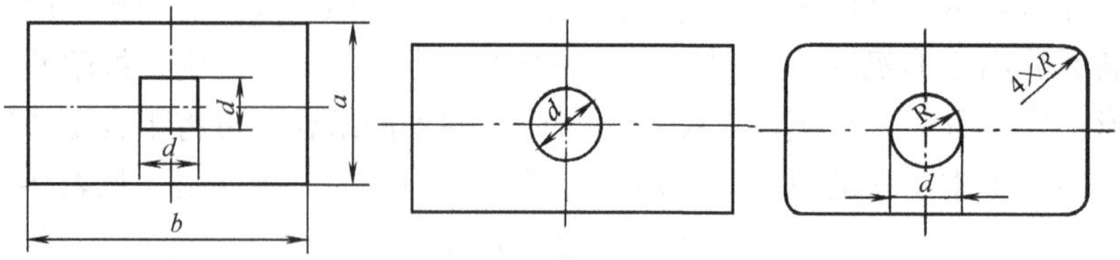

习题 9-2 图

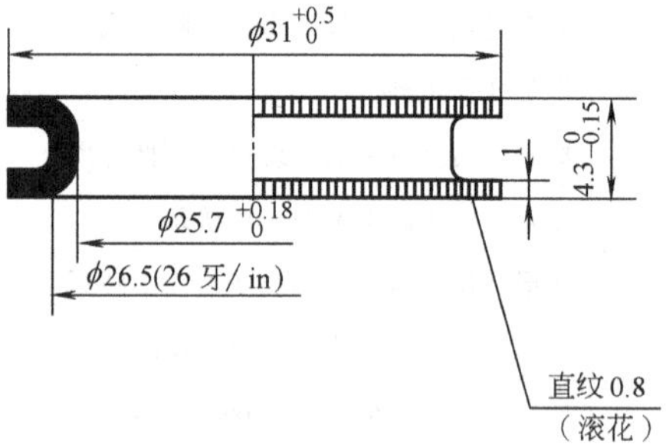

习题 9-5 图

9-6 在进行某项冲压工艺过程设计时，若遇到工艺上合理与经济上合算相矛盾时怎么办?

9-7 经过实习参观和课堂学习，现今你对冲压设备规格或类型的选择，能有哪些认知?

9-8 图 9-26 及图 9-27 实际上是冲压加工两个方面的系统知识，其形式与内容你能理解吗? 如果很感兴趣，那兴趣点在哪儿呢?

第10章 冲压设备的选择

10.1 基本概念

所谓设备是指生产或生活中所需的各种器械用品。冲压设备是冲压加工中提供动力和模具安装空间所用的机器、装置，包括生产线或加工中心。

设备是冲压加工三要素之一。本章阐述的冲压设备为进行冲压加工基本工序所用到最基本的各种压力机，主要有机械压力机和液压压力机等。

冲压设备选择是冲压工艺过程设计的一项重要内容——根据上一篇讲述的各种冲压加工基本工序中变形力的计算，也要考虑下一篇中各种冲模结构中的总体尺寸，选择所需压力机的类型与规格，其中最为重要的一个参数为压力机的公称压力。

冲压设备的选择直接关系到设备的安全和使用的合理，同时也关系到冲压工艺过程的顺利完成及加工产品质量、生产效率、模具寿命、板料的性能与规格、成本的高低等一系列重要的问题。

10.2 冲压设备类型的选择

冲压设备类型的选择要依据冲压零件的生产批量、零件尺寸的大小、工艺方法与性质及冲压件的尺寸、形状与精度等要求来进行。

1）根据冲压件的大小进行选择时，可参照表10-1。

表10-1 按冲压件大小选择冲压设备

零件大小	选用压力机类型	特　点	适用工序
小型或中小型	开式或半闭式机械压力机	C型或整体式机身； 重量轻、操作方便，价格低廉	分离及成形 （薄板分离及浅的成形件）
大中型	闭式机械压力机	组合式机身； 重量重，工作平稳	分离、成形 （厚板分离及较 深成形件与组合工序）

2）根据冲压零件的生产批量选择时，可参照表10-2。

表10-2 按生产批量选择冲压设备

零件批量		冲压设备类型	特　点	适用工序
小批量	薄板	通用机械压力机	速度快、生产效率高，质量较稳定	各种工序
	厚板	液压机	行程不固定，不会因超载而损坏设备	拉深、胀形、弯曲等
大中批量		高速压力机 多工位自动压力机	高效率 高效率，消除了半成品堆储等问题	冲裁 各种工序

3）考虑精度与刚度。在选用设备类型时，还应充分注意到设备的精度与刚度。压力机的刚度是由床身刚度、传动刚度和导向刚度三部分组成，如果刚度较差，负载终了和卸载时模具间隙会发生很大变化，影响冲压件的精度和模具寿命。设备的精度也有类似的问题。

尤其是在进行校正弯曲、校形及整修类工艺时更应选择刚度与精度较高的压机。在这种情况下，板料的规格（如料厚波动）应该控制更严，否则，因设备过大的刚度和过高的精度反而容易造成模具或设备的超负荷损坏。

4）考虑生产现场的实际可能。在进行设备选择时，还应考虑生产现场的实际可能。如果目前没有较理想的设备供选择，则应该设法利用现有设备来完成工艺过程。比如，没有高速压力机而又希望实现自动化冲裁，可以在普通压力机上设计一套自动送料装置来实现。再如，一般不采用摩擦压力机来完成冲压加工工序，但是，在一定的条件，有的工厂也用它来完成小批量的切断及某些成形工作。

10.3 冲压设备规格的选择

在选定设备类型之后，应该进一步根据冲压件的大小、模具尺寸及工艺变形力来确定冲压设备规格。其规格的主要参数有以下几个。

（1）行程　压力机行程的大小，应该保证坯料的方便放进与零件的顺畅取出。例如，对于拉深工序所用的压机行程，至少应保证：压机行程 $S>2h$（h 为零件高度）。

（2）装配模具的相关尺寸　压机的工作台面尺寸应大于模具平面尺寸（一般是指模具底板），以确保有模具安装与固定的余地，又不致于削弱工作台的受力；其工作台孔的尺寸要保证漏料或顺利安放模具顶出料装置。

一般开式压力机滑块上有模柄孔尺寸（直径×深度），此时，模具的模柄应当与此相适应。

（3）装模高度　压机的装模高度是指滑块处于下死点时，滑块下平面至工作台上平面间的开挡空间尺寸。这个高度即为压机操作（主要是装卸模具）的空间高度尺寸。显然，压机的装模高度要与模具的闭合高度相适应。压机的最大装模高度要大于模具的闭合高度，最小装模高度又要能小于模具的闭合高度，具体相互适应关系见第 12.4 节。

（4）公称压力　公称压力是指设备允许承受或所能给出的最大作用力。对于曲柄压力机定义为滑块离下死点前某一特定距离或曲柄旋转到下死点前某一特定角度时，滑块上所允许承受的最大作用力。对于液压机定义为液压机所能给出的最大压力。曲柄压力机的公称压力也称之为额定压力。公称压力大小的选择，首先要以冲压工艺所需要的变形力为前提。要求设备的公称压力要大于所需的变形力，而且，还要有一定的力量储备，以防万一。例如，某道冲压工序的工艺变形力为 F_{max}，那么，选择的公称压力一般为 $1.3F_{max}$。

从提高设备的工作刚度、冲压零件的精度及延长设备的寿命之观点出发，要求设备容量有较大剩余。最新的观点是使设备留有 30%～40% 的余量，即只使用设备容量的 60%～70%。还有的建议只使用设备容量的 50%，即取公称压力为工艺变形力的 2 倍。

上述公称压力的选择原则，对于冲裁、弯曲等工序的实现已经不存在什么问题了。但对于拉深等成形工序，可能有时还不保险。因为拉深与冲裁不同，最大变形力不是发生在冲床名义压力的位置，而是发生在拉深成形过程的中前期，这时，虽然最大变形力小于压机的公称压力，但最大变形力发生的位置却远离压机公称压力位置而不太保险。于是，还要利用压机的许用力-行程曲线（参见图 10-1 中的曲线 a、b）。

如图 10-1 所示，图中曲线 1、2 和 3 分别代表典型的冲裁、弯曲和拉深变形的力-行程关系曲线。从图中可以看出，在进行冲裁、弯曲时，选公称压力为 P_a，即力-行程曲线 a 的压力机，完全可以保证在全部行程里的变形力都低于许用压力，也有一定的储备，这种选择是合理的。

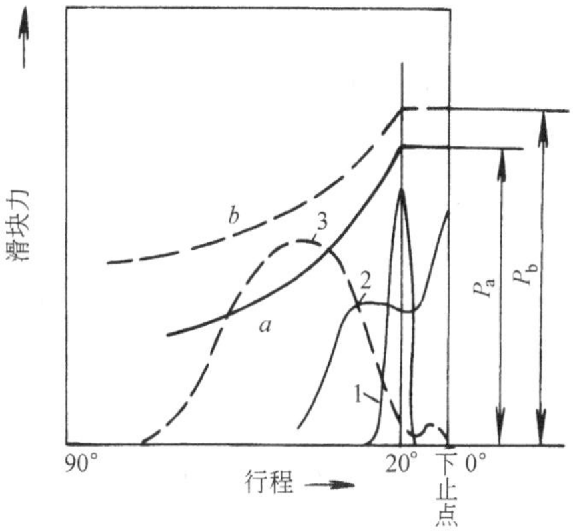

图 10-1　压机的许用力-行程曲线
1—冲裁　2—弯曲　3—拉深

但是，从图中也看出，公称压力为 P_a 的压机，虽然其公称压力远大于曲线 3 所示的拉深变形所需的最大力，可由于拉深变形最大力出现在拉深行程的中前期，这个最大力超过了相应位置上压机的曲线 a 上的力，即超过了压机当时的允许压力，此时，显然设备会要发生危险。所以，在这种情况下，必须重选公称压力更大、例如公称压力为 P_b（具有曲线 b）的压力机。

从图 10-1 中还能注意到，拉深功比弯曲、冲裁功大很多，因此，有时还要校核一下拉深功和电动机的功率。倘若拉深变形功大于压机的功，虽然设备不一定会发生危险，但此时拉深进行不下去，冲压加工不能顺利地达到目的。

10.4　主要冲压设备类型与规格

常规的冲压设备，在工程习惯上主要是指压力机。压力机的种类很多，按照不同的观点可以把压力机分成不同的类别。如：按驱动滑块力的种类分为机械的、液压的、气动的等；按滑块个数可分为单动、双动、三动式等；按驱动滑块机构的种类又可分为曲柄式、肘杆式、摩擦式等；按机身结构形式可分为开式、闭式的等等。

我国锻压机械的分类和代号见表 10-3。常用的冲压设备（开式，闭式压力机）规格及基本参数见表 10-4 ~ 表 10-6；表 10-7 为液压压力机技术规格；表 10-8、表 10-9 分别为瑞士和日本一些精冲压力机的技术指标。

表 10-3　我国锻压机械的分类和代号

类　别	代　号	类　别	代　号
机械压力机	J	锻　　机	D
液压压力机	Y	剪　切　机	Q
自动锻压机	Z	弯曲校正机	W
锤	C	其　　他	

表 10-4 开式压力机规格

公称压力/kN			40	63	100	160	250	400	630	800	1000	1250	1600	2000	2500	3150	4000
发生公称压力时滑块距下止点距离/mm			3	3.5	4	5	6	7	8	9	10	10	12	12	13	13	15
滑块行程/mm			40	50	60	70	80	100	120	130	140	140	160	160	200	200	250
行程次数/（次·min^{-1}）			200	160	135	115	100	80	70	60	60	50	40	40	30	30	25
最大装模高度/mm	固定台和可倾式		160	170	180	220	250	300	360	380	400	430	450	450	500	500	550
	活动台位置	最低				300	360	400	460	480	500						
		最高				160	180	200	220	240	260						
装模高度调节量/mm			35	40	50	60	70	80	90	100	110	120	130	130	150	150	170
滑块中心到床身距离/mm			100	110	130	160	190	220	260	290	320	350	380	380	425	425	480
工作台尺寸/mm	左右		280	315	360	450	560	630	710	800	900	970	1120	1120	1250	1250	1400
	前后		180	200	240	300	360	420	480	540	600	650	710	710	800	800	900
工作台孔尺寸/mm	左右		130	150	180	220	260	300	340	380	420	460	530	530	650	650	700
	前后		60	70	90	110	130	150	180	210	230	250	300	300	350	350	400
	直径		100	110	130	160	180	200	230	260	300	340	400	400	460	460	530
立柱间距离/mm			130	150	180	220	260	300	340	380	420	460	530	530	650	650	700
活动台压力机滑块中心到床身紧固工作台平面距离/mm						150	180	210	250	270	300						
模柄孔尺寸（直径/mm×深度/mm）			φ30×50				φ50×70			φ60×75			φ70×80		T形槽		
工作台板厚度/mm			35	40	50	60	70	80	90	100	110	120	130	130	150	150	170
倾斜角（可倾式工作台压力机）/（°）			30	30	30	30	30	30	30	30	25	25	25				

表 10-5 闭式单点压力机规格

公称压力/kN	公称压力行程/mm	滑块行程/mm		滑块行程次数/次·min^{-1}		最大装模高度/mm	装模高度调节量/mm	导轨间距离/mm	滑块底面前后尺寸/mm	工作台板尺寸/mm	
		Ⅰ型	Ⅱ型	Ⅰ型	Ⅱ型					左右	前后
1600	13	250	200	20	32	450	200	880	700	800	800
2000	13	250	200	20	32	450	200	980	800	900	900
2500	13	315	250	20	28	500	250	1080	900	1000	1000
3150	13	400	250	16	28	500	250	1200	1020	1120	1120
4000	13	400	315	16	25	550	250	1330	1150	1250	1250
5000	13	400		12		550	250	1480	1300	1400	1400
6300	13	500		12		700	315	1580	1400	1500	1500
8000	13	500		10		700	315	1680	1500	1600	1600
10000	13	500		10		850	400	1680	1500	1600	1600
12500	131	500		8		850	400	1880	1700	1800	1800
16000	13	500		8		950	400	1880	1700	1800	1800
20000	13	500		8		950	400	1880	1700	1800	1800

表 10-6 闭式双点压力机基本参数

公称压力/kN	公称压力行程/mm	滑块行程/mm	滑块行程次数/次·min^{-1}	最大装模高度/mm	装模高度调节量/mm	导轨间距离①/mm	滑块底面前后尺寸/mm	工作台板尺寸/mm	
								左右①	前后
1600	13	400	18	600	250	1980	1020	1900	1120
2000	13	400	18	600	250	2430	1150	2350	1250
2500	13	400	18	700	315	2430	1150	2350	1250
3150	13	500	14	700	315	2880	1400	2800	1500
4000	13	500	14	800	400	2880	1400	2800	1500
5000	13	500	12	800	400	3230	1500	3150	1600
6300	13	500	12	950	500	3230	1500	3150	1600
8000	13	630	10	1250	600	3230/4080	1700	3150/4000	1800
10000	13	630	10	1250	600	3230/4080	1700	3150/4000	1800
12500	13	500	10	950	400	3230/4080	1700	3150/4000	1800
16000	13	500	10	950	400	5080/6080	1700	5000/6000	1800
20000	13	500	8	950	400	5080/7580	1700	5000/7500	1800
25000	13	500	8	950	400	7580	1700	7500	1800
31500	13	500	8	950	400	7580/10080	1900	7500/10000	2000
40000	13	500	8	950	400	10080	1900	10000	2000

① 分母数为大规格尺寸。

表 10-7 四柱万能液压机

主要技术规格	型号							
	Y32-50	YB32-63	Y32-100A	Y32-200	Y32-300	YA32-315	Y32-500	Y32-2000
公称压力/kN	500	630	1000	2000	3000	3150	5000	20000
滑块行程/mm	400	400	600	700	800	800	900	1200
顶出力/kN	75	95	165	300	300	630	1000	1000
工作台尺寸/mm（前后×左右×距地面高）	490×520×800	490×520×800	600×600×700	760×710×900	1140×1210×700	1160×1260	1400×1400	2400×2000

（续）

主要技术规格	型　　号							
	Y32-50	YB32-63	Y32-100A	Y32-200	Y32-300	YA32-315	Y32-500	Y32-2000
工作行程速度/(mm/s)	16	6	20	6	4.3	8	10	5
活动横梁至工作台最大距离/mm	600	600	850	1100	1240	1250	1500	800～2000
液体工作压力/MPa	2000	2500	2100	2000	2000	2500	2500	2600

表 10-8　Feintool-Osterwalder 机械式精冲压力机

技术指标 \ 型号		GKP-FS25	GKP-F40	GKP-F100	GKP-F160	GKP-F250	GKP-F320
总力/kN		250	400	1000	1600	2500	3200
压边力/kN		20～120	20～120	40～310	120～500	20～750	50～1000
反压力/kN		0.2～120	0.5～120	10～270	10～400	20～750	40～800
行程次数/（次·min^{-1}）		63～160	36～90	20～80	18～72	15～60	10～40
行程/mm		25	45	50	61	61	63
冲裁速度/（mm/s）		5～15	5～15	5～15	5～15	5～15	5～15
装模高度/mm	活动台面	100～170	110～180	140～220	194～274		
	固定台面			175～255	234～314		
	活动凸模用复合式台面			140～220	184～264	160～305	210～340
	固定凸模用复合式台面			150～230	194～274	175～320	225～355
模具安装尺寸/mm	上工作台	280×280	280×280	430×420	480×520	540×540	640×640
	活动式下工作台	280×300	280×300	430×420	480×520		
	固定式下工作台			430×420	480×520		
	复合式下工作台			430×420	480×520	540×540	630×630
材料最大厚度/mm		2	4	5	6	10	10
材料最大宽度/mm		64	100	180	210	250	320
送料最大长度/mm		66	60	180	180	250	320
功率/kW		4.5	4	10	13	29	29
重量/t		3.3	3.3	6	10	16	24.5

表 10-9　AIDA 公司精冲机

技术指标 \ 型号		F-3/5	F-5/10	F-8/15	F-10/20	F-15/30	F-20/40	F-30/60
总压力/kN		500	1000	1500	2000	3000	4000	6000
压边力/kN		180	350	500	700	1000	1500	2000
反压力/kN		70	150	250	350	500	750	1000
行程次数/（次·min^{-1}）		600～100	40～80	35～70	30～60	20～45	15～40	15～13
行程/mm		40	55	60	65	80	100	125
模具闭合高度/mm	可调的	220	240	260	300	350	430	500
	固定的	235	255	275	320	370	450	520
闭合高度调节量/mm		40	50	60	65	80	80	100
模具尺寸(左右×前后)/mm		330×500	500×500	600×600	720×720	850×850	900×900	1000×1000
最大材料厚度/mm		4	5	6	6.5	8.5	10	12
最大材料宽度/mm		120	140	160	200	250	300	400
机床功率/kW		5.5	11	15	22	30	37	50

冲压设备在不断进步与发展。21 世纪初，冲压设备新发展有两个明显动向：①高速精密压力机[168]，其转速至少高于 200 次/min，有的高达数千次；②AC 伺服压力机[169]，在冲压行程中可以变速及控制下止点的位置精度。表 10-10 和表 10-11 为其中两种型号 AC 伺服压力机的技术规格。

表 10-10　AC 伺服压力机 H1F

技术指标 \ 型号	H1F35	H1F45	H1F60	H1F80	H1F110	H1F150	H1F200
公称压力/kN	350	450	600	800	1100	1500	2000
滑块行程/mm	80～40	100～50	120～60	130～100	150～110	200～130	250～160
最大速度/(次·min^{-1})	80～230	70～80	60～150	75～110	65～100	55～85	50～70

表 10-11　AC 伺服压力机 H2F

技术指标 \ 型号	H2F200	H2F300
公称压力/kN	2000	3000
变速位置/mm	6	6
滑块高度/mm	30～208	30～260
行程次数/次·min^{-1}	0～88	0～80
最大装模高度/mm	299	550
装模高度调节量/mm	150	100
滑块端面尺寸（长×宽）/mm	1850×840	2150×890
工作台面尺寸（长×宽）/mm	1850×940	2150×990

（续）

技术指标 \ 型号	H2F200	H2F300
立柱间距离/mm	1900	2200
观察窗开度/mm	890	940
电动机功率/kN	40×2	100×2
最大装模重量/t	1.1	1.1

注：表10-10、10-11资料数据来自：http://www.komasusanki.com/gsjj.htm#gsgy。

习题与思考题十

10-1 开式压力机、闭式压力机、液压压力机、精冲压力机及AC伺服压力机各主要有什么特点？

10-2 何为公称压力？何为变形力（变形抗力）？两者有怎样的关联？

10-3 从冲压模安装角度考虑压力机，有哪几个相关尺寸需要进行选择和作怎样的选择？

10-4 在第3章第4节末尾，讲过在设计落料拉深复合模及复合工序时，不应将落料力与拉深力叠加去选择压力机，你现在能理解其科学道理吗？

10-5 经过课堂学习和实习参观，现今你对冲压设备规格或类型的选择，能有哪些认知？你还从其他地方获得了设备方面什么新信息？

第 11 章　冲压用板料

所谓板原指片状的木头，后引申指一切片状物。冲压加工中所用的板料，或者说冲压加工中被加工的对象，是金属板料。故有钣、钣金、钣料、钣材之说。也有钣材成形技术之说。其实，冲压加工和钣材成形虽然不能认定为同名词，但其内涵是相通的，只是两者研究的具体对象、工艺方法及设备之侧重点有所不同而已。

板料是冲压加工三要素之一。通常情况下，这种冲压加工中被加工对象是由冲压制品的设计者选择并提出的。但是，作为冲压工艺及模具设计工作者，一定程度地了解、熟悉板料的类型、规格、性能及特点等，乃是其工作的一种前提。

11.1　常用板料的基本知识

1. 概念及相关标准

（1）牌号及其力学性能　冲压常用板料主要是指各种牌号的钢板与有色金属（铜、铝及其合金）板料两大类。这里的板料泛指板、带、条及箔材。

各种板料的牌号及力学性能指标，分别有国标和部标规定。例如，表 11-1、表 11-2 为各种牌号碳素结构钢的化学成分与力学性能指标；表 11-3 ~ 表 11-5 为深冲薄板各种牌号的化学成分及其材料特征值；表 11-6、表 11-7 为铝、铜等有色金属板料力学性能举例。

表 11-1　碳素结构钢牌号和化学成分（质量分数）（GB/T 700—2006）

牌　号	等级	化学成分（%）					脱氧方法
		C	Mn	Si	S	P	
				不大于			
Q195	—	0.06 ~ 0.12	0.25 ~ 0.50	0.30	0.050	0.045	F、b、Z
Q215	A	0.09 ~ 0.15	0.25 ~ 0.55	0.30	0.050	0.045	F、b、Z
	B				0.045		
Q235	A	0.14 ~ 0.22	0.30 ~ 0.65	0.30	0.050	0.045	F、b、Z
	B	0.12 ~ 0.20	0.30 ~ 0.70		0.045		
	C	≤0.18	0.35 ~ 0.80		0.040	0.040	Z
	D	≤0.17			0.035	0.035	TZ
Q255	A	0.18 ~ 0.28	0.40 ~ 0.70	0.30	0.050	0.045	Z
	B				0.045		
Q275	—	0.28 ~ 0.38	0.50 ~ 0.80	0.35	0.050	0.045	Z

注：1. A、B、C、D 为质量等级代号。

2. 脱氧方法栏中，F——沸腾钢代号；

b——半镇静钢代号；

Z——镇静钢代号；

TZ——特殊镇静钢代号。

3. 一般以热轧状态交货。

表 11-2　碳素结构钢力学性能指标（GB/T 700—2006）

牌号	等级	拉伸试验 屈服点 σ_s/MPa 钢材厚度或直径/mm ≤16	>16~40	>40~60	>60~100	>100~150	>150	抗拉强度 σ_b /MPa	伸长率 δ（%） 钢材厚度或直径/mm ≤16	>16~40	>40~60	>60~100	>100~150	>150	冲击试验 温度/℃	V形（纵向）冲击功/J
		不小于							不小于							不小于
Q195	—	(195)	(185)	—	—	—	—	315~390	33	32	—	—	—	—	—	—
Q215	A	215	205	195	185	175	165	335~410	31	30	29	28	27	26	—	—
	B														20	27
Q235	A	235	225	215	205	195	185	375~460	26	25	24	23	22	21	—	—
	B														20	
	C														0	27
	D														-20	
Q255	A	255	245	235	225	215	205	410~510	24	23	22	21	20	19	—	—
	B														20	27
Q275	—	275	265	255	245	235	225	490~610	20	19	18	17	16	15	—	—

注：1. 牌号 Q195 的屈服点，仅供参考，不作为交货条件。

2. 进行拉伸或弯曲试验时，钢板、钢带应取横向试样，伸长率允许较上表降低 1%（绝对值），型钢应取纵向试样。

表 11-3　深冲冷轧薄钢板的化学成分（质量分数）（GB/T 5213—2001 和 GB/T 710—2006）

钢号	C	Si	Mn	P	S	Ni	Cr	Cu	金属 Al
08Al	≤0.08	痕迹	0.35~0.45	≤0.020	≤0.03	≤0.10	≤0.03	≤0.15	0.02~0.07
08F	0.05~0.11	≤0.03	0.25~0.50	≤0.040	≤0.04	≤0.25	≤0.10	≤0.25	—
08	0.05~0.12	0.17~0.37	0.35~0.65	≤0.035	≤0.04	≤0.25	≤0.10	≤0.25	—
10	0.07~0.14	0.17~0.37	0.35~0.65	≤0.035	≤0.04	≤0.25	≤0.15	≤0.25	—
15	0.12~0.19	0.17~0.37	0.35~0.65	≤0.040	≤0.04	≤0.25	≤0.25	≤0.25	—
20	0.17~0.24	0.17~0.37	0.35~0.65	≤0.040	≤0.04	≤0.25	≤0.25	≤0.25	—

表 11-4　深冲冷轧薄钢板的力学性能（GB/T 5213—2001 和 GB/T 710—2006）

钢号	级别	厚度/mm	σ_b/MPa	σ_s/MPa	δ_{10}（%）	σ_s/σ_b
				不小于		
08Al	ZF	全部	260~330	200	44	0.66
	HF	全部	260~340	210	42	0.70
	F	>1.2	260~350	220	39	—
		1.2	260~350	220	42	—
		<1.2	260~350	240	42	—

（续）

钢 号	级别	厚度 /mm	σ_b /MPa	σ_s /MPa	δ_{10} (%)	σ_s/σ_b
				不 小 于		
08F	Z	≤4	280 ~ 370	—	34	—
	S		280 ~ 390	—	32	—
	P		280 ~ 390	—	30	—
08	Z	≤4	280 ~ 400	—	32	—
	S		280 ~ 420	—	30	—
	P		280 ~ 420	—	28	—
10	Z	≤4	300 ~ 420	—	30	—
	S		300 ~ 440	—	29	—
	P		300 ~ 440	—	28	—
15	Z	≤4	340 ~ 460	—	27	—
	S		360 ~ 480	—	26	—
	P		360 ~ 480	—	25	—
20	Z	≤4	360 ~ 500	—	26	—
	S		360 ~ 510	—	25	—
	P		360 ~ 510	—	24	—

表 11-5 深冲冷轧薄板的杯突试验值（GB/T 5213—2001 和 GB/T 710—2006）

钢板厚度 /mm	钢 号 及 级 别							
	08Al			08，08F			10，15，20	
	ZF	HF	F	Z	S	P	Z	S
	E_r 值（杯突试验深度）（不小于）/mm							
0.5	—	—	—	9.0	8.4	8.0	8.0	7.4
0.6	—	—	—	9.4	8.9	8.5	8.4	7.8
0.7	—	—	—	9.7	9.2	8.9	8.6	8.0
0.8	10.6	10.5	10.3	10.0	9.5	9.3	8.8	8.2
0.9	10.8	10.7	10.5	10.3	9.9	9.6	9.0	8.4
1.0	11.2	10.8	10.7	10.5	10.1	9.9	9.2	8.6
1.1	11.3	11.0	10.9	10.8	10.4	10.2	—	—
1.2	11.5	11.2	11.1	11.0	10.6	10.4	—	—
1.3	11.7	11.3	11.3	11.2	10.8	10.6	—	—
1.4	11.8	11.4	11.4	11.3	11.0	10.8	—	—
1.5	12.0	11.6	11.5	11.5	11.2	11.0	—	—
1.6	—	11.8	11.7	11.6	11.4	11.2	—	—
1.7	—	12.0	11.9	11.8	11.6	11.4	—	—
1.8	—	12.1	12.0	11.9	11.7	11.5	—	—
1.9	—	12.2	12.1	12.0	11.8	11.7	—	—
2.0	—	12.3	12.2	12.1	11.9	11.8	—	—

注：拉深件质量级别：ZF—拉深最复杂零件，HF—拉深很复杂零件，F—拉深复杂零件。

冲压性能级别：Z—最深拉深级，S—深拉深级，P—普通拉深级。

表 11-6　铝、铜板材的力学性能

品种	牌　号	交货状态：软态（M）厚度/mm	软态（M）σ_b /MPa	软态（M）δ（%）	1/2 硬态（Y2）厚度/mm	1/2 硬态（Y2）σ_b /MPa	1/2 硬态（Y2）δ（%）	硬态（Y）厚度/mm	硬态（Y）σ_b /MPa	硬态（Y）δ（%）
板材、条材	2A11（LY11）	0.3～2.5	≤230	12	—	—	—	—	—	—
	2A12（LY12）	0.3～4.0	≤220	14	—	—	—	—	—	—
	H68	0.5～10	300	40	0.5～10.0	350	25	0.5～10.0	400	15
	H62	0.5～10	300	40	0.5～10.0	350	20	0.5～10.0	420	10
带材、箔材	1070A（L1） 1060（L2） 1050A（L3） 1035（L4） 1200（L5） 8A06（L6）	0.0075～0.011 0.012～0.04	30 30	0.5 2.0	— —	— —	— —	0.0075～0.011 0.012～0.04	100 100	— 0.5
	H68	0.5～1.5	300	40	0.5～1.5	350	25	0.5～1.5	400	15
	H62	0.5～1.5	300	35	0.5～1.5	380	20	0.5～1.5	420	10
	T3、T4、TUP	0.5～1.5	210	30	—	—	—	0.5～1.5	300	3

表 11-7　常用航空非铁板材的力学性能

性能 / 牌号	$\sigma_{0.2}$ /MPa	σ_b /MPa	$\dfrac{\sigma_{0.2}}{\sigma_b}$	δ（%）	ψ（%）	$n=\varepsilon_j$	$k=\dfrac{\sigma_j}{\varepsilon_j^n}$ /MPa	γ	E /MPa
5A12（LF21）M	63	106	0.59	30	80	0.21	177	0.44	71000
5A02（LF2）M	90	177	0.51	20	70	0.16	275	0.63	—
2A12（LY12）M	104	166	0.63	19	53	0.13	246	0.64	71000
2A12（LY12）C	295	457	0.65	15.6	35	0.13	681	—	71000
7A04（LC4）M	100	210	0.48	17	52	0.12	305	—	71000
7A04（LC4）C	491	576	0.85	10.3	25.2	0.04	637	—	71000
MB8	211	270	0.78	15～20	25～30	0.11	384	—	41000
T2	174	220	0.79	43	61	0.27	411	1.09	110000
H62	161	320	0.5	50	58	0.38	672	1.00	—
TC1	460～650	600～750	0.8～0.85	(20～35)	30～50	0.08～0.09	—	—	110000

（2）冷轧与热轧及连轧与往复轧　同一种牌号和同一厚度的板材，大多分为冷轧板和热轧板两种。我国国产厚板（$t>4$mm）为热轧板；薄板（$t\leqslant4$mm）为冷轧板，也有热轧的。与热轧材料相比，冷轧材料尺寸精确、偏差小、表面缺陷少、光亮，内部组织更致密，冲压性能更优。因此，冷轧板材制品不应用热轧板材代替。

同一牌号（甚至同一炉号）的同厚度板材，由于轧制方法的不同，其冲压性能有很大差异。一般来说，连轧钢板的纵向和横向性能差别较大，纤维的方向性明显，各向异性大；单张往复轧制时，钢板的各向均有相近程度的变形，故钢板的纵向和横向性能差别较小、冲压性能更好。

表 11-8 列出了同一炉号的 16Mn 钢板连轧和单张往复轧制时的性能数据。用上述两种钢板对解放牌汽车大梁进行弯曲试冲，试冲结果见表 11-9。

表 11-8 不同轧制方法的 16Mn 钢板性能

轧制方法	化学成分（质量分数）（%）					力学性能				冷弯试验 180°，$D=a$ 样品宽度/mm				
	C	Si	Mn	P	S	σ_b /MPa	σ_s /MPa	δ（%）	HBS	12	24	36	48	60
往复轧制	0.19	0.30	1.45	0.024	0.022	580	415	30	170	完好	完好	小裂	小裂	小裂
连轧	0.17	0.34	1.47	0.015	0.016	595	425	26	170	微裂	断裂	断裂	断裂	断裂

注：钢板厚度 $t=6$mm，取样方向均为横向。

表 11-9 汽车大梁试冲结果

板 材	试冲总件数	成 品		废 品	
		件数	比例（%）	件数	比例（%）
往复轧制板	28	28	100	—	—
连轧板	54	6	11	48	89

（3）板材出厂或供货状态　板、带材出厂或供货状态是不一样的。同种牌号的板、带材一般都有不同的供货状态。软、硬态不同的供货状态，其板、带材的力学性能是有差别的。

比如，黄铜 H68 带材，有表 11-10 中所示的不同供货状态及其相应不同的性能指标。深冲钢板、带材的供货状态与其级别是直接相联系的，参见表 11-4、表 11-5。

表 11-10 H68 带材的不同状态和指标

状态	σ_b/MPa	δ（%）	状态	σ_b/MPa	δ（%）
热轧（R）			硬（Y）	400	15
软（M）	300	40	特硬（T）	400	4
半硬（Y2）	350	25			

（4）板、带材宽度与厚度规格

板、带材的宽度和厚度尺寸、偏差值均有标准规定，且钢板、带材与有色金属板、带材有不同。表 11-11 ~ 表 11-14 是钢板、钢带的部分规格尺寸。

表 11-11 轧制薄钢板的尺寸（GB/T 708—2006）　（mm）

钢板厚度	钢板宽度												
	500	600	710	750	800	850	900	950	1000	1100	1250	1400	1500
	冷轧钢板长度												
0.2，0.25	1200	1420	1500	1500	500								
0.3，0.4	1000	1800	1800	1800	1800	1800	1500	1500					
	1500	2000	2000	2000	2000	2000	1800	2000					
0.5，0.55		1200	1420	1500	1500	1500							
0.6	1000	1800	1800	1800	1800	1800	1500	1500					
	1500	2000	2000	2000	2000	2000	1800	2000					

（续）

钢板厚度	钢板宽度												
	500	600	710	750	800	850	900	950	1000	1100	1250	1400	1500
	冷轧钢板长度												
0.7，0.75		1200	1420	1500	1500	1500							
	1000	1800	1800	1800	1800	1800	1500	1500					
	1500	2000	2000	2000	2000	2000	1800	2000					
0.8，0.9		1200	1420	1500	1500	1500	1500						
	1000	1800	1800	1800	1800	1800	1800	1500	2000	2000			
	1500	2000	2000	2000	2000	2000	2000	2000	2000	2500			
1.0，1.1	1000	1200	1420	1500	1500	1500					2800	2800	
1.2，1.4 1.5，1.6	1500	1800	1800	1800	1800	1800	1800		2000	2000	3000	3000	
1.8，2.0	2000	2000	2000	2000	2000	2000	2000	2000	2200	2500	3500	3500	
2.2，2.5	500	600											
2.8，3.0	1000	1200	1420	1500	1500	1500							
3.2，3.5	1500	1800	1800	1800	1800	1800	1800	2000					
3.8，4.0	2000	2000	2000	2000	2000	2000							
	热轧钢板长度												
0.35，0.4		1200		1000									
0.45，0.5	1000	1500	1000	1500	1500		1500	1500					
0.55，0.6	1500	1800	1420	1800	1600	1700	1800	1900	1500				
0.7，0.75	2000	2000	2000	2000	2000	2000	2000	2000	2000				
0.8，0.9				1500	1500	1500	1500	1500					
	1000	1200	1420	1800	1600	1700	1800	1900	1500				
	1500	1420	2000	2000	2000	2000	2000	2000	2000				
1.0，1.1				1000			1000						
1.2，1.25	1000	1200	1000	1500	1500	1500	1500	1500					
1.4，1.5	1500	1420	1420	1800	1600	1700	1800	1900	1500				
1.6，1.8	2000	2000	2000	2000	2000	2000	2000	2000	2000				
2.0，2.2							1000						
2.5，2.8	500	600	1000	1500	1500	1500	1500	1500	1500	2200	2500	2800	
	1000	1200	1420	1800	1600	1700	1800	1900	2000	3000	3000	3000	3000
	1500	1500	2000	2000	2000	2000	2000	2000	3000	4000	4000	4000	4000
3.0，3.2				1000			1000					2800	
3.5，3.8				1500	1500	1500	1500	1500	2000	2200	2500	3000	3000
4.0	500	600	1420	1800	1600	1700	1800	1900	3000	3000	3000	3500	3500
	1000	1200	1200	2000	2000	2000	2000	2000	4000	4000	4000	4000	4000

表 11-12　钢板厚度允差（GB/T 708—2006）　　（单位：mm）

<table>
<tr><td rowspan="5">钢板厚度</td><td>A</td><td>B</td><td colspan="2">C</td></tr>
<tr><td>高级精度</td><td>较高精度</td><td colspan="2">普通精度</td></tr>
<tr><td rowspan="2">冷轧优质钢板</td><td colspan="3">普通和优质钢板</td></tr>
<tr><td>冷轧和热轧</td><td colspan="2">热　轧</td></tr>
<tr><td colspan="2">全部宽度</td><td>宽度<1000</td><td>宽度≥1000</td></tr>
<tr><td>0.2~0.4</td><td>±0.03</td><td>±0.04</td><td>±0.06</td><td>±0.06</td></tr>
<tr><td>0.45~0.5</td><td>±0.04</td><td>±0.05</td><td>±0.07</td><td>±0.07</td></tr>
<tr><td>0.55~0.60</td><td>±0.05</td><td>±0.06</td><td>±0.08</td><td>±0.08</td></tr>
<tr><td>0.70~0.75</td><td>±0.06</td><td>±0.07</td><td>±0.09</td><td>±0.09</td></tr>
<tr><td>1.0~1.1</td><td>±0.07</td><td>±0.09</td><td>±0.12</td><td>±0.12</td></tr>
<tr><td>1.2~1.25</td><td>±0.09</td><td>±0.11</td><td>±0.13</td><td>±0.13</td></tr>
<tr><td>1.4</td><td>±0.10</td><td>±0.12</td><td>±0.15</td><td>±0.15</td></tr>
<tr><td>1.5</td><td>±0.11</td><td>±0.12</td><td>±0.15</td><td>±0.15</td></tr>
<tr><td>1.6~1.8</td><td>±0.12</td><td>±0.14</td><td>±0.16</td><td>±0.16</td></tr>
<tr><td>2.0</td><td>±0.13</td><td>±0.15</td><td>+0.15
-0.18</td><td>±0.18</td></tr>
<tr><td>2.2</td><td>±0.14</td><td>±0.16</td><td>+0.15
-0.19</td><td>±0.19</td></tr>
<tr><td>2.5</td><td>±0.15</td><td>±0.17</td><td>+0.16
-0.20</td><td>±0.20</td></tr>
<tr><td>2.8~3.0</td><td>±0.16</td><td>±0.18</td><td>+0.17
-0.22</td><td>±0.22</td></tr>
<tr><td>3.2~3.5</td><td>±0.18</td><td>±0.20</td><td>+0.18
-0.25</td><td>±0.25</td></tr>
<tr><td>3.8~4.0</td><td>±0.20</td><td>±0.22</td><td>+0.22
-0.30</td><td>±0.30</td></tr>
</table>

表 11-13　普通碳素钢冷轧钢带的分类（GB/T 716—2006）

<table>
<tr><td colspan="2">按制造精度分</td><td colspan="2">按力学性能分</td><td colspan="2">按边缘状态分</td><td colspan="2">按表面质量分</td></tr>
<tr><td>名　称</td><td>符号</td><td>名　称</td><td>符号</td><td>名　称</td><td>符号</td><td>名　称</td><td>符号</td></tr>
<tr><td>普通精度钢带</td><td>P</td><td>软钢带</td><td>R</td><td>切边钢带</td><td>Q</td><td>Ⅰ组钢带</td><td>Ⅰ</td></tr>
<tr><td>宽度精度较高钢带</td><td>K</td><td rowspan="2">半软钢带</td><td rowspan="2">BR</td><td></td><td></td><td></td><td></td></tr>
<tr><td>厚度精度较高钢带</td><td>H</td><td></td><td></td><td></td><td></td></tr>
<tr><td>宽度和厚度精度较高钢带</td><td>KH</td><td>冷硬钢带</td><td>Y</td><td>不切边钢带</td><td>BQ</td><td>Ⅱ组钢带</td><td>Ⅱ</td></tr>
</table>

表 11-14　普通碳素钢冷轧钢带尺寸（GB/T 716—2006）　　（单位：mm）

厚　度	宽　度
0.05，0.06，0.08	5~100
0.10	5~150
0.15，0.20，0.30，0.35，0.40，0.45，0.50，0.55，0.60，0.65，0.70，0.75，0.80，0.85，0.90，0.95，1.00，1.05，1.10，1.15，1.20，1.25，1.30，1.35，1.40，1.45，1.50	10~200
1.60，1.70，1.80，1.90，2.00，2.10，2.20，2.30，2.40，2.50，2.60，2.70，2.80，2.90，3.00	50~200

注：宽度在150mm以下的，按5mm进级；大于150mm的，按10mm进级。

2. 按冲压工艺要求合理选材

对于任何一种冲压件，合理选材是要按照其冲压工艺的要求，稳定地成形出不致于开裂或皱折的产品，这是最起码的选材要求。为此，可用以下方法进行合理选材。

（1）试冲　根据以往的生产经验及可能条件，选择几种板料进行试冲。最后选定没有开裂或皱折的、其废品率低的一种。这样的方法，结果比较直观，在 3.8 节拉深实例 2，汽车弹簧座的加工工艺内容中，便有工厂的试冲实例；本节表 11-10 为早期汽车大梁另一种试冲的结果。不过，这种方法往往带有较大盲目性。

（2）分析与对比　在分析冲压变形性质的基础上，把冲压件成形时的极限变形程度与板料冲压成形性能所允许采用的变形程度进行对比，并以此作为依据，选取适合于该种零件冲压工艺要求的板材。这种分析对比方法有三种具体作法。

1）定性分析。即根据板材特征值对冲压成形极限影响的定性关系，分析对比。例如，板材的 σ_s 一般与拉伸类成形性能成反比关系，δ_u 在一定条件下与拉伸类成形极限成正相关关系，n 值越大对拉伸类或压缩类成形均越有利，r 值越大的板材其极限拉深系数越小等。由这些关系可以初选冲压板材。

2）定量计算。用可以对冲压成形极限进行预测、评定的公式计算，以及 CAE 分析，对比选择。例如，用式（3-46）$\ln(LDR)=\eta\sqrt{r+1/2}$、式（4-9）$K_{f\cdot c}=1/[(1+r)n+1]$、式（5-5）$K_{f\cdot e}=(1+r)n+1$ 等可定量对比、分析选择所期望的板材。

3）利用成形极限图 FLD。当冲压件的形状复杂，以致不能用一般的分析对比方法时，可以应用板材的成形极限图。利用成形极限图合理选材的关键是要计算与判断相同变形路径下的变形余裕度。毛坯最危险位置上的实有应变与其成形极限曲线上对应点的极限应变之差称为变形余裕度，如图 11-1 所示。

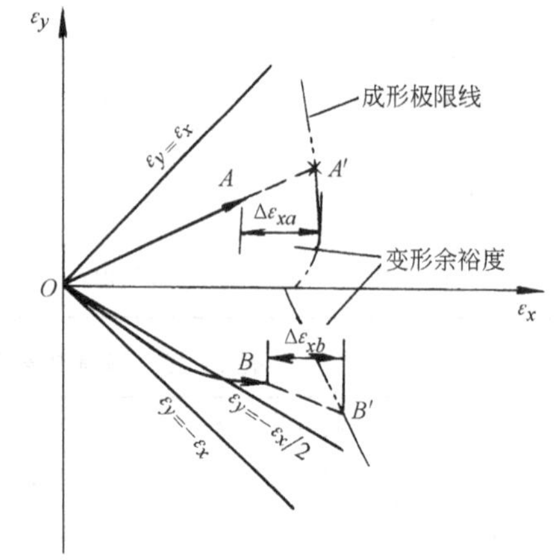

图 11-1　变形余裕度

显然，不同的材料，不同的变形状态或不同的变形路径，其变形余裕度是不相同的。理论上讲，变形余裕度为 0 时，成形零件的废品率为 50%。汽车覆盖件废品率与变形余裕度关系的统计结果表明，变形余裕度在 0.06～0.1 以上时，成形零件的废品率在 1% 以内。欲了解其中实例可参阅相关文献［75，101］。

11.2　板料冲压性能概述

高质量的现代冲压制品，高水平的冲压及模具技术，必然建立在对板料冲压性能研究的基础上。因此，在冲压工艺与模具设计中，懂得合理选用板材，并进一步考虑板料的冲压性能，是具有很大实际意义的。

1. 板料冲压性能的涵义

板料冲压性能是指板料对各种冲压加工方法的适应能力。它包括加工的简便程度，工件的质量、精度、强度、刚度，极限变形程度、冻结性、贴模性，模具寿命及加工能量消耗等。显然，这些指标好，表明板料的冲压性能高。

冲压加工方法多种多样，其基本工序可以分为三大类：分离工序、成形工序和复合变形工序类。由于三类基本加工工序的变形机理不同，所以，其冲压性能的具体涵义、构成与要求也不同。

板材的特征值与冲压加工适应性之间的关系存在各种情况：有的相互一致，呈正相关关系；有的相互之间互为制约，表现出某种负相关关系；有的相互之间不影响，表现为不相关关系。因此，不能期望板材的冲压性能高，则各种评价的指标同时都为最佳值。

板料冲压分离性能是指板料对冲压分离加工的适应能力，其理论目前还较零碎，正在研究及系统化之中。

板料冲压成形性能是指板料对冲压成形加工的适应能力。板料的冲压成形性能可分为[71]；贴模性能（Fitting Behaviour）；成形性能（Formability）；冻结性能（Shape Fixability）。

这些性能的总体，构成所谓综合的冲压成形性能，或者叫做广义的冲压成形性能，如图 11-2 所示。当然，不破裂是基本前提。迄今为止，对于综合性能中的成形性能（抗破裂性能）的研究取得了不少成果，对贴模性能和冻结性能也正在展开研究。

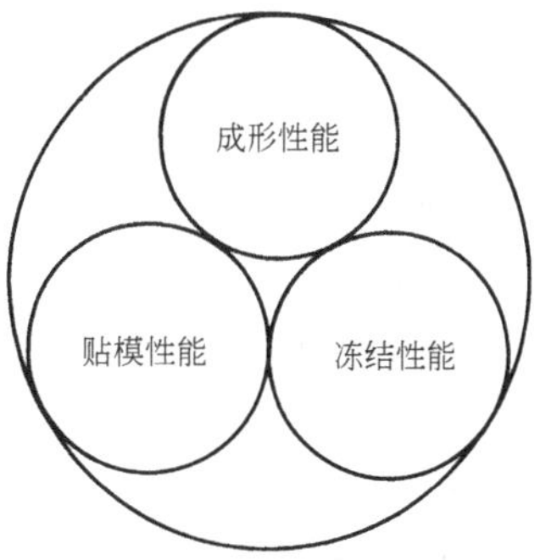

图 11-2　综合成形性能的构成

通常，把材料开始出现破裂时的极限变形程度作为板料冲压成形性能的判定尺度，并用这种尺度的各种物理量作为评定冲压成形性能的材料特性（评定参数或性能指标）。这可视为狭义的冲压成形性能。

即便是狭义的冲压成形性能，也要依据冲压成形工序的类别来进行研究。只有针对冲压成形中各种工序的基本变形特点和具有相同应力应变特点的同一类冲压成形，应用个别的或共同的分析方法与措施，才能解决板料冲压性能问题。

把冲压成形的成形区域划分为三类四域的理论，是在紧密联系板料冲压成形性能的基础上提出的。表 11-15 归纳了与这种冲压成形区域划分相对应的冲压成形性能的基本分类情况。

冲压成形基本工序依其变形区应力应变特点分为拉伸类与压缩类及复合类三个基本类别理论，可以把冲压成形的分类与冲压成形性能的分类建立表 11-16 所示的对应关系。

表 11-17 给出了冲压成形性能及各种影响因素之间的关系。

表 11-15　冲压成形性能的分类（1）

变形 / 极限因素	法兰边压缩变形	法兰边拉伸变形	弯曲变形
α 破裂	拉深性能	胀形性能	
β 破裂		翻边性能	
弯曲破裂			弯曲性能

注：α 破裂——由于板料所受拉应力超过材料强度极限（即 $\sigma_{拉} > \sigma_b$）时引起的破裂；

β 破裂——由于板料的伸长变形超过材料局部允许的伸长率（即 $\delta >$ [δ]）时引起的破裂；

弯曲破裂——由于弯曲变形区外层材料的拉应力过大（即 $\sigma_\theta >$ [σ_θ]）时引起的破裂。

表 11-16　冲压成形性能的分类（2）

冲压成形类别	成形性能类别	提高极限变形程度的措施
拉伸类冲压成形（翻边、胀形等）	拉伸类成形性能（翻边性能、胀形性能等）	1. 提高材料的塑性 2. 减少变形不均匀程度 3. 消除变形区局部硬化层和应力集中
压缩类冲压成形（拉深、缩口等）	压缩类成形性能（拉深性能、缩口性能等）	1. 降低变形区的变形抗力，摩擦阻力 2. 防止变形区的压缩失稳（起皱） 3. 提高传力区的承载能力
复合类冲压成形（弯曲、曲面零件拉深成形等）	复合类成形性能（弯曲性能、拉深胀形性能等）	根据所述成形类别的主次，分别采取相应措施

表 11-17　材料特征值对冲压成形性能的影响

成形不良现象		材料特征值						
		屈服点 σ_s（*YP*）	抗拉强度 σ_b（*TS*）	伸长率 δ_u（*T. El*）	*n* 值	*r* 值	弹性模量 *E*	极限变形能
破断	α 破断（拉深）			○	○	⊙		
	α 破断（胀形）	△	△	⊙	⊙	○		
	β 破断（翻边）	△	△	○	⊙	○		⊙
	弯曲破断		△	○	○			⊙
面形状	起皱（法兰边）	⊙	△		△	○		
	起皱（壁部）	⊙	△		○	○	△	
	面歪扭畸变	⊙	○		○	△	○	
	其他的形状不良（线偏移、放射状、平面内凹等）	○	○		○		△	
尺寸精度	角度变化	⊙	△		○		△	
	壁部翘曲	⊙	△		○		△	
	扭曲	⊙	△		○		△	
	棱线翘曲	⊙	△		○		△	
	形状冻结不良	⊙	△		○	△	△	

注：影响度：大⊙—○—△小。

2. 板料冲压性能试验及材料特征值

板料冲压性能试验方法通常分为三种类型：力学试验、金属学试验（统称间接试验）和工艺试验（直接试验）。各种试验方法及得到的材料特征值如下[27]。

（1）力学试验

1）简单拉伸试验。得到的试验值有：屈服强度 σ_s、抗拉强度 σ_b、屈强比 σ_s/σ_b、屈服伸长率 δ_s、均匀伸长率 δ_u、总伸长率 δ、均匀宽度应变 u、断口宽度应变 ϕ、极限变形能力 $\bar{\varepsilon}_f$（ε_x、ε_y、ε_t）、硬化指数 n 与各向异性系数 r 及 Δr 等。

2）双向拉伸试验。得到的试验值有硬化指数［n］值、延性 T 值及各向异性系数 x 值等。

(2) 金属学试验　金属学试验用以确定金属材料的硬度、表面粗糙度、化学成分、结晶方位与晶粒度等。

(3) 工艺试验　工艺试验也称模拟试验。它是用模拟生产实际中的某种冲压成形工艺的方法测量出相应的工艺参数。例如 Swift 的拉深试验测出极限拉深比 LDR、TZP 试验测出对比拉深力的 T 值；Erichsen 试验测出极限胀形深度 E_r 值；K · W · I 扩孔试验测出极限扩孔率 λ；福井伸二的球底锥形件拉深试验测出 CCV 值等。

11.3　拉伸试验

板材的拉伸试验也叫做单向拉伸试验或简单拉伸试验。应用拉伸试验方法，可以得到许多评定板材冲压性能的试验值，所以它在实际中的应用十分普遍。

由于试验目的不同，板材冲压性能评价用的拉伸试验方法和所得到的试验值与材料力学中仅为评定材料强度性能的拉伸试验有所不同。

板材冲压性能拉伸试验方法如下。

试验设备：拉力试验机（机械式或液压式）。20 世纪 80 年代，我国研制成功用简单拉伸试验方法测量板材冲压性能更多种材料特性值的快速自动装置[76]。

试件形状与尺寸：从待试验的板材上截取并加工成如图 11-3 所示的试样。

拉伸试样长度：按标准（如 GB/T 228.1—2010）确定。

试样的宽度：根据原材料的厚度不同采用 10mm、15mm、20mm 和 30mm 四种宽度，尺寸偏差不宜大于 0.02mm。

应当指出，拉伸试样的尺寸和尺寸精度对所得的试验结果（拉伸试验值）具有不可忽视的影响，试验中应予以充分的注意。

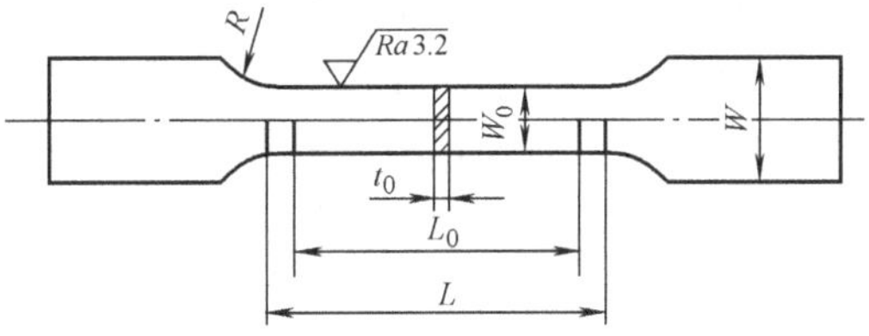

图 11-3　拉伸试验试样

在拉伸试验时，利用测量装置测量拉伸力 F 与拉伸行程（试样伸长值）ΔL，可以在 F 与 ΔL 坐标系中得到拉伸力 F 随伸长值 ΔL 而变化的曲线 F-ΔL 曲线，称为拉伸曲线（见图 11-4）。

如果用拉伸试样的原始断面积 A_0 去除拉伸力 F，即可得到拉伸过程中的名义应力 σ。同时，把试样伸长值 ΔL 换算成相对伸长率（一种相对应变）$\delta = \dfrac{\Delta L}{L_0} = \dfrac{L - L_0}{L_0}$，即可在 σ 与 δ 的坐标系里得到名义应力与相对伸长率表示的拉伸曲线，如图 11-5 所示，也称之为名义应力-应变曲线。

利用板材的单向拉伸试验可以得到与板材冲压性能密切相关的试验值。这里，仅对其中较为重要的拉伸试验值，分别叙述如下。

(1) 屈服强度 $\sigma_s = F_s/A_0$　如果板料拉伸曲线不具有明显的屈服点（屈服平台），可以取残余应变 0.002 时的名义应力。屈服强度 σ_s 一般与拉伸类成形性能成反比关系，包括性能的稳定性方面。

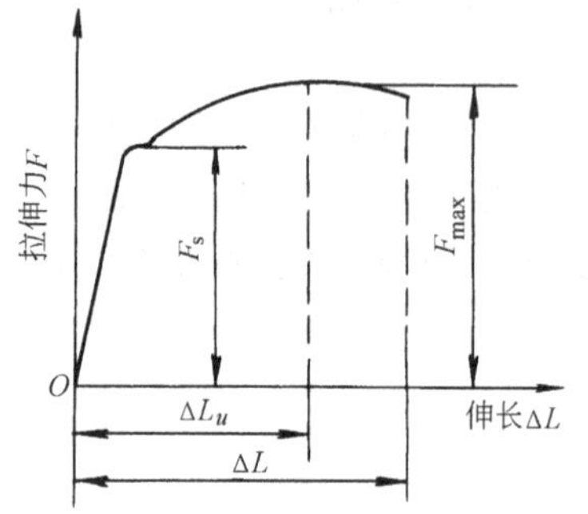

图 11-4　拉伸曲线

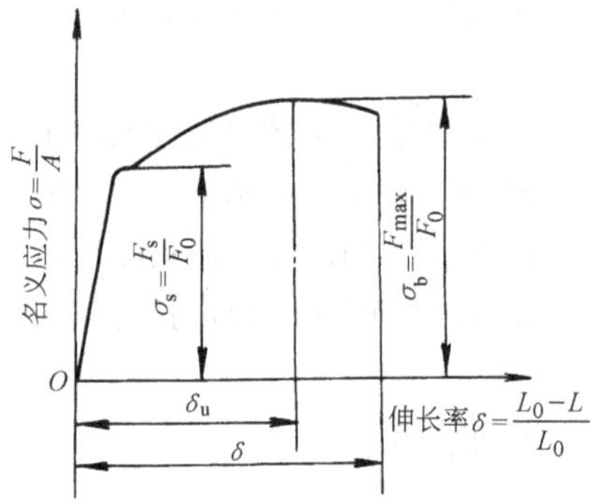

图 11-5　名义应力-应变曲线

（2）抗拉强度 $\sigma_b = F_{max}/F_0$　在拉伸过程中，当拉伸力达到最大值 F_{max}时，试样的拉伸变形由均匀变形阶段进入局部变形阶段，称这种状态为塑性拉伸失稳。在塑性拉伸失稳时，出现缩颈。抗拉强度 σ_b 较高者其冲压成形性能较高，但冲压成形力更大。

（3）屈强比 σ_s/σ_b　一般情况下，可以认为，当屈强比较小时，板材的屈服点低，进行冲压变形的范围较大，而且在曲面零件冲压成形时，容易获得较大的拉应力使成形的形状得以稳定（冻结），也就是减少回弹和消除松弛。屈强比 σ_s/σ_b 除了影响拉深（成形）弹复外，还与拉伸类成形极限成负相关关系。

（4）均匀伸长率 $\delta_u = \Delta L_u/L_0$　均匀伸长率较大时，板材具有较大的塑性变形稳定性，不易产生局部的过大变形而导致破裂。因此，均匀伸长率大，对拉伸类成形有利，一定条件下能成正相关关系。总伸长率 δ 也有这种关系。

在拉伸试验中，试样的伸长变形达到均匀伸长率时，也即为出现缩颈，拉伸力达到最大值 P_{max}时。

（5）硬化指数 n（亦称 n 值）　大多数金属板材的硬化规律接近于幂函数 $\sigma = K\varepsilon^n$ 关系（图 11-6），所以可用指数 n 表示其硬化性能。

n 值大的板材，在冲压成形时加工硬化剧烈，变形抗力增加较快。因此，如果板材的 n 值大，它在冲压变形中变形区内各部分的变形程度趋于均匀，致使总体变形程度增大，对拉伸类冲压成形有利。用 n 值确定应力应变的幂函数关系，压缩类成形也遵循这种应力应变关系，所以 n 值与压缩类冲压成形也存在有一定的关系。其中，n 值较大的板材有抗皱折性能要较好些的表现。

利用拉伸试验确定 n 值的方法很多，如两点法、阶梯形试件法等。如果测量并计算出拉伸过程中某两点的真实应力 σ 与应变 ε，则可利用公式 $\sigma = K\varepsilon^n$，计算出 n 与 K 的数值。通常称这种方法为两点法。两点法的取值点对所得结果有直接影响。当然，取值点必须是在均匀变形范围内，因此，通常取为 $\delta_1 = 0.05$ 或 0.1 和 $\delta_2 = \delta_u$。式（11-1）为两点法计算 n 值的公式。

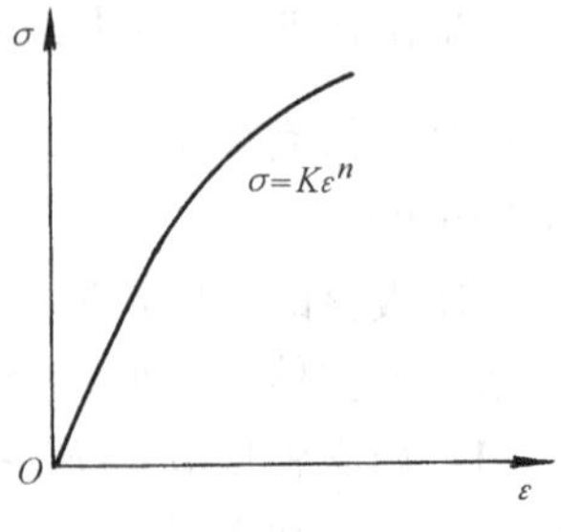

图 11-6　硬化曲线

$$n = \ln\frac{F_2L_2}{F_1L_1}\bigg/\ln\frac{Ln\ (L_2/L_0)}{Ln\ (L_1/L_0)} \tag{11-1}$$

式中　F_2、L_2——最大载荷及拉断后试件的长度；

F_1、L_1——变形量为10%时的载荷值及试件的长度；

L_0——原始长度（试件标距）。

考虑到板材的方向性，一般按板材的三个方向（顺着纤维方向为0°、垂直纤维方向为90°及与纤维成45°方向）制取试件，进行拉伸，然后按此三个方向试件的 n 值取其平均值，即

$$\bar{n} = \frac{1}{4}\ (n_0 + n_{90} + 2n_{45}) \tag{11-2}$$

（6）各向异性系数　板厚方向性系数 $r = \frac{\varepsilon_b}{\varepsilon_t} = \ln\frac{b}{b_0}\bigg/\ln\frac{t}{t_0}$ 也称 r 值。因 r 值是表示拉伸中板材试样的宽度应变 ε_b 与厚度应变 ε_t 的比值，故 r 值大时，表明板材在厚度方向上的变形比较困难，比板平面方向上的变形小。实验与理论分析都证明，当板料的 r 值较大时，它的拉深性能也好，板材的极限拉深系数 m_c 更小。

板材的 r 值常具有方向性，即在板平面不同方向上的 r 值常不一样，这时可以按平均值计算：

$$\bar{r} = \frac{1}{4}\ (r_0 + 2r_{45} + r_{90}) \tag{11-3}$$

式中，r_0、r_{45} 与 r_{90} 分别是与板材轧制方向成0°、45°与90°的方向上截取试样上测得的 r 值。

一般认为，r 值在拉伸过程中不发生变化，故可在伸长率为10%～20%之间测量计算。

板平面方向性系数 $\Delta r = \frac{r_0 + r_{90} - 2r_{45}}{2}$。板平面方向性系数 Δr 大时，板材的方向性强，结果会引起塑性变形分布的不均匀，造成圆筒形拉深件的厚度不均和凸耳现象严重等。因此，Δr 过大，对冲压成形不利。

在3.6.2节中已指出，不少冲压板材的厚向异性系数 r 越大，其板平面方向性系数 Δr 的绝对值也越大。r 越大，极限拉深系数 m_c 越小；但 $|\Delta r|$ 越大，拉深凸耳越严重。因此，在选择材料的 r 值时，需考虑它对拉深成形有利和不利影响的两个方面。

另外，r 值与拉伸类冲压成形性能也有关系，也是其评定参数之一，参见第4、5章。

表11-18和表11-19分别列出了部分材料的 n 值、K 值和 r 值。

表11-18　部分板材的 n 值和 K 值

材　料	n 值	K/MPa	材　料	n 值	K/MPa
08	0.185	708.76	20	0.166	709.06
08Al（ZF）	0.252	553.47	5A02（LF2）	0.164	165.64
08Al（HF）	0.247	521.27	2A12（LY12）M	0.192	366.29
08Al（Z）	0.233	507.73	T2	0.455	538.37
08Al（P）	0.25	613.13	H62	0.513	773.38
10	0.215	583.84	H68	0.435	759.12

（续）

材　料	n 值	K/MPa	材　料	n 值	K/MPa
QSn6.6—0.1	0.492	864.49	SPCD（日本）	0.249	497.63
Q235	0.236	630.27	1Cr18Ni9Ti	0.347	1093.61
SPCC（日本）	0.212	569.76	1035（L4）M	0.286	112.43

表 11-19　一些板材的 r 值

材　料	r_0	r_{45}	r_{90}	r	Δr
沸腾钢	1.23	0.91	1.58	1.16	0.51
脱碳沸腾钢	1.88	1.63	2.52	1.92	0.57
钛镇静钢	1.85	1.92	2.61	2.08	0.31
铝镇静钢	1.68	1.19	1.90	1.49	0.60
钛	4.00	5.49	7.05	5.51	—
铜　O 材	0.90	0.94	0.77	0.89	-0.10
铜　$\frac{1}{2}$H 材	0.76	0.87	0.90	0.85	-0.04
铝　O 材	0.62	1.58	0.52	1.08	-1.01
铝　$\frac{1}{2}$H 材	0.41	1.12	0.81	0.87	-0.51
不锈钢	1.02	1.19	0.98	1.10	-0.19
黄铜　2 种 O 材	0.94	1.12	1.01	1.05	-0.14
黄铜　3 种 $\frac{1}{4}$H 材	0.94	1.00	1.00	0.99	-0.03

一些材料的 HV、n、r 值有对应关系（数据来自日本有关公司的公开资料）：

SPCC　HV = 47 ~ 49　n = 0.21　r = 1.1 ~ 1.2

SPCD　HV = 42 ~ 45　n = 0.21 ~ 0.22　r = 1.4

SPCE（N）HV = 42 ~ 44　n = 0.22 ~ 0.23　r = 1.7

11.4　工艺试验

工艺试验也称为模拟试验或直接试验。在工艺试验时，试件所处的应力状态和所产生的变形与实际的冲压加工工艺相同。所以，利用工艺试验不仅可以评定板材的冲压性能，而且可以得到某些冲压工艺参数，有统一的可比性，对冲压工艺设计、材料的选用乃至新材料的开发，都具有实际意义。

一般文献资料上介绍的工艺试验方法有：

（1）拉深性能试验

1）确定最大拉深程度法（又叫 Swift 拉深试验）。

2）拉深力对比试验法（也叫 TZP 法）。

（2）胀形性能试验

1）Erichsen 胀形试验（我国叫杯突试验）。

2）瑞典式纯胀形试验。

（3）翻边性能试验

1）K・W・I 扩孔试验。

2）福井、吉田扩孔试验。

（4）弯曲性能试验

1）最小弯曲半径试验。

2）反复弯曲试验。

（5）球底锥形件拉深试验。

（6）硬度试验。

（7）成形极限图试验。

（8）拉皱试验（又称 YBT 试验）。

现今，我国已修订出了新国标 GB/T 15825—2008《金属薄板成形性能与试验方法》分为 8 个部分（含 6 种工艺试验），分别为成形性能和指标、通用试验规程、拉深与拉深载荷试验、扩孔试验、弯曲试验、锥杯试验、凸耳试验、成形极限图（FLD）测定指南。

11.5 新型板材及其性能

汽车、电子、家用电器及日用五金等工业的发展，极大地推动着现代金属薄板的发展，尤其要求能有不同新特性的冲压用板材的不断出现。

当代材料科学的发展，已经做到根据使用上与制造上的要求，设计并制造出崭新的材料，因此，很多冲压用的新型板材便应运而生。

新型冲压板材的发展趋势见表 11-20。

表 11-20 新型冲压薄板发展趋势

内容	发展趋势	效果与目的
厚度 强度	厚→薄 低→高	产品轻型化、节能和降低成本
组织	单相↗双相 单相↘加磷，加钛	提高强度、延伸率和冲压性能
板层	单层↗涂层、迭合 单层↘复合层，夹层	耐腐蚀，外表外观好，冲压性能提高 抗振动，减噪声
功能	单一→多个 一般→特殊	实现新功能

下面对新型冲压用板材：高强度钢板、耐腐蚀钢板、双相钢板、涂层板及复合板材作一些基本介绍[10,77,78]。

1. 高强度钢板

高强度钢板是指对普通钢板加以强化处理而得到的钢板。通常采用的金属强化原理有：固熔强化，析出强化，细晶强化，组织强化（相态强化及复合组织强化），时效强化，加工强化等。其中前 5 种是通过添加合金成分和热处理工艺来控制板材性质的。

高强度钢板的高强度有两方面的涵义：

（1）屈服强度高　其 σ_s 在 260～420MPa 范围之内，比一般铝镇静钢的屈服强度要高 50%～100%。

（2）抗拉强度高　目前视其 σ_b >400MPa，日本研制的用于汽车零件的高强度钢板的抗拉强度可达到 600～800MPa，20 世纪 90 年代通过组织强化处理还已研制出了超高强度钢板，其抗拉强度可达到 980MPa（热轧）、1470MPa（冷轧）。而对应的普通冷轧软钢板的抗拉强度只有 300MPa。21 世纪初，宝钢高强度汽车钢板的技术标准（QSTE）是按欧洲标准制定的，其中 4 个指标为屈服强度、抗拉强度、延伸率与 180°冷弯直径。表 11-21 为其研发的高强度大梁钢板力学性能的实物水平例[170]。

表 11-21　高强度大梁钢板力学性能

屈服强度级别	规格/mm	屈服强度/MPa	抗拉强度/MPa	延伸率（%）
550	3.5	603	685	23
	5.5	635	688	25
600	14	641	756	19
650	3.0	682	748	21
	5.0	667	736	20
	8.0	682	768	21
	10.0	651	752	21
700	3.2	747	788	21
	4.0	741	819	20
	8.0	742	820	21
	9.0	724	805	22

高强度钢板的应用，能减薄料厚，减轻冲压件的重量，节省能源和降低冲压产品成本。例如，美国与日本从 1980—1985 年广泛使用低合金高强度钢板，使汽车车身零件板厚由原来的 1.0～1.2mm 减薄到 0.7～0.8mm；车身重量减轻 20%～40%；节约汽油 20%以上。到 1992 年，日本各汽车厂汽车车身采用高强度钢板的平均比例占到 23.3%，其中日产汽车公司占到 30%以上。

由于高强度钢板的强化机制常常在一定程度上要影响其他的成形性能，如伸长率降低，弹复大，成形力增高，厚度减薄后抗凹陷能力降低等。因此，制造技术进展的方式是分别开发适应不同冲压成形（不同冲压件）要求的高强度钢板品种，比如：

加磷钢板中的 P1 钢板，与各种级别的 08Al 板相比，在屈服强度 σ_s、抗拉强度 σ_b 上提高很多，而各向异性系数则居于它们中间。

低温硬化钢板又叫烘烤钢板，它是对屈服强度低的普通钢板进行拉伸预变形，或者在冲压变形之后，于冲压件的涂漆或烘烤包括高温时效处理过程中，板材得到新的强化，使冲压件在使用状态下具有较高的强度和抗凹陷能力。这种性能称之为低温硬化性能或叫 BH 性。另外，BH 性能还可能使板的各向异性增强。到 1995 年时，我国一汽集团试用烘烤钢板生产了汽车车身零件 20 余万件，综合废品率仅约 1%。

2013 年一汽推出的全新捷达汽车，其车身零件 51%采用了高强度钢板（包括了热成形钢板）[171]。

2. 耐腐蚀钢板

开发新的耐腐蚀钢板的主要目的是增强普通钢板冲压件的抗腐蚀能力，它有两类：

一类是加入有新元素的耐腐蚀钢板，如耐大气腐蚀钢板等。我国研制的耐大气腐蚀钢板中，有10CuPCrNi（冷轧）和9CuPCrNi（热轧），其耐蚀性与普通碳素钢板相比可提高3～5倍。10CuPCrNi钢与Q235A钢板的材料特性值比较见表11-22。

表11-22　10CuPCrNi钢与Q235A钢板材料特性值

指标 / 材料	σ_s /MPa	σ_b /MPa	σ_s/σ_b	δ (%)	n	r	Δr	CCV /mm	杯突值 /mm
10CuPCrNi	378	507	0.74	20.7	0.211	0.548	0.376	128.57	5.6
Q235A	240	363	0.66	21.4	0.237	0.727	−0.343	127.44	7.0

注：测试的钢板料厚均为 $t=2.5$mm。

另一类耐腐蚀钢板是涂复合种镀层的钢板，如镀铝钢板、镀锌铝钢板以及镀锡钢板等。

3. 双相钢板

双相钢板也称复合组织钢板，它也属于高强度钢板中的一种。一般而言，双相钢的抗拉强度与伸长率基本上成负相关关系，而与屈服强度基本上成正相关关系。

表11-23列出了两种日本的双相钢板：铁素体+马氏体系双相钢与铁素体+微小珠光体系双相钢板的力学性能指标。

表11-23　双相热轧钢板制造例

钢　种	化学成分（质量分数）(%)				板厚 /mm	力学性能			
	C	Si	Mn	Nb		σ_s /MPa	σ_b /MPa	δ_s (%)	δ (%)
铁素体+马氏体系	0.05	0.68	1.37	—	2.3	390	620	31	63
铁素体+微小珠光体系	0.13	0.10	1.20	—	3.0	410	550	32	74

国产冷轧07SiMn双相钢板（各原来质量百分含量分别为：C0.08，Si0.39，Mn1.19，P<0.03)，厚度为1mm，实际测出其材料特性值与08Al（ZF）钢之对比例于表11-24中。这种钢板已开始试用于汽车零件的生产。

表11-24　07SiMn双相钢板与08Al性能比较

钢　种	σ_s /MPa	σ_b /MPa	σ_s/σ_b	δ (%)	杯突值 /mm	n	r
07SiMn	335	540	0.626	33.5	10.35	0.23	0.96
08Al	180	330	0.454	43	11.8	0.234	1.7～1.8

4. 涂层板

在耐腐蚀钢板中提及的镀覆金属层的钢板属于一种涂层板。因为传统的镀锡板、镀锌板等已不能适应汽车工业、电器工业、农用机械及建筑工业的需要，故一些新品种的镀层钢板不断被开发出来。

电镀锌板与热镀锌板相比，抗腐蚀能力大为提高，其镀层与基体钢的结合性能以及加工性能均属优良。

锌铬镀层板由于具有良好的焊接性在汽车零件上已有应用实例。

与镀锡钢板相对应的一种无锡钢板的出现，不但可以节省稀少昂贵的锡，还可延长食品的储存期，改善罐头的使用性能，大有同铝制食品罐相互竞争之势。

在涂层板中，各种涂覆有机膜层的板材有更好的防腐蚀、防表面损伤的性能。因此，正被大量用作各类结构零件。美国在 20 世纪 60 年代初就生产出了这类涂层钢板。日本在 20 世纪 70 年代新开发了生产涂覆氯化乙烯树脂的钢板：在 0. 2 ~1. 2mm 厚的基体钢板上涂覆 0. 1 ~0. 45mm 厚的树脂，其结构如图 11-7 所示。

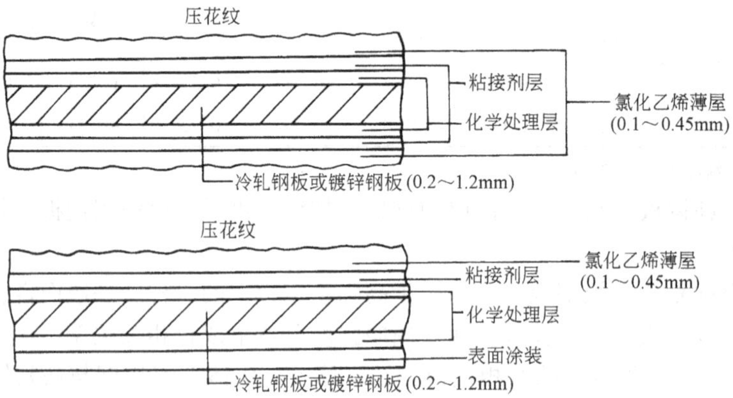

图 11-7　氯化乙烯涂层薄钢板示意图

涂覆塑料薄膜钢板还有一优点，即可以提高冲压成形性能。例如用双面涂覆 0. 04mm 聚氯乙烯薄膜的 08F 钢板拉深，其极限拉深系数 m_c 比 08F 钢板的降低 12%，拉深件的相对高度提高 29%。为了更有效的提高塑料涂层板的冲压成形性能，塑料涂层在基体钢上应有单双面之分，以适应不同成形工艺与变形特征的要求，参见 3. 7 节的内容。

5. 复合板材

涂覆塑料的钢板是一种复合板。不同金属板叠合在一起（如冷轧叠合等）的板材也是一种复合板，或叫叠合复合板。这类复合板材破裂时的变形比单体材料破裂时的变形要大，它的某些材料特性值（比如 n 值）变大。

以钢为基体、多孔性青铜为中间层、塑料为表层的三层复合板材特别适用于汽车、飞机及核反应堆氦循环器中的轴承零件等。因为这类复合板材其冲压性能取决于基体钢，摩擦磨损性能取决于塑料，而钢与塑料间通过多孔性青铜层为媒介，能获得可靠的结合力。故其性能大大优于一般涂层板材。塑料-铜-钢三层复合板材的结构组成如图 11-8 所示。

现今，重点开发的复合板材是在两层薄钢板之间用黏弹性材料（树脂）夹层，形成所谓“三明治”型复合板材。这种复合板材是为适应汽车的质量与性能上的“轻量化”及“抗振动”的要求而开发的，它们的优点和性能是复合前单体材料所不具有的。

目的要求不同，则应选择不同性质的夹层材料。以减轻重量为目的的“三明治”型复合板材的中间夹层厚度较小、而且是可以吸收振动的软质粘弹材料。

图 11-9 所示是两种防振动复合板材的结构组成示意图。防振型复合钢板的 n 值、r 值及均匀延伸率等均与塑料夹层的性质关系不大，大体上和表层钢板的 n 值、r 值及均匀伸长率相同；极限拉深比随夹层厚度的增加而减小，而起皱能力随厚度的增加而下降；胀形高度和扩孔率 λ 基本上不受塑料夹层性能影响，而主要取决于表层钢板的冲压性能。

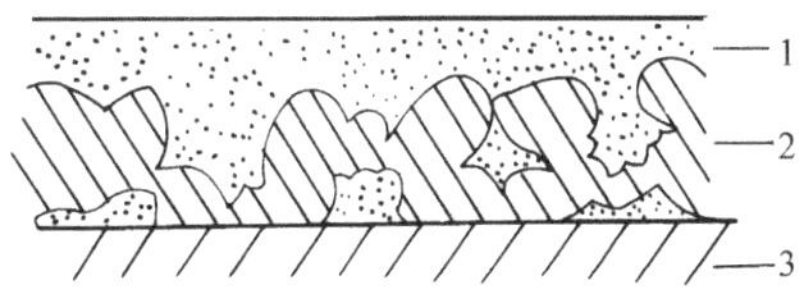

图 11-8　三层复合板材结构示意图
1—塑料　2—铜
3—钢

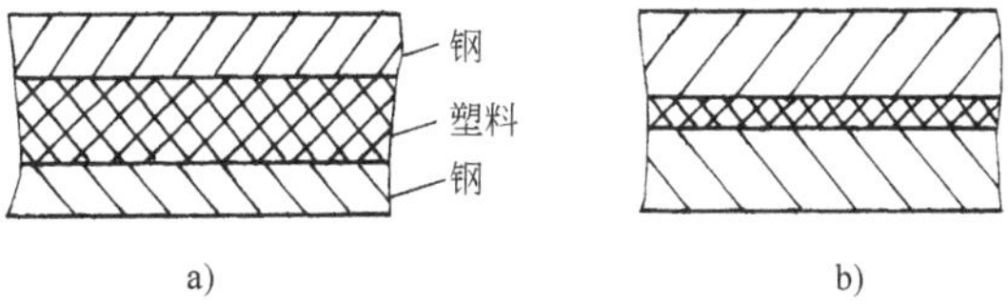

图 11-9　防振复合板材组成示意
a）钢 0.2 ~ 0.3mm　塑料 0.3 ~ 0.6mm
b）钢 0.3 ~ 1.6mm　塑料 0.05 ~ 0.2mm

习题与思考题十一

11-1　同一种牌号（比如 08F 或 10 钢等）不同规格（如板料与棒料）的拉伸试验值（如 σ_b、δ 等）是否相同？为什么？

11-2　何谓板材加工硬化指数？常用板材的硬化指数数值范围如何？它与板料可冲压性有何关联？

11-3　什么叫板材各向异性系数？这种材料特征值对冲压加工有哪些方向的影响？

11-4　若已知某 4 种板材的厚向异性系数与加工硬化指数如下表中所给值，试完成表中 $\bar{r}$ 值，Δr 值及 $r\times n$ 值的计算，并分别列出用这些板材作不同种冲压成形时其拉深高度、凸耳高度及翻边及胀形极限变形系数之大小顺序。

试验值 / 板料序号	r				Δr	n	$r\times n$
	r_0	r_{45}	r_{90}	$\bar{r}$			
1	0.60	0.53	0.94			0.27	
2	0.82	0.93	0.81			0.44	
3	1.32	1.05	1.64			0.21	
4	2.25	2.08	1.61			0.11	

11-5　借阅参考文献［101、102］或其他相关资料，以简表形式列出各种工艺试验方法的参数值及其对冲压成形性能评价之主要点。

11-6　你对新型板材中的哪一类较为了解或较感兴趣？是什么原因或情况促成的？

第 3 篇　冲模结构设计

阐述冲模的功能、分类、典型结构与设计方法（包括模具CAD/CAM 知识），汽车覆盖件冲模的特点，模具材料及模具零件的机加工知识。

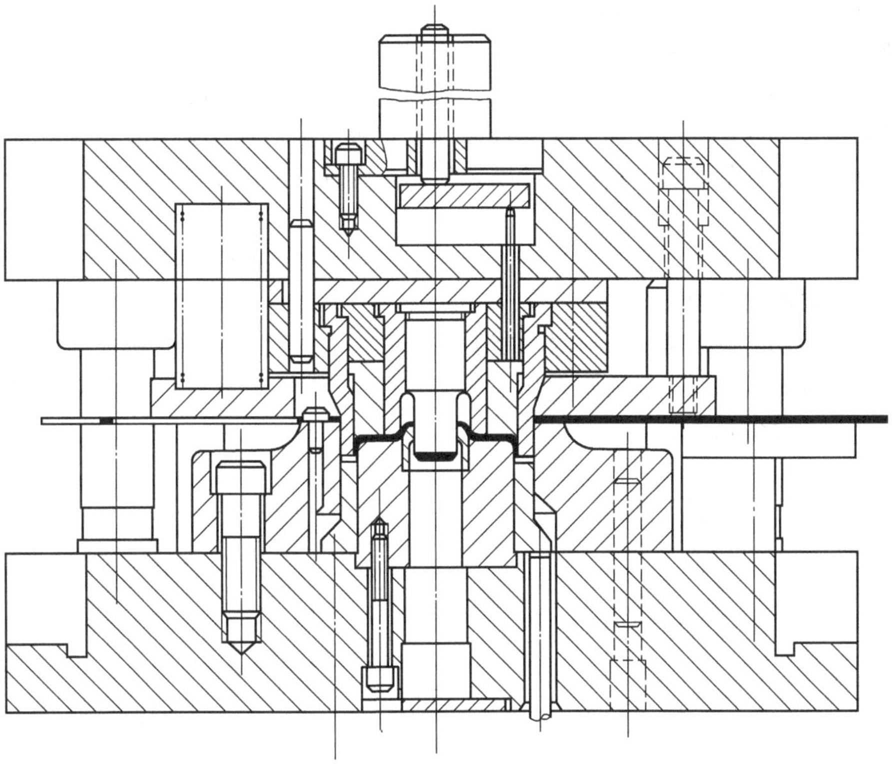

第 12 章　冲模的结构及设计

12.1　冲模的功能及分类

12.1.1　冲模的功能

在绪论中已对模具做过定义、其中的冲模即冲压模具，是冲压加工中安装在冲压设备上的专用工具。金属板料在其中实现既定的工艺变形。冲压加工具有的某些独特优越性，也正是利用了模具这个加工要素而达到的。因此，研究模具结构和提高模具技术性能对发展冲压生产，具有十分重要的意义。在基本掌握了模具工作部分的设计以及冲压工艺过程设计的原理、方法之后，再了解和掌握模具的结构设计，就能够设计出符合实用要求的各种冲模。

冲模的功能是具有制造出一定数量要求的冲压产品的能力，且其加工还有高效率、高精度、互换性好及节约原材料等功效。在此，可以把制造出所需的冲压产品视之为对冲模的一级功能要求。如图 12-1 所示，被加工材料送至固定在冲压设备上的冲模里，经过冲压加工，获得所需形状、尺寸和性能的产品。

在实现冲模的一级功能要求过程中，即在冲模使材料变成产品的加工过程中，由于除了要保证使材料经受既定的冲压加工（塑性成形）以外，前后还必须有正确的导向、定位以及方便的卸料与出件等动作。所以，冲模实际上是由具有不同功能的零部件组成的一种装置。

由于冲压产品的生产方式不是单件生产而是批量生产，因此，为达到所需冲压产品的数量，还需具有某些二级功能要求。

冲模的二级功能要求是对其一级功能要求的完善、强化或补充。从冲模的使用角度出发，其二级功能要求主要应包括如图 12-2 所示的各项内容。显然，冲模的二级功能越完善，则冲模的结构可能会越复杂。

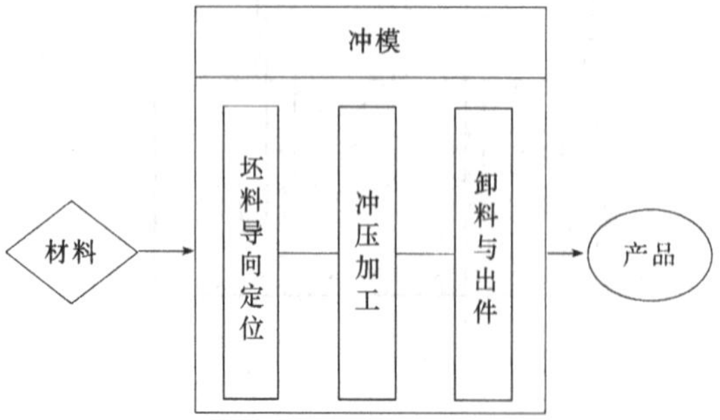

图 12-1　冲模的一级功能要求

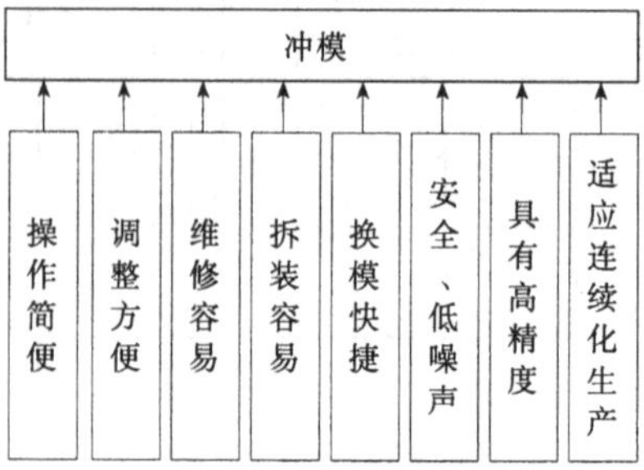

图 12-2　冲模的二级功能要求

应当指出，冲模功能诸内容要求正是冲模设计的依据和条件。

12.1.2　冲模的分类

分类学知识很重要，不仅对于文史类学科是这样，而且对于理工类学科也是这样。因此，本教材讲述的冲压基本工序、冲压工艺设计和冲模结构设计中都应用了分类学理论并进行了实践尝试。

在绪论中已提及了模具的分类。目前模具分类从两个角度进行，有两种方法。一是中国模具工业协会较早提出的、即从管理角度提出的分为冲压模、塑料模、压铸模及其他模具共10种，即所谓十大类；一是新提出的方法，即从模具所成形用材料角度，将模划分为三大类[136]：金属材料成形用模具、有机（高分子）材料成形用模具和无机非金属材料成形用模具；金属材料成形用模具又分冲压模、锻造模、拉丝模等。

每种冲压产品的制备都有相对应的模具。而且，完成同一产品的模具结构形式也是多种多样的。为了研究的方便，并依据实用上的习惯，通常按照不同的特征对冲模进行分类，其分类方法主要有：

（1）按所完成的冲压工序分

1）分离模。包括切断模、落料模、冲孔模、整修模、精冲模、对向凹模切断模，挤压式冲裁模及胀拉冲裁模等。比如，第1篇篇首页中的图便可称为落料模或冲裁模。

2）成形模。包括拉深模及反拉深模、缩口模、翻边模、胀形模、扩口模、弯曲模、滚弯模、拉形（拉弯）模及卷边（卷圆）模等。比如，第2篇篇首页的图可称为拉深模。

第9章里图9-27中的模具名称即是从这种角度分类和命名的。

（2）按完成冲压工序的数量及工位数量分

1）传统的分法。将冲压模分为简单模（单工序模）、级进模（连续模）和复合模3类。这种分类方法起到很好的指导作用，故迄今流传、应用较广。但它有概念不明确、划分标准不唯一等不太符合分类学原理之处，尚欠科学性。

2）新的分法。新近，著者提出冲压模分类更新的建议[172]：

先根据所完成冲压工序的数量，划分出有单工序模和多工序模两类：再根据所具有冲压工位的数量，将两类分为简单模、迭合模和复合模、混合模四个组别。即成

单工序模：在压力机一次行程中完成一种（道）冲压工序的冲模。

　　简单模：在一个工位上完成一种（道）冲压工序的单工序模。

　　迭合模：在多个工位上完成一种（道）冲压工序的单工序模。

多工序模：在压力机一次行程中完成多种（道）冲压工序的冲模。

　　复合模：在一个工位上完成多种（道）冲压工序的多工序模。

　　混合模：在多个工位上完成多种（道）冲压工序的多工序模。

此种冲压模分类的新方法，符合划分规则及提供4种类目的合成关系与4种位类的等级关系，并可用图12-3作出示意。

由上可知，这4组类模具都具有不同的特点，其大致比较见表12-1。

（3）按有无导向装置和导向方式分　有开式模（又叫无导向模）、导板模（例如导板兼作卸料板又为冲头导向）、导筒模（现已很少应用）以及导柱（导套）模（其导向精度最好，应用广泛）。导板模、导筒模及导柱（导套）模属于有导向模。

（4）按节制进料方式分　有定位销式、挡料销式、导正销式、侧刀式及挡板式模等。

（5）按有无卸料及卸料方法分有无卸料模和有卸料模，后者又分为刚性卸料模和弹性卸料模。

（6）按进、出料的操作方式分　有手动模、半自动模及自动模。

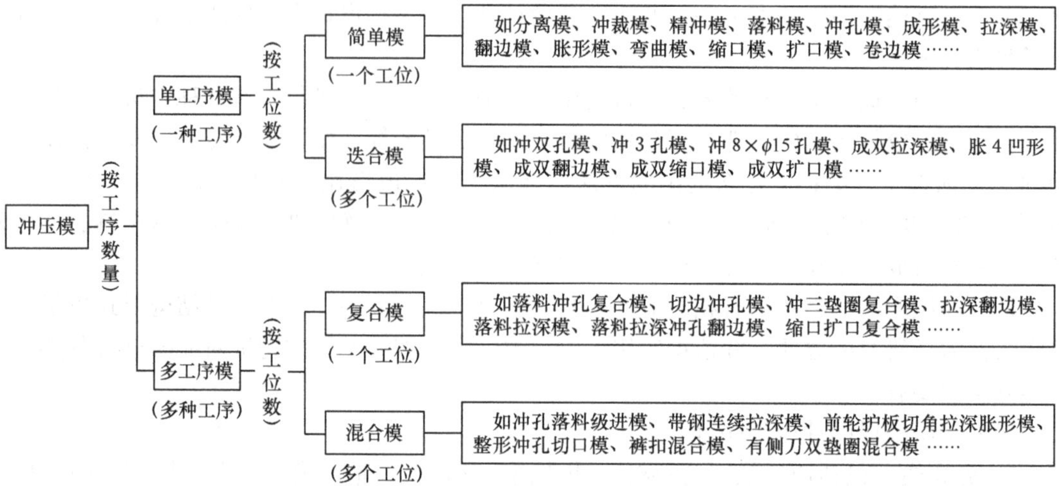

图 12-3　冲压模按工序工位数的分类

表 12-1　4 组类模具特点的比较

项目 \ 模具	单工序模		多工序模	
	简单	迭合	复合模	混合模
外形尺寸	小	小、中	中	大
复杂程度	简单	较简单	复杂	中等
工作条件	差	稍差	中等	好
生产效率	低	较高	高、最高	最高
工件精度	低、中	低、中	最高	高
模具成本	低	较低	高	高
模具加工	易	较易	难	难、最难
设备能力	小	小、中	中	大
生产批量	以中小批量为主		以大批量为主	

（7）按模具零件组合通用程度分　有专用模（包括简易模）和通用模（包括组合冲模）。

（8）按模具工作零件的材料分　有钢模、硬质合金模、钢结硬质合金模、聚氨酯模、低熔点合金模等。

（9）按模具外形尺寸的大小分　有小型模具、中型模具和大型模具等。汽车覆盖件冲模属于大型模具。原机械工业部与中国模具工业协会对小、中、大型冲压模的划分有一个定量的概念界定，即以凹模（或下模板）的周界尺寸予以划分。设其长为 L、宽为 B，半周界为 $L+B$，

$L+B \leqslant 300\text{mm}$　称为小型模具

$300\text{mm} \leqslant L+B \leqslant 1200\text{mm}$　称为小中型模具

$1200\text{mm} \leqslant L+B \leqslant 2100\text{mm}$　称为中型模具

$2100\text{mm} \leqslant L+B \leqslant 3400\text{mm}$　称为中大型模具

$L+B \geqslant 3400\text{mm}$　称为大型模具

12.2 冲模的基本形式与构造

12.2.1 简单模

1. 无导向简单模

无导向简单模是指在一次冲压行程中完成一道冲压工序的单工序模。兹介绍几种典型结构。

图 12-4 为无导向翻边模。其冲头 3 位于下模部分，凹模 1 置于上模部分。上、下模两部分之间也没有直接的导向关系。如果卸料板 2 与冲头之间的间隙较小，也可对冲头起某种导向作用。冲头固定板 4 直接固定在下模板 5 上。一次冲压行程完成一次翻边工序。

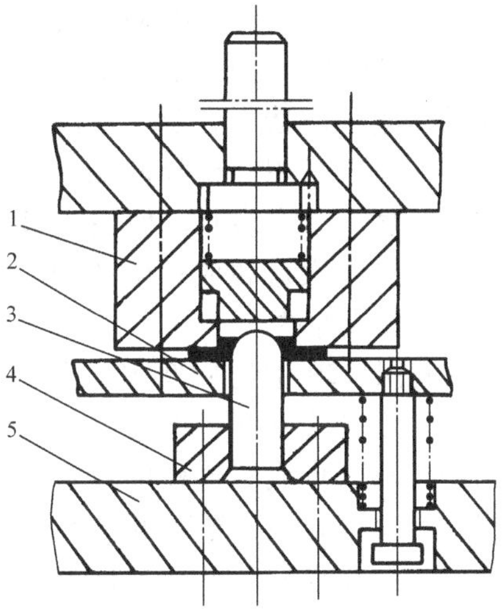

图 12-4 无导向翻边模
1—凹模 2—卸料板 3—冲头
4—冲头固定板 5—下模板

无导向简单模的特点是结构简单，重量较轻，尺寸较小，制造容易，成本低廉。该模具无导向，使用时安装调整麻烦，模具寿命低，冲压件精度差，操作也不安全，故适用于精度要求不高、形状简单的冲压件的批量小或试制。

2. 导板式简单模

这种模具的特点是模具上、下两部分依靠凸模与导板的动配合导向。导板兼作卸料板。工作时凸模始终不脱离导板，以保证模具导向精度，一般凸模刃磨时也不应该脱离开导板。

导板模比无导向模的精度、寿命、使用安装、操作安全方面要好一些，但制造比较复杂些。一般适用于形状较简单尺寸不大的冲压件。

3. 悬臂结构冲侧孔模

图 12-5 所示为对一拉深件臂部冲孔的悬臂结构冲孔模。冲头 2 套装在上模座（或固定板）里，并用紧定螺钉紧固。凹模 3 紧配合在悬臂的支架上，支架与下模座用螺钉紧固。

该副模具的动作原理是：对于拉深件臂部的三个等分孔，分别由三次冲压行程完成。先冲一个孔；冲完第一个孔后，将毛坯逆时针转动，待定位销 4 插入已冲的孔后，冲第二个孔；依次再冲第三个孔。

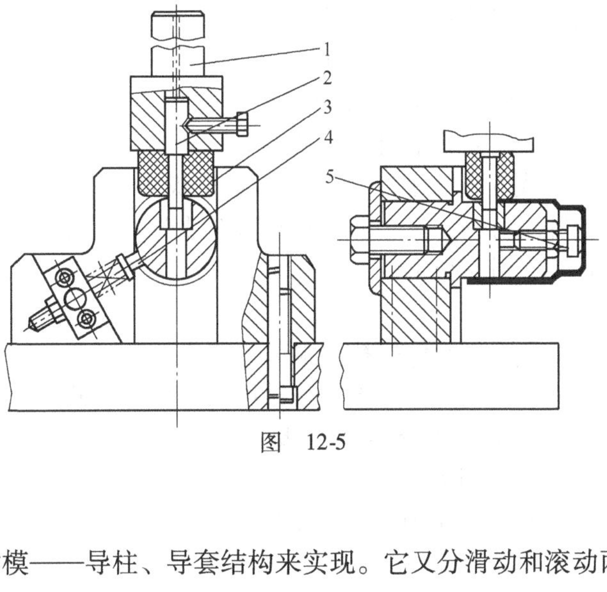

图 12-5

4. 导柱式简单模

有最好精度的导向是采用导柱式冲模——导柱、导套结构来实现。它又分滑动和滚动两种导向。

图 12-6 所示为导柱式冲裁模。条料从右往左送一次，待钩式挡料销 3 挡住定位后，冲压一次，得到一个冲裁件。模具的上、下两部分利用导柱 1、导套 2 的滑动配合导向。虽然导柱会加大模具轮廓尺寸、使模具变重、制造工艺复杂、增加模具成本，但是用导柱导向比导板可靠、精度高、寿命长、使用安装方便，所以在大量和成批生产中广泛采用导柱式冲模。

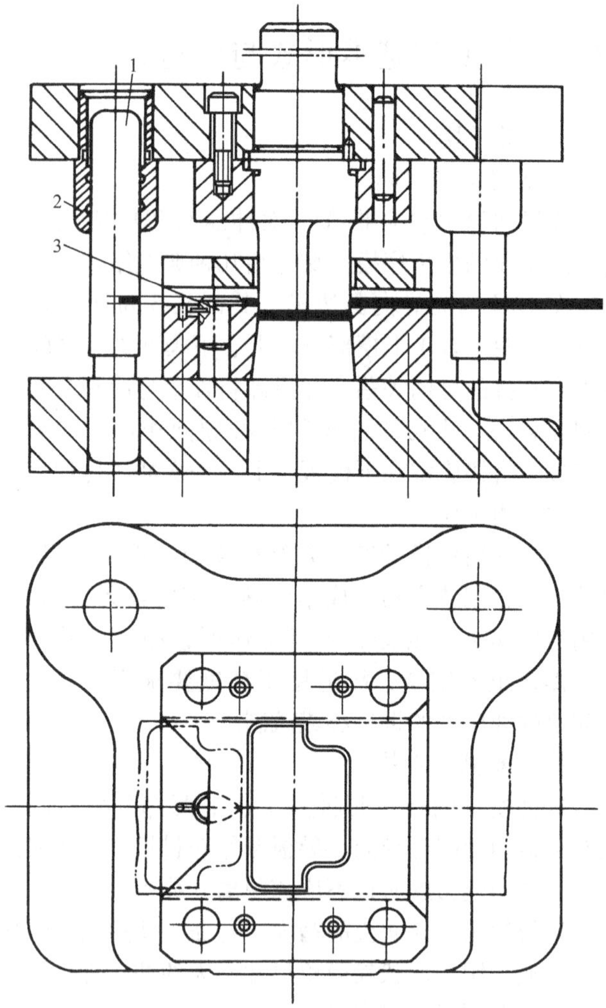

图 12-6　导柱式简单冲裁模
1—导柱　2—导套　3—钩式挡料销

在我国，20 世纪后期中、小型工厂乃至乡镇企业里，即便是小批量生产，都已形成了这样的规定或习惯——没有导柱、导套的模具不予加工。现今导柱、导套及模架均已标准化、商品化了。

12. 2. 2　迭合模

迭合模是指在一次冲压行程中在多个工位上完成一种（道）冲压工序的单工序模。兹介绍以下典型结构。

1. 导板式迭合模

图 12-7 所示为一导板式冲 3 孔迭合模。该副模具的功能是要在一弯曲件的半成品上冲制出处于一直线上 3 个尺寸均为 ϕ9mm 的孔。三个形状与尺寸完全相同的冲头 2，通过冲头固定板 1 紧固于上模部分。半成品坯料置于凹模 5 的上平面上，并用定位板 4 定位。一次冲压行程，三个冲头在导板 3 中导向，分别冲出不同工位上的三个孔来，完成该零件的冲压加工。

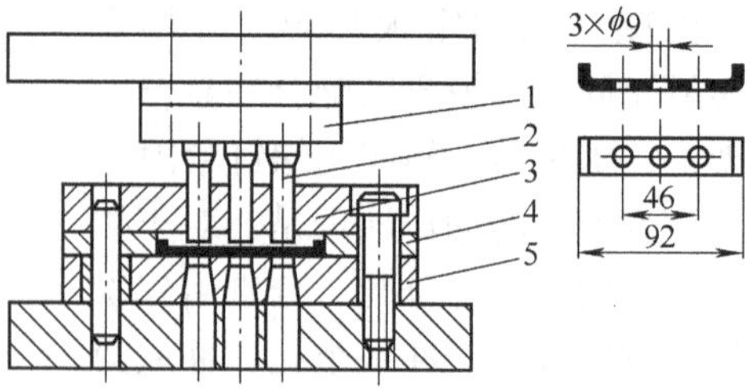

图 12-7　导板式冲 3 孔迭合模

如果该弯曲件的精度很高，三个孔的形状与尺寸要求很严，则该副模具可设计成导柱式导向，其导板就仅成为卸料板。

2. 胀 4 凹形迭合模

图 12-8 所示为一导柱式胀形模示意，需胀形出不处于同一直线上的 4 个凹球头状。4 个形状与尺寸完全相同的冲头 1 处于上模部分，处于下模部分的整体凹模上对应有 4 个凹模孔。上、下模部分均匀压、卸（顶）料部件。模具的导向是通过后侧的导柱 3 与导套 4 的

滑动配合进行的。

显然，该模具可以很好地实现在一次冲压行程完成零件上 4 个不同工位的凹球头状的胀形。

3. 多种成双冲压模

所谓成双冲压是指两个形状和尺寸完全相同的零件在一次压力机行程中加工出来，其所用冲模依此特征叫作成双冲压模，实属迭合模。

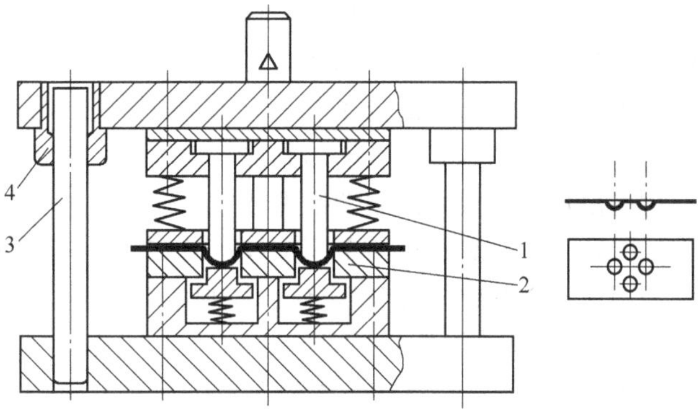

图 12-8　胀 4 凹形迭合模

例如：图 12-4 所示的简单翻边模，很容易有成双翻边模，只是其坯料上的预加工小孔由单排变成了双排；图 12-5 中的冲侧孔模，当工件的侧孔为 4 孔均布时，则可在其冲头的下方增设另一个冲头及相应凹模，便可一次冲出上、下两孔；图 12-6 所示的单排落料，遇有对其有双排落料的需求时，也很容易设计出双排落料的成双冲压模。

12.2.3　复合模

复合模是在一次冲压行程中，于一个工位上完成多种（道）冲压工序（即组合变形工序）的多工序模。

复合模有冲孔落料的复合，也有落料拉深的复合，还有整形侧弯冲孔的复合及落料拉深冲孔翻边的复合等很多形式。

1. 冲孔落料复合模

图 12-9 所示为冲制垫圈的复合模。上模部分主要由凸模 1、凹模 2、上模固定板 3、垫板 4、上模板 5、模柄 6 组成，下模部分主要由凸凹模 14、下模固定板 15、垫板 16、下模板 17、卸料板 13 组成。上、下模两部分通过导柱、导套滑动配合导向。复合模

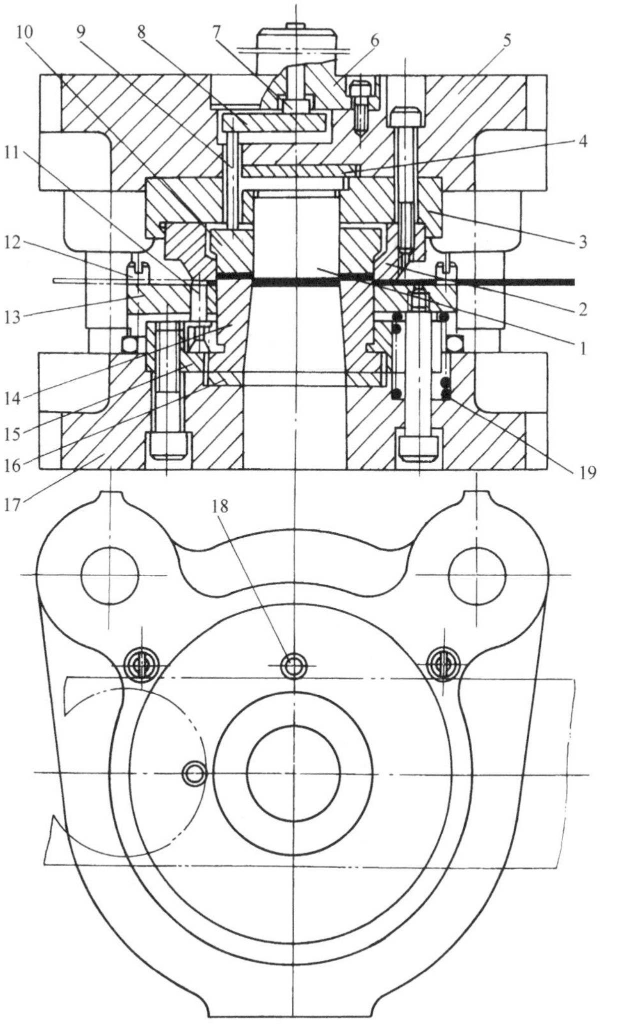

图 12-9　冲制垫圈的复合模

1—凸模　2—凹模　3—上模固定板　4、16—垫板　5—上模板　6—模柄　7—推杆　8—推块　9—推销　10—顶件块　11—活动挡料销　12—固定导料销　13—卸料板　14—凸凹模　15—下模固定板　17—下模板　18—活动导料销　19—弹簧

结构上的特点是有既是落料凸模又是冲孔凹模的所谓凸凹模。利用复合模能够在模具的同一部位上同时完成制件的落料和冲孔工序，从而保证冲裁件的内孔与外径的相对位置精度和平正性；生产效率也高；而且条料的定位精度的要求比混合模低，模具轮廓尺寸也比混合模小。但是，模具结构复杂，不易制造，成本高，更适合于大批量生产。

这副模具在上模采用刚性推件装置，通过推杆 7、推块 8、推销 9 推动顶件块 10，顶出制件。另外，该模具利用两个固定导料销 12 和一个活动导料销 18 导向，控制条料的送进方向。利用活动挡料销 11 挡料定位，控制条料送进距离。

2. 落料拉深复合模

图 12-10 所示为一落料拉深复合模。处在上模部分的件 6 既是落料冲头又是拉深凹模，工作零件还有落料凹模 2 和拉深冲头 10。

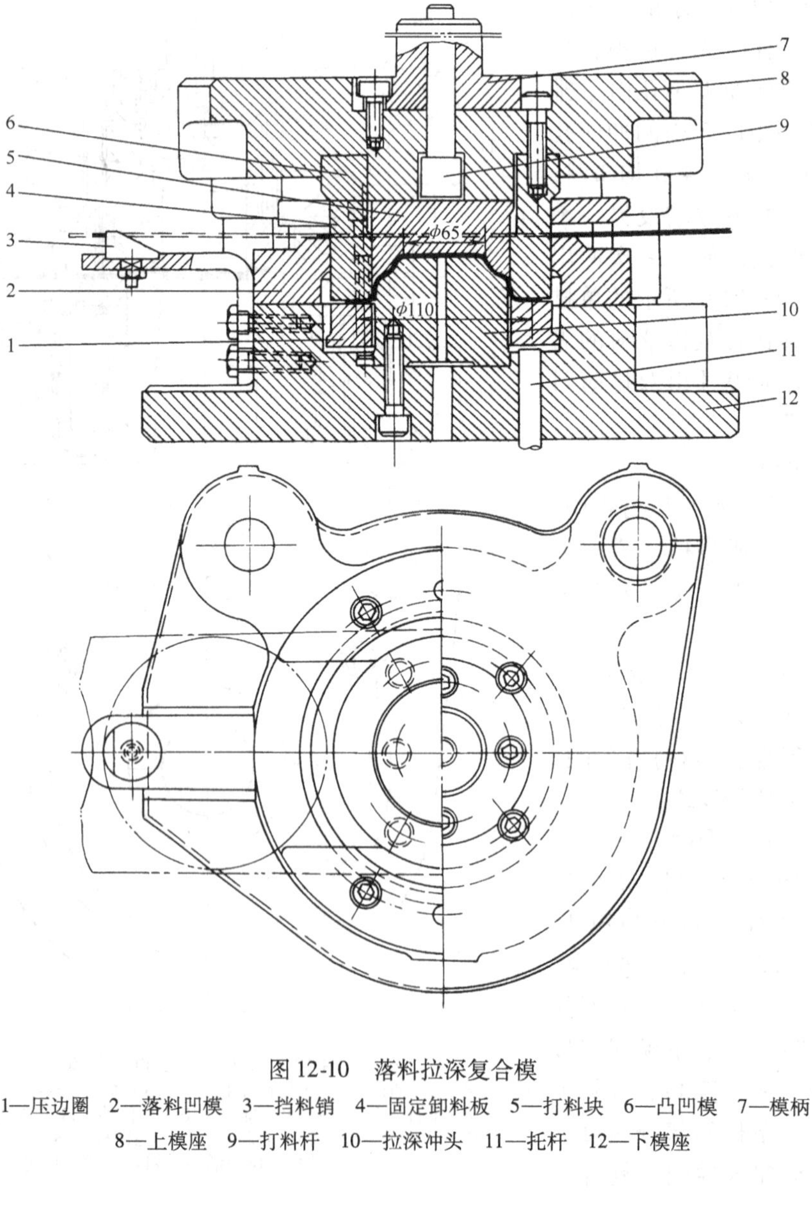

图 12-10　落料拉深复合模

1—压边圈　2—落料凹模　3—挡料销　4—固定卸料板　5—打料块　6—凸凹模　7—模柄　8—上模座　9—打料杆　10—拉深冲头　11—托杆　12—下模座

该副模具的工作原理为：条料送进，由带导尺的固定卸料板4导向。冲首件时，以目测定位，待冲第二个工件时则以挡料销3挡料。拉深压边靠压机的气垫通过三根托杆11和压边圈1进行，压后并把工件顶起。落料的卸料靠固定卸料板4。打料块5还起一部分拉深凹模的作用，当上模压至下死点时，扩料块与上模座刚性接触，压出工件底部台阶。上模上行，由打料杆9和打料块推出工件。该副模具的拉深是拉深出带有法兰边的阶梯形零件。

3. 拉深翻边复合模

图12-11所示为一拉深翻边复合模。毛坯为一带法兰边的浅拉深件，且底部已冲一小孔。这副模具没有定位和挡料销，它是利用毛坯拉深部分的形状、用翻边凹模加工成相应的形状来定位的。在压力机的一次行程中，实现毛坯外法兰部分的拉深和内法兰部分的翻边。

由于坯料和工件均为轴对称件，故该副模具图采用了对称的两部分布图：左边为模具开启态（即上死点时），右边为模具闭合态（即下死点时），帮助读者更直观读图。此外，读者还可以理解到，该副模具是导柱式导向的，只是在图之左、右边用双点画线给省略了。

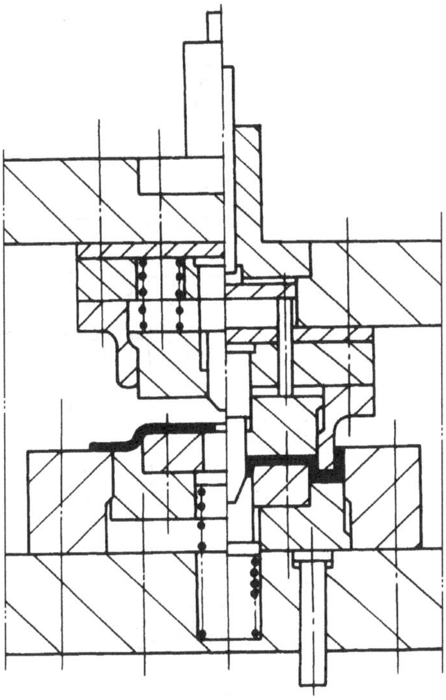

图12-11 拉深翻边复合模

12.2.4 混合模

混合模是在一次冲压行程中，于多个工位上完成多种（道）冲压工序（即组合变形工序）的多工序模。

混合模中依据其工序的排列方式可以划分为：直列式——各工序连续性地直排于坯料送进方向（以前称这类冲模为级进模或连续模）；横列式——各工序横排于坯料送进方向上；混列式——各工序既有直排，又有横排。

下面列举中、小型冲模中较为常见的混合模结构。

1. 有固定挡料销及导正销的级进模

图12-12所示为冲制垫圈的级进模。工作零件包括冲孔凸模1、落料凸模2、凹模4。定位零件有固定挡料销7、导正销5、临时挡料销6。模具上、下两部分靠凸模与导板3配合导向。工作时开始用手按入临时挡料销限定条料的初始位置，进行冲孔。然后松开手，临时挡料销在弹簧的作用下可自动复位。接着将条料送进一个步距，先用固定挡料销初步定位，在落料时用装于落料凸模端面上的导正销保证条料的精确定位。模具的导板兼作卸料板用。

2. 切断弯曲、冲孔弯曲混合模

图12-13所示可称为切断弯曲、冲孔弯曲混合模。它是在第1个工位切断后弯出单角90°，在第2个工位再弯另一个单角90°。整个条料的送料靠固定挡料销3定位。实际上在第2个工位里还复合了冲孔工序，即凸模6和凹模镶块2完成冲孔工序。因此，该模具为完成4道基本工序的多工序模，实属混合模。

3. 有侧刀双垫圈混合模

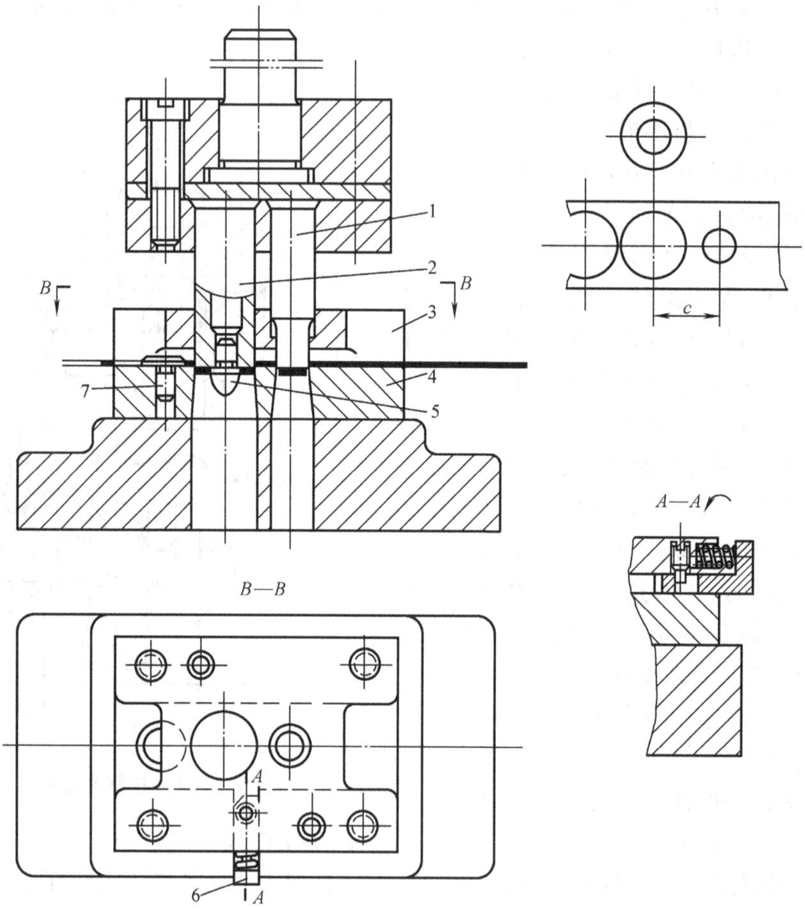

图 12-12 冲制垫圈的级进模

1—冲孔凸模 2—落料凸模 3—导板 4—凹模 5—导正销 6—临时挡料销 7—固定挡料销

图 12-14 所示为双侧刀双垫圈混合模。其特点是装有节制条料送进距离的废料侧刀（侧刀断面的长度等于步距）。侧刀前后导尺宽度不等，所以只有用侧刀切去长度等于步距的料边后，条料才可能向前送进一个步距。而且，还是双排错开排样，每次冲压行程得到两个工件。故该模具实属混合模。

4. 有自动挡料的级进模

图 12-15 所示为有自动挡料的级进模（直列式混合模）。挡料装置由挡料杆 1、冲搭边凸模 3 和凹模 2 构成。工作时挡料杆始终不离开凹模刃口平面，故条料从右方送进时即被挡料杆挡住搭边。在冲裁的同时凸模 3 将搭边冲出一缺口，使条料方可送进一个步距 c，从而起到自动挡料的作用。但起初两次冲程由临时挡料销定位，以后行程才用自动挡料装置定位。

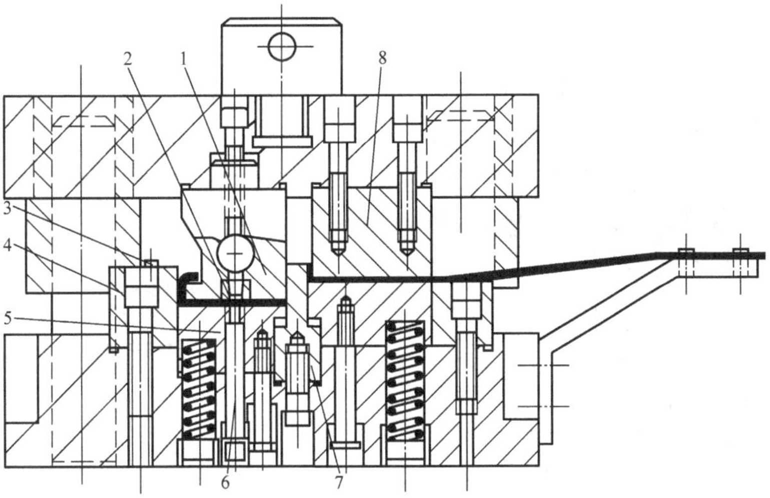

图 12-13　切断弯曲、冲孔弯曲混合模

1—切断、弯曲凸模　2—凹模镶块　3—挡料销　4、7—凹模　5—顶件块　6、8—凸模

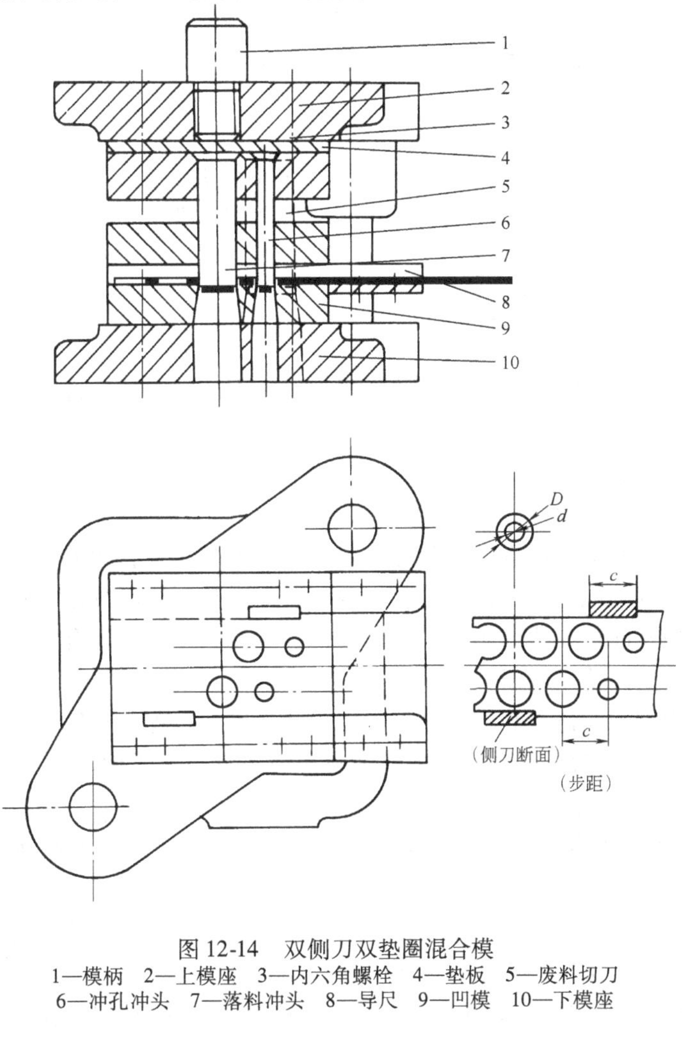

图 12-14　双侧刀双垫圈混合模

1—模柄　2—上模座　3—内六角螺栓　4—垫板　5—废料切刀
6—冲孔冲头　7—落料冲头　8—导尺　9—凹模　10—下模座

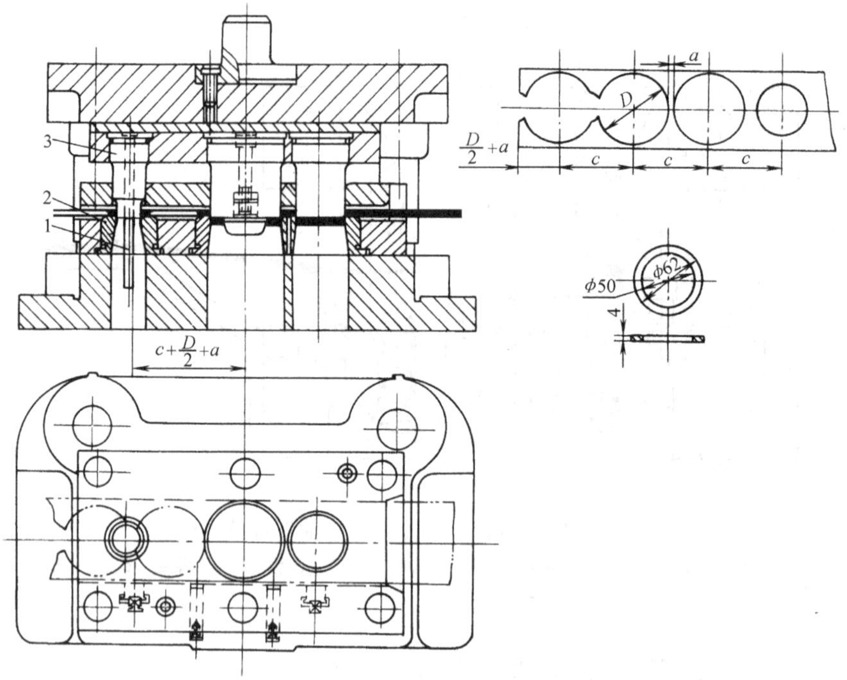

图 12-15　有自动挡料的级进模
1—挡料杆　2—冲搭边凹模　3—冲搭边凸模

12.3　冲模零部件的构造设计

本节和下一节重点介绍普通中、小型冲模的各种零部件的结构特点及其结构设计的基本方法。

12.3.1　冲模结构组成

模具按其工作时的位置可分解为两大部分：上模部分与下模部分。一般情况下，上模部分有模柄、上模座、冲头固定板、冲头等主要零件；下模部分有凹模、凹模固定板、下模座等主要零件，也还有其他一些零件。就重量而言，通常是下模部分比上模部分更重些。

冲模是由各种零件组成的。当然，不同模具的零件数量不一，有多有少。但是，组成冲模的全部零件，根据其功用可以分为两大类：

（1）工艺结构零件　这类零件直接参与完成冲压工艺过程并和坯料直接发生作用。

1）工作零件。直接对毛坯进行加工（或分离或成形）的零件。

2）定位零件。确定冲压加工中坯料正确位置的零件。

3）压、卸料及出件零件　使工件与废料得以出模，使之能保证顺利实现正常冲压的零件。

（2）辅助结构零件　这类零件不直接参与完成工艺过程，也不和坯料直接发生作用，只对模具完成工艺过程起保证作用或对模具的功能起完善作用。

1）导向零件。保证或提高模具上、下两部分相对正确的位置及精度的零件。

2）固定零件。承装模具零件及将模具紧固在压力机上并与它发生直接联系用的零件。

3）标准紧固件及其他　模具零件之间的相互连接件等。

冲模这种按功用的结构组成详见图 12-16 所示（其右边零件均有所略）。

图 12-16　冲模零件的结构组成

12.3.2　工作零件

1. 冲头

（1）结构形式　冲头又称为凸模，基本上是一种轴类零件，尽管在各种模具中的具体结构形式不太相同。

1）在冲裁模中，常见的结构形式如图 12-17 所示。

图 12-17a 所示是冲小孔用的冲头形式之一。所谓小孔指孔径与板料厚度尺寸相近的孔。采用护套结构，既可以提高抗纵向弯曲的能力，又能节省模具钢而达到降低模具成本的目的。

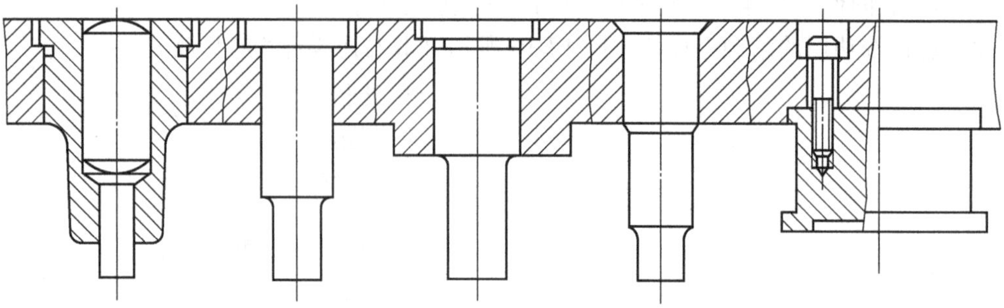

图 12-17　冲头的结构形式例

工程习惯上所说的“冷冲模具钢”主要指冲压模具工作零件（即冲头与凹模）所用的钢材，包括碳素工具钢及合金工具钢，如 T8A、T10A、T12A 及 Cr12、Cr12Mo、Cr12MoV 等，热处理硬度达 60HRC 左右。还有硬质合金及冲模新材料，如钢结硬质合金、GD 钢 D2 钢及 65Nb 钢等。

图 12-17b ~ d 所示是冲制一般孔用的几种冲头形式。为了避免应力集中和保证强度与刚度方面的要求，一般在中间都做成圆弧过渡形与阶梯形，且是整体式结构。

图 12-17e 所示是冲裁较大直径零件用的结构形式之一。多为组合式结构，常用螺栓与冲头固定板组合。工厂一般都会设计成两端均为刃口，坏了一端，调头用另一端，经济性好。

与图 12-17 中传统的冲裁模整体冲头结构形式不同，一种新型的薄刃口组合冲头的形式由冲头本体和刃口部分组成，其有关设计计算在薄刃口组合凹模中一并予以介绍。

2）在成形模中，只要把图 12-17 中端部的尖刃改为圆弧，即可得到各种成形模（拉深、翻边、胀形及弯曲等）的冲头。有一些成形模的冲头端部并非平端，而是锥形、球形或抛物线形。这种形状在完成某些冲压工序中对成形更为有利。比如，在翻边中，锥形冲头比柱形冲头能降低极限翻边系数 10% 以上；抛物线形冲头比柱形冲头能降低翻边力达 60%。

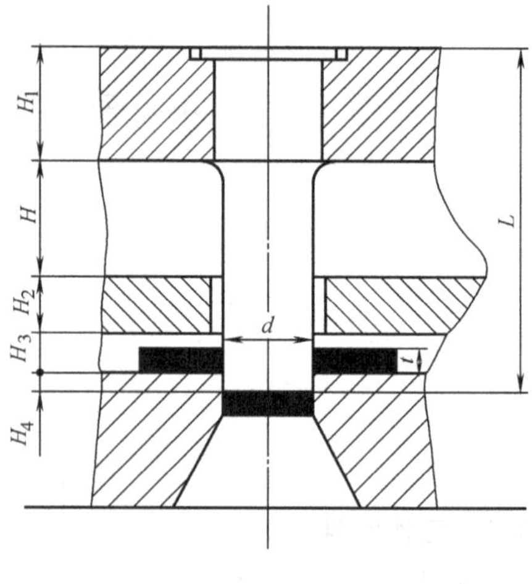

图 12-18　冲头长度的确定示意

（2）长度计算　冲头的长度应由模具的类型和结构而定，它没有固定的数值。图 12-18 所示的结构，冲头长度应为

$$L = H_1 + H_2 + H_3 + H_4 + H \tag{12-1}$$

式中　H_1——冲头固定板厚度；

H_2——卸料板厚度；

H_3——导尺（导板）或坯料厚度；

H_4——冲头进入凹模的深度：对于分离工序可取为料坯厚度，对于成形工序取为工件高度；

H——附加长度，主要考虑冲头总修磨量及模具闭合状态下卸料板到冲头固定板间的安全距离等因素决定。

（3）强度校核　按照的整体式结构而设计的冲头，在一般情况下，其强度是足够的，没有必要作强度校核。但是，在冲头特别细长而坯料厚度较大的情况下，尤其又是在冲裁时，则有必要对其进行强度校验。校核的依据是材料力学中压杆稳定理论，校核工作包括承压能力和抗纵向弯曲能力两个方面。

1）承压能力校验。圆断面冲裁凸模承压能力的计算原则是，冲裁力必须小于凸模强度所允许的最大压力。若冲裁力 $P=\pi dt\tau$，凸模强度所允许的最大压力为 $P'=\frac{\pi d^2}{4}[\sigma_c]$ 则有

$$\pi dt\tau=\pi dtp\leqslant\frac{\pi d^2}{4}[\sigma_c]$$

由此可得

$$\frac{d}{t}\geqslant\frac{4\tau}{[\sigma_c]}=\frac{4p}{[\sigma_c]} \tag{12-2}$$

式中　d——冲头直径（mm）；

t——坯料厚度（mm）；

τ——材料抗剪强度（N/mm^2）；

p——单位冲裁力（N/mm^2）；

$[\sigma_c]$——冲头材料许用压应力（N/mm^2），见表 12-6。

冲头材料许用压应力取决于其材料种类、热处理和冲模的结构与工作条件，当$[\sigma_c]$ = 1500 ~ 2100N/mm^2 时，可能达到的最小相对直径（d/t）$_{min}$之值列于表 12-2。

表 12-2　冲头最小相对直径

材　料	$\tau/N\cdot mm^{-2}$	$(d/t)_{min}$	材　料	$\tau/N\cdot mm^{-2}$	$(d/t)_{min}$
低碳钢	260	0.5 ~ 0.7	不锈钢	520	0.99 ~ 1.30
黄铜	320	0.61 ~ 0.85	硅钢片	450	0.86 ~ 1.2

2）失稳弯曲应力的校验。冲头有导向时（如导板导向等），不发生弯曲失稳的计算近似材料力学中一端固定另一端铰支的压杆，由细长杆临界压力的欧拉极限力公式确定，即最大压力（冲裁时此压力为冲裁力）F 为

$$F=\frac{2\pi^2 EI}{L^2} \tag{12-3}$$

式中　E——冲头材料的弹性模量；

I——冲头最小横截面的截面二次轴矩；

L——冲头长度。

对于圆形截面冲头的截面二次轴矩 $I=\frac{\pi d^4}{64}\approx 0.05d^4$，故有

$$F\approx\frac{Ed^4}{L^2}$$

如取安全系数为 n 时，则冲头不发生曲弯失稳的条件应为

$$nF \leqslant \frac{Ed^4}{L^2} \qquad (\text{对于淬火钢 } n = 2 \sim 3)$$

故圆形截面冲头不发生失稳弯曲的极限长度 L 为

$$L \leqslant \sqrt{\frac{Ed^4}{nF}} \tag{12-4}$$

将冲裁力之值 $F = \pi dt\tau$ 代入上式，可得

$$L \leqslant 0.55\sqrt{\frac{Ed^3}{nt\tau}} \tag{12-5}$$

式中，各符号的意义和所取之值同上，将 E，n 之值代入式（12-5）中，可得直径为 d 有导向的圆形截面冲头的极限长度为

$$L \leqslant 270\,\frac{d^2}{\sqrt{F}}\ [8]\ ;\ L \leqslant 85\,\frac{d^2}{\sqrt{F}}\ [72] \tag{12-6}$$

对于无导向的冲头，其受力情况相当于一端固定另一端自由的压杆。同样可得

$$L \leqslant 0.35\sqrt{\frac{Ed^4}{nF}} \tag{12-7}$$

或

$$L \leqslant 0.20\sqrt{\frac{Ed^3}{nt\tau}} \tag{12-8}$$

$$L \leqslant 95\,\frac{d^2}{\sqrt{F}}\ [8]\ ;\ L \leqslant 30\,\frac{d^2}{\sqrt{F}}\ [72] \tag{12-9}$$

以上是对于圆形截面冲头不发生失稳弯曲的极限长度计算公式，对于一般形状，其相应通式则应为

冲头有导向时 $$L \leqslant 1200\sqrt{\frac{I}{F}}\ [8]\ ;\ L \leqslant 380\sqrt{\frac{I}{F}}\ [72] \tag{12-10}$$

冲头无导向时 $$L \leqslant 425\sqrt{\frac{I}{F}}\ [8]\ ;\ L \leqslant 135\sqrt{\frac{I}{F}}\ [72] \tag{12-11}$$

式（12-9）~式（12-11）均有两个公式，且后者系数仅为前者的1/3。经分析[130]，后者的推导者可能在推导过程中忽略了安全系数，故应该是前一个公式比较科学。

（4）结构要素　依照冲模术语的国家标准，圆冲头即圆凸模的结构要素如图 12-19 所示，其中包括：①—头部；②—头厚；③—头部直径；④—连接半径；⑤—杆（与凸模固定板孔之配合处）；⑥—杆直径；⑦—引导直径；⑧—过渡半径；⑨—刃口直径；⑩—凸模圆角半径或刃口；⑪—刃口长度；⑫—凸模总长。

2. 凹模

（1）结构形式　冲模工作时，与冲头直接相关或相配合的零件是凹模。不管是用于分离加工的凹模，还是用于成形加工凹模，基本上都是板块状零件。

1）冲裁凹模的整体结构形式，常用的有三种，如图 12-20 所示。

图 12-20a 锥形凹模：它的特点是工件或废料更容易漏出；凹模磨损后的修磨量较小，修磨后孔口尺寸略有增大；刃口强度稍低。锥角 α 的选取与加工方法有关，放电加工时，取 $\alpha=4'\sim20'$（落料模 $\alpha<10'$，复合模 α 为 5′左右）；机械加工经钳工并精修时，取 $\alpha=15'\sim30'$。一般用于形状简单，精度要求不太高零件的冲裁。

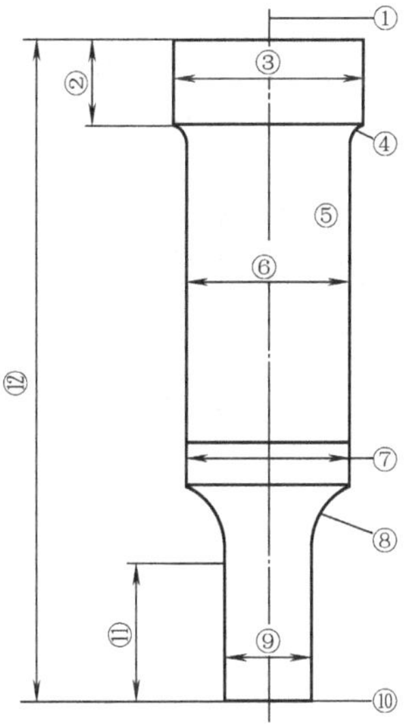

图 12-19　圆凸模结构要素

图 12-20b 所示为直壁转锥形凹模：它的特点是刃口强度高；修磨后孔口尺寸不变；磨损后的修磨量较大；直壁内可能会积存冲裁件，增大冲裁力和孔壁磨损；磨损后刃口处可能出现微小倒锥形。直壁高度 h 与被冲材料的厚度有关。为了减少摩擦便于漏料，锥形部分的锥角取为 $\beta=2°\sim3°$（电火花加工时，$\beta<1°$；使用带斜度机构的线切割机时，$\beta=1°\sim1.5°$）。常用于形状较复杂或精度要求较高的冲裁。

图 12-20c 所示为直壁转较大直壁凹模：与直壁转锥形凹模相比，因它有某种悬壁存在，所以凹模刃口强度较低些，其他特点与直壁转锥形凹模相同；但是，它的加工比较简便，可以由机加工和电加工结合完成，也可以由机加工一次装夹而加工出来，提高了加工效率。因此，这种形式用得也很普遍。

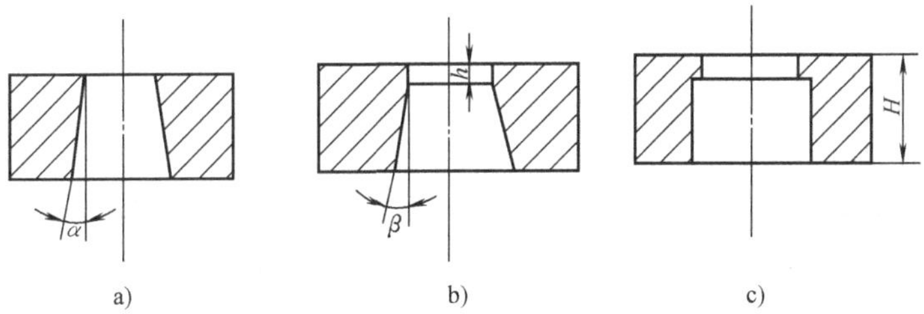

图 12-20　冲裁凹模形式

2）成形模的凹模型腔尺寸视各成形工序的要求而定。也有类似上述形状的，不过其直壁 h 尺寸更大。当然不存在图 12-20a 的形式。而且，刃口的尖角处必须加工成不同的圆弧。除了整（校）形凹模外，其他各种成形凹模的圆角半径至少要等于成形工件料厚的两倍。凹模圆角半径选择得合理与否，对成形件的成形极限、工件质量及工序数目都有很大影响。

（2）有关尺寸的确定与强度校验　凹模的厚度（或称高度）H 及壁厚 c 可由结构设计而定。对于冲裁模，也有很多公式供计算与校核凹模强度用，式（12-12）~式（12-15）中的符号与图 12-21 所示相对应。

凹模厚度

$$H = Kb \qquad (\geqslant 15\text{mm}) \tag{12-12}$$

凹模壁厚

$$c = (1.5 \sim 2)H \qquad (\geqslant 30 \sim 40\text{mm}) \tag{12-13}$$

式中　b——冲裁件最大外形尺寸；

K——系数，考虑坯料厚度 t 的影响，其值可查表 12-3。

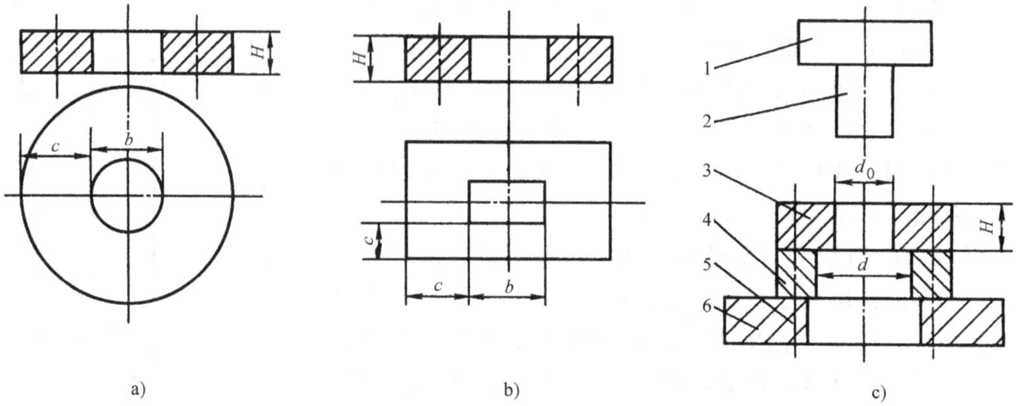

图 12-21　冲裁凹模尺寸示意

a）圆形圆孔凹模　b）方形方孔凹模　c）整体凹模

1—冲头固定板　2—冲头　3—凹模　4—凹模垫块　5—螺栓　6—下模座

表 12-3　系数 *K* 值

b/mm \ *t*/mm	0.5	1	2	3	>3
<50	0.3	0.35	0.42	0.5	0.6
50~100	0.2	0.22	0.28	0.35	0.42
100~200	0.15	0.18	0.2	0.24	0.3
>200	0.1	0.12	0.15	0.18	0.22

上述方法适用于普通工具钢（凹模与冲头材料基本相同）经过正常热处理、并在平面支撑条件下工作的凹模尺寸。用于大批量生产条件下的凹模，其高度应该在计算的结果中增加总的修磨量。

和冲头的设计计算一样，在一般情况下，按照整体结构设计的凹模，其强度是足够的。但因冲裁凹模的工作条件通常如图 12-21c 所示，其刃口部分区域呈一种悬壁梁状态，故有一个抗弯强度的问题需要考虑。材料力学和高等材料力学可成为凹模强度设计与校验的理论基础。

冲裁凹模强度校核的最著名公式为 Oehler-Kaiser 公式。该公式有三组，其中整体圆形凹模强度公式为

$$H = \sqrt{\frac{1.5F}{[\sigma_w]}\left(1 - \frac{2r_0}{3r}\right)} \quad (12\text{-}14)$$ [7]

和

$$H = \sqrt{\frac{2.5F}{[\sigma_w]}\left(1 - \frac{2r_0}{3r}\right)} \quad (12\text{-}15)$$ [7][79]

式中　H——凹模厚度（mm）；

F——冲裁力（N）；

$[\sigma_w]$——凹模材料许用弯曲应力（为脉冲循环交变应力）（MPa），见表 12-6；

d_0（$=2r_0$）——凹模孔径（mm）；

d（$=2r$）——凹模垫块孔径（mm）。

（3）结构要素　依照冲模术语的国家标准，圆凹模的结构要素如图 12-22 所示，其中包

括：①—头部；②—头部直径；③—头厚；④—模体（与凹模固定板或垫块孔之配合部分）；⑤—凹模外径；⑥—引导直径；⑦—刃口；⑧—刃口直径；⑨—刃口长度；⑩—凹模总长；⑪—连接圆角；⑫—排料孔；⑬—排料孔直径。

3. 薄刃口组合圆凹模、冲头[80-82]

传统整体凹模、冲头要消耗大量模具钢，为此，经研究和实用，提出了一种与整体凹模、冲头相比，其厚度、长度要小一个数量级的薄刃口组合凹模、冲头的结构。这种结构及设计不仅适用于普通冲裁模（圆形件或非圆形件），也为诸如奥氏体钢板叠层冲裁模等简易而先进模具的设计提供了理论指导。其设计方法分别简述如下。

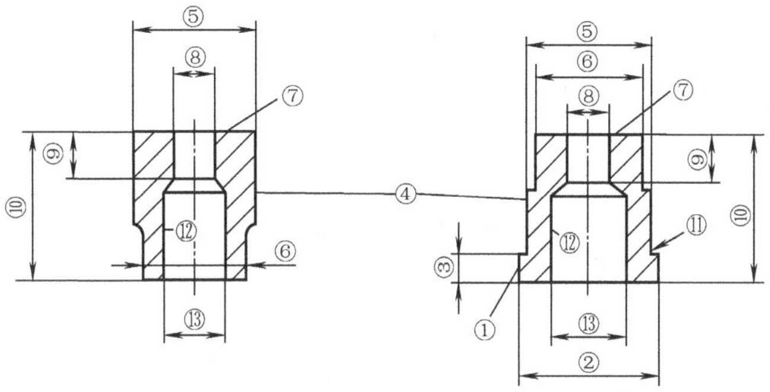

图 12-22　圆凹模结构要素

（1）薄刃口组合圆凹模的强度设计　如图 12-23a 所示，用模具钢的薄刃口凹模 1 是与垫块 2 用螺钉或通过其他压板或用粘结剂紧固在一起的。如果两者都用同种模具钢作成一个整体件，即变为常规的整体凹模，或传统整体凹模，如图中点划线所示。

如果对照图 12-21c 来看，相当于把传统整体凹模一分为二，上面部分为薄刃口凹模，下面部分为凹模垫块。这里要讨论的就是薄刃口凹模厚度 H 的计算问题。

薄刃口组合圆形凹模厚度 H 的设计计算公式为

$$H_{\min} = \sqrt{K_d F / [\sigma_w]} \tag{12-16}$$

式中　F——冲裁力，可按第 1 章中有关公式计算；

K_d——系数，可按表 12-4 查取或按式（12-17）计算（尺寸 a、b 见图 12-23）；

$[\sigma_w]$——凹模材料许用抗弯强度，见表 12-6。

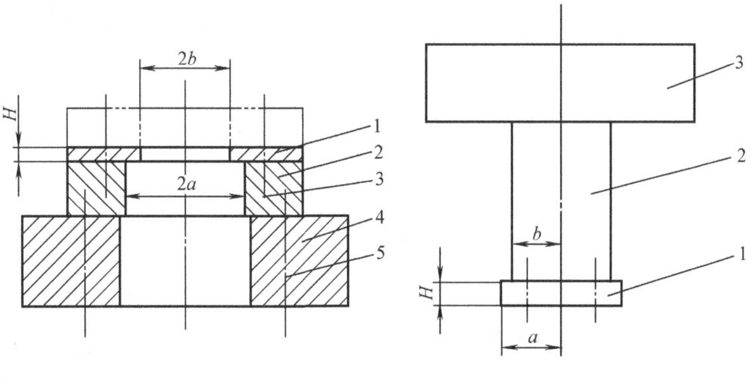

图 12-23　薄刃口组合凹模与冲头

a）薄刃口组合圆凹模
1—薄刃口凹模　2—凹模垫块　3—紧定螺钉　4—下模座　5—紧固螺钉

b）薄刃口组合圆冲头
1—薄刃口冲头　2—冲头本体
3—冲头固定板

表 12-4 凹模厚度计算系数 K_d

a/b	1.0001	1.0005	1.001	1.005	1.01	1.02	1.03	1.04	1.05	1.08	1.10
K_d	0.00005	0.00015	0.001	0.005	0.009	0.018	0.027	0.037	0.046	0.072	0.088
a/b	1.15	1.20	1.25	1.30	1.40	1.5	1.6	1.7	1.8	1.9	2.0
K_d	0.126	0.162	0.194	0.224	0.277	0.320	0.357	0.388	0.414	0.436	0.455

$$K_d = \left| \frac{3}{4\pi}\left[-2.6\ln\frac{a}{b} + \left(1.4\ln\frac{a}{b} - 1.077\right)\left[\frac{1}{\left(\frac{a}{b}\right)^2 + 0.538} - \frac{1}{1 + 0.538\left(\frac{a}{b}\right)^2} \right]\right]\right| \tag{12-17}$$

（2）薄刃口组合圆冲头的强度计算　薄刃口组合圆冲头，就是把整体冲头设计成如图 12-23b 所示的结构形式。它由刃口部分 1 和本体部分 2 组成。其刃口部分的材料与常规冲头相同；本体部分用冲模非工作零件的一般材料，如 Q235、45 钢等，可不进行热处理。1、2 两部分用螺钉等紧固。

如果对照图 12-17e 来看，相当于把冲头头部称为薄刃口冲头，后面视为冲头本体，冲头本体再与冲头固定板紧固。

薄刃口组合圆冲头之薄刃口厚度的计算公式

$$H_{min} = \sqrt{K_p F / [\sigma_w]} \tag{12-18}$$

式中　K_p——系数，可按表 12-5 查取按式（12-19）计算（尺寸 a、b 见图 12-23）；

$[\sigma_w]$、F——意义及取值同式（12-16）。

表 12-5 冲头厚度计算系数 K_p

a/b	1.0001	1.0005	1.001	1.005	1.01	1.02	1.03	1.04	1.05	1.08	1.10
K_p	0.0001	0.0008	0.001	0.005	0.010	0.019	0.029	0.038	0.049	0.076	0.094
a/b	1.15	1.20	1.25	1.30	1.40	1.5	1.6	1.7	1.8	1.9	2.0
K_p	0.140	0.184	0.227	0.270	0.351	0.427	0.500	0.509	0.634	0.695	0.753

$$K_p = \frac{2.1\left(\frac{a^2}{b^2} - 1\right) + 7.8\left(\frac{a}{b}\right)^2 \ln\frac{a}{b}}{\pi\left[2.6\left(\frac{a}{b}\right)^2 + 1.4\right]} \tag{12-19}$$

4. 凸凹模

凸凹模是其内、外形都有工作表面且仅为复合模中的一种模具工作零件。如落料冲孔复合模、落料拉深复合模、冲孔翻边复合模等均有凸凹模零件。凸凹模形状属空心轴类零件，但没有冲头那么细长，且后部更宽大。故从总体上看，强度没有问题。可往往有一个局部强度——口部壁厚的问题。

由于对这个问题的理论计算较烦，故常用一些经验方法设计和校验壁厚。如果按式（12-13）设计的凹模壁厚难以满足复合模中要求，则建议凸凹模壁厚 c 为：

$$c \geqslant (1.5 \sim 2.0)t \qquad (c \geqslant 3\text{mm}) \tag{12-20}$$

凸凹模的结构设计、材料选用及热处理要求基本上与凹模类似或相同。

表 12-6 冲模主要材料的许用应力[83]

材料名称及牌号例	许用应力/MPa			
	拉伸	压缩	弯曲	剪切
Q215、Q235、25	108 ~ 147	118 ~ 157	127 ~ 157	98 ~ 137
Q275、40、50	127 ~ 157	137 ~ 167	167 ~ 177	118 ~ 147
铸钢 ZG35，ZG45	—	108 ~ 147	118 ~ 147	88 ~ 118
T7A 硬度 54 ~ 58HRC	—	88 ~ 137	34 ~ 44	25 ~ 34
T8A，T10A Cr12MoV，GCr15 硬度 52 ~ 60HRC	245	981 ~ 1569①	294 ~ 490	—
20（表面渗碳） 硬度 58 ~ 62HRC	—	245 ~ 294	—	—
65Mn 硬度 43 ~ 48HRC	—	—	490 ~ 785	

①对小直径有导向的凸模此值可取 2000 ~ 3000MPa。

12.3.3 固定零件

1. 模座

在上、下模座上安装全部模具零件，构成模具的总体和传递压力。模座不仅应该具有足够的强度，而且还要有足够的刚度。刚度问题往往容易被忽视。如果刚度不足，工作时会产生严重的弹性变形而导致模具零件迅速磨损或破坏。

一般情况下是上模座与冲头、冲头固定板及垫板等装配成一体，用 3 个以上的螺栓紧固构成模具的上模部分；下模板则与凹模、凹模垫块等组成模具的下模部分。此外，上、下模两部分还分别对称地用两个销钉销紧，以防转动和错位。

上、下模座中间联以导向装置（导柱、导套）的总体称为模架。模架示意及有关尺寸参见 12.4.3 节中选用的国家标准。模具设计时，通常都是按标准选用模架或模座，只有在不能使用标准的特殊情况下才进行模板设计。设计时，圆形模座的外径应比圆形凹模直径大 30 ~ 70mm，以便安装和固定。同样，矩形模座的长度应比凹模长度大 40 ~ 70mm，而宽度可取与凹模宽度相同或稍大些。

模座大多是铸铁或铸钢件，因此其结构应能满足铸造工艺要求。现国标中也有钢板模座大型模座为起吊运输方便和安全，应有起吊孔，在其侧向加工。模座的厚度一般设计或选用得比凹模（凹模垫板）厚一些。下模座通常比上模座设计得厚一些。

2. 模柄

模具的上模部分通过模柄固定在冲床滑块上。模柄结构形式很多，常见的结构形式有：

（1）带凸缘模柄（见图 12-9、图 12-10） 用 4 ~ 6 个螺钉与模板固定联接，适用于尺寸较大的冲模。

（2）压入式模柄（图 12-4 ~ 图 12-7） 通过压配合和附加的销钉与模板固定联接以防转动与松动，适用于模板较厚的各种中、小型模具。

（3）旋入式模柄（图 12-14 之件 1） 通过螺纹与模板 1 固定联接，并且也附加销钉止动，这种形式现日渐见少。

(4) 浮动式模柄　如图 12-24 所示，模柄 1 的压力通过球形垫 2 传递给上模板，可以避免压机导滑误差对模具导向精度的影响。适用于有硬质合金凸、凹模的多工序冲裁模。

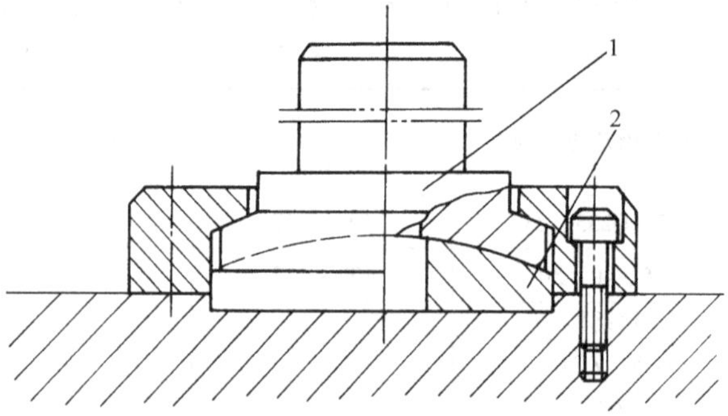

图 12-24　浮动式模柄

1—模柄　2—球形垫

模柄材料一般选用优质碳素钢中的 45 钢、碳素结构钢中的 Q235、Q275 钢等。

3. 凸模固定板与垫板

用凸模固定板将凸模联接固定在模板的正确位置上。凸模固定板有圆形和矩形两种，其平面尺寸除保证能安装凸模外，还应该能够正确安放定位销钉和紧固螺钉。

固定板与凸模采用过渡配合，压装后将凸模尾部与固定板一起磨平。凸模固定板可用 45 钢或 Q235、Q275 材料加工。

垫板的作用是分散凸模传来的压力，防止模板直接被凸模后端压挤损伤。凸模端面对模板的单位压力为

$$\sigma = \frac{F}{A} \tag{12-21}$$

式中　F——冲压工艺变形力；

A——凸模支承端面积。

如果凸模端面上的单位压力大于模板材料的许用挤压应力时，就需要在凸模支承面上加一块 45 钢或 T8 材料等淬硬（50HRC 左右）磨平的垫板（见图 12-4、图 12-12）；如果凸模端面上的单位压力不大于模板材料的许用挤压应力时，可以不加垫板（见图 12-6）。垫板厚度一般取 3～8mm。

12.3.4　导向零件

常用的导向装置有导板式和导柱式，且以后者更为普遍。

导板的导向孔按凸模断面形状加工，采用 IT6、IT7 级精度间隙配合。模具工作时凸模始终不脱离导板以确保导向作用。导板必须具有足够的厚度，其平面尺寸一般与凹模相同。冲压加工零件的形状复杂时，导板加工困难。为了避免热处理变形，时常不进行热处理，所以其耐磨性能差，实际上很难达到和保持可靠与稳定的导向精度。

导柱、导套方式导向中，较大型模具多用阶梯形导柱，其大端直径取等于导套的外径，从而使上、下模板安装导柱、导套的孔径相等，可以在一般的设备上同时加工保证同轴度。中、小型模具中导柱、导套孔径不相等，上、下模板上的导套孔、导柱孔也应同时加工，以保证上、下模两部分的同心和导向的可靠性。为提高导向的可靠性，可适当增加导向部分长度，取导套长度比模板的厚度稍大些。导柱和导套应具有耐磨性与足够的韧性，一般用低碳钢制造，表面渗碳、淬火。导套的硬度（56～60HRC）应稍低于导柱（两度左右）。导柱导套有滑动式结构和滚动式结构两种形式。当冲模工作速度较高或对冲模精度要求较高时，可以采用滚动式的导柱、导套装置。

导柱、导套应按标准选用。尽管有标准，但对初学者来说，还是应该按标准去作 1～2 次画图练习，且画成正规图样。同样，前面所叙及的、有标准的上、下模座，也应有这种设计要求。

12.3.5 定位零件

为了保证模具正常工作并冲出合格的制件，要求在送进的平面内，坯料（块料、条料）相对于模具的工作零件处于正确的位置。坯料在模具中的定位有两个内容：一是在送料方向上的定位，用来控制送料的进距，通常称为挡料（见图 12-25 中的销 *a*）；二是在与送料方向垂直方向上的定位，通常称为送进导向（见图 12-25 中的销 *b*、*c*）。

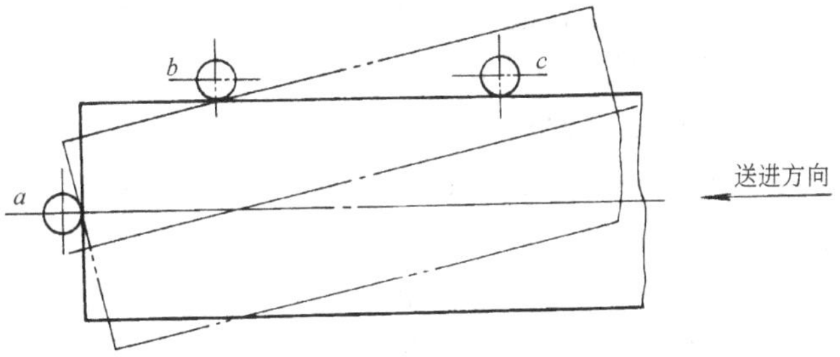

图 12-25　坯料的定位

1. 送进导向方式与零件

常见的送进导向方式有导销式与导尺式。图 12-9 所示为导销式送进导向复合模，在条料的同一侧设置了两个固定导料销 12，为了保证条料在首次或末次冲裁的正确送进方向，设有一活动导料销 18。只要保持条料沿导料销一侧送进，即可保证条料正确的送进方向。导销也可以压装在凹模上。导料销送进导向结构简单，制造容易。为了条料的顺利通过，导尺间距离应该等于条料的最大宽度加上一间隙值。如果条料宽度尺寸公差较大，为节省材料和保证冲压件的质量，应该在进料方向的一侧装侧压装置，迫使条料始终紧靠另一侧送进。导尺与导板（有时兼作刚性卸料板）可以分开制造，也可以制成整体。

2. 挡料方式与零件

常见的限定条料送进距离的方式有：用销钉抵挡搭边或制件轮廓，限定条料送进距离的挡料销定距；用侧刀在条料侧边冲切各种形状缺口，限定条料送进距离的侧刀定距。

（1）挡料销定距　根据结构特征挡料销分为固定式和活动式两种。

图 12-6、图 12-12 所示为采用固定式挡料销控制条料送进距离的模具。图 12-12 中件 7 为圆形固定挡料销，用于中、小型冲裁件定距。图 12-6 中件 3 为钩式挡料销。钩式挡料销尾柄远离凹模刃口有利于凹模强度，适用于较大型的冲裁件定距。为防止钩头转动需有定向销，从而增加制造加工量。固定式挡料销，适用于手工送料的简单模或连续模

有的模具采用活动式挡料销控制条料送进距离，并设计成挡料销在送进方向带有斜面，送料时搭边碰撞斜面使挡料销跳越搭边，然后将条料后拉，挡料销便抵住搭边而定位，每次送料都要先送后拉，作方向相反的两个动作。有的设计成挡料销下面用弹簧托起，送进时需将条料抬起。

为了提高材料利用率，可使用临时挡料销。在条料第一次冲裁送进前，预先用手将临时挡料销（图 12-12 之件 6）按入，使其端部突出导尺，挡住条料而限定送进距离。第一次冲裁后，弹簧将临时挡料销退出，在以后的各次冲裁中不再使用。

（2）侧刀定距　图 12-14 所示为侧刀定距的混合模。根据截面形状，常用的侧刀有三种形式：长方形、内凹形和尖角形（见图 12-26）。

长方形侧刀（见图 12-26a）制造和使用都很简单，但当刃口尖角磨损后，在条料侧边

形成的毛刺（见图 12-26d）会影响定位和送进。为了解决这个问题，常采用图 12-26b 所示的内凹形侧刀。这时由于侧刀尖角磨损而形成的毛刺不会影响条料的送进，但因须增大切边的宽度而造成原材料的消耗。尖角形侧刀（见图 12-26c）需与弹簧挡销配合使用，先在条料边缘冲切尖角缺口，条料送进当缺口滑过弹簧挡销后，反向后拉条料至挡销卡住缺口而定距。尖角形侧刀废料少，但操作麻烦，影响生产效率。

侧刀定距准确可靠，生产效率高，但增大总冲裁力和增加材料消耗。一般用于连续模冲制窄长形零件（步距小于 6 ~ 8mm）或薄料（0. 5mm 以下）冲裁。

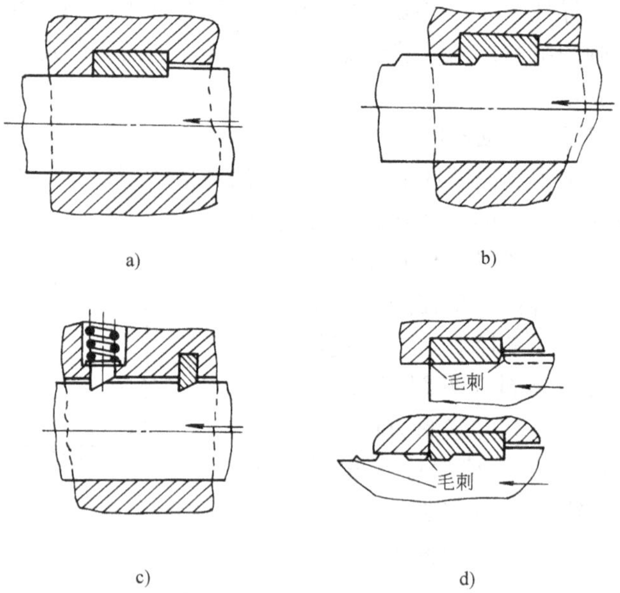

图 12-26　侧刀的形式

a）长方形侧刀　b）内凹形侧刀　c）尖角形侧刀　d）侧刀磨损形成的毛刺

侧刀的数量可以是一个，或者是两个。两个侧刀可以并列布置，也可按对角布置，对角布置能够保证料尾的充分利用。

（3）导正销　为了保证连续模冲压中工件内孔与外形的相对位置精度，可采用如图 12-27 所示的导正销结构。导正销安装在落料凸模工作端面外，落料前导正销先插入已冲好的孔中，确定内孔与外形的相对位置，消除送料和导向造成的误差。

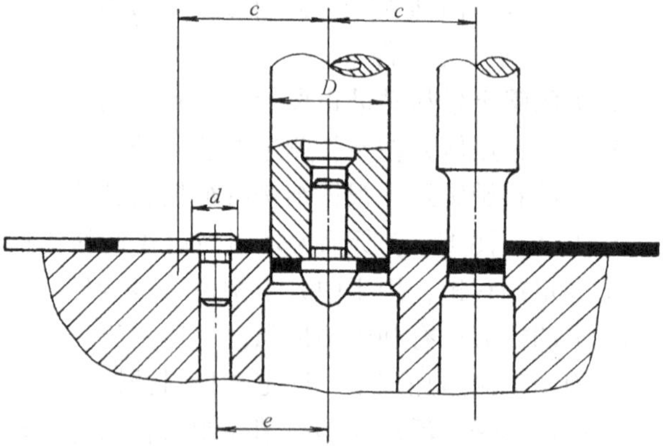

图 12-27　导正销结构

设计有导正销时，应该保证导正销导正过程中条料活动的可能。即前方挡料销的位置 e（mm）按经验可取为

$$e = c - \frac{D}{2} + \frac{d}{2} + 0.1 \qquad (12\text{-}22)$$

式中　c——步距（mm）；

D——落料凸模直径（mm）；

d——挡料销头部直径（mm）。

定位零件一般都选用 Q235、Q275 或 45 号钢材料加工，但以侧刀定距时侧刀应选用工具钢并经热处理。

12. 3. 6　压、卸料及出件零件

压、卸料板和顶、推件板的结构没有什么特殊，选材也一般，根据结构要求容易设计。至于

这类部件中的弹性元件——弹簧与橡皮(包括聚氨酯)的选用与计算,可参考有关标准及设计资料。

12.4　冲模总体设计

12.4.1　冲模设计的程序

依据冲压件的产品图纸进行冲压工艺过程设计确定工艺方案之后，可进行冲模的设计。在模具设计时，要收集、准备有关的设计参考资料；经过充分理解、研究和确定内容之后，便可着手绘制模具的构思图即草图；在绘制草图阶段要召开讨论会，以防发生设计上的重大错误；然后，再绘制正式图。

一般模具设计可按图 12-28 的步骤完成。

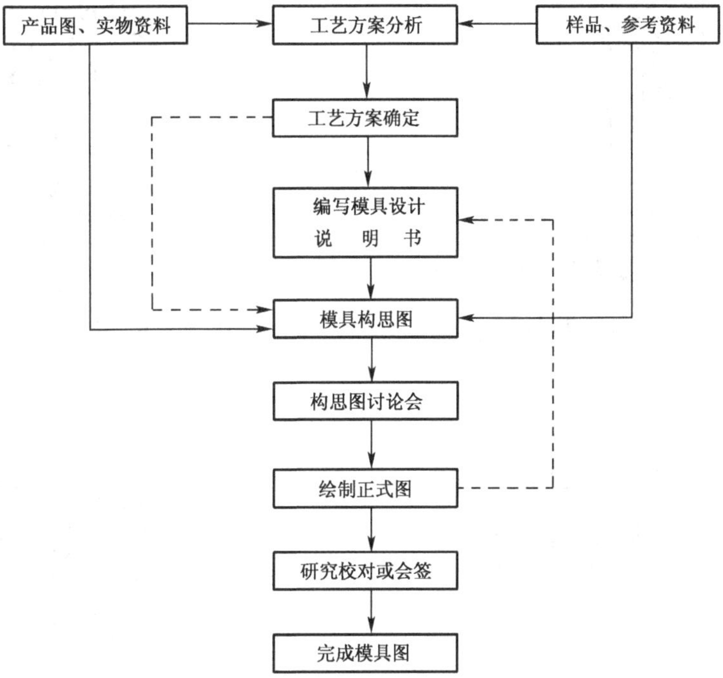

图 12-28　模具设计步骤

12.4.2　冲模总体设计要点

1. 模具总体结构形式的确定

模具总体结构形式的确定是设计时必须首先解决的问题，也是冲模设计的关键，它直接影响冲压件的质量、成本和冲压生产的水平，所以必须十分重视。模具类型的选定，应以合理的冲压工艺过程为基础，根据冲压件的形状、尺寸、精度要求、材料性能、生产批量、冲压设备、模具加工条件等多方面的因素，做综合的分析研究并比较其综合经济效果，以期在满足冲压件质量要求的前提下，达到最大限度地降低冲压件的生产成本的基本要求。确定模具的结构形式时，必须解决以下几方面的问题。

（1）模具类型的确定　简单模，迭合模，复合模和混合模。

（2）操作方式的确定　手工操作，自动化操作，半自动化操作。

（3）进出料方式的确定　根据原材料的形式确定进料方法，取出和整理零件的方法，原材料的定位方法。

（4）压料与卸料方式的确定　压料或不压料，弹性或刚性卸料等。

（5）模具精度的确定　根据冲压件的特点确定合理的模具加工精度，选取合理的导向方式及模具固定方法等。

表 12-1 是四种模具类型在各方面的大致对比关系，其内容可供选定模具类型时参考。

表 12-7、表 12-8 为复合模、混合模中多工序组合排列方式的一些示例，可为设计时构思模具图提供参考。

表 12-7　复合模多工序组合方式示例

工序组合方式	模具结构简图	工序组合方式	模具结构简图
落料、冲孔	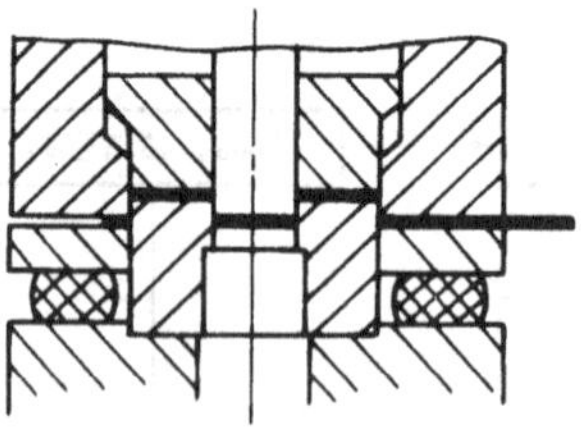	切断、弯曲、冲孔	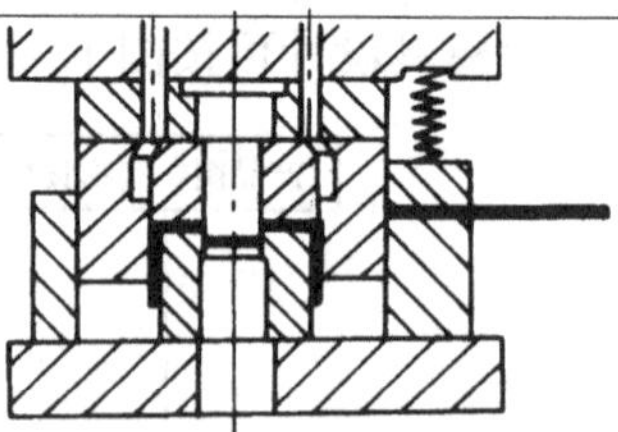
切断、弯曲	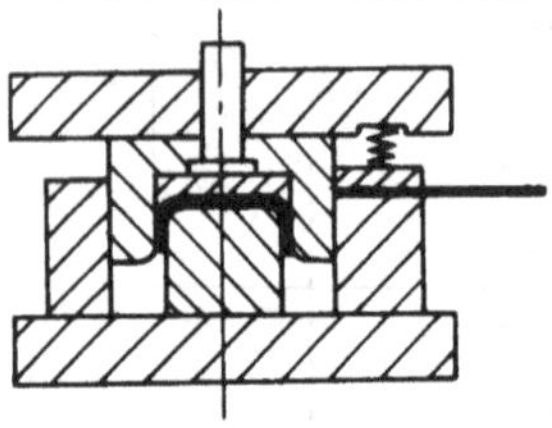	落料、拉深	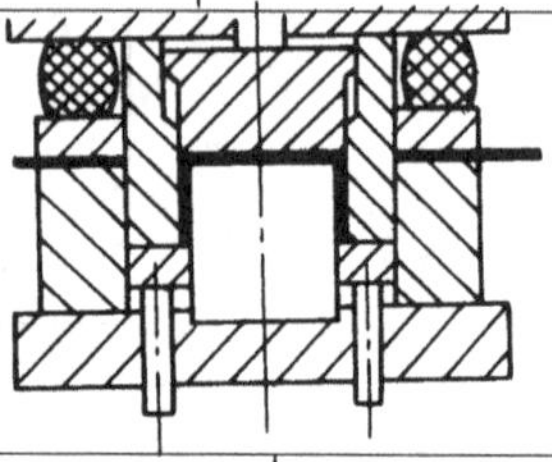
落料、拉深、切边	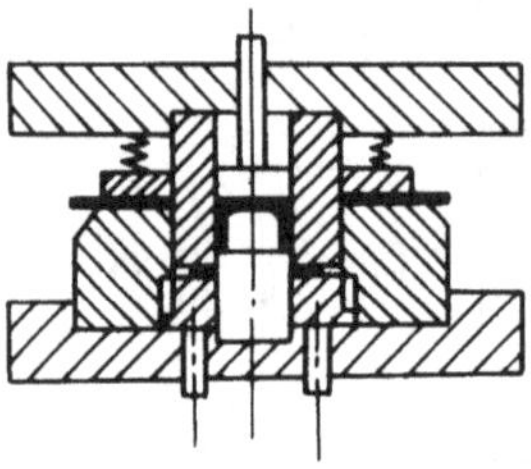	落料、拉深、冲孔、翻边	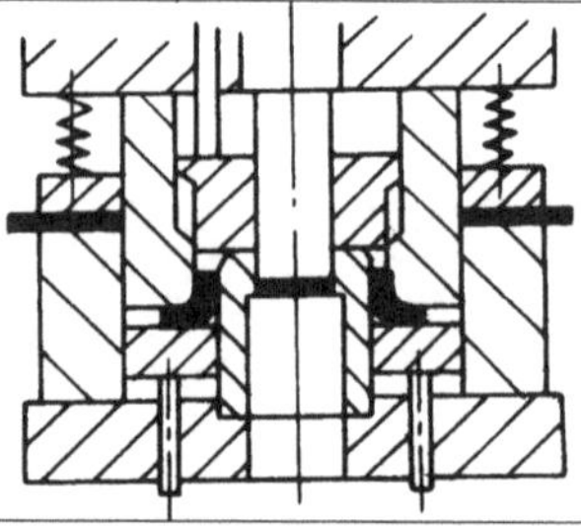
冲孔、切边	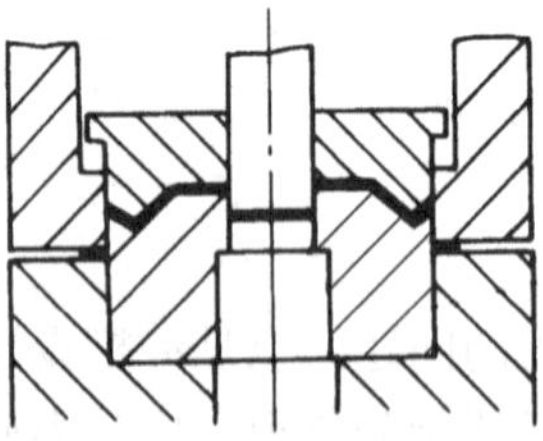	冲孔、翻边	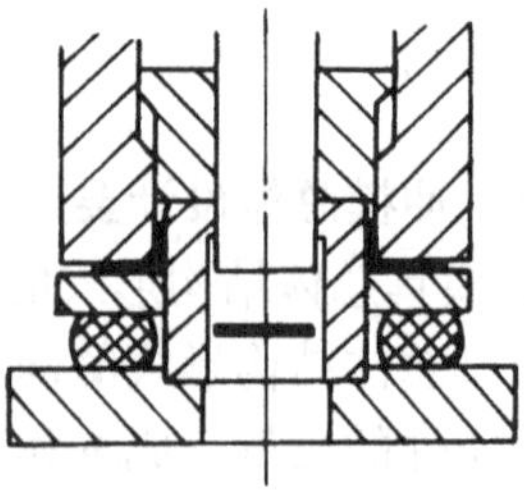
落料、拉深、冲孔	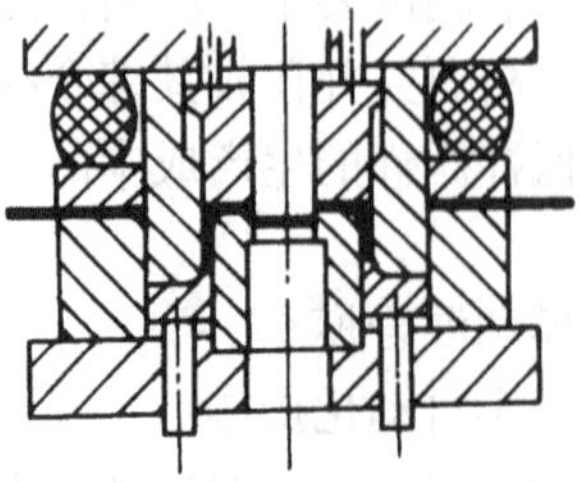	落料、拉深、冲孔、翻边	瓶盖复合模（见第 3 篇篇首页图）

表 12-8　混合模多工序组合方式示例

工序组合方式	模具结构简图	工序组合方式	模具结构简图
冲孔、落料	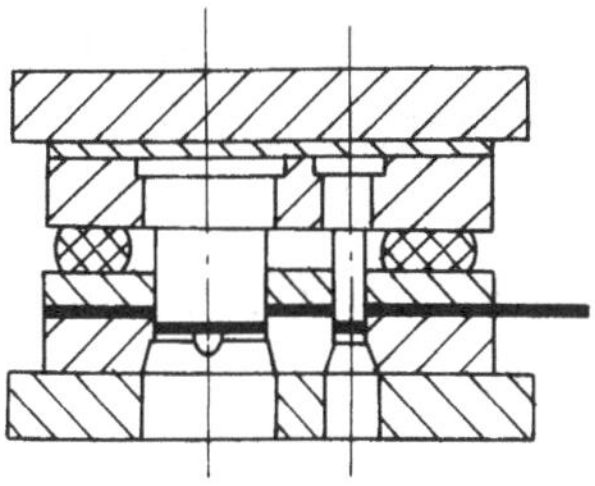	冲孔、切断	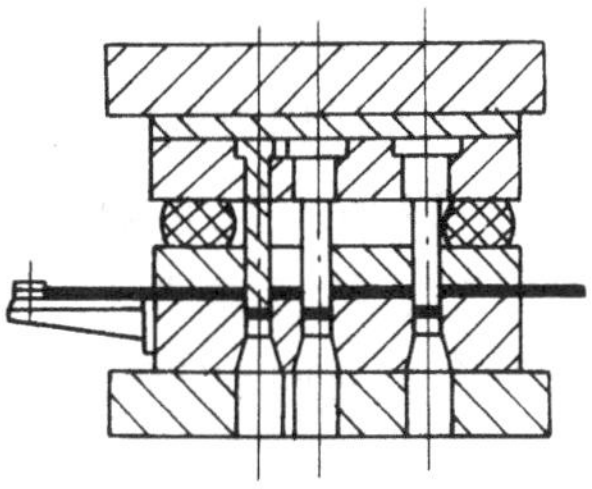
冲孔、弯曲、切断	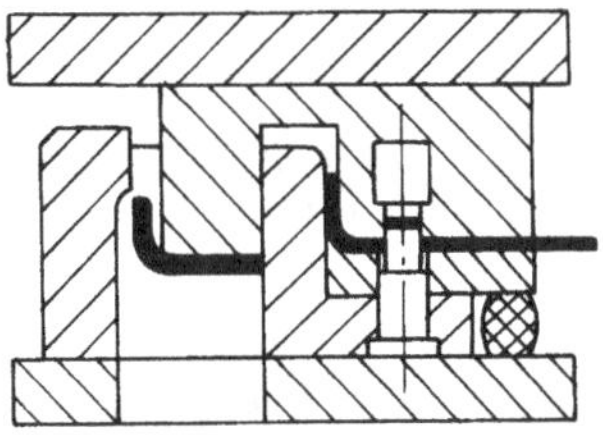	连续拉深、落料	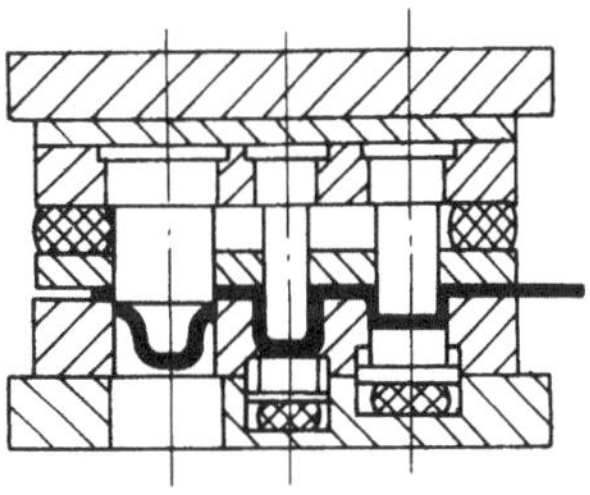
冲孔、切断、弯曲	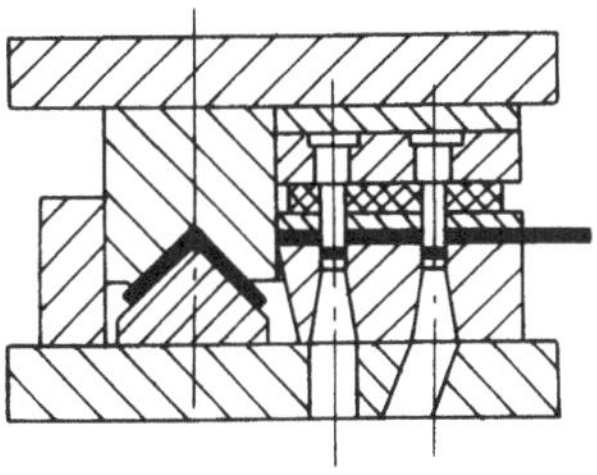	冲孔、翻边、落料	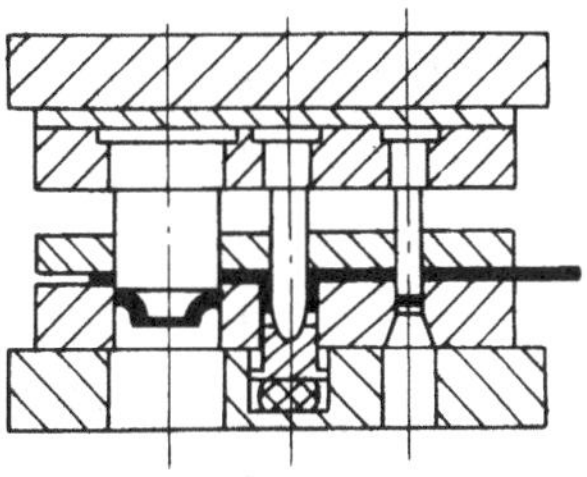
冲孔、翻边、落料	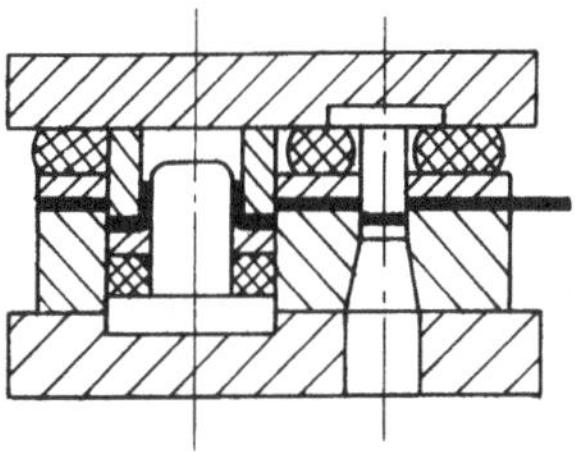	冲孔、压筋、落料	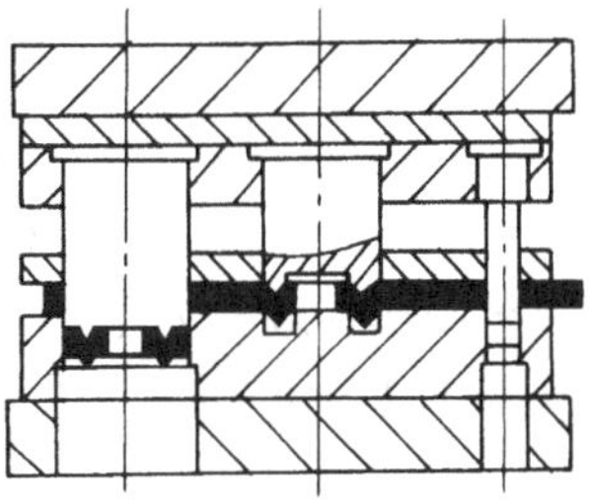
冲孔、切断	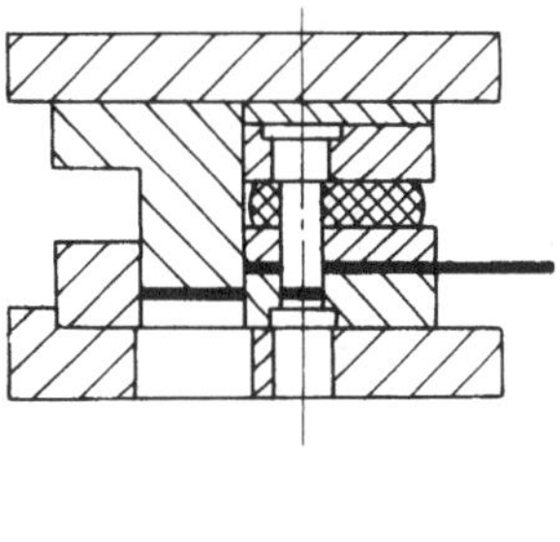	迭合冲 4 孔、冲长孔（落小件）、落大件、冲弯	裤扣混合模（见第 4 篇篇首页图）

2. 冲模的压力中心的计算与确定

冲压力合力的作用点称为模具的压力中心。如果压力中心不在模柄轴线上，滑块就会承受偏心载荷，导致滑块导轨和模具不正常的磨损，降低模具寿命甚至损坏模具。通常利用求平行力系合力作用点的方法——解析法或图解法，确定模具的压力中心。

图 12-29 所示的连续模压力中心为 O 点，其坐标为 X、Y，连续模上作用的冲压力 F_1、F_2、F_3、F_4、F_5 是垂直于图面方向的平行力系。根据理论力学定理，诸分力对某轴力矩之和等于其合力对同轴之距，则有压力中心 O 点的坐标通式为

$$X = \frac{F_1X_1 + F_2X_2 + \cdots + F_nX_n}{F_1 + F_2 + \cdots + F_n} = \frac{\sum_{i=1}^{n} F_iX_i}{\sum_{i=1}^{n} F_i} \tag{12-23}$$

$$Y = \frac{F_1Y_1 + F_2Y_2 + \cdots + F_nY_n}{F_1 + F_2 + \cdots + F_n} = \frac{\sum_{i=1}^{n} F_iY_i}{\sum_{i=1}^{n} F_i} \tag{12-24}$$

如果这里以 $F_1 = L_1t\tau$（均以冲裁为例）；

$F_2 = L_2t\tau$；

……

$F_n = L_nt\tau$；

式中 F_1、F_2、$\cdots F_n$——各图形的冲裁力；

X_1、X_2、$\cdots$、X_n——各图形冲裁力的 X 轴坐标；

Y_1、Y_2、$\cdots$、Y_n——各图形冲裁力的 Y 轴坐标；

L_1、L_2、$\cdots$、L_n——各图形冲裁周边长度；

t——毛坯厚度；

τ——材料抗剪强度。

将各图形冲裁力 F_1、F_2、$\cdots F_n$ 之值代入式（12-23）、式（12-24）可得冲裁模压力中心的坐标 X 与 Y 之值为

$$X = \frac{L_1X_1 + L_2X_2 + \cdots + L_nX_n}{L_1 + L_2 + \cdots + L_n} = \frac{\sum_{i=1}^{n} L_iX_i}{\sum_{i=1}^{n} L_i} \tag{12-25}$$

$$Y = \frac{L_1Y_1 + L_2Y_2 + \cdots + L_nY_n}{L_1 + L_2 + \cdots + L_n} = \frac{\sum_{i=1}^{n} L_iY_i}{\sum_{i=1}^{n} L_i} \tag{12-26}$$

除上述的解析法外，在生产中也常用作图法求压力中心。虽然作图法的精度稍差，但却

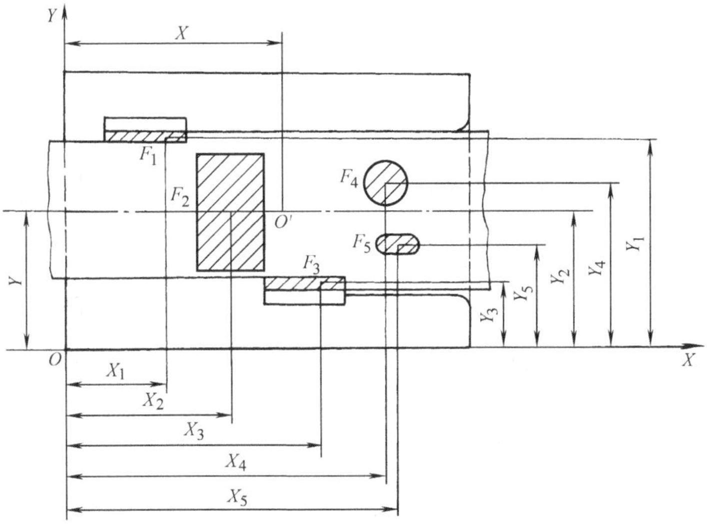

图 12-29　压力中心确定的示例

可省掉许多计算。在实际生产中，可能出现冲模压力中心在加工过程中发生变化的情况，或者由于零件的形状特殊，从模具结构考虑不宜于使压力中心与模柄中心线相重合的情况，这时应注意使压力中心的偏离不致超出所选用压力机所允许的范围。

3. 冲模的封闭高度的确定

冲模总体结构尺寸必须与所用设备相适应，即模具总体结构平面尺寸应该适应于设备工作台面尺寸，而模具总体封闭高度必须与设备的装模高度相适应，否则就不能保证正常的安装与工作。冲模的封闭高度系指模具在最低工作位置时，上、下模板外平面间的距离。

模具的封闭高度 H 应该介于压力机的最大装模高度 H_{max}（mm）及最小装模高度 H_{min}（mm）之间（见图 12-30），一般取

$$H_{max} - 5 \geqslant H \geqslant H_{min} + 10 \tag{12-27}$$

如果模具封闭高度小于设备的最小装模高度时，可以用附加垫板（在下模座下面）达到要求。

模具的平面尺寸（主要是下模座）应小于设备工作台平面尺寸，这是不言而喻的。但还有几个与设备相应的尺寸，初学者往往容易被忽视的。一是模具漏料孔 D_1 应小于设备的工作台孔 D。二是模柄长度 L_1 应该小于设备滑块孔的深度 L；模柄直径 d_1 应稍小于滑块孔径 d。

设计冲模时，在总体设计三个要点确定之后，便可以进行模具零部件的设计、计算与选用，往后，就可以绘制模具图。具体作设计时，还可参阅其他一些指导性资料，如文献［9、10、83～85、131］及冲模国家标准。

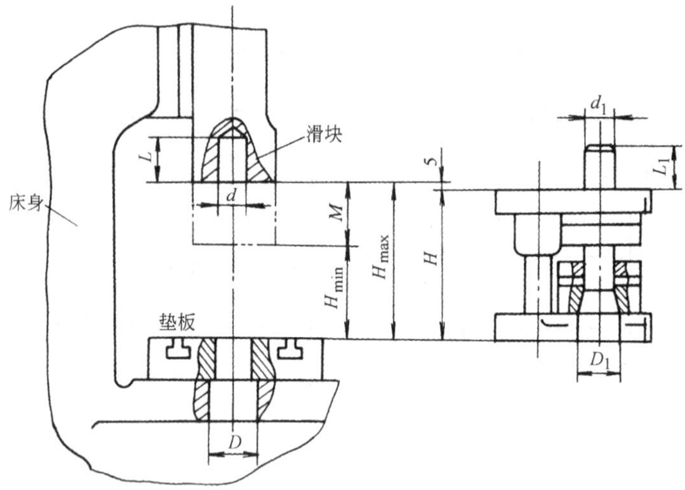

图 12-30 模具的封闭高度

12.4.3 执行模具国家标准

我国的冲压模标准制定工作起始于 1980 年代，当时命名为《冷冲模》国家标准，经国家标准局批准（国标发〔1981〕401 号文）、自 1982 年 10 月 1 日起施行。该标准的内容包括：零件标准、部件标准、组合标准、技术条件四个部分，共 139 个标准号。后于 1990 年对该标准进行了修订，总称为《冲压模具标准》。再后又将部分国标降为行业标准。最新的冲模标准为 2008 年重新修订、发布和实施的，包括 23 个冲模国家标准、72 个冲模行业标准，还有 1995 年制定、实施、目前仍然在执行的 15 个冲模典型组合机械行业标准，共 110 个标准。

1. 关于冲模标准的具体标准号及名称举例

GB/T 8845—2006 冲模术语。

GB/T 2851—2008 冲模滑动导向模架。

GB/T 2852—2008 冲模滚动导向模架。

JB/T 5825—2008 冲模圆柱头直杆圆凸模。

JB/T 5830—2008 冲模圆凹模。

JB/T 8050—2008 冲模模架技术条件。

JB/T 8070—2008 冲模模架零件技术条件。

2. 模架标准举例

（1）后侧导柱模架 见表 12-9。

（2）中间导柱圆形模架 见表 12-10。

表 12-9　后侧导柱模架（GB/T 2851—2008）

标记示例：

凹模周界 $L=200$mm、$B=125$mm、闭合高度 $H=170\sim205$mm、Ⅰ级精度的冲模滑动导向后侧导柱模架标准记为滑动导向

模架后侧导柱 200 × 125 × 170 ~ 205 Ⅰ GB/T 2851—2008

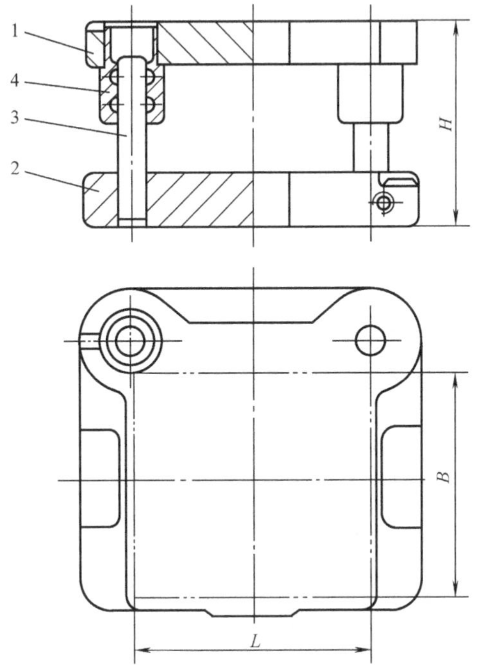

（mm）

凹模周界		闭合高度（参考）H		零件件号、名称及标准编号					
				1	2	3		4	
				上模座 GB/T 2855.1	下模座 GB/T 2855.2	导　柱 GB/T 2861.1		导　套 GB/T 2861.3	
				数　　量					
L	B	最小	最大	1	1	2		2	
				规　　格					
63	50	100	115	63 × 50 × 20	63 × 50 × 25	16 ×	90	16 ×	60 × 18
		110	125				100		
		110	130	60 × 50 × 25	63 × 50 × 30		100		65 × 23
		120	140				110		
63	63	100	115	63 × 63 × 20	63 × 63 × 25		90		60 × 18
		110	125				100		
		110	130	63 × 63 × 25	63 × 63 × 30		100		65 × 23
		120	140				110		
80		110	130	80 × 63 × 25	80 × 63 × 30	18 ×	100	18 ×	65 × 23
		130	150				120		
		120	145	80 × 63 × 30	80 × 63 × 40		110		70 × 28
		140	165				130		

（续）

<table>
<tr><td colspan="2" rowspan="4">凹模周界</td><td colspan="2" rowspan="4">闭合高度
（参考）
H</td><td colspan="6">零件件号、名称及标准编号</td></tr>
<tr><td>1</td><td>2</td><td colspan="2">3</td><td colspan="2">4</td></tr>
<tr><td>上模座
GB/T 2855. 1</td><td>下模座
GB/T 2855. 2</td><td colspan="2">导　柱
GB/T 2861. 1</td><td colspan="2">导　套
GB/T 2861. 3</td></tr>
<tr><td colspan="6">数　量</td></tr>
<tr><td rowspan="2">L</td><td rowspan="2">B</td><td rowspan="2">最小</td><td rowspan="2">最大</td><td>1</td><td>1</td><td colspan="2">2</td><td colspan="2">2</td></tr>
<tr><td colspan="6">规　格</td></tr>
<tr><td rowspan="4">100</td><td rowspan="4">63</td><td>110</td><td>130</td><td rowspan="2">100 × 63 × 25</td><td rowspan="2">100 × 63 × 30</td><td rowspan="4">18 ×</td><td>100</td><td rowspan="4">18 ×</td><td rowspan="2">65 × 23</td></tr>
<tr><td>130</td><td>150</td><td>120</td></tr>
<tr><td>120</td><td>145</td><td rowspan="2">100 × 63 × 30</td><td rowspan="2">100 × 63 × 40</td><td>110</td><td rowspan="2">70 × 28</td></tr>
<tr><td>140</td><td>165</td><td>130</td></tr>
<tr><td rowspan="4">80</td><td rowspan="12">80</td><td>110</td><td>130</td><td rowspan="2">80 × 80 × 25</td><td rowspan="2">80 × 80 × 30</td><td rowspan="16">20 ×</td><td>100</td><td rowspan="16">20 ×</td><td rowspan="2">65 × 23</td></tr>
<tr><td>130</td><td>150</td><td>120</td></tr>
<tr><td>120</td><td>145</td><td rowspan="2">80 × 80 × 30</td><td rowspan="2">80 × 80 × 40</td><td>110</td><td rowspan="2">70 × 28</td></tr>
<tr><td>140</td><td>165</td><td>130</td></tr>
<tr><td rowspan="4">100</td><td>110</td><td>130</td><td rowspan="2">100 × 80 × 25</td><td rowspan="2">100 × 80 × 30</td><td>100</td><td rowspan="2">65 × 23</td></tr>
<tr><td>130</td><td>150</td><td>120</td></tr>
<tr><td>120</td><td>145</td><td rowspan="2">100 × 80 × 30</td><td rowspan="2">100 × 80 × 40</td><td>110</td><td rowspan="2">70 × 23</td></tr>
<tr><td>140</td><td>165</td><td>130</td></tr>
<tr><td rowspan="4">125</td><td>110</td><td>130</td><td rowspan="2">125 × 80 × 25</td><td rowspan="2">125 × 80 × 30</td><td>100</td><td rowspan="2">65 × 23</td></tr>
<tr><td>130</td><td>150</td><td>120</td></tr>
<tr><td>120</td><td>145</td><td rowspan="2">125 × 80 × 30</td><td rowspan="2">125 × 80 × 40</td><td>110</td><td rowspan="2">70 × 28</td></tr>
<tr><td>140</td><td>165</td><td>130</td></tr>
<tr><td rowspan="4">100</td><td rowspan="12">100</td><td>110</td><td>130</td><td rowspan="2">100 × 100 × 25</td><td rowspan="2">100 × 100 × 30</td><td>100</td><td rowspan="2">65 × 23</td></tr>
<tr><td>130</td><td>150</td><td>120</td></tr>
<tr><td>120</td><td>145</td><td rowspan="2">100 × 100 × 30</td><td rowspan="2">100 × 100 × 40</td><td>110</td><td rowspan="2">70 × 28</td></tr>
<tr><td>140</td><td>165</td><td>130</td></tr>
<tr><td rowspan="4">125</td><td>120</td><td>150</td><td rowspan="2">125 × 100 × 30</td><td rowspan="2">125 × 100 × 35</td><td rowspan="4">22 ×</td><td>110</td><td rowspan="4">22 ×</td><td rowspan="2">80 × 28</td></tr>
<tr><td>140</td><td>165</td><td>130</td></tr>
<tr><td>140</td><td>170</td><td rowspan="2">125 × 100 × 35</td><td rowspan="2">125 × 100 × 45</td><td>130</td><td rowspan="2">80 × 33</td></tr>
<tr><td>160</td><td>190</td><td>150</td></tr>
<tr><td rowspan="4">160</td><td>140</td><td>170</td><td rowspan="2">160 × 100 × 35</td><td rowspan="2">160 × 100 × 40</td><td rowspan="4">25 ×</td><td>130</td><td rowspan="4">25 ×</td><td rowspan="2">85 × 33</td></tr>
<tr><td>160</td><td>190</td><td>150</td></tr>
<tr><td>160</td><td>195</td><td rowspan="2">160 × 100 × 40</td><td rowspan="2">160 × 100 × 50</td><td>150</td><td rowspan="2">90 × 38</td></tr>
<tr><td>190</td><td>225</td><td>180</td></tr>
</table>

（续）

凹模周界		闭合高度（参考）*H*		零件件号、名称及标准编号					
				1	2	3		4	
				上模座 GB/T 2855.1	下模座 GB/T 2855.2	导　柱 GB/T 2861.1		导　套 GB/T 2861.3	
				数　　量					
L	*B*	最小	最大	1	1	2		2	
				规　　格					
200	100	140	170	200×100×35	200×100×40	25×	130	25×	85×33
		160	190				150		
		160	195	200×100×40	200×100×50		150		90×38
		190	225				180		
125	125	120	150	125×125×30	125×125×35	22×	110	22×	80×28
		140	165				130		
		140	170	125×125×35	125×125×45		130		85×33
		160	190				150		
160		140	170	160×125×35	160×125×40	25×	130	25×	85×33
		160	190				150		
		170	205	160×125×40	160×125×50		160		95×38
		190	225				180		
200		140	170	200×125×35	200×125×40		130		85×33
		160	190				150		
		170	205	200×125×40	200×125×50		160		95×38
		190	225				180		
250		160	200	250×125×40	250×125×45	28×	150	28×	100×38
		180	220				170		
		190	235	250×125×45	250×125×55		180		110×43
		210	255				200		
160	160	160	200	160×160×40	160×160×45		150		100×38
		180	220				170		
		190	235	160×160×45	160×160×55		180		110×43
		210	255				200		
200		160	200	200×160×40	200×160×45		150		100×38
		180	220				170		
		190	235	200×160×45	200×160×55		180		110×43
		210	255				200		

（续）

凹模周界		闭合高度（参考）*H*		零件件号、名称及标准编号					
				1	2	3		4	
				上模座 GB/T 2855.1	下模座 GB/T 2855.2	导　柱 GB/T 2861.1		导　套 GB/T 2861.3	
				数　　量					
L	*B*	最小	最大	1	1	2		2	
				规　　格					
250	160	170	210	250×160×45	250×160×50	32×	160	32×	105×43
		200	240				190		
		200	245	250×160×50	250×160×60		190		115×48
		220	265				210		
200	200	170	210	200×200×45	200×200×50		160		105×43
		200	240				190		
		200	245	200×200×50	200×200×60		190		115×48
		220	265				210		
250		170	210	250×200×45	250×200×50		160		105×43
		200	240				190		
		200	245	250×200×50	250×200×60		190		115×48
		220	265				210		
315		190	230	315×200×45	315×200×55	35×	180	35×	115×43
		220	260				210		
		210	255	315×200×50	315×200×65		200		125×48
		240	285				230		
250	250	190	230	250×250×45	250×250×55		180		115×43
		220	260				210		
		210	255	250×250×50	250×250×65		200		125×48
		240	285				230		
315		215	250	315×250×50	315×250×60	40×	200	40×	125×48
		245	280				230		
		245	290	315×250×55	315×250×70		230		140×53
		275	320				260		
400		215	250	400×250×50	400×250×60		200		125×48
		245	280				230		
		245	290	400×250×55	400×250×70		230		140×53
		275	320				260		

表 12-10 中间导柱圆形模架（GB/T 2851—2008）

标记示例：

凹模周界 D_0 = 200mm、闭合高度 H = 200 ~ 245mm、Ⅰ级精度的冲模滑动导向中间导柱圆形模架标准记为

滑动导向。模架中间导柱 200 × 200 ~ 245 Ⅰ GB/T 2851—2008

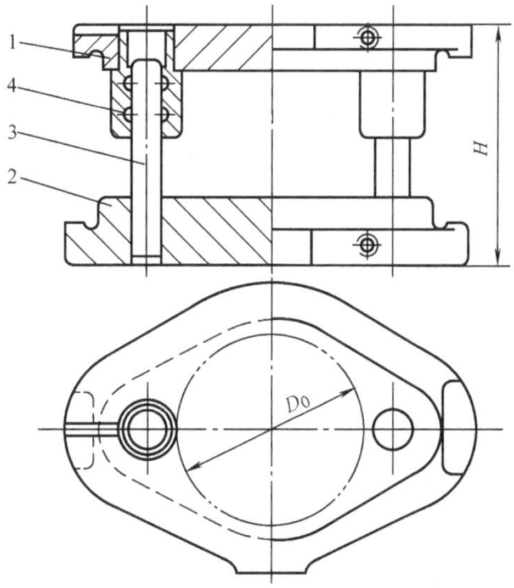

（mm）

凹模周界	闭合高度（参考）H		零件件号、名称及标准编号					
			1	2	3		4	
			上模座 GB/T 2855.1	下模座 GB/T 2855.2	导柱 GB/T 2861.1		导套 GB/T 2861.3	
			数量					
D_0	最小	最大	1	1	1	1	1	1
			规格					
63	100	115	63×20	63×25	16×90	18×90	16×60×18	18×60×18
	110	125			16×100	18×100		
	110	130	63×25	63×30	16×100	18×100	16×65×23	18×65×23
	120	140			16×110	18×110		
80	110	130	80×25	80×30	20×100	22×100	20×65×23	22×65×23
	130	150			20×120	22×120		
	120	145	80×30	80×40	20×110	22×110	20×70×28	22×70×28
	140	165			20×130	22×130		
100	110	130	100×25	100×30	20×100	22×100	20×65×23	22×65×23
	130	150			20×120	22×120		
	120	145	100×30	100×40	20×110	22×110	20×70×28	22×70×28
	140	165			20×130	22×130		
125	120	150	125×30	125×35	22×110	25×110	22×80×28	25×80×28
	140	165			22×130	25×130		
	140	170	125×35	125×45	22×130	25×130	22×85×33	25×85×33
	160	190			22×150	25×150		

（续）

凹模周界	闭合高度（参考） *H*		零件件号、名称及标准编号									
			1	2	3				4			
			上模座 GB/T 2855. 1	下模座 GB/T 2855. 2	导　柱 GB/T 2861. 1				导　套 GB/T 2861. 3			
			数　　量									
			1	1	1		1		1		1	
D_0	最小	最大	规　　格									
160	160	200	160 ×40	160 ×45	28 ×	150	32 ×	150	28 ×	100 ×38	32 ×	100 ×38
	180	220				170		170				
	190	235	160 ×45	160 ×55		180		180		110 ×43		110 ×43
	210	255				200		200				
200	170	210	200 ×45	200 ×50	32 ×	160	35 ×	160	32 ×	105 ×43	35 ×	105 ×43
	200	240				190		190				
	200	245	200 ×50	200 ×60		190		190		115 ×48		115 ×48
	220	265				210		210				
250	190	230	250 ×45	250 ×55	35 ×	180	40 ×	180	35 ×	115 ×43	40 ×	115 ×43
	220	260				210		210				
	210	255	250 ×50	250 ×65		200		200		125 ×48		125 ×48
	240	280				230		230				
315	215	250	315 ×50	315 ×60	45 ×	200	50 ×	200	45 ×	125 ×48	50 ×	125 ×48
	245	280				230		230				
	245	290	315 ×55	315 ×70		230		230		140 ×53		140 ×53
	275	320				260		260				
400	245	290	400 ×55	400 ×65		230		230		140 ×53		140 ×53
	275	315				260		260				
	275	320	400 ×60	400 ×75		260		260		150 ×58		150 ×58
	305	350				290		290				
500	260	300	500 ×55	500 ×65	50 ×	240	55 ×	240	50 ×	150 ×53	55 ×	150 ×53
	290	325				270		270				
	290	330	500 ×65	500 ×80		270		270		160 ×63		160 ×63
	320	360				300		300				
630	270	310	630 ×60	63 ×70	55 ×	250	60 ×	250	55 ×	160 ×58	60 ×	160 ×58
	300	340				280		280				
	310	350	630 ×75	63 ×90		290		290		170 ×73		170 ×73
	340	380				320		320				

12.5 汽车覆盖件冲模的特点

12.5.1 覆盖件图、主模型

由于汽车覆盖件与一般冲压件相比，在其形状、尺寸及表面质量等方面都有一些比较特别的要求，所以汽车覆盖件被视为是一类特殊的冲压件。首先，在设计汽车覆盖件冲模时，光凭一张覆盖件图是很不够的。因此，必须对覆盖件冲模设计、制造的前提或必备的知识有所了解。

覆盖件图只能表示一些主要的投影关系，不可能将覆盖件所有相关点的空间位置都表示出来。它是按覆盖件在汽车中的位置（称这为汽车位置）而画出的。覆盖件图上的尺寸标注有两个特殊之处。

1）各覆盖件的基准线、基准面是统一的（按汽车线统一）。比如，汽车驾驶室有一个自己统一的基准线（面），组成驾驶室的各覆盖件的覆盖件图均采用这个统一的基准线（面）。

2）覆盖件图上仅标注了覆盖件的轮廓尺寸、部分特征尺寸，而过渡部分的尺寸和一些点、孔及局部形状尺寸则依据主模型。

主模型与覆盖件图相互补充，才真正而完整地反映了覆盖件。主模型是制造覆盖件冲模的依据和标准，也是检查覆盖件是否符合要求和标准样品。主模型有内、外之分，它们都是按覆盖件内表面形状做成的，这是由于制造冲模的需要。

为了制造、设计汽车覆盖件冲模，还必须有完成覆盖件冲压工艺中各道工序的工序件图。其工序件图是按工序件在冲模中的位置画出的。工序件图除作为冲模设计的依据外，对于冲模制造工艺的生产准备工作也是十分重要的。如某覆盖件的拉深件（工序）图，必须画出主模型放置成拉深位置，并将加制的工艺补充部分的尺寸注出，用双点划线画出主模型轮廓线、修边线并标出相应字样。

12.5.2 拉深筋

在7.4节中已讲过，汽车覆盖件的冲压成形中，拉深工序是比较关键的工序，且在拉深中带有胀形成分，是一种复合类冲压成形，有时胀形成分还很重要。加上汽车覆盖件大多是非对称、非旋转体的曲面形状零件，变形沿周边分布不均匀。因此，在拉深成形时，拉深模多采用拉深筋结构。

1. 拉深筋的作用和设置方法主要有以下三种情况

1）增大径向拉应力，防止冲头圆角附近及悬空部分材料的起皱。

如图12-31所示的红旗小客车后翼左、右内轮挡泥罩工序1拉深件，模具不用拉深筋，也能拉深成形出来，但质量不稳定，表现为冲头圆角附近及直壁上经常有起皱波纹。于四周设置了一圈拉深筋增大胀形成分后，皱纹消除了，质量很稳定。

2）增加（平衡）拉深阻力，促使零件周边变形均匀。

参见图7-22所示的汽车侧滑门内盖板及油箱，均类似于盒形件的拉深，变形区直边部分容易变形、圆角部分不容易变形。不加拉深筋、容易在圆角部位产生破裂及直壁部位产生皱纹。为了使其不均匀、不均衡的两部分的变形成为均匀、均衡，就得在直边部位设置增加阻力的拉深筋（而圆角部位不设置）。

3）平衡各部位的进料量，使变形程度不同的部分变形协调。

图 12-32 所示的解放牌汽车油底壳工序 1 拉深件，左部的拉深深度小、右部的拉深深度大，其变形程度相差很大。在左部的三个方向上各设备一条拉深筋，增加了左部的拉深阻力，使左、右两部分的变形比较协调，从而防止了起皱波纹的形成。

2. 拉深筋的结构[86]

拉深筋的结构如图 12-33 所示，图中示出了拉深筋的一般位置尺寸，根据设计需要，有一根筋、也有两根筋的。拉深筋结构实际上是由筋条与紧固螺钉组成，拉深筋压料（即胀形筋条）的深

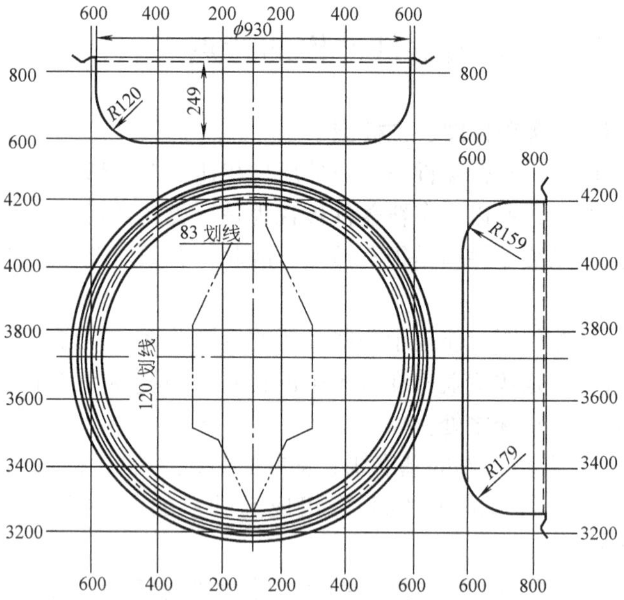

图 12-31　内轮挡泥罩工序 1 拉深件

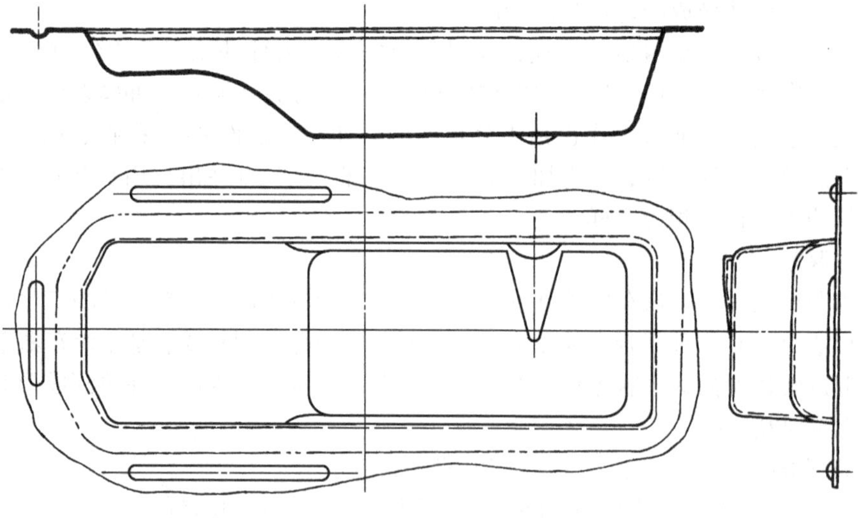

图 12-32　油底壳工序 1 拉深件

度可取为 6 ~ 8mm。

还有一种叫拉深槛的拉深筋，也叫门槛式拉深筋，如图 12-34 所示。它适用于某些深度较小、曲率也小的比较平坦的覆盖件成形件。比如，当覆盖件拉深成形中，其拉深变形所需的径向拉应力数值不大，零件成形的形状于出模后不能很好保持，即回弹变形大，或者根本不能紧密地贴模时，应该加强拉深筋的作用。采用这种拉深槛结构，能使毛坯周边基本上不产生拉深变形，而主要靠毛坯的中间部分的胀形使之成形。实际上，使用拉深槛的成形机理

与拉弯（拉形）相同，毛坯成形的形状于出模卸载后仍可保留，故成形精度好。

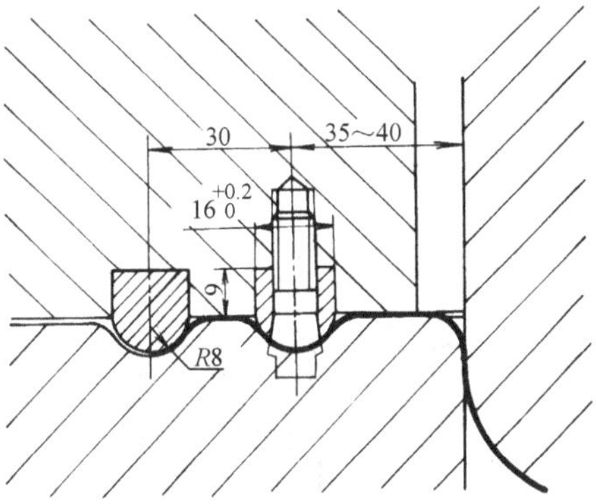

图 12-33　拉深筋结构例

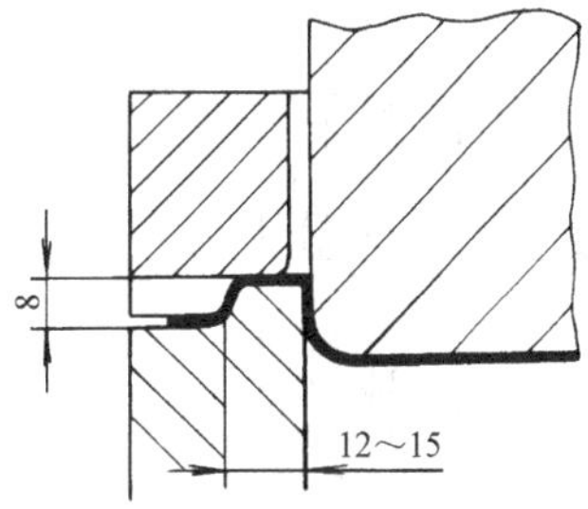

图 12-34　拉深槛例

12.5.3　大型铸件的结构

大型铸件在汽车覆盖件冲模中属重量最大、尺寸最大的零件，因而也是最重要的模具零件之一。

汽车覆盖件冲模中的大型铸件，主要用作上模座、下模座、推件块及压边圈等模具的非工作零件；同时，也还用作模具的凸模、凹模等工作零件。

在汽车覆盖件冲模中，用作模具工作零件的大型铸件，不仅有各种成形模（如拉深模、翻边模、整形模和弯曲模等）中的工作零件，而且有冲裁模（如切边模、剖切模等）以及多工序复合模的工作零件。目前，汽车覆盖件冲模中的大型铸件的结构有一些新特点[87]。

1. 整体件结构

模具零件的整体件结构是汽车覆盖件冲模的重要特点之一。

传统设计中，作为模具工作零件的凸模、凹模，往往都分别与另一种零件即上、下模座用螺栓等紧固零件连在一起。而20世纪后期汽车覆盖件冲模中，有不少是把两者合为一整体件。比如，某种面包车的高顶棚零件的切边模中，凹模和下模座就是一个整体零件。又如，安装于双动压力机上的侧滑门外盖板拉深模和安装于单动压力机上的前围外板切角拉深模（见图12-35和图12-36），其模具尺寸都比较大，但它们的凸模与上模座为一整体件，凹模与下模座亦为一个整体零件。

整体件结构能减少覆盖件冲模的模具零件数，节省模具加工、组合装配的工作量，缩短制模周期。但是，制模技术水平要求提高了。

2. 轻量化结构

汽车轻量化设计是一种发展趋势。无疑，汽车覆盖件冲模大型铸件的轻量化也是具有很大意义的。为此，现今对大型铸件也下在设法减轻自身的重量。比如，模座零件的主要作用是连接、支承凸、凹模（或本身也作为工作零件），其高度尺寸在组成模具闭合高度上占相当大的比重。模座的高度尺寸越大，其加工难度（特别是铸造难度）也越大，重量也越大。因此，当模具的闭合高度相对较高时，不需要把模座零件（包括上面所述的整体件）设计得特别高；而可采取另加一块垫板的方法来减少模座零件的高度并满足模具的要求。这样，就可以把模座零件的重量减轻。图12-37所示为在汽车覆盖件冲模下模加垫板的例子。

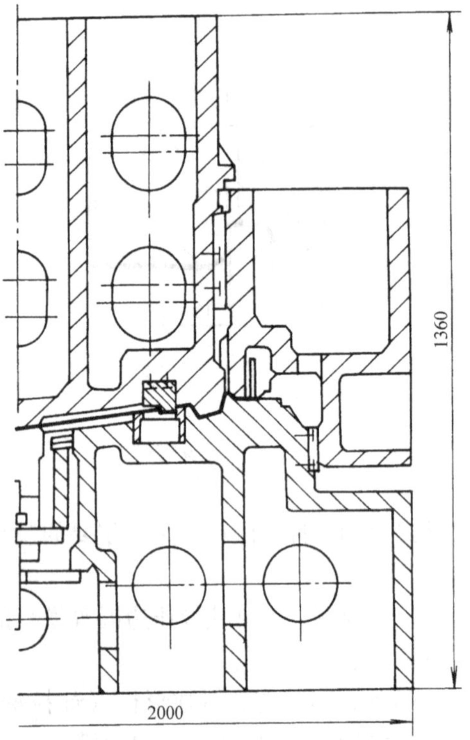

图 12-35 侧滑门外盖板拉深模局部

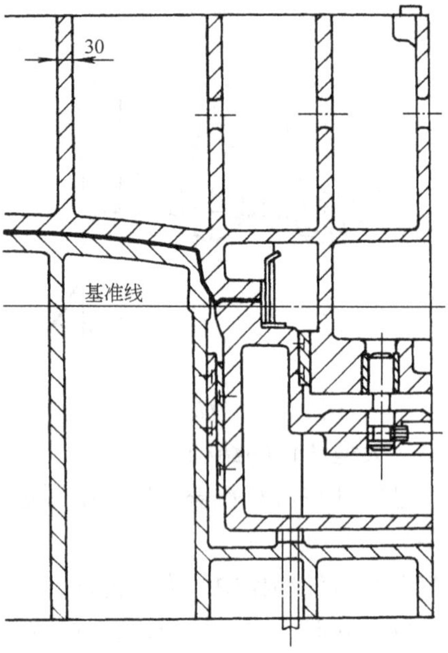

图 12-36 前围外板切角拉深模局部

值得一提的是，过去一般垫板是实心的，而这种垫板上为平面状，下面是筋条，墙面还有减轻孔。因而，既减轻了垫板本身的重量，节省材料，也减少了加工量。

同理，模座零件本身（所有的大型铸件）都可以做得更轻巧而不笨重，使其型面厚度、周边围墙及筋条厚度合理地薄而细小些。图 12-38 所示的汽车司机门内盖板拉深模中，凸、凹模零件的工作型面厚度为 50mm，纵向筋条厚度为 30mm。国外大型铸件壁厚设计为：型面 40 ~ 60mm；周边围墙 40mm；筋条 30mm。

12.5.4 堆焊刃口

由于汽车覆盖件模具中的凸、凹模等工作零件或整体结构件的大型铸件多采用普通铸铁，为了增加模具工作零件刃口强度和硬度并延长模具寿命，可以采用不同的强化模具刃口的方法。同时，也可克服模具工作部分需加工成复杂形状的困难。

强化模具刃口较普遍的方法是堆焊刃口。堆焊刃口的这一结构形式，不仅用于各种冲裁模（直刃口），也用于各种成形模（圆角刃口）。

堆焊刃口的剖面形状最常用的是三角形与方形两种。三角形剖面的工艺方便，应用较多，但方形剖面的强度更好。图 12-39 列出了两种堆焊刃口剖面的形状及尺寸例[86]。

堆焊刃口的底层，用结构钢焊条，表层用合金钢焊条。焊接后表面硬度一般要求达到 55HRC 以上。有的焊条焊后的刃口部分不经热处理可达到硬度要求，有的焊条焊后需经表面淬火达到其表面硬度要求。

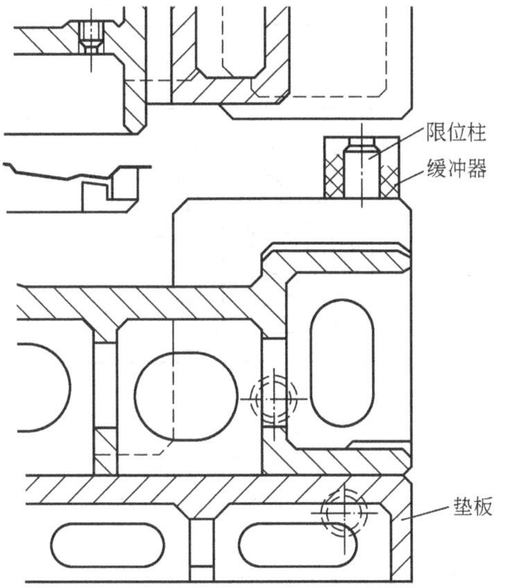

图 12-37　覆盖件冲模中的垫板

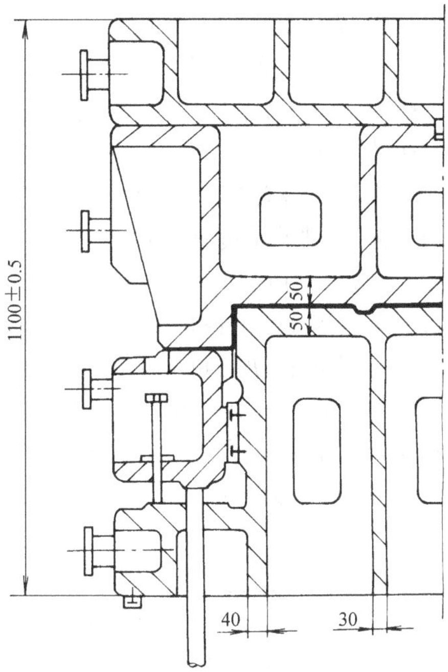

图 12-38　司机门内盖板拉深模

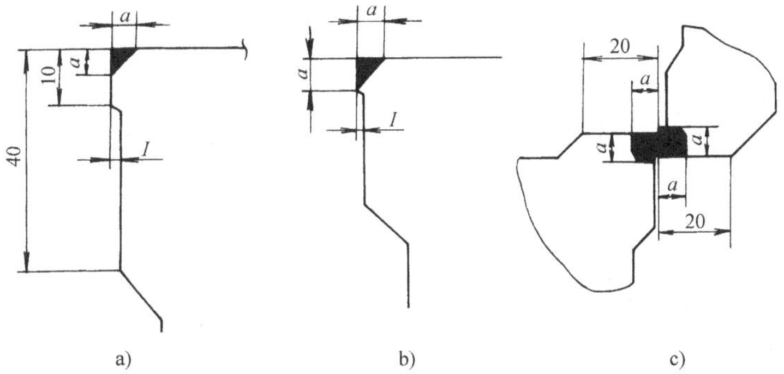

图 12-39　堆焊刃口剖面形状举例

a）三角形剖面　b）三角形剖面　c）方形剖面

12.5.5　镶拼模结构

汽车覆盖件的模具不但外形尺寸大而且其凸模和凹模的形状一般较复杂。为了制模容易，更换方便，提高模具使用寿命，降低制模成本，有时不采用整体而用镶拼块结构。

图 12-40 所示的是一般镶拼模的结构示意。在该落料冲孔复合模的凸、凹模镶拼结构中，凸、凹模分 3 块镶拼而成，再与固定板紧固在一起。

由此可知，镶拼模结构实际上分为凸模或凹模或凸凹模等多种情况的镶拼组合。

1. 对镶拼块的基本要求与设计原则

1）根据制件形状、材料和厚度以及镶拼块受力的不同设计镶块结构。

2）镶块应尽量具有良好的机械加工工艺性，同时热处理时变形不要太大，尽可能避免锐角，以免热处理时开裂。一般多采用矩形、圆形及接近直线的形状。

3）应根据磨损的情况和更换方便的原则设计镶块。一般圆弧部分做成单块，镶块之间的接合面应避免在曲线部分，接缝最好在距直线与曲线切点的5~7mm处。若制件有对称线，则可沿对称线组拼镶块。

4）根据制件的精度情况设计镶块。例如要保证高精度的孔距，可在孔中心连线中间分割模具，用研磨拼缝来达到孔距的高精度。

5）上、下模镶块的拼缝不应重合，否则易在制件上模具的拼缝处出现毛刺。

6）镶块之间的组合应可靠，不应有任何滑动。

图12-41所示为合理和不合理拼缝的一些对比示意图。

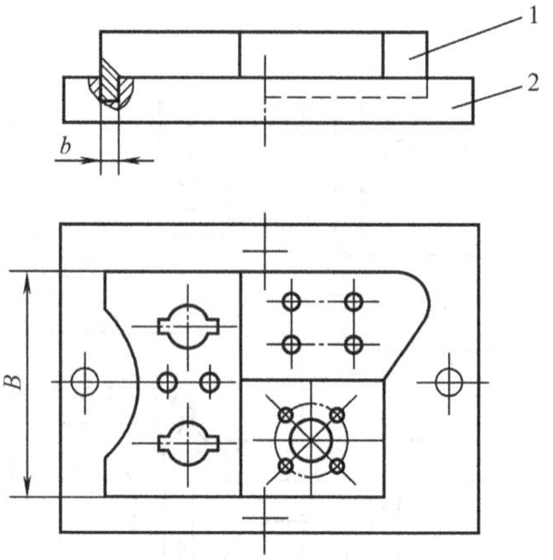

图12-40　镶拼模结构示意
1—镶拼凸、凹模（3块）
2—凸、凹模固定板

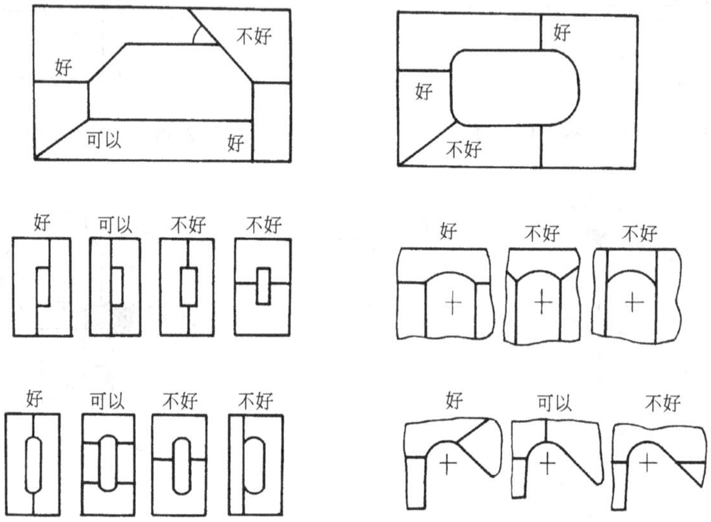

图12-41　合理和不合理拼块示意图

2. 镶拼块的固定方式

为了合理而可靠地固定凸、凹模的镶拼块，必须根据实际需要选择固定方式。镶拼块的固定方式常用的有以下几种：

（1）嵌入凹槽固定式　将凸模或凹模的镶拼块，嵌入有同等宽度凹槽（见图12-40中的b或B）的各自模座（或固定板）内，每块用螺钉、销钉固定。

（2）平面固定式　各镶拼块按模具形状的要求直接并列地放在模座的一个平面上，然后每一块镶拼块都用螺钉销钉固定。

（3）侧向键或楔铁固定式　在各镶拼块拼合后的外侧用键或楔铁将各拼块挤紧固定。由于这种固定方式加工比较简单，承力情况相当好，因而在覆盖件镶拼模中应用最广。其固定方式如图12-42所示。

（4）凸台型固定式　这种固定方式是在模座上加工一个台阶，然后将镶块用销钉、螺钉固定在台阶上，这种模块既能承受垂直方向的力，又能承受侧向力。图 12-43 所示为弯曲模凹模镶块的凸台型固定方式。

3. 镶拼块标准结构

汽车冷冲模标准中有一些镶块标准，主要用于冲裁、切边和弯曲模。设计时可查其标准结构形式和尺寸。图 12-44 所示是其直线刃口镶块标准结构之一[87]。

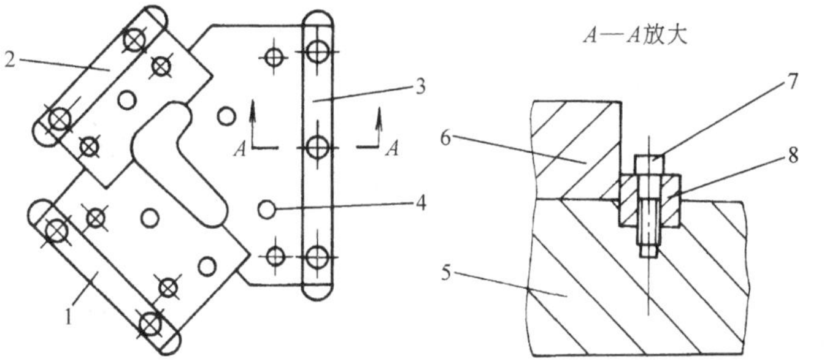

图 12-42　侧向键固定式

1、2、3、8—键　4—定位销　5—模座　6—凹模镶块　7—螺钉

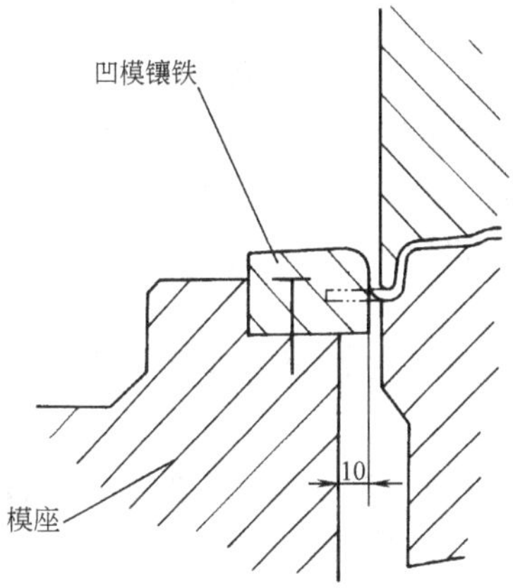

图 12-43　凸台型固定式

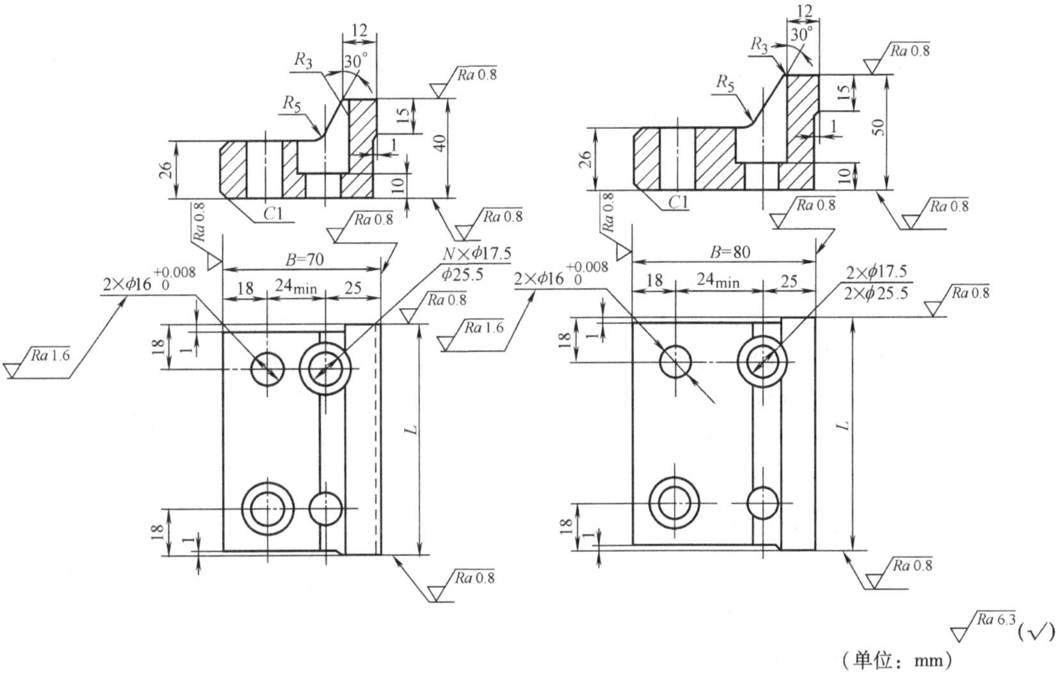

（单位：mm）

B	L		
70	63	80	100
90			

材料：T10A，W6Mo5Cr4V2，Cr12MoV

热处理：58 ~ 62HRC

图 12-44　直线刃口镶块之一

4. 实例

汽车前轮护板整形切口冲孔模，如图 12-45 所示，采用的是镶拼结构，其工序件图参见第 8 章图 8-10。

该模具之凹模由 8 个镶拼块拼合组成，完成整形、两头切口、冲长孔、冲 6 个 ϕ11.2 小孔及冲两个 ϕ86 大孔。显然，如果做成整体式凹模，其加工精度和加工难度将更大，调整和修磨将更麻烦。所以，在汽车覆盖件冲模中，既有整体式大型工作零件，也有镶拼式结构的工作零件，各有用场。

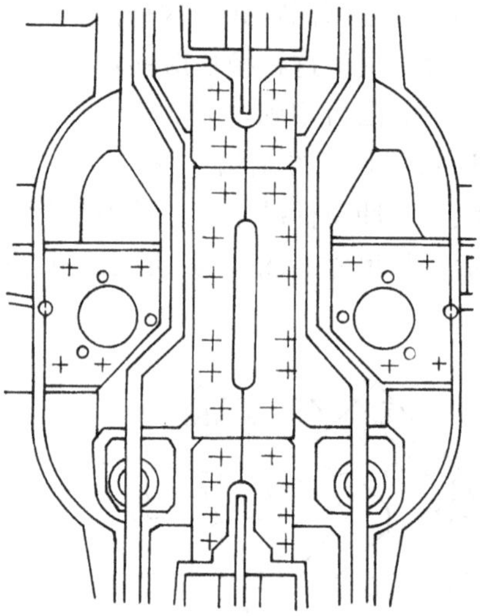

图 12-45　前轮护板整形切口冲孔模

12.6　冲模 CAD

12.6.1　冲模设计中的最优化技术

1. 概述

将最优化方法这门数学科学应用到模具设计中来，就是模具设计中的最优化技术。即：把最优化方法的数值解法，应用到模具工艺参数及结构设计上，能达到模具设计的最佳效果。

冲模的优化设计可以包括以下内容；排样的优化；工序的优化设计；工艺（模具）参数的优化设计；模具结构布置的优化……

最优化设计一般分为三步：一、建立问题的数学模型（目标函数，设计变量及约束条件）；二、选用数值解法；三、求解（编程上机）出最优解。今以一个较简单的问题来说明最优化解题方法。

问题：用边长为 a 的正方形薄钢板折弯（不是拉深）成方形盒，如图 12-46 所示。问应如何剪去四角废料，使方形盒的体积最大？

解：1）设剪去四角小正方形边长为 x，则 x 为其设计变量。那么，折弯成方盒的边长为（$a-2x$），高度为 x，故体积为 $x\ (a-2x)^2$，需求它最大，即为目标函数。因为不考虑体积最大的方形盒的折弯方法是，取 $x=a/3$，所以，该问题中 x 的取值范围为 $x\leqslant a/3$，这就是约束条件。故该问题最优化数学模型为

$$\begin{cases}\text{目标函数 } \max f(X)=x(a-2x)^2\\ \text{约束条件 } g(X)=x\leqslant a/3\end{cases}\qquad(12\text{-}31)$$

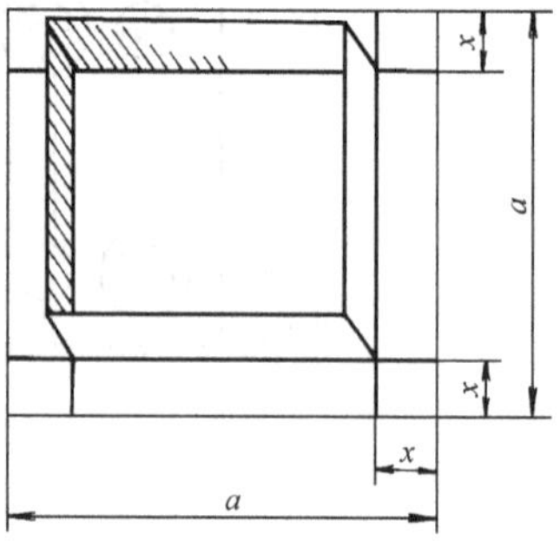

图 12-46　折弯方盒形用料

2）可以选用经典最优化方法中的拉格朗日乘子法解这个简单的问题。

3）也可以不用编程上机、而用手算出这个问题的最优解为：

$$x^*=\frac{a}{6};\quad f(X)^*=\frac{2}{27}a^3$$

2. 实例

1）卷边模最佳圆角半径的优化设计[88]。卷边成形是一种复合类冲压成形。图 12-47 所示的卷边工序，其变形区分为两部分：扩口变形区和卷边变形区（原文认为）。

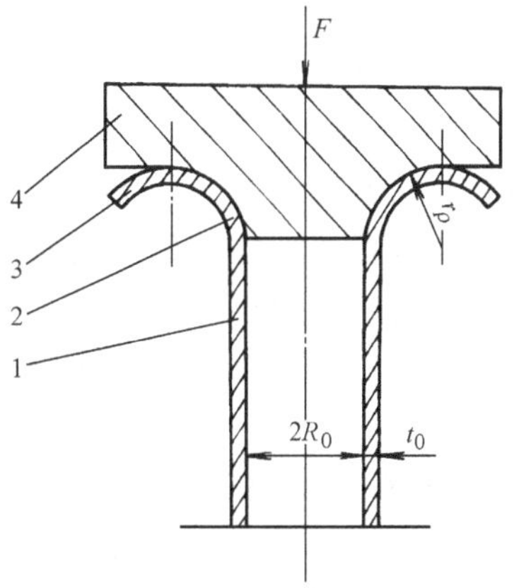

图 12-47　卷边过程示意

1—不变形区　2—扩口变形区
3—卷边变形区　4—卷边模

实验表明，模具的圆角半径 r_ρ 是成形成败的关键。圆角过小，会使传力区失稳起皱；圆角太大，会使卷边变形区边缘开裂。因此，存在一个最佳圆角半径值使卷边成形稳定进行，同时成形力 F 为最小。为此，需要推导并选用变形区有关塑性变形的关系（包括平衡方程、塑性条件、协调方程、物理方程及应变增量方程等），以解出其应力、应变及变形力。

优化的目标是找一组合适的参数，使成形过程得以稳定进行且所需的变形力最小，相当于变形区的最大径向应力的绝对值为最小，即 $|\sigma_r|_{max}$ 最小。因此，以它作为目标函数。设计变量有三个；R_0/t_0、r_ρ/t_0 和 μ。即目标函数可记为：

$$\min|\sigma_r|_{max} = \min f(R_0/t_0, r_\rho/t_0, \mu)$$

因设计变量 R_0/t_0 实际上可由坯料管材的尺寸而定；μ 是摩擦系数，可先令它为零。于是，将此两个设计变量处理为常量，就可把多变量的问题处理为单变量的问题，上述目标函数就变为对相对圆角半径寻优了。

由于目标函数不便用准确的数字关系来表达且为非线性，故采用抛物线拟合法（二次插值）搜索求解。

经过 6 次搜索，对于给定的条件：$\phi31\times1$ 的 LF2—M 管料，$\mu=0$（完全润滑）时曲线关系如图 12-48 所示，且求解出：

$$(r_\rho/t_0)^* = 2.48$$

$$|\sigma_r|_{max}^* = 76.9(\text{MPa})$$

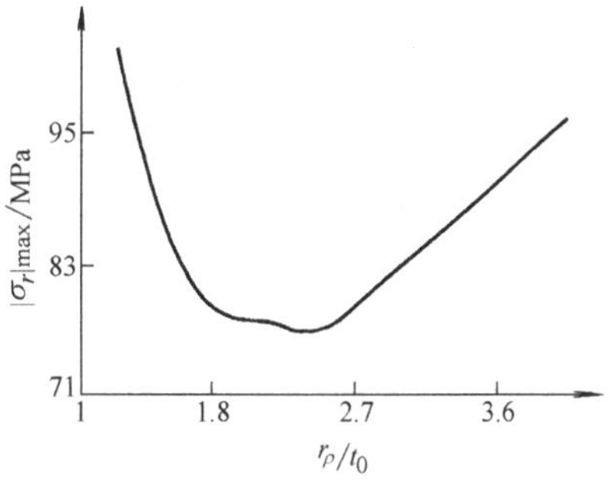

图 12-48　卷边模凹模圆角半径关系曲线

2）拉深凹模圆角半径处的优化设计，可按第 3 章相关内容中所给的参考文献查阅。

3）关于优化排样，迄今为止，至少也有 20 多种方法提出来了。

12.6.2　计算机辅助设计和绘图

1. CAD 系统的组成

所谓 CAD 就是计算机辅助设计和计算机辅助绘图，它是 Computer Aided Design and Computer Aided Drafting 的缩写。现今，CAD 可以是作两者之中的一项，而模具设计师往往是两个方面都作。

计算机辅助设计的意思是利用计算机及外围设备去缩短与加快设计过程。计算机辅助绘图的意思是利用计算机及其外围设备去为设计过程作出文件和图形。这类文件包括草图、工作图、表格和设计计算。

无论是作设计或绘图，每一个 CAD 系统都是由三个基本部分构成的：硬件、软件、用户[89]。硬件包括信息处理机、系统显示器、数字转换器、鼠标器、键盘等；软件部分由具有设计与绘图功能的程序构成（见图 12-49）；而用户即模具设计师，通过其对硬件与软件的操作来缩短和加快设计进程。

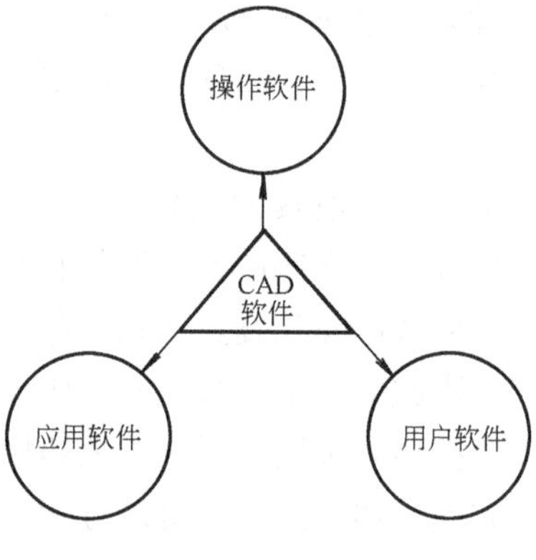

图 12-49　CAD 软件

CAD 这一概念在 20 世纪中期就已经出现，几十年来已发生了很大的变化：50 年代中期绘图和图形显示代表着把模具设计领域与计算机领域联系到一起的第一步；鼠标器代表着第二步，加上 60 年代出现的数字转换器，CAD 硬件已基本具有雏形；软件的开发伴随着硬件发展的整个过程（早期 CAD 系统，结构庞大、笨重、价格昂贵）。50 ~ 60 年代这段时间中，CAD 被视为一种有趣的，但不实用的新鲜玩意，虽然在模具设计中有较大的潜力；直到 70 年代由于硅片的广泛应用，使计算机开始广泛地应用在模具设计领域。

硅片中的集成电路使整个计算机可以装在一个比电视机更小的控制台中。这些小型的计算机具有那些大型计算机的全部特点，而且体积小，价格相对便宜。随后，微机也出现了。20 世纪 70 年代计算机硬件、软件开发非常迅速，出现了工作站、造型技术和数库技术。到 80 年代，制造与销售 CAD 系统成为了一种新兴工业，而且 CAD 也从那种不实用的新鲜玩意转变成了迄今最重要的一种发明之一。不仅各种微机、小型机、大型机的 CAD 系统都有销售，而且出现了智能机器人和专家系统，并已形成一个具有相当规模的新兴产业部门——软件产业。21 世纪初，国内外已推出较成熟的 CAD 商用软件至少有十几种了。

由于计算机硬件和软件技术的迅速发展，CAD 技术日趋完善，现可通过计算机模拟来检查设计。所以，模具的 CAD 技术在很多部门已得到了广泛的应用。

2. 计算机的辅助作用

在计算机辅助设计过程中，人和计算机相结合，共同进行设计。这种工作方式所产生的结果比人和机器单独工作的结果都好。

计算机辅助设计这一术语本身就包含了这样的意思，即在人能有效发挥作用的地方不用计算机，反之在计算机可被有效利用的场合不用人。计算机在设计过程中起辅助作用，而不是取代人的作用。表 12-11 为人机特点的比较表，由表可知，人和计算机相结合，恰当地发挥二者的作用对于 CAD 十分重要[89]。

3. 计算机绘图系统

（1）计算机绘图过程　计算机绘图过程大致为：将目标图形编成程序，由键盘输入到计算机里，然后，经计算机进行运行变成图形或屏幕显示图形，再输出到绘图仪、打印机。

（2）自动绘图机　自动绘图机有平台式、滚筒式和平面电动机式三种。

表 12-11　人机特点的比较

项　　目	人	计　算　机
推理与逻辑判断	通过经验、想象进行直觉的逻辑推理	模拟的、系统的逻辑推理
信息的组织	非格式的、直觉的	格式化的、详细的
信息存储能力	差、且与时间有关	强、与时间无关
对重复工作的耐力	差	强
提取重要信息的能力	强	差
出错机会	多	少
分析能力	直觉分析能力强，数值分析能力差	无直觉分析能力，数值分析能力极强

平台式绘图机台面上的横梁由 X 向驱动电动机带动，沿 X 向导轨运动，笔架由 Y 向驱动电动机带动，沿 Y 向运动。将指令脉冲输入驱动电动机，即可控制绘图机画笔画图。

滚筒式绘图机的画笔只沿一个方向运动。在另一个方向，靠滚筒（轴）带动图纸运动。

平面电动机式绘图机与平台式绘图机类似，但其结构和工作原理不同。其上部平板称为定子。定子下面吊挂着装有磁钢的磁头，称为动子。动子下方装有笔架。动子通过磁力作用，在定子底面沿 X、Y 方向滑动，带动画笔、高速、精确地绘图。

自动绘图机画图的原理为插补原理。插补运算就是根据一般直线、圆弧和曲线之起点、终点间插补中间数据，使画笔自动画图。画笔沿 X 或 Y 方向，每次只走一个步距。画直线时实际上是画折线。由于步距很小，肉眼看不出阶梯形状。

12.6.3　冲模 CAD 的内容

CAD 在冲模设计与制造中的应用，主要可归纳为以下几个方面：

1）利用几何构形技术完成复杂模具的几何设计，例如汽车覆盖件拉深模设计。

2）建立标准零件和典型模具结构的图形库，采用交互设计方式确定模具结构，设计模具零件，最后，在绘图机上输出模具零件图与装配图，例如冲裁模与精冲模等。

3）利用计算机完成数值分析计算工作，将有限元分析和优化设计等数值计算方法应用于冲模设计。

4）几何设计的数据存储在共同的数据库中，可用于数控编程。几何形状设计和数控加工从一开始就紧密地联系在一起。

冲模的设计过程主要由工艺分析计算、模具结构设计和模具图纸的绘制等部分组成。工艺分析计算包括工艺性分析、工艺方案选择、优化排样、压力和压力中心的计算、模具工作部分的尺寸计算和选择压力机等内容。对于弯曲和拉深模具设计，还需进行毛坯展开长度计算和中间工序的设计。模具结构设计包括模架选择、定位与卸料装置设计，以及模具工作零件的设计等。

建立冲模 CAD 系统时，首先要确定系统的目标和功能，根据要求选择硬件设备和基本支撑软件。模具结构与零件的标准化和工艺资料的整理总结是建立 CAD 系统的重要基础工作。工艺与模具设计资料包括人工设计模具的流程、准则和标准数据。在编制程序之前，应制订系统流程框图，说明系统的基本组成与内容，规定各部分之间的关系和数据流向。在此基础上，建立数学模型，完成程序的编制与调试，建立图库和数据库，最后将各部分连在一起构成整个系统。

进入20世纪90年代以来，冲模的CAD技术，不仅普遍能在微机上进行计算机辅助设计与绘图，而且能在工作站上进行，并且在CAM（Computer Aided Manufacturing）、CNC（Computer Namerical Control）紧密相联系。因此，有冲模CAD/CAM这一术语。故也可从更广义的角度理解冲模CAD，就是利用计算机来设计冲模，包括冲压变形工序的分析、工艺参数的设计计算与模具零件图、装配图的绘图；利用计算机控制CNC设备来加工制造冲模。主要是在线切割机床上加工冲裁模、精冲模的工作零件及在数控铣床上加工各种模具工作零件的型面。进入21世纪，冲压工艺及冲模CAD/CAE/CAM的数字化技术研究已经开始[90、132、133]。

12.6.4 冲模CAD系统

冲模CAD系统已开发不少，有的工厂也有实用。目前，冲裁模CAD系统较为成熟，应用亦较普遍。在此，仅就我国在20世纪后期有关高校研发的各种冲裁模CAD系统中的例子作简单介绍。

1）南昌大学的薄刃口冲裁模CAD/CAM系统（BDTES），于1995年开发完成。

这是在微机上完成的简单模包括普通型和薄刃口型冲裁模的设计、制造的一个系统。根据冲裁件产品零件图，采用交互式输入法，利用Auto CAD为支撑软件，完成冲压工艺分析计算、模具结构设计，并绘出模具零件图，模具装配图的CAD工作，以及直接由线切割机进行加工的CAM工作[91、92]。

2）上海交通大学模具技术研究所的微机冲裁模CAD/CAM系统，于20世纪80年代中期开发，完善到90年代中期，具有部分人工智能。

3）华中理工大学的冲裁模CAD系统（HPC），于1986年研制成功[90]，不仅可设计单工序模，还可设计连续模和复合模。

4）20世纪末，南昌大学研发了汽车零件冲裁模CAD——镶拼结构冲裁凹模、冲头拼块划分软件系统（BDSCS），为一专用的微机软件系统[134、135]。

12.6.5 冲模CAD通用软件

进入21世纪，模具的计算机辅助设计几乎完全取代了传统的手工绘图与设计计算、按图样加工及组织整个生产过程的技术管理方式。在模具设计领域，不仅冲压模，而且包括其它各类模具的设计，目前广泛使用各种3C（CAD/CAE/CAM）软件。在冲压工艺设计分析及冲模设计制造方面，使用较多的通用软件有以下几种。

（1）Auto CAD　美国Autodesk公司开发的Auto CAD在1982年首先推出。我国在20世纪80年代中期开始引进，现成为微机上广泛应用的二维图形软件包。

（2）Catia　法国达索飞机公司开发的Catia软件。我国在90年代后期开始引进，它是一套3C集成的软件包，有好的曲面造型功能、各类产品设计协同功能。

（3）UG　美国EDS公司的Unigraphics简称UG。UG软件我国最早90年代初引进，用于三维图形绘制、造型和3C工作。

（4）Pro/E　美国参数科技公司（Parametric Technology Corporation）的Pro/ENGINEER简称Pro/E是1988年开发的。90年代中期我国开始引进，也是用作上述工作。

（5）Cimatron　以色列 Cimatron 公司自 1982 年创建以来，推出了 Cimatron 软件各种 3C 集成模块。从 21 世纪初我国引进用于面向制造的数据设计、智能 NC、HSM（高速加工）、快速制模及逆向工程设计等领域。

习题与思考题十二

12-1　冲模是如何分类的？简单模、迭合模、混合模及复合模的基本特征是什么？

12-2　徒手重画图 12-4 的主视图，并标注出该模具各种零件的编号和名称（包括导柱、导套）。

12-3　冲模工作零件设计与校验中，要用到材料力学中哪些理论知识？

12-4　冲模的工作零件→其他零部件→总体结构，并反复调整，这样一种冲模结构设计的方法和顺序为何更科学？

12-5　假如图 12-30 所示为一落 ϕ36 料片的实验用冲裁模（传统式结构、左右方向送料、刚性卸料、导柱导向），试依据其侧视图徒手画出该模具装配图之主视图与俯视图。

12-6　汽车覆盖件拉深模在结构上有什么特点？

12-7　你对冲模 CAD 有何种理解或感受，能对它产生兴趣吗？

第 13 章　冲模零件的选材和制造

13.1　冲模零件的材料选用

冲模所用材料有很多种类，包括金属材料与非金属材料。本节主要介绍冲模所用的黑色金属（铁金属）材料。

由于模具中各种零部件的功用不同，所以对其材料的要求和选用的原则也不同。因此，合理选用模具材料也是冲模设计中一项十分重要的工作。

显然，模具的工作零件所用材料应比其他零件所用材料要好。一般说来，对于形状简单、冲压件尺寸不大的模具工作零件，常用碳素工具钢制造；对于形状复杂、冲压件尺寸较大的模具工作零件，常用合金工具钢或高速工具钢；对于冲压件精度或模具寿命要求较高的模具工作零件，常用硬质合金或钢结硬质合金；而对于大型模具（如汽车覆盖件冲模）的工作零件，常用普通铸铁或合金铸铁，且有的还在刃口部位加以堆焊强化。

模具工作零件的材料选用是最为重要和严格的，还包括对其热处理工艺的要求必须合理。所以，工程习惯上所谓的冷冲模具钢是针对模具工作零件而言的。

模具零件材料选用中，除了工作零件选用最为重要外，较为突出的是导柱导套零件，一般选用优质碳素钢中的低碳钢经渗碳淬火或选用轴承钢制造。

除上述零件之外的其他模具零件，选用碳素结构钢或优质碳素钢中的中碳钢就可以了。

表 13-1 为模具工作零件冲头、凹模常用材料选用原则举例；表 13-2 为模具其他零件选用材料例及热处理要求。

表 13-1　冲模工作零件材料和硬度要求

模具名称和用途		凸、凹模材料	热处理 HRC
分离模具	形状简单，且尺寸小	T8A，T10A，9Mn2V，CrWMn，GCr15，9CrSi	58 ~ 62
	形状复杂，且尺寸较大	CrWMn，Cr12，Cr12MoV Cr6WV，YG15，YG20	58 ~ 62
	硅钢片冲模	Cr12MoV，20Cr4W2MoV，YG15，YG20	60 ~ 62
	精密冲裁模	Cr12MoV，W18Cr4V	58 ~ 62
	镶块组合模	T10A，9Mn2V，Cr12MoV	58 ~ 62
成形模具 大型模具	弯曲模等	T10A，Cr12，9Mn2V， CrWMn，Cr12Mo，Cr12MoV，Cr6WV	58 ~ 62
	拉深、翻边、胀形模等	Cr12，CrWMn，Cr12MoV，Cr6WMn YG8，YG15	58 ~ 62
	汽车覆盖件冲模等	普通铸铁（如 HT250、HT300、HT350、HT400）、 铸钢（如 ZG270—500、ZG310—570、ZG340—640 等）、 合金铸铁（如铜铬铸铁、钼钒铸铁、铜钼钒铸铁）	45 ~ 50（55）

注：同一副模具凸、凹模热处理硬度有一个合理匹配问题，一般凹模比冲头的硬度应高 2 度左右。

表 13-2　冲模其他零件材料牌号和热处理

零件名称	材　料	热处理及硬度 HRC
上、下模座（板）	HT200，Q235，Q275，45 ZG230—450，ZG270—500	时效、调质处理 28～32
模　柄	Q235，Q275，45	
导柱、导套（滑动）（滚动）	10、15、20　导柱渗碳淬火 60～64 GCr15　导套渗碳淬火 58～62	
固定板，卸料板，侧压板，推料板，顶板，承料板等	45，Q235，Q275	
垫　板	45 T8A	43～48 54～58
定位板	T8A	54～58
顶杆，推杆，打杆，挡料板，挡料钉等	45	43～48
压边圈	45，T8A，T10A	48～52
侧刃，废料切刀，斜楔，滑块，导向块，导正销（导头）等	T8，T8A T10，T10A	58～62
护套，衬板	Q235，20	
弹簧，簧片	65Mn，60Si2Mn	43～48
螺母，垫圈	Q235	
销，螺钉，螺栓	45，Q235	（45）43～48

注：模具非工作零件中，导柱、导套的热处理硬度最高，但其间也有个合理匹配问题，一般导柱的硬度比导套高 2 度左右。

13.2　冲模零件的制造过程

中小型冲模的制造加工，除了上、下模板（座）有用铸件以外，其余零件均是各种轧制材料（钢板、棒料及线材）通过切削加工后再组装而成的。

大型冲模，比如汽车覆盖件冲模，其工作零件、模座零件等主要是经铸造和成型切削加工而完成的。

1. 冲模零件的加工过程

以中、小型模具的工作零件为例，其制造加工过程大致如下。

（1）毛坯制备

1）备料。主要用剪切或气割，使用设备为剪床、冲剪机或气割设备。

2）锻坯。为了使金属组织致密和节省原材料，使用空气锤等设备。

3）切削。主要是使用刨床、车床的粗加工，如刨平面、车外圆和车端面等。

（2）划线

1）磨平面。使用平面磨床。

2）划线。使用钳工工作台及划线工具。

（3）机加工

1）加工结构尺寸。使用车、铣、刨、磨床等。

2）加工刃口及型面。使用车、铣、刨、磨床等。

（4）热处理

淬火＋回火。使用热处理设备。

（5）精加工

磨削刃口及型面（或线切割加工）。磨床、铣床或线切割机床等电加工机床。

（6）组合装配

1）初步组装上、下模部分。钳工工作台、台式钻床等。

2）整副模具装配好，包括试模试冲。

2. 冲模零件的加工精度

设计冲模零件的加工精度时，通常应考虑以下原则和方法。

1）冲模的加工精度至少比冲压件要求的精度高两个级别。对中、小型冲模而言，一般按 IT6 ~ IT7 级精度设计；若为中间半成品工件或自由尺寸要求的工件，冲模精度可取为 IT9 ~ IT10级。这主要是指冲模零件的工作面、配合面及影响冲模精度的某些重要部位而言的，对于其他一些不重要的部位，则可放宽精度要求。

2）为确保模具的导向精度，上、下模座的导套、导柱孔应设计为同时加工，即需配钻、配镗。

3）为防止上、下模部分在冲压工作过程中，可能分别产生绕压力中心线旋转转动，影响冲压件的精度甚至啃坏模具。应在模具装配试模时分别于上、下模部分对称位置上，同时钻两销孔、装两销钉；对于采用压入式或旋入式模柄的上模部分，应在模柄与上模板配合处钻一销孔、装一止动销钉，以防止模柄与上模部分间的转动和松动。

4）模具行业习惯，冲压模具装配图上并不给出很多尺寸及有关零件配合处的加工制造精度信息，而只标注模具的闭合高度、长度和宽度三个尺寸；冲模零件图上不采用标注配合偏差等级代号，而采用按线性尺寸的公差来标注的方法，至于表面粗糙度和形位公差要按规定的符号并把具体数值标注出来。

普通中、小型冲模设计中，模具零件的尺寸精度及表面粗糙度常用到的精度等级，大致在表 13-3 所列范围。

表 13-3　冲模零件的尺寸精度与表面粗糙度

零件及其位置	精　　度	表面粗糙度 *Ra*/μm
工作零件刃口表面 （凸模、凹模 凸凹模 废料切刀）	一般情况 H6/h6、H7/h7 自由尺寸工件 半成品中间工件 H9/h9、H10/h10	0.8 ~ 0.4
工作零件与固定板 防转动圆柱销 挡料销 } 配合面	H7/m6、H7/n6	0.8 ~ 0.4
导柱、导套上配合面	H6/h5、H7/h6、H7/j5	0.2 ~ 0.1

（续）

零件及其位置	精　　度	表面粗糙度 $Ra/\mu m$
导柱、导套与模座配合面	H7/r6	0.8～0.2
模柄与模座配合面	H7/m6	
导正销结构面	H7/k6、H7/h6	0.8～0.4
上述零件其他表面	IT9、IT10～IT14	1.6～不加工
其他零件		

至于冲模零件的形位公差，在保证零件尺寸精度前提下，对有形位公差要求处，可按下列精度等级进行具体取值：

模板上、下平面	//平行度	公差等级 6～8 级
导柱、导套表面	⌭圆柱度	公差等级 6～8 级
导柱、导套对模座	⊥垂直度	公差等级 4～6 级
过盈、过渡配合面	↗圆跳动	公差等级 7～8 级
冲头、凹模内外表面	◎同轴度	公差等级 6～8 级

关于模具的制造或机加工工艺方法，很多专门教材和资料，例如[94,95]等有系统介绍。本教材中从略这方面的内容，仅介绍几个模具零件的加工实例，以利于初学者作设计参考。

13.3　冲模零件机加工工艺实例

这里介绍江西无线电元件厂 20 世纪 80 年代末设计并执行的模具零件的机加工工艺（有的列出工艺成本）实际例子。

【例 1】　拉深冲头（落料拉深复合模），如图 13-1 所示，材料为 Cr12。其机加工工艺流程见表 13-4。

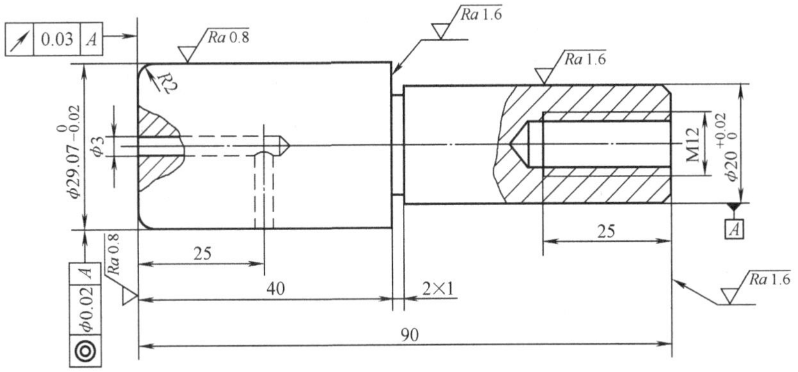

图 13-1　拉深冲头

表 13-4　冲头机加工工艺流程

序　号	工序名称	加工内容与要求	使用设备
1	备　料	$\phi30\times100$	锯床
2	车削	车端面，中心钻 $\phi3\times30$ 精车外圆至 $\phi29.1$，倒角 $R2$	车床

（续）

序　号	工序名称	加工内容与要求	使用设备
		车小头至 ϕ20.02，保证尺寸 40	
		切退刀槽 2×1，切断长为 90	
		调头，校正，小头端面倒 C0.5	
		车螺纹 M12×25	
3	钳工加工	划钻 ϕ3 出气孔	台钻
4	热处理	淬火、回火 58～60HRC	加热炉、淬火槽等
5	车削	砂光小头到 Ra1.6 及 R2	车床
6	磨削	磨大头端面至 Ra0.8	平面磨床
		磨大头外圆 $\phi29.07_{-0.02}^{0}$	外圆磨床

【例 2】　冲裁凹模（冲裁模）如图 13-2 所示，材料为 T10A。其机加工工艺流程见表 13-5。

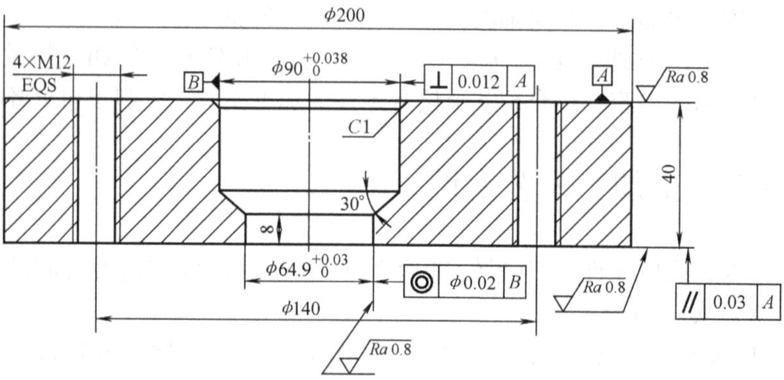

图 13-2　冲裁凹模示意图

表 13-5　凹模机加工工艺流程

序号	工序名称	加工内容及要求	工装	计价量	单价	金额/元
1	下料	ϕ120×155	锯床	24min	3.0 元/h	1.20
2	锻打	ϕ210×50	空气锤	137.6kN	0.084 元/kN	11.56
3	车削	1）车平面、车 ϕ200、长 42	车床	7.3h	6.0 元/h	45.00
		2）粗车　ϕ64.9（留 2mm 精车余量）				
		3）精车　ϕ90（与凸模固定板上的 ϕ90 配车）				
		4）精车刃口　ϕ64.9 处及长 8				
		5）倒角 1×45°				
4	钳工加工	1）划线　4×M12 孔定位	立钻	2.5h	2.4 元/h	6.00
		2）钻孔、攻螺纹				
5	热处理	淬火、回火 60～64HRC	热处理设备	84.9kN	0.24 元/kN	20.38
6	磨削	1）磨平面（平行度不超过 0.03）	平面磨床	1.0h	7.6 元/h	13.20
		2）磨内圆（同轴度为 ϕ0.02）	内圆磨床	1.0h		
						99.34

【例 3】　切口凸模固定板（带钢连续拉深模），如图 13-3 所示，材料为 Q235。其机

加工工艺见表 13-6。

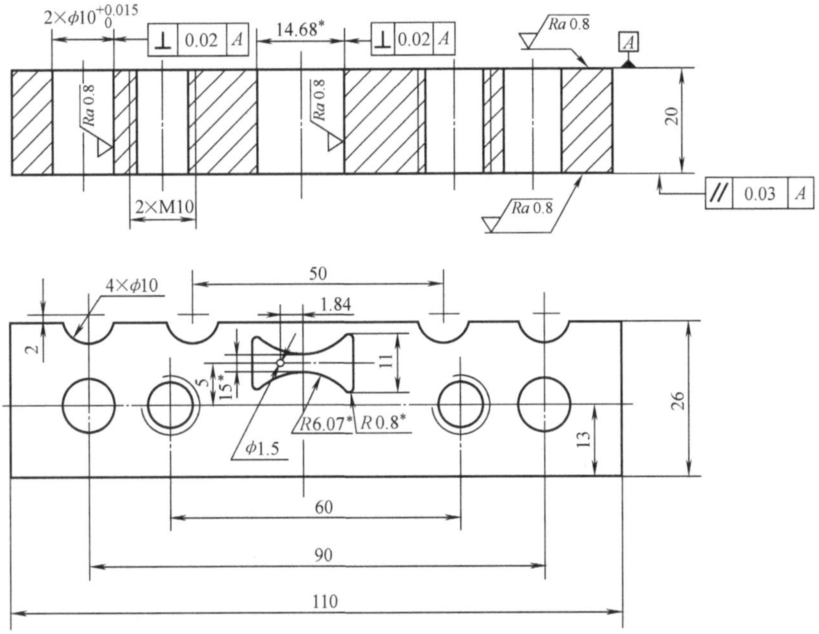

图 13-3　切口凸模固定板示意

注：标有※处尺寸按切口凸模实际尺寸用 K7/h6 级精度研制

表 13-6　固定板机加工工艺

序　号	工序名称	加工内容与要求	使用设备
1	备料	115 × 30 × 25	氧割设备
2	刨削	$110 \times 26^{+0.3}_{0} \times 20^{+0.3}_{0}$	刨床
3	磨削	26 × 20 四面对角尺	平面磨床
4	钳工加工	钻工艺孔 ϕ1.5　按红笔处尺寸	台钻
5	线切割	1）编程序：型腔孔尺寸按凸模外形实际尺寸零对零编程 2）线切割：校直 *B* 平面，按程序切割	线切割机
6	钳工加工	划线钻铰 $2 \times \phi10^{+0.015}_{0}$，钻攻螺纹 2 × M10	钻床
7	铣削	按线铣 4 × *R*5，深实为 3mm，中心距 50、90mm	铣床
8	钳工加工	修光 *R*5 型面，往后去装配	钳工工作台

线切割加工过程：

1）加工工艺孔以便穿钼丝（按图样要求）。

2）编程（用 3B 语言编制加工程序）。

3）打纸孔（按程序单见附表）（当时该厂还没有数控线切割机床）。

4）利用纸孔带给机床输入程序（若数控线切割，则取消打纸孔而直接输入程序）。

5）进行线切割加工。首先固定好零件，然后穿钼丝，再进行切割加工。该厂在加工过程中采用肥皂水乳浊液作冷却剂。

该零件线切割加工程序单

序号	起－止	+/－	R	B	X	B	Y	B	J	G	Z	备注
				B	/	B	/	B	001770	y	L4	
				B	/	B	/	B	004696	x	L1	
				B	/	B	730	B	001236	x	NR4	
				B	1880	B	5845	B	008520	x	SR4	
				B	224	B	695	B	001236	x	NR4	
				B	/	B	/	B	009393	x	L4	
				B	/	B	730	B	001236	x	NR2	
				B	1880	B	5845	B	008520	x	SR1	
				B	224	B	695	B	001236	x	NR2	
				B	/	B	/	B	004697	x	L1	
				B	/	B	/	B	001770	y	L2	
				B		B		B				
				B		B		B				
				B		B		B				

13.4 冲模的寿命

1. 冲模寿命概述

冲压模具是冲压加工三要素之一。冲压加工产品不是单件生产，而是批量生产，或小批量生产、或大批量生产。因此，就有一个模具的使用寿命问题。模具寿命通常定义为：模具试模成功到模具报废时所能加工的总制件数或总的冲压次数。

模具的寿命包含有两个方面的意义：

（1）经济意义　由于模具的制造费用在冲压产品总成本中占有很大比重，因而，一副模具生产的产品越多，每件产品分摊到模具成本的费用就越少，显然，经济意义越大，即经济效益越高。

（2）技术意义　由模具加工的产品与用刀具等加工出来的产品相比，其尺寸、形状及性能要稳定得多。因此，模具的长寿命就能加工出更多的质量稳定的产品。

另外，21 世纪冲压技术发展趋势之一是冲压加工的自动化、无人化。而要实现自动化、无人化，冲模的长寿命显然是一个基本条件。当然，即便是手动模，也应有一定的寿命。

2. 提高模具寿命的途径

模具的寿命是一个相当复杂的问题，因为影响模具寿命的因素很多，它涉及许多方面和各个环节。

首先，对冲压件要制订合理的冲压工艺规程，冲压工艺过程的设计必须符合冲压变形规律，模具要实现既定的功能。从模具本身来说，寿命是与模具结构设计、材料性能、制造工艺与质量，包括热处理、装配技术，以及模具使用设备情况、维护保养等都有密切关系。

其次，应该对模具寿命的概念要有一个正确的认识。那就是要在满足生产批量的前提下，模具寿命愈长愈好；而并非任何情况下模具寿命都愈长愈好。

多品种小批量的发展是当今世界的一种趋势。因此，对于小批量的生产，不应一昧地追求超过生产批量很远的长寿命，而应该采用较低级一些的模具材料和比较容易的加工，包括采用一些简易而先进的模具。当然，21 世纪冲压技术发展还有一种趋势仍然是大批量生产。与此相适应，对模具性能要求越来越高，使用寿命越长越好。

由于模具寿命终结的标志是磨损至坏。这种磨损大致分为两种情况：一、模具工作零件宏观损坏，如崩刃、胀裂或折断等；二、刃口部分细观磨耗使制品品质低下，如尺寸精度、形位偏差或断面组成与质量达不到制品的要求。所以，欲做到模具延寿，应该针对此两种情况，即围绕消除损坏、减缓磨耗两个方面寻求途径。

延长模具寿命的途径可归结有：

（1）设计上　尽量使结构合理、科学。

（2）制造上（包括材料选用和热处理加工）　精心加工，完善模具加工工艺；优化凸凹模材料的匹配；改善和提高现有模具钢的性能；完善模具热处理工艺；采用新的表面处理技术（如渗硼、渗铬、真空渗碳、离子注入等）；研究和推广应用新的模具钢（如钢结硬质合金、LD 钢、GD 钢、D2 钢、65Nb 及稀土模具钢）。

（3）使用上　正确使用与操作。

（4）管理上　科学保养与管理[10]。

（5）特别问题特别处理　如废料上行与废料堵塞现象的对策。

现象：本应从凹模中漏下去的冲裁废料，跟随冲头上升而走出凹模孔中的现象，称为废料上行，如图 13-4a 所示；而废料停留在凹模孔内并堆积起来的现象，称为废料堵塞，如图 13-4b 所示。

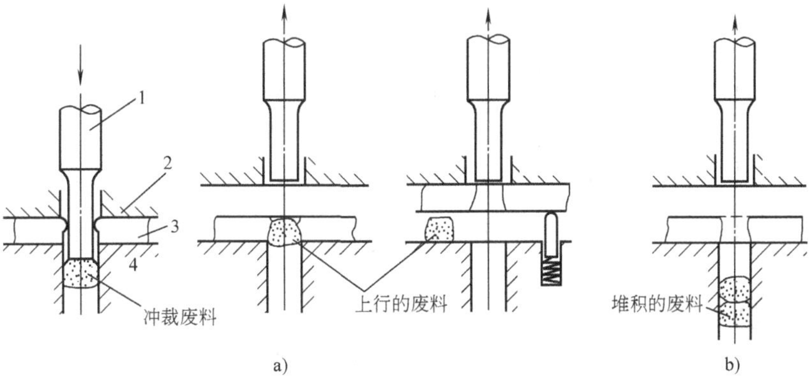

图 13-4　废料上行与堵塞现象

a）废料上行　b）废料堵塞

1—冲头　2—压（卸）料板　3—工件　4—凹模

一旦出现这种现象，势必损坏模具刃口或折断冲头或刃口异常磨耗。尤其是随着冲压加工的高速化、自动化、无人化的进展，这个问题就变得特别突出[96]，被称之为“老大难问题。

对策：最晚自 20 世纪中期开始，国内外一直在对此问题进行研究，至今提出的一些措施主要归纳于下。

1）利用空气气压装置，比如，让空气从冲头中间把废料吹出凹模腔，或让空气从凹模孔侧将废料吹走或吸出去[96、97]。

2）设计各种弹性顶针顶下废料[98]，如图 13-5 所示。

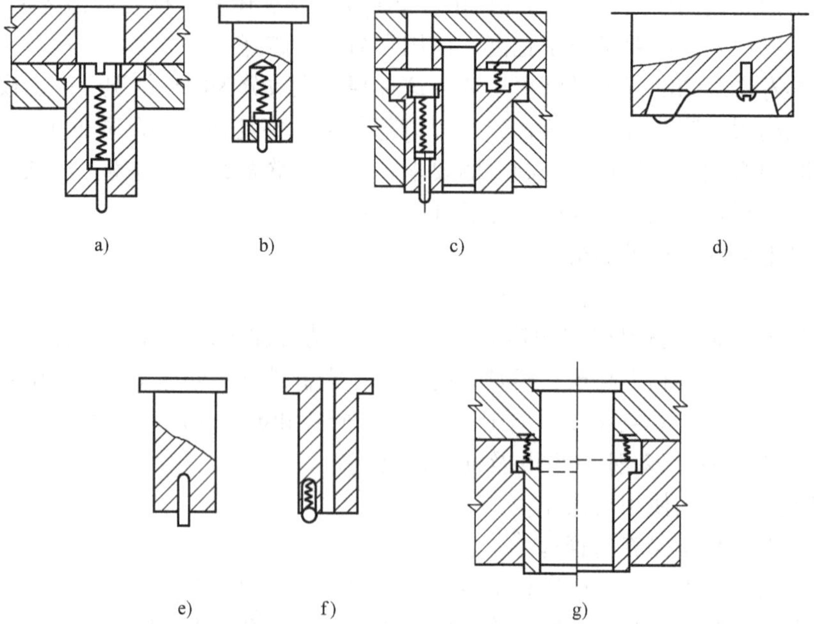

图 13-5　各种弹性顶针

a)、b)、c) 偏心针　d) 弹簧片　e) 聚氨酯橡胶　f) 钢球和弹簧　g) 两半高低差方式

3）改变冲头端部形状[98]，如图 13-6 所示。

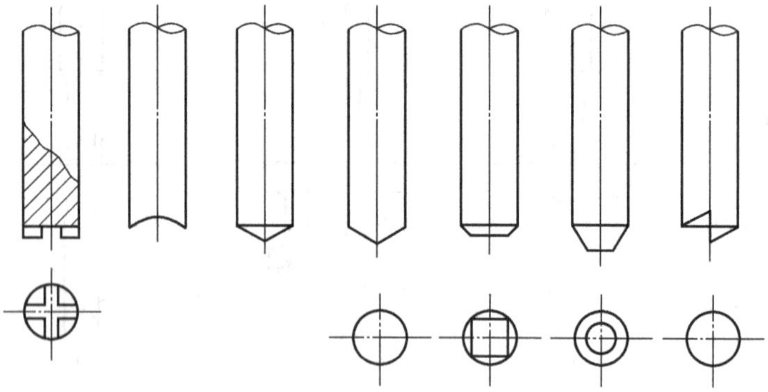

图 13-6　冲头端部形状

4）变闭曲线轮廓一次冲裁为开曲线或分头顺序冲裁[96、97]。

5）改变凹模刃口部分形状。例如：设计双锥形凹模和刃口成两平行段凹模[96]，如图 13-7a、b 所示；较新研究推荐，倒锥形新凹模更为有效且更为实用[99、100]，如图 13-7c 所示，图中：

$h_1 \geqslant 1\text{mm}$

$h_2 = 2\text{mm}$

$c_1 = 2\% t$（料厚）

$c_2 = c_1 + 10\% t$

$\tan\theta = 5\% t$

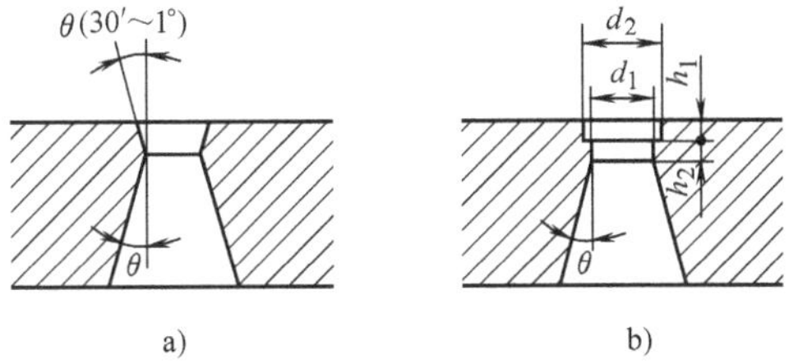

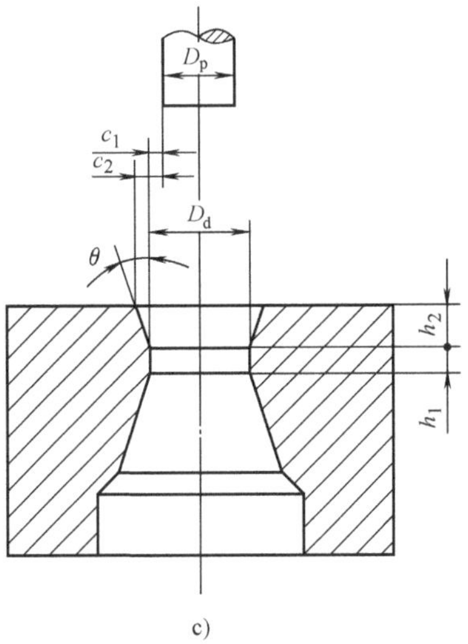

图 13-7　凹模刃口形状

6）采用级进模两步冲裁法。21 世纪初出现的级进模两步冲裁法，其目的之一是为了消除自动化冲压加工中的废料上行和废料堵塞现象。该方法为著者的国家发明专利，详细情况参见 1. 6. 2 节。

习题与思考题十三

13-1　一般中、小型冲模要用到哪几类钢？你关心到近年有什么新模具钢研发出来了吗？

13-2　冲模零件图样上，标明热处理硬度最高的是哪些零件？哪些零件可不作热处理要求？

13-3　对照图 13-2，试设计一个相对应的冲头（假设被冲材料为 08F 钢，料厚 $t = 1\text{mm}$，冲头材料为 T10A），画出冲头示意图，并大体上编制出其机加工工艺。

13-4　为什么冲模工作零件中，冲头的硬度往往设计得比相对应的凹模硬度要低两度左右？

13-5　你对冲模的延寿有什么看法，知道有关这方面新的信息吗？

第4篇　实践教学

强调理论与实践相结合的观点，给出了本课程学习中两个重要实践教学环节——课程实验和课程设计——的目的、宗旨、可选内容和参考方法。

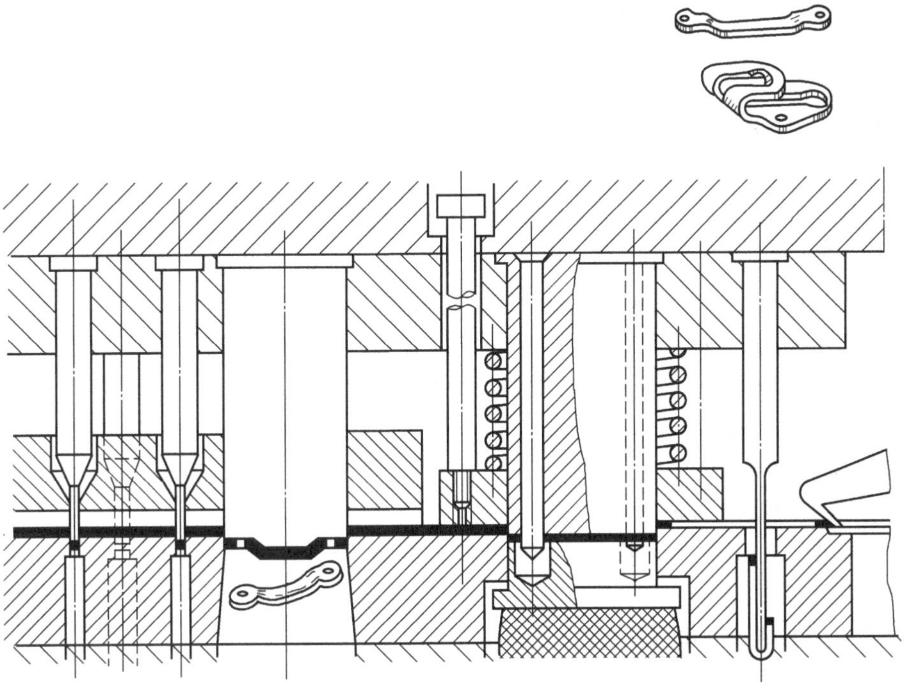

第 14 章　课 程 实 验

14.1　课程实验目的要求

实验是本课程教学环节之一，通过课程实验，读者可以亲眼看到有关冲压工艺过程与被冲材料的变形情况，可以自己动手操作设备、接触模具，从而对课程教学内容有一种深入的体会和理解。

更重要的是，通过课程实验，能让学生熟悉有关实验设备和仪器，掌握冲压加工中工艺参数测定原理和方法，包括模具拆装和设备操作的实际能力，进而对其科学研究能力有一种初步的培养，并能诱发学生直接进行创新性的实验研究工作。

因此，课程实验与课堂教学具有相同的目的——学知识、学方法、增加兴趣、培养能力、提高素养，是不可缺少的教学实践活动。一般至少安排二、三个教学实验，或在课堂教学的中间（紧接其讲课章节内容）或在课堂教学结尾时进行。

实验后要认真完成实验报告。

14.2　课程实验题目参考

我国各高等院校，对“冲压工艺及模具设计”或叫“冲压模设计”这门课程的课程实验立题及题目类型制订，大致可分为以下 3 个阶段，相应的类型题目如下。

20 世纪 80 年代以前，基本上是做验证性实验，比如有题目为：

1）冲裁模的构造、安装和调整。

2）刃口利钝和间隙大小对冲裁件质量与冲裁力的影响。

3）弯曲回弹角的研究。

4）拉深变形和拉深力的测定。

5）拉深系数与润滑的研究等。

20 世纪末期，一般分为必修实验和选修实验两类。

必修实验：

1）冲裁曲线的测定和间隙对冲件质量的影响。

2）拉深系数与拉深力的测定。

3）冲模拆装等。

选修或表演实验（课余时间）：

1）冲头形状对翻边性能的影响。

2）最小弯曲半径与回弹角的测量。

3）板材拉伸实验。

4）成形极限图的实验建立等。

21 世纪初开始，又按综合性实验和一般性实验两类主题。

综合性实验：

1）冲裁件质量、冲裁曲线、冲裁噪声实验研究。

2）板材 n 值、r 值及与胀形、拉深关系研究。

……

一般性实验：

1）拉深系数与拉深力的测定。

2）冲头形状对翻边性能的影响。

3）冲模拆装。

……

14.3 课程实验指导与报告实例

实验一 冲裁件质量、冲裁曲线、冲裁噪声实验研究

A、实验指导

一、实验原理

1）间隙对冲裁件质量的影响。

通常，间隙 $C=(2\%\sim20\%)t$（料厚）情况下，冲裁件的断面由塌角、剪切面、断裂面和毛刺4部分组成，如第1章中图1-13所示。间隙对冲裁件精度三个指标的影响，参见第1章中表1-4、表1-5。

间隙适中时，其剪切面可占整个断面的1/3～1/2（对于薄板达到1/2的程度并不稳定，对于厚板也很难稳定在1/3的程度），塌角、剪切面与毛刺部分均不太大，断面斜度 β 也小，工件尺寸 D 精度较好；间隙偏小时，剪切面可超过断面厚度的1/2，但有二次剪切面（厚板材料更明显），尺寸精度较高（D 更大时）；间隙过大，其剪切面所占比例变小，断裂面、塌角与毛刺增大，尺寸精度变差（D 更小时）。

此外，间隙的大小还影响冲裁力、模具寿命及其他指标。

2）冲裁曲线与冲裁工艺噪声电测原理如图14-1所示。

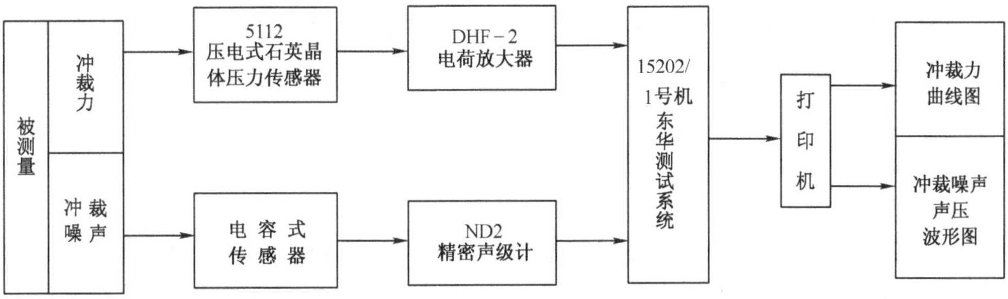

图14-1 电测原理图

3）典型冲裁曲线（力－行程图）也反映了冲裁变形具体过程。

用钢板（如 SPCC）、黄铜板（如 H62）等能测试出如第 1 章中图 1-4 所示的典型冲裁曲线；用纯铝板如 1070A 等很软的材料，则测不到这种典型冲裁曲线，只能测出冲裁力峰值。

4）冲裁工艺噪声曲线。

用上述钢板、铜板测试，能捕捉到冲裁工艺噪声发射声压波形图，与冲裁曲线有对应，尤其是其冲击压缩、突然分离、推出凹模和卸离冲头 4 个变形阶段之噪声峰波较明显。用上述纯铝这类强度、硬度很小的板料，则突然分离阶段噪声不太严重，波形图不典型。

二、实验目的

1）实际观察，加深理解冲裁件断面的组成及冲裁件质量的影响。

2）通过测量，就间隙对断面质量（尤尺寸精度）的影响增加感性认识。

3）通过实验，进一步了解、研究对冲裁曲线、冲裁变形过程及冲压加工噪声的认识。

4）初步培养能在今后工作中应用冲压测试、分析冲裁变形实质、按工件要求及实际条件选择间隙值、设计冲裁工艺与模具的能力，增加环保意识和研究的兴趣。

5）创建一个实验平台，能激励学生开展一定深度的科学研究工作。

三、实验条件

1）实验设备仪器：63kN 压力机、东华测试系统电测装置一套。

2）实验材料：牌号：SPCC、H62、1070A 厚度：$t=0.5\text{mm}$、1.0mm、1.5mm、2mm。

3）模具：落料模一副，落料件直径 $\phi 36\text{mm}$（实际 $D_d=35.97$　$D_p=35.80$）。

4）润滑剂：润滑油。

5）量具、工具：三角板、千分尺、放大镜、工具显微镜、扳手及打印纸等。

四、实验步骤

1）检查电测线路是否接通，东华测试系统是否灵敏，并问清实验指导老师“力传感器在记录纸上的标定值”。

2）在实验员预先安装并调整好的模具上送料，用一种板料冲出数个工件，用放大镜及工具显微镜观察分析断面，并画出断面草图；用千分尺测量工件外径（注意取平均值），且与凹模实际尺寸比较。

3）获取激光打印机里记录纸记下的冲裁曲线段，观察曲线形状，测量曲线峰值并算出冲裁力；同时，获取冲裁工艺噪声曲线，记录声级计上最大读数（分贝）。

4）再换另一种厚度板材，也记下间隙值，仿上做实验。

5）每种板料至少完成三种相对间隙的实验（即至少做三种不同厚度的板材冲裁实验）。

6）关断电源、整理现场。

B、实验报告

一、任务

根据实验过程与实验结果，用图形和表格形式说明冲裁间隙值对断面质量及尺寸精度的影响，报告实测的冲裁曲线和冲裁力数值，报告实测到冲裁工艺噪声发射最大值及噪声波形图，及其实验分析与所获认识。

二、内容

1）完成下面表格，并简述其尺寸变化规律（两种牌号板料）。

间隙值			凹模实际尺寸/mm	工件实际尺寸/mm				
实际值/mm	料厚/mm	相对值（%t）		1	2	3	4	平均值

2）用图示意画出不同间隙（小、中、大）情况下其冲裁件断面组成部分之不同或变化特点。

3）间隙值对冲孔件尺寸影响与落料件会有什么不同之处？

4）描图画出一条实测的冲裁曲线（典型形式）。

记算实验测到的三种不同厚度板料冲裁力和单位冲裁力（最好列表给出）。

5）获取到一条与上述冲裁曲线相对应的冲裁工艺噪声发射声压波形图。

计录整理本体环境噪声、空载噪声和冲裁工艺最大噪声（分贝），也列表给出。

6）声级计的测距不同，最大冲裁工艺噪声发射值会有不同吗？

7）实验收获或感想（尤其是这种综合性实验对你的兴趣和能力方面）。

实验二　拉深系数和拉深力的测定

A、实验指导

一、实验原理

1. 拉深工序变形力学特点

在拉深过程中，拉深毛坯变形可划分为三个不同性质的区域，A 为变形区，B 为传力区，D 为不变形区，可参见第 3 章中图 3-1。

由于变形区切向有最大压应力，产生切向压缩变形，此区域容易产生压缩失稳、起皱；传力区受径向拉应力作用，若该区域承载能力差，则试件会过早被拉裂。在这两种情况下的拉深力—行程曲线与正常拉深曲线会有不同。

极限拉深系数是指在一定的拉深条件下，变形区不失稳起皱时拉深出筒形件壁部最高（即传力区频于开裂）时的拉深系数，记为 $m_c = \dfrac{d_{中}}{D_{0\max}}$。通常用 Swift 拉深试验方法测定板材的极限拉深系数。

2. 冲压变形的测量

1）较原始的刻划法是在拉深坯料上，用圆规、划针，刻划出间距为 3 ~ 5mm 的同心圆，以及 30°的同心角之划痕。拉深完后，测量这些划痕线段尺寸与角度的实际数值。再将坯料上的数值与试件上的相应处数值进行比较，可分析拉深变形的特点。

2）用网格法可测量板金属在变形前、后两个方向上的应变值，即由圆形网格变成了椭圆形网格（参见第 5 章中图 5-5），于是，在椭圆的两个主轴方向上的应变为

$$\varepsilon_x = \ln \frac{R_x}{R_0}$$

$$\varepsilon_y = \ln \frac{R_y}{R_0}$$

然后，根据体积不变条件，在此可写成 $\varepsilon_x+\varepsilon_y+\varepsilon_t=0$，便可计算出第三个方向上的应变值（$\varepsilon_t$）。

3）板料的厚度变化也可剖开工件进行直接测量。

二、实验目的

1）加深理解筒形件拉深的变形规律与特点。

2）熟悉求极限拉深系数的最基本方法（即 Swift 拉深试验法）。

三、实验条件

1）设备仪器：液压机或金属薄板试验机，金属表面印图机。

2）模具：刚性压边拉深模　$D_p=50\text{mm}$　$D_d=52.64\text{mm}$

$R_p=5\text{mm}$　$R_d=13\text{mm}$

3）材料：软钢　$t=1.0\text{mm}$。

4）润滑剂：润滑油（注意筒形件拉深的单面润滑或双面润滑）。

5）工具、量具：划针、划规、游标卡尺、塞尺、扳手、钣金剪刀及弓锯等。

四、实验内容步骤

1）使用金属网格印图机对拉深坯料进行电解腐蚀的网格制备。

2）用已制好网格的坯料在液压机或金属薄板试验机上拉深模里进行拉深（注意操作程序：先压边后拉深），取出工件观察网格变化，画下草图。

3）获取试验机给出最大拉深力 $P_{\max}$和压边力。

4）将一未完全拉成筒形件的试件对中剖开，测量其各个部位上厚度的变化，并与坯料原始厚度作比较。

5）在最佳压边间隙下，测出软钢极限拉深系数 m_c。

6）锯开一极限拉深系数 m_c 下的筒形工件，仿（d）测量其厚度变化。

7）仔细检查、记录齐全有关实验数据。

8）实验完毕，关掉电源，揩干模具和试验机，打扫实验房间。

B、实验报告

一、任务

1）根据观察与分析的结果，绘出拉深变形前、后金属表面网格变化及测到的拉深力与压边力值，就拉深变形特点与现象加以说明。

2）根据实验过程与结果，小结求极限拉深系数的基本方法。

二、内容

1）由观察到实验坯料与工件上的网格及变化，绘出拉深前、后坐标网格的变化情况，并加以说明。

2）绘出教材上给出的拉深力-行程曲线，将实验用软钢的最大拉深力标注在该曲线上，说明最大拉深力的位置特点。

3）用示意图分别示出拉深中途的试件及拉成筒形件的厚度变化。

4）将求极限拉深系数的实验数据整理成下表，并求出 m_c。

材料	压边 力/kN 间隙/mm	坯料直径/mm	拉深结果	工件高度/mm			拉深力 P_{max}/kN
				最大	最小	平均	
软钢							

$$\text{实验材料的 } m_c = \frac{d_{中}}{D_{0max}}$$

5）拉深润滑理论中的单面润滑与双面润滑各适用于何种场合、哪类零件？

6）实验的收获与建议。

实验三　冲模拆装

A、实验指导

一、实验原理

每一副模具都是由一些零部件构成的有机整体，也是一种机械结构。因此，冲模结构可以用机械制图中的一些方法进行描绘。

1. 轴测分解图法

如图 14-2 所示，为一简单落料模的轴测分解图。其落料件为一带小圆角的方形板料件。由图可知该模具由十多种零件组成，并已分出上模和下模两大部分。

2. 装配图法

装配图是按照模具工作状态位置绘制的一种结构图。因此，比较容易从模具的上、下两部分认识模具构成。本书的篇首页、第 12 章及第 15 章均有冲模装配图。

3. 零件图法

一张零件图表示一个零件，一个零件至少有一种功能。因而，模具结构可以按零件功用（工艺结构部分与辅助结构部分）加以分解和认识。本书的第 13 章和第 15 章等有不少冲模零件图。

二、实验目的

按照模具完成冲压工序的数量及冲压工位的数量，将冲模分为单工序模的简单模、迭合模，多工序模的复合模、混合模四种。

通过对这样四种模具中具体的两副模具的拆开、观察、认识、然后又装还原的冲模拆装实验的全过程，了解冲模的一般组成、各部分零件的名称及作用，完成冲压工序的动作过程与方式等，并加深体会四种模具之特点。

三、实验用工模具

1）模具：简单模、混合模或复合模各一副。

2）工具：钳工台（桌）、活动扳手、内六角扳手、螺钉旋具、榔头等。

四、实验方法及步骤

（1）方法　两副模具，逐一完成其拆装实验。

（2）步骤

1）将模具接上、下两大部分拆开、观察。

2）了解模具中可见部分零件的名称、作用，初步掌握该模具所完成的冲压工序的名称、数量、顺序及其坯料与工件的大致形状。

3）再将上、下两大部分分别拆开，依次了解：模具工作部分即凸、凹模的整个结构形状、加工要求与固定方法，定位部分的零件名称、结构形式及定位特点，卸料、压料部分的零件名称、结构形状、动作原理及安装方式，导向部分的零件名称、结构形式与加工要求，固定零件名称、结构及所起作用，标准紧固件及其他零件的名称、数量和作用。

4）把已拆开的模具零件按上、下两大部分依照一定的顺序还原。

5）同时画下该模具的结构示意草图，注明所有零件的名称、数量等。

6）扼要地记下模具完成冲压工序的整个动作过程及方式。

7）将模具擦净、涂油、放回原处。

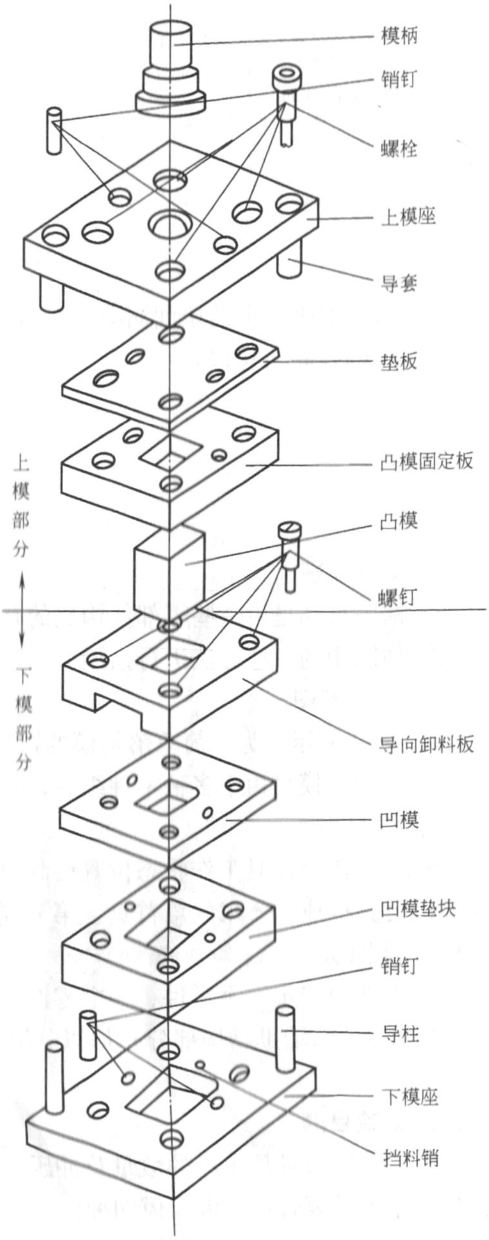

图 14-2　落料模轴测分解图

B、实验报告

一、任务

1）根据实验过程与记录，简述一副冲模的拆装过程。

2）根据在实验时画出的模具结构草图，画一副模具结构的装配示意图。

二、内容

1）用自己的语言简单叙述冲模的拆装过程。

2）徒手画出一副模具结构的装配示意图，标出其名称与编号。

3）将所拆装模具的模具零件如下归类，填出各部分零件名称。

工艺结构部分→ →工作零件——
→定位零件——
→卸、压料零件——

辅助结构部分→
- →导向零件——
- →固定零件——
- →标准紧固件及其他——

4）通过实验，对简单模、迭合模，复合模、混合模的主要特点做一综合简述。

5）对本实验的意见或建议。

第15章　课 程 设 计

15.1　课程设计目的要求

在绪论中曾明确指出，《冲压工艺模具学》是一门应用技术科学。针对其技术性一面，容易明白：本教材作为相关专业的（文、理、医及工科类）的公共、选修课，可以不做课程设计（包括课程实验）；如果作为材料成形与控制工程等专业的核心课或必修课，则不论本课程的课堂教学时数安排多少，也不论所学章节内容如何选择或增减，课程设计的教学内容和时间是不能少的。

“冲压工艺模具学”中的课程设计是本课程各教学环节中重要的一环，它让学习者自己联系实际去进一步深入理解、实践掌握所学到的理论知识。与课堂教学具有相同的宗旨，是一次综合性实践和锻炼的教学活动。一般是专门集中两周以上的时间进行。因此，设计者必须十分认真地对待和完成它。

15.2　课程设计内容与步骤

1. 内容与步骤

1）读懂冲压件的产品图（即了解清楚设计题目要求）。

2）分析该冲压件工艺过程设计的可能方案。

3）确定该冲压件的工艺过程设计方案。

4）具体计算和设计该方案中各工序的工艺参数。

5）设计绘制出其中一道冲压工序所用的模具图。

① 构思总图。

② 画出装配图。

③ 完成模具零件明细表。

④ 画出模具零件图。

6）全面检查工艺计算和模具图样。

7）编写设计说明书。

2. 设计要求

在课程设计开始之前，要作好必要的准备工作，包括思想认识和设计条件方面的准备工作。也可准备一些设计手册之类的工具书或参考资料，以便在设计过程中逐渐去学习查阅资料。确定设计题目后，至少应复习在“冲压工艺模具学”课程中学过相关内容。下面提出完成本课程设计任务的具体要求。

1）设计说明书要全面反映设计思想、设计过程和结论性认识。其工艺设计要有文字、计算、公式来源、参数选取的资料名称或序代号、图表（草图）。说明书用专用纸（16K）写成，20页左右，并装订成本。

2）正规图的画法、制图及设计全过程要执行“机械制图”“公差与配合”及“冷冲模”等国家标准。图样应达到可生产实用的程度。

3）对于模具零件图，要求一种模具零件用一张图纸且有标题栏，一般用1：1的比例绘制。该零件的有关精度和技术要求要有合理的标注或说明。

4）对于总装图，要求一律用1号图纸绘制。总装图上只标三个尺寸，即模具的闭合高度、总长、总宽。一般在总装图图样的右上角处画出该副模具之功用的工序图。总装图图样上还要写技术要求。其技术要求标注举例如下（注意不同模具其技术要求不尽相同）。

① 组成模具各零件的材料、尺寸及精度、形位公差、表面粗糙度及热处理等均应符合图样要求。

② 上、下模座之上、下平面的平行度应达到________级精度（规定的精度等级）。

③ 模柄轴心线对上模座上平面的垂直度公差、在全长范围内不大于______mm。

④ 导柱与下模座、导套与上模座、模柄与上模座的配合为________，导柱与导套的配合为________。

⑤ 模具的上模部分沿导柱上、下移动应平稳，无阻滞现象。

⑥ 凸、凹模之间的间隙应达到规定的要求、且四周的间隙应均匀一致。

⑦ 模具应在生产条件下试模，试模时冲裁毛制高度不大于________mm。

5）模具零件明细表置于装配图右下角、与标题栏相连。明细表中各项内容（比如序号、名称、件数、材料、热处理要求等）必须与模具零件图及装配图上标的内容完全相同；

6）图面要干净、整洁、美观，尤其总装图布局应合理，最好将其视为一艺术品来制作完成。

15.3 课程设计参考题目

1. 选题说明

这里所选择的“冲压工艺模具学”课程设计题目，都是来自生产实际中的冲压产品。其目的是为让设计者把所学过的理论知识能与实践很好地结合起来。只是为了减小初学者的设计难度，对其中某些冲压产品图的个别尺寸作了改动。

这些题目，所用到的冲压加工基本工序有分离（包括落料、冲孔、精冲等），也有成形（包括拉深、翻边、胀形、缩口、扩口、弯曲等）；能设计的冲模结构形式（简单模、复合模和级进模）都有。因此，总体看来，题目是比较典型的，内容是丰富的。当然，对于每个设计者来说，只能对其中一个冲压件进行工艺设计并画一副模具图。但只要设计者能积极、认真地完成这次实践和锻炼，就能为今后担任冲压工艺设计及模具设计打下良好基础，这是不容置疑的。

2. 题目名称

1）差速器螺栓垫片垫圈（见图15-1）。

2）柴油机排气管法兰（见图15-2）。

3）调节偏心轮（见图15-3）。

4）电器开关网芯（见图15-4）。

5）柴油机滤清器外壳（见图15-5）。

6）自行车中轴碗（见图15-6）。

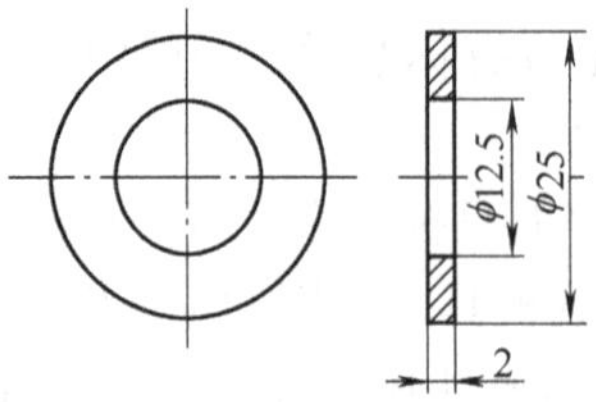

技 术 要 求

1. 标准紧固件
2. 材料：Q215
3. 大批量生产

图 15-1　差速器螺栓垫片垫圈

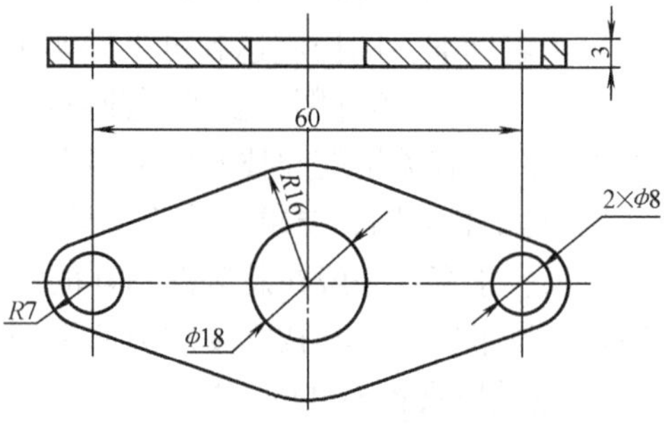

技 术 要 求

1. 去毛刺
2. 材料：Q235，t3
3. 中批量生产
4. 表面涂漆

图 15-2　柴油机排气管法兰

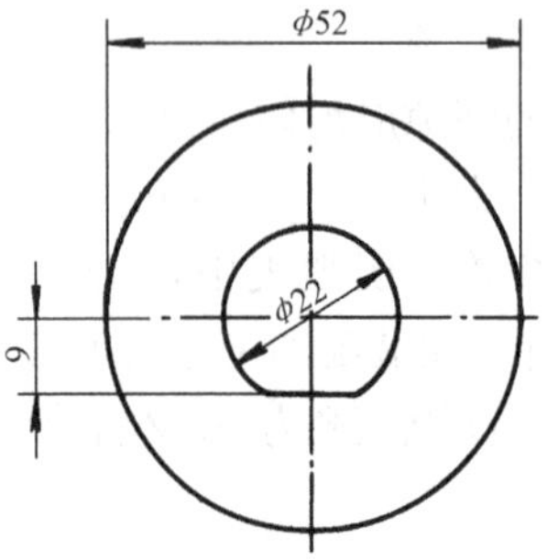

技 术 要 求

1. 去除毛刺
2. 材料：Q235，t1.5
3. 大批量生产

图 15-3　调节偏心轮

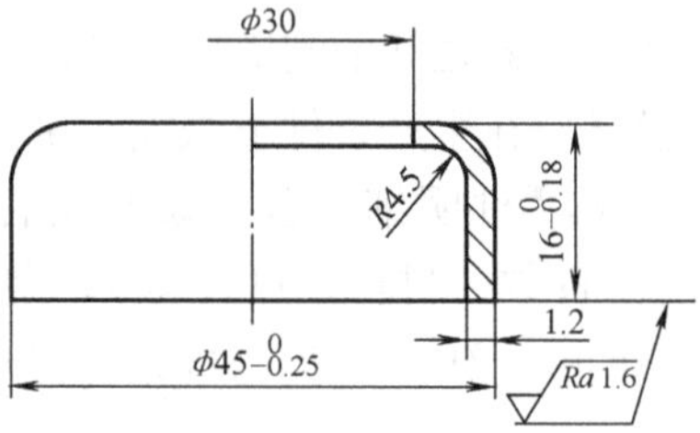

技 术 要 求

1. 端面平整、光洁
2. 材料：H62，t1.2
3. 小批量生产

图 15-4　电器开关网芯

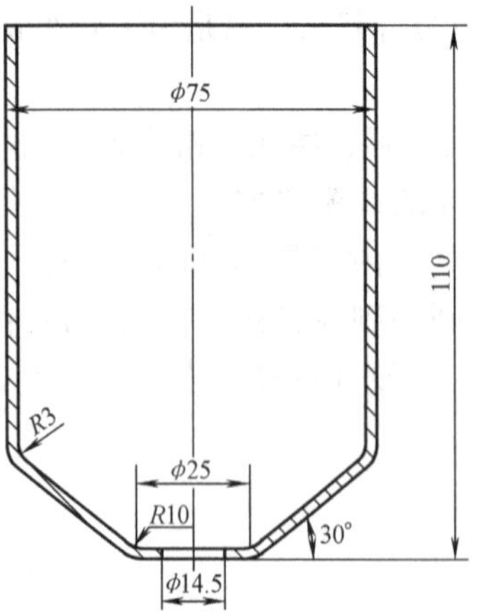

技 术 要 求

1. 平面不平度允差 0.2mm
2. 去除毛刺
3. 材料：08F，t1.5
4. 中批量生产

图 15-5　柴油机滤清器外壳

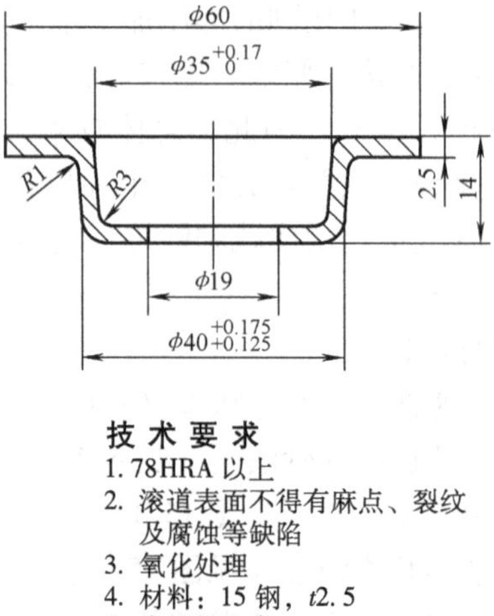

技 术 要 求

1. 78HRA 以上
2. 滚道表面不得有麻点、裂纹及腐蚀等缺陷
3. 氧化处理
4. 材料：15 钢，t2.5
5. 大批量生产

图 15-6　自行车中轴碗

7）拖车轴端盖（见图 15-7）。

8）军用挂车垫环（见图 15-8）。

9）汽车制动调整臂（见图 15-9）。

10）消声器前盖（见图 15-10）。

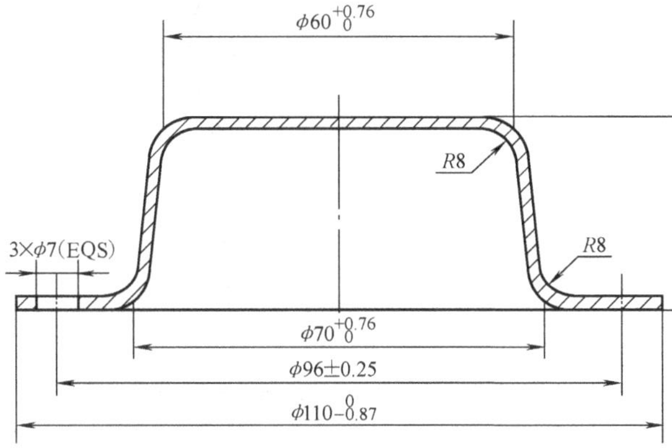

技 术 要 求

1. 材料：Q235，*t*2
2. 小批量试制
3. 表面涂漆

图 15-7　拖车轴端盖

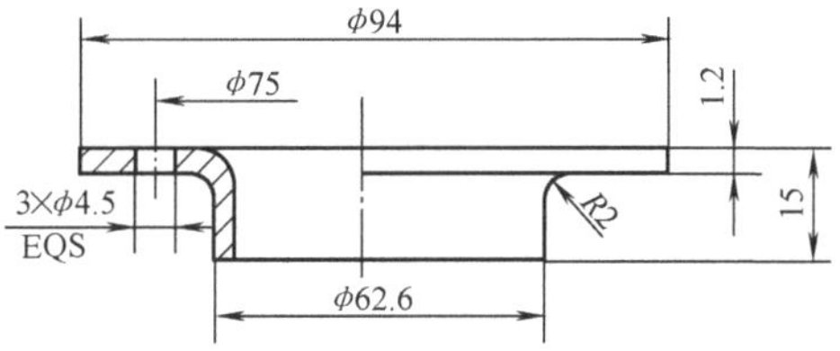

图 15-8　军用挂车垫环

技 术 要 求

1. 表面涂漆
2. 材料：Q215，*t*1.2
3. 小批量生产
4. 其中一半产品要求 *ϕ*94 断面的粗糙度为 *Ra*1.6μm

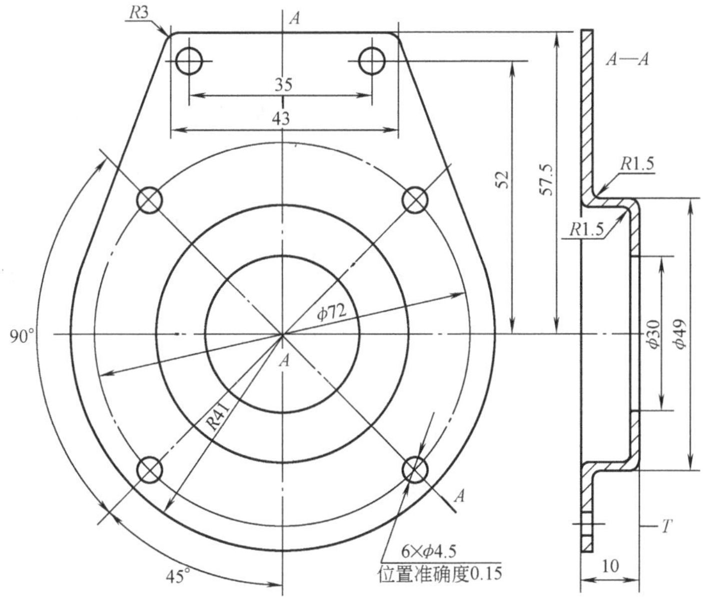

技 术 要 求

1. *T* 面不平度在 *R*41 圆周范围内≤0.2mm
2. 去除毛刺
3. 材料：08F，*t*1.0
4. 大批量生产

图 15-9　汽车制动调整臂

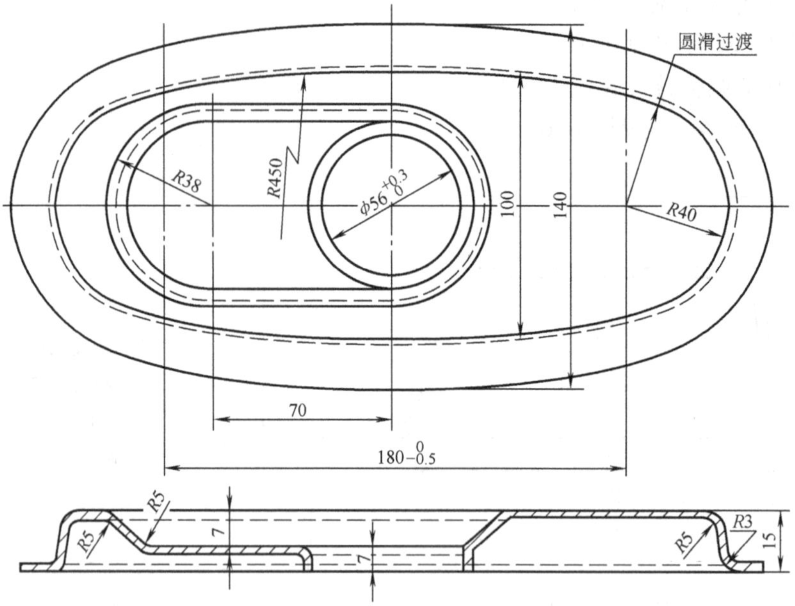

技 术 要 求

1. 材料：08F，t1. 5
2. 大批量生产
3. 表面镀锌

图 15-10 消声器前盖

11）仪表内圈架（见图 15-11）。

12）汽车后桥——弹性隔套（见图 15-12）。

13）U 形弯曲件（见图 15-13）。

14）门铰链右片（见图 15-14）。

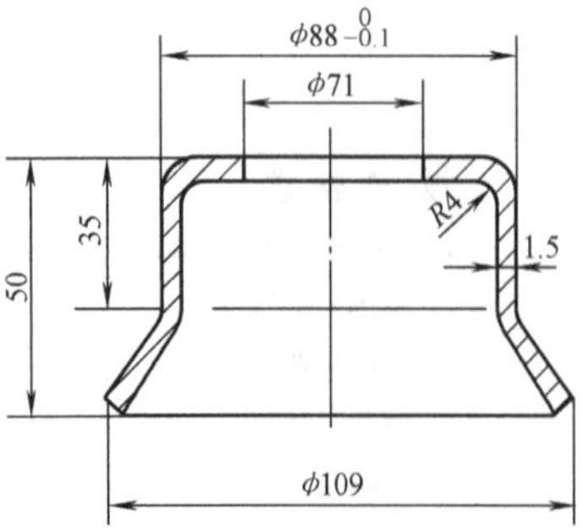

技 术 要 求

1. 去除毛刺
2. 材料：冷拔管 ϕ88 ×1. 5，10 钢
3. 小批量生产

图 15-11 仪表内圈架

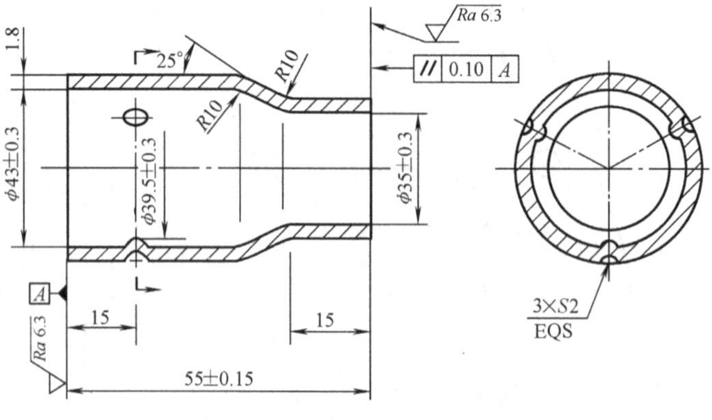

技 术 要 求

1. 材料：冷拔管，15 钢
2. 规格：ϕ43 ×1. 8
3. 生产：大批量

图 15-12 汽车后桥——弹性隔套

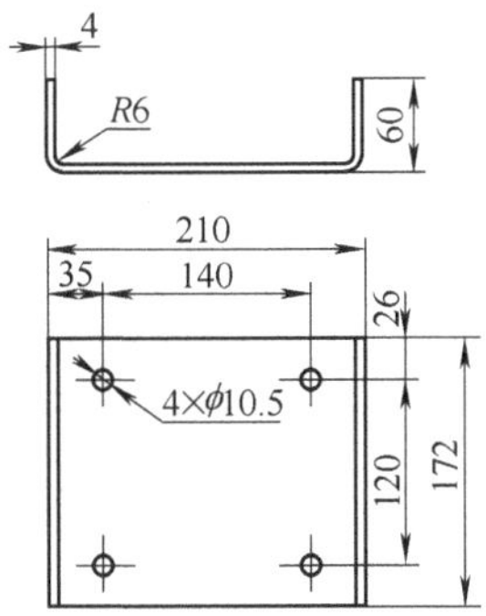

技 术 要 求

1. 材料：20 钢
2. 大批量生产

图 15-13　U 形弯曲件

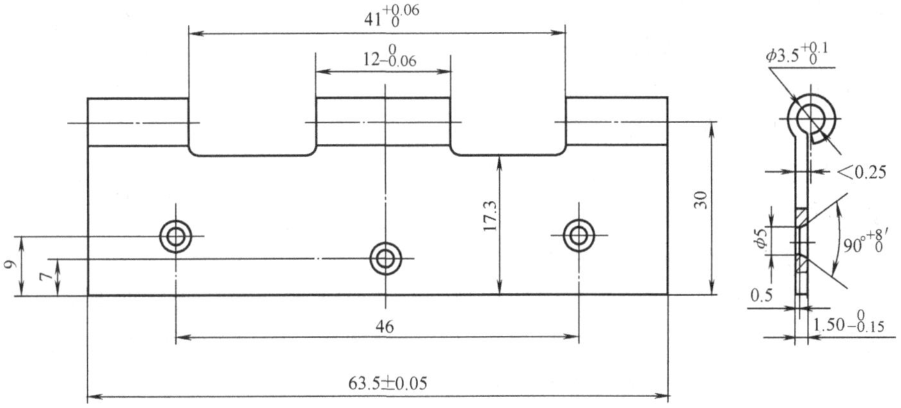

技 术 要 求

1. 与左片相配后应转动灵活
2. 材料：5A11（LF11）或 3A21（LF21），*t*1.50
3. 大批量生产

图 15-14　门铰链右片

15.4　课程设计举例

一种汽车玻璃升降器外壳零件，如图 15-15 所示。零件材料为 08 钢，料厚 1.5mm，生产纲领为中批量。

以该零件为典型实例，介绍某厂在 20 世纪八九十年代的冲压工艺过程设计的具体内容、步骤，以及模具结构设计的方法和结果[83]，但现稍有内容变更及增补。

1. 读产品图，分析其冲压工艺性

该零件是汽车车门玻璃升降器的外壳，图 15-15 所示位置是其装在部件中的位置。从技术要求和使用条件来看，零件具有较高的精度要求、要有较高的刚度和强度。因为：零件所标注的尺寸中，其 $\phi22.3^{+0.14}_{0}$、$\phi16.5^{+0.12}_{0}$及 $16^{+0.2}_{0}$为 IT11 ~ IT12 级精度，三个小孔 $\phi3.2$ 的中心位置精度为 IT10；外形最大尺寸为 $\phi50$。属于小型零件。料厚为 1.5mm。

分析结构工艺性。因该零件为轴对称旋转体，故落料片肯定是圆形，冲裁工艺性很好，且三个小孔直径为料厚的两倍，一般没有问题。零件为带法兰边圆筒形件，且 d_f/d、h/d 都不太大、拉深工艺性较好；只是圆角半径 $R1$ 及 $R1.5$ 偏小，可安排一道整形工序最后达到。

三个小孔中心距的精度，可通过采用 IT6 ~ IT7 级制模精度及以 $\phi22.3$ 内孔定位，予以保证。

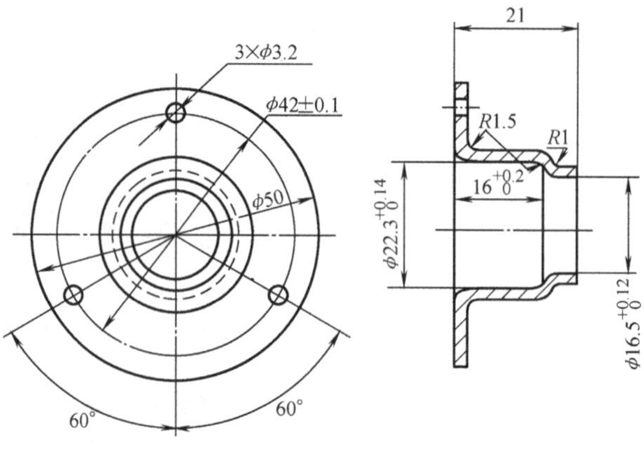

图 15-15　玻璃升降器外壳

底部 $\phi16.5$ 部分的成形，能有三种方法：一种是采用阶梯形零件拉深后车削加工；另一种是拉深后冲切；再一种是拉深后在底部先冲一预加工小孔，然后翻边。如图 15-16 所示，此三种方案中，车底的方案质量高，但生产效率低，且费料。像该零件这样高度尺寸要求不高的情况下，一般不宜采用。冲底的方案其效率比车底要高，但还存在一个问题是要求其前道拉深工序的底部圆角半径接近清角，这又带来了加工的麻烦。翻边的方案生产效率高且能节约原材料，但口端质量稍差。由于该零件对这一部分的高度和孔口端部质量要求不高，而 $\phi16.5^{+0.12}_{0}$ 和 $R1$ 两个尺寸正好是用翻边可以保证的。所以，比较起来，采用方案 c 更为合理、合算。

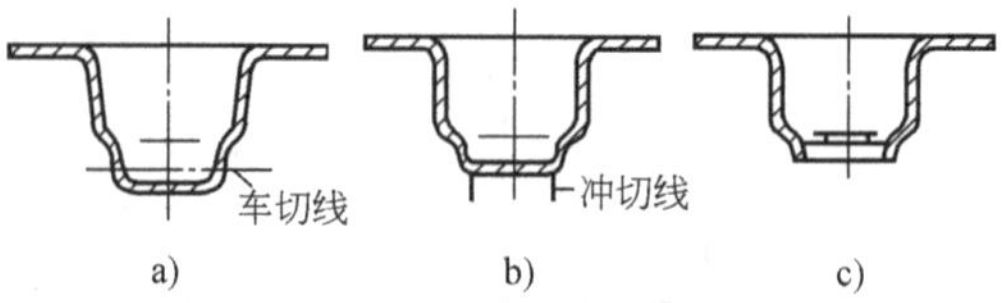

图 15-16　底部成形方案

a）车削　b）冲切　c）冲孔翻边

因此，该零件的冲压生产要用到的冲压加工基本工序有：落料、拉深（可能多次）、冲三小孔、冲底孔、翻边、切边和整形等。用这些工序组合可以提出多种不同的工艺方案。

2. 分析计算确定工艺方案

（1）计算毛坯尺寸　计算毛坯尺寸需先确定翻边前的半成品尺寸。翻边前是否也需拉成阶梯零件，这要核算翻边的变形程度。

$\phi16.5$ 处的高度尺寸为 $H=(21-16)\,\text{mm}=5\text{mm}$

根据翻边公式，翻边的高度 H 为（见式 4-14）

$$H=\frac{d_1}{2}(1-K)+0.43r_d+0.72t$$

经变换后，有

$$K=1-\frac{2}{d_1}(H-0.43r_d-0.72t)=1-\frac{2}{18}(5-0.43\times1-0.72\times1.5)=0.61$$

即翻边出高度 $H=5$ 时，翻边系数达 $K=0.61$。由此可知其预加工小孔孔径

$$d_0=d_1\times K=18\times0.61\text{mm}=11(\text{mm})$$

由 $t/d_0=\dfrac{1.5}{11}=0.13$，查表 4-1，当采用圆柱形凸模，预加工小孔为冲制时，其极限翻边系数

$K_{f、c}=0.50<K=0.61$，即一次能翻边出竖边 $H=5$ 的高度。故翻边前，该外壳半成品可不为阶梯形，其翻边前的半成品形状和尺寸如图 15-17 所示。图中法兰边直径 $\phi54$ 是根据工件法兰边直径 $\phi50$、加上拉深时的修边余量取为 4 而确定的。于是，该零件的坯料直径 D_0 可按式（3-36）计算

$$D_0 = \sqrt{d_f^2 + 4dh - 3.44Rd} \quad (d \text{ 按中径尺寸计算})$$

$$= \sqrt{54^2 + 4 \times 23.8 \times 16 - 3.44 \times 2.25 \times 23.8}\text{mm} \approx 65\text{mm}$$

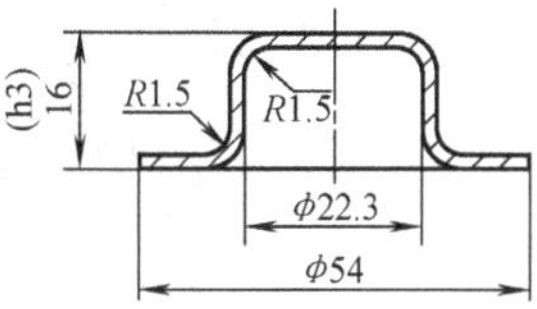

图 15-17　翻边前半成品件

（2）计算拉深次数

$$\frac{d_f}{d} = \frac{54}{22.3} = 2.42 \qquad m_f = \frac{d}{D_0} = \frac{23.8}{65} = 0.37$$

$$\frac{t}{D_0} \times 100 = \frac{1.5}{65} \times 100 = 2.3$$，由此查表 3-14，得其 $m_c=0.38$

因为 $m_f=0.37<m_c=0.38$，所以一次拉深不出来，需多次拉深。（这里，如果按图 3-24 计算查取，也是需要多次拉深）

若取 $m_1=0.45$，有 $d_1=m_1D_0=0.45\times65\text{mm}=29\text{mm}$，则 $m_2=\dfrac{d_2}{d_1}=\dfrac{22.3}{29}=0.77$。查表 3-1，有 $m_2=0.75<m_2=0.77$，故用两次拉深可以成功。

但考虑到第二次拉深时，仍难以达到零件所要求的圆角半径 $R1.5$，故在第二次拉深后，还要有一道整形工序。

在这种情况下，可考虑分三次拉深，在第三次拉深中兼整形。这样，既不需增加模具数量，又可减少前两次拉深的变形程度，能保证稳定生产。于是，拉深系数可调整为

$$m_1 = 0.56, m_2 = 0.81, m_3 = 0.81$$

$$m_1 \times m_2 \times m_3 = 0.56 \times 0.81 \times 0.81 = 0.37$$

（3）确定工艺方案　根据以上分析和计算，可以进一步明确，该零件的冲压加工需包括以下基本工序：落料、首次拉深、二次拉深、三次拉深（兼整形）、冲 $\phi11$ 孔、翻边（兼整形）、冲三个 $\phi3.2$ 孔和切边。根据这些基本工序，可拟出如下五种工艺方案：

方案一：落料与首次拉深复合，其余按基本工序顺序。

方案二：落料与首次拉深复合（见图 15-18a），冲 $\phi11$ 底孔与翻边复合（见图 15-19a），冲三个小孔 $\phi3.2$ 与切边复合（见图 15-19b），其余按基本工序顺序。

方案三：落料与首次拉深复合，冲 $\phi11$ 底孔与冲三小孔 $\phi3.2$ 复合（见图 15-20a），翻边与切边复合（见图 15-20b），其余按基本工序顺序。

方案四：落料、首次拉深与冲 $\phi11$ 底孔复合（见图 15-21），其余按基本工序顺序。

方案五：采用带料连续拉深或在多工位自动压力机上冲压。

分析比较上述五种工艺方案，可以看到：

方案二：冲 $\phi11$ 孔与翻边复合，由于模壁厚度较小$\left(a=\dfrac{16.5-11}{2}\text{mm}=2.75\text{mm}\right)$，小于式（12-20）中要求的最小壁厚（3mm），模具容易损坏。冲三个 $\phi3.2$ 小孔与切边复合，也存在模壁太薄的问题 $a=\dfrac{50-42-3.2}{2}\text{mm}=2.4\text{mm}$，模具也容易损坏。

方案三：虽然解决了上述模壁太薄的矛盾，但冲 $\phi11$ 底孔与冲 $\phi3.2$ 小孔复合及翻边与

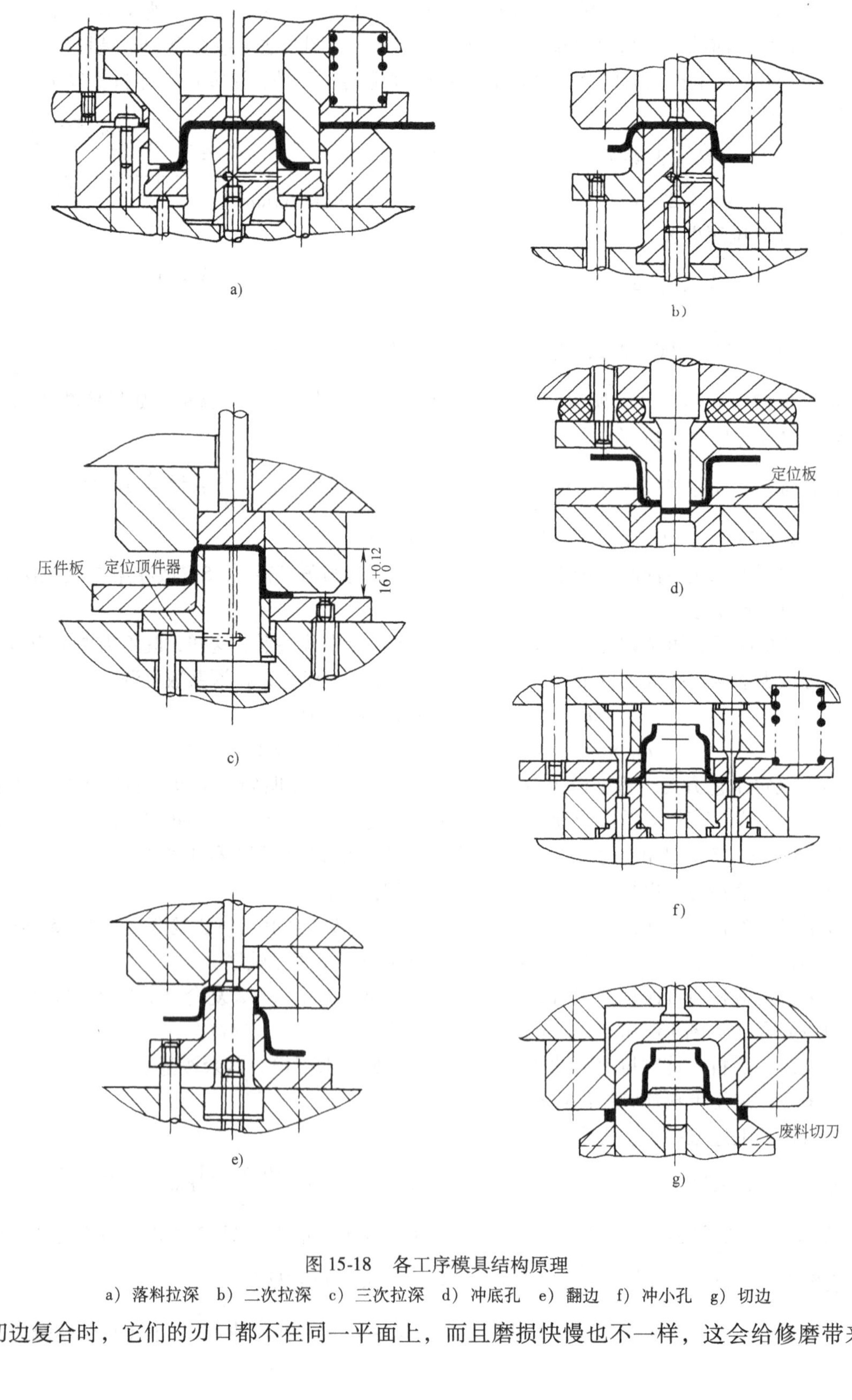

图 15-18　各工序模具结构原理

a）落料拉深　b）二次拉深　c）三次拉深　d）冲底孔　e）翻边　f）冲小孔　g）切边

切边复合时，它们的刃口都不在同一平面上，而且磨损快慢也不一样，这会给修磨带来不

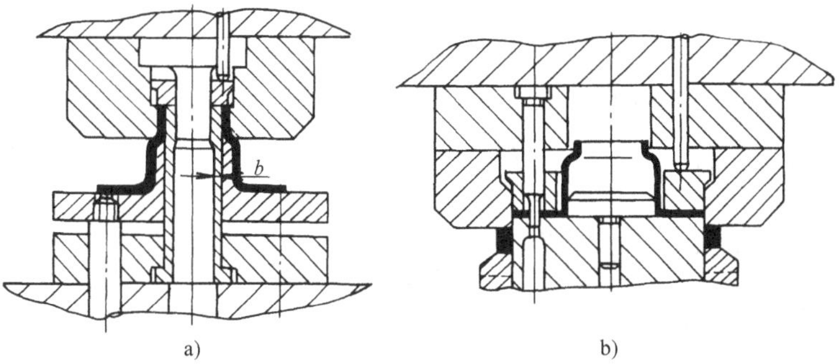

图 15-19　方案二部分模具结构原理

a）冲孔与翻边　b）冲小孔与切边

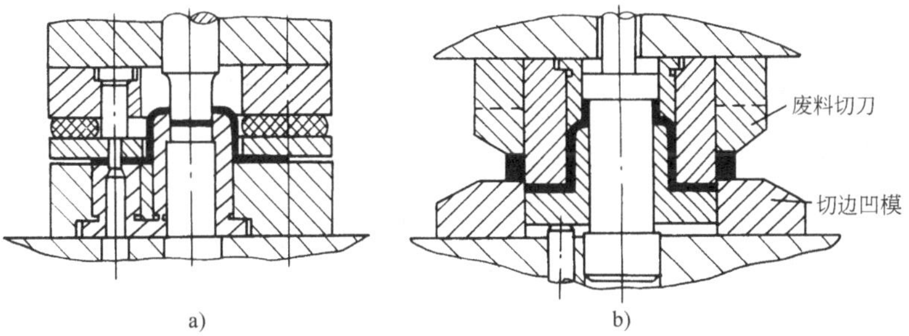

图 15-20　方案三部分模具结构原理

a）冲底孔与冲小孔　b）翻边与切边

便，修磨后要保持相对位置也有困难。

方案四：落料、首次拉深与冲 ϕ11 底孔复合，冲孔凹模与拉深凸模做成一体，也给修磨造成困难。特别是冲底孔后再经二次和三次拉深，孔径一旦变化，将会影响到翻边的高度尺寸和翻边口缘质量。

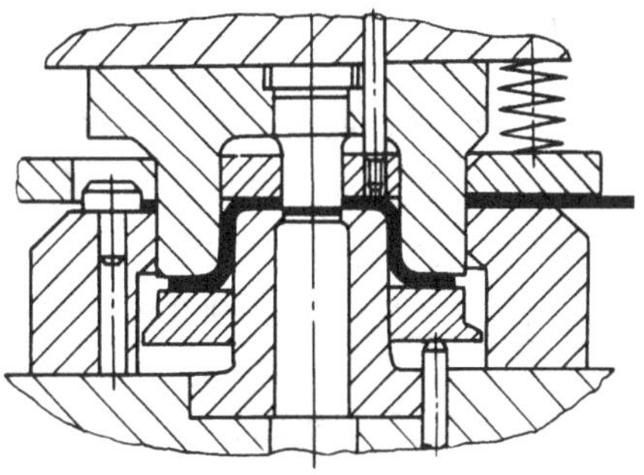

图 15-21　方案四第一道工序模具结构原理

方案五：采用带料连续拉深或多工位自动压力机冲压，可获得高的生产率，而且操作安全，也避免上述方案所指出的缺点，但这一方案需要专用压力机或自动送料装置，而且模具结构复杂，制造周期长，生产成本高，因此，只有在大量生产中才较适宜。

方案一：没有上述的缺点，但其工序复合程度较低，生产率较低。不过单工序模具结构简单，制造费用低，对中小批量生产是合理的，因此决定采用第一方案。本方案在第三次拉深和翻边工序中，可以调整冲床滑块行程，使之于行程临近终了时，模具可对工件起到整形作用（见图 15-18c、e），故无需单作整形工序。

3. 主要工艺参数的计算

（1）确定排样、裁板方案　这里毛坯直径 ϕ65 不算太小，考虑到操作方便，排样采用单排。取其搭边数值：条料两边 $a=2\text{mm}$、进距方向 $a_1=1.5\text{mm}$。于是有：

进距　$h = D + a_1 =（65 + 1.5）\text{mm} = 66.5\text{mm}$

条料宽度　$b = D + 2a =（65 + 2 \times 2）\text{mm} = 69\text{mm}$

板料规格拟选用　1.5×900×1800（钢板）（可查表 11-11）

若用纵裁：裁板条数　$n_1 = \frac{B}{b} = \frac{900}{69} = 13$ 条余 3mm

每条个数　$n_2 = \frac{A - a_1}{h} = \frac{1800 - 1.5}{66.5} = 27$ 个余 3mm

每板总个数　$n_{总} = n_1 \times n_2 = 13 \times 27 = 351$ 个

材料利用率　$\eta_{总} = \frac{n_{总}\frac{\pi}{4}(D^2 - d^2)}{A \cdot B} \times 100\% = \frac{351 \times \frac{\pi}{4}(65^2 - 11^2)}{900 \times 1800} \times 100\% = 69.5\%$

若横裁：条数　$n_1 = \frac{A}{b} = \frac{1800}{69} = 26$ 条余 6mm

每条个数　$n_2 = \frac{B - a_1}{h} = \frac{900 - 1.5}{66.5} = 13$ 个余 34mm

每板总个数　$n_{总} = n_1 \cdot n_2 = 26 \times 13 = 338$ 个

材料利用率　$\eta_{总} = \frac{338 \times \frac{\pi}{4}(65^2 - 11^2)}{900 \times 1800} \times 100\% = 66.5\%$

由此可见，纵裁有较高的材料利用率，且该零件没有纤维方向性的考虑，故决定采用纵裁。

计算零件的净重 G 及材料消耗定额 G_0

$$G = F \cdot t \cdot \rho = \frac{\pi}{4}[65^2 - 11^2 - 3 \times 3.2^2 - (54^2 - 50^2)] \times 10^{-2} \times 1.5 \times 10^{-1} \times 7.85\text{g} \approx 33\text{g}$$

式中　ρ 为密度，低碳钢取 $\rho = 7.85\text{g/cm}^3$。

［　］内第一项为毛坯面积，第二项为底孔废料面积，第三项为三个小孔面积，第四项即（　）内为切边废料面积。

$$G_0 = \frac{A \cdot B \cdot t \cdot \rho}{351} = \frac{900 \times 10^{-1} \times 1800 \times 10^{-1} \times 1.5 \times 10^{-1} \times 7.85}{351}\text{g} = 54\text{g} = 0.054\text{kg}$$

（2）确定各中间工序尺寸

1）首次拉深。首次拉深直径：$d_1 = m_1 \cdot D_0 = 0.56 \times 65\text{mm} = 36.5\text{mm}$（中径）

首次拉深时凹模圆角半径按表 3-9 计算应取 9mm，按式（3-26）计算应取 5.5mm。由于增加了一次拉深工序，使各次拉深工序的变形程度有所减小，故允许选用较更小的圆角半径，这里取 $r_{d1} = 5\text{mm}$，而冲头圆角半径 $r_{p1} = 0.8 \times r_{d1} = 4\text{mm}$。

首次拉深高度用式（3-33）可进行近似计算（其中 R 取为两个圆角半径的平均值），而实际生产中取 $h_1 = 13.8\text{mm}$，（见图 15-22 所示）。

$$h_1 = \frac{D_0^2 - d_f^2 + 3.44Rd}{4d} = \frac{65^2 - 54^2 + 3.44 \times 5.25 \times 36.5}{4 \times 36.5}\text{mm} = 13.5\text{mm}$$

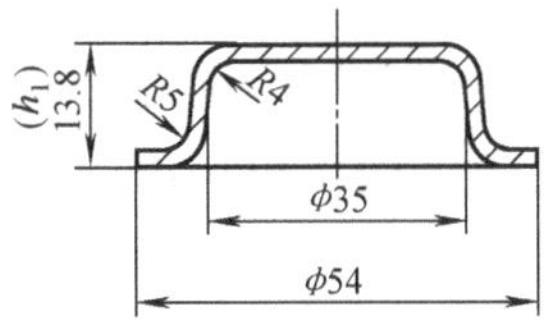

图 15-22　首次拉深件

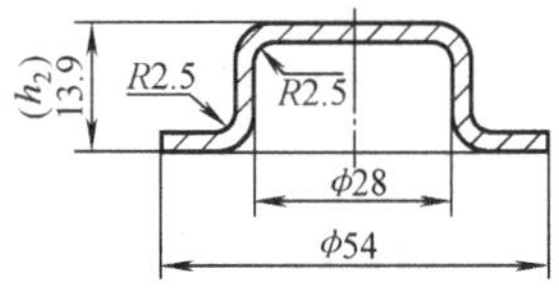

图 15-23　第二次拉深件

2）二次拉深。

$d_2 = m_2 \cdot d_1 = 0.805 \times 36.5\text{mm} = 29.5\text{mm}$（中径）

取 $r_{d2} = r_{p2} = 2.5\text{mm}$

拉深高度 h_2，按面积相等近似计算，可得 $h_2 = 14\text{mm}$。而生产实际中取为 $h_2 = 13.9\text{mm}$，参见图 15-23。

3）三次拉深（兼整形）。

$d_3 = m_3 \cdot d_2 = 0.81 \times 29.5\text{mm} = 23.8\text{mm}$。

取 $r_{d3} = r_{p3} = 1.5\text{mm}$，达到零件要求，因该道工序兼有整形作用，故这样设计是合理的。

$h_3 = 16\text{mm}$，见图 15-24。

4）其余各中间工序均按零件要求尺寸而定，详见图 15-24。

(3) 计算工艺力、选设备

1）落料拉深工序。

落料力按式（1-13）计算：

$$F_{冲} = 0.8\pi Dt\sigma_b$$
$$= 0.8 \times 3.14 \times 65 \times 1.5 \times 400\text{N}$$
$$= 97968\text{N}$$

卸料力选择式（1-20）计算：

$$F_{卸} = K_{卸} F_{冲} = 0.03 \times 97968\text{N} = 2940\text{N}$$

拉深力选择式（3-15）计算：

$$F_{拉} = \pi d_1 t \sigma_b K_1$$
$$= 3.14 \times 36.5 \times 1.5 \times 400 \times 0.75\text{N}$$
$$= 50200\text{N}$$

压边力按照防皱最低压边力公式（其中单位压边力 q 查表 3-4）：

$$Q = \frac{\pi}{4}\left[D_0^2 - (d_1 + 2r_{d1})^2\right] q$$

$$= \frac{\pi}{4}\left[65^2 - (36.5 + 2 \times 5.75)^2\right] \times 2.5\text{N}$$

$$= 3772\text{N}$$

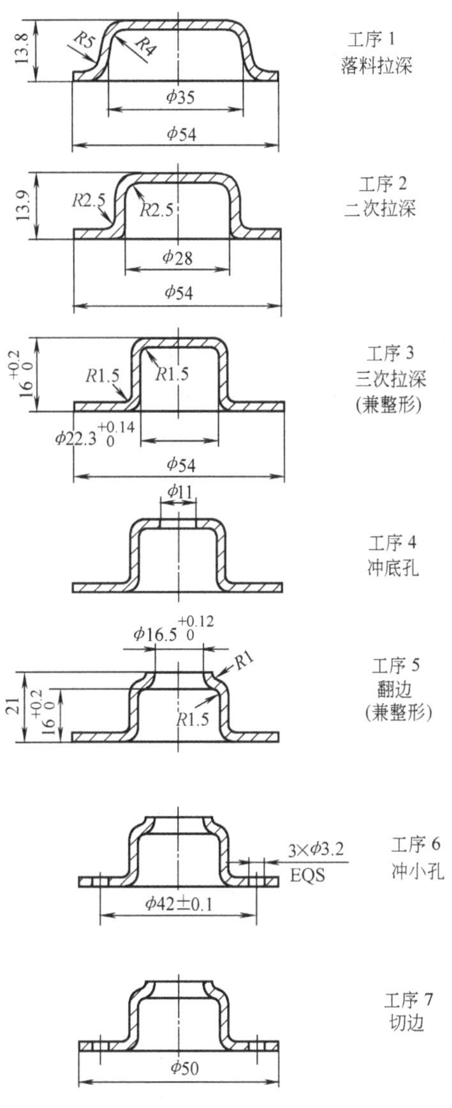

图 15-24　外壳冲压工序图

对于这种落料拉深复合工序，选择设备吨位时，既不能把以上四个力加起来，也不能仅按落料力或拉深力（再乘个系数）作为设备吨位。而应该根据压力机说明书中所给出的允许工作负荷曲线作出判断和选择。经查，该复合工序的工艺力可在160kN压力机上得到。但现场条件只有250kN、350kN、630kN和800kN压力机，故选用250kN压力机。

2）第二次拉深工序。拉深力选择按式（3-16）计算

$$F_{拉}=\pi d_2 t\sigma_K K_2=3.14\times29.5\times1.5\times400\times0.52\text{N}=28900\text{N}$$

显然，拉深力很小，可选63kN开式压力机；但根据现场条件，只好选用250kN压力机。

3）第三次拉深兼整形工序。

$$F_{拉}=\pi d_3 t\sigma_b K_2=3.14\times23.8\times1.5\times400\times0.52\text{N}=23316\text{N}$$

其整形力按式（7-21）进行计算

$$F_{整}=Aq$$

$$=\frac{\pi}{4}[(54^2-25.3^2)+(22.3-2\times1.5)^2]\times100\text{N}=207500\text{N}$$

对于这种复合工序，由于整形力是在最后且为临近下死点位置时发生，符合压力机的工作负荷曲线，故可按整形力大小选择压力机，即可选250kN压力机。

4）冲ϕ11孔工序。冲孔力

$$F_{冲}=0.8\pi dt\sigma_b$$

$$=0.8\times3.14\times11\times1.5\times400\text{N}=16580\text{N}$$

显然，只要选63kN压力机即可，但根据条件只好选250kN压力机。

5）翻边兼整形工序。翻边力选择式（4-24）进行计算

$$F_{翻}=1.1\pi t(d_1-d_0)$$

$$=1.1\times3.14\times1.5\times400\times(18-11)\text{N}=14510\text{N}$$

整形力

$$F_{整}=A\cdot q=\frac{\pi}{4}(22.3^2-16.5^2)\times100\text{N}=17750\text{N}$$

同上道理，按整形力选择设备，也只需63kN压力机，这里选用250kN压力机。

6）冲三个ϕ3.2孔工序。

$$F_{冲}=3\times0.8\pi dt\sigma_b$$

$$=3\times0.8\times3.14\times3.2\times1.5\times400\text{N}=14470\text{N}$$

选250kN压力机。

7）切边工序。

$$F_{冲}=0.8\pi Dt\sigma_b=0.8\times3.14\times50\times1.5\times400\text{N}=75360\text{N}$$

设有两把废料切断刀，所需切断废料压力

$$F'_{冲}=2\times0.8\times(54-50)\times1.5\times400\text{N}=3840\text{N}$$

故总切边力

$$F=F_{冲}+F'_{冲}=(75360+3840)\text{N}=79200\text{N}$$

选用250kN压力机。

4. 编写冲压工艺过程卡

该外壳零件的冲压工艺过程卡见表15-1。

5. 模具结构设计

根据确定的工艺方案和零件的形状特点、精度要求、所选设备的主要技术参数、模具制造条件以及安全生产等选定其冲模的类型及结构形式。下面仅介绍第一工序的落料拉深复合模的设计。其他各工序所用模具的设计从略。

（1）模具结构形式选择　采用落料、拉深复合模，首先要考虑落料凸模（兼拉深凹模）的壁厚是否过薄。本例凸凹模壁厚 $b=(65-38)/2\text{mm}=13.5\text{mm}$，能保证足够强度，故可采用复合模。

落料、拉深复合模常采用图 15-18a 所示的典型结构，即落料采用正装式，拉深采用倒装式。模座下的缓冲器兼作压边与顶件，另设有弹性卸料和刚性推件装置。这种结构的优点是操作方便，出件畅通无阻，生产率高，缺点是弹性卸料装置使模具结构较复杂，特别是拉深深度大、料较厚、卸料力大的情况，需要较多、较长的弹簧，使模具结构复杂。

为了简化上模部分，可采用刚性卸料板（如图 15-25 所示），其缺点是拉深件留在刚性卸料板内，不易出件，带来操作上的不便。对于本例，由于拉深深度不算大，材料也不厚，因此采用弹性卸料较合适。

考虑到装模方便，模具采用后侧布置的导柱导套模架。

（2）模具工作部分尺寸计算

1）落料。圆形凸模和凹模，可采用分开加工，按式（1-5）、式（1-6）计算工作部分尺寸。所落下的料（即为拉深件坯料）按未注公差的自由尺寸，按 IT14 级取极限偏差，故落料件的尺寸取为 $\phi65_{-0.74}^{\ 0}$。于是，凸凹模直径尺寸为：

$$D_d=(D-X\Delta)^{+\delta_d}_{\ 0}=(65-0.5\times0.74)^{+0.03}_{\ 0}\text{mm}=64.63^{+0.03}_{\ 0}\text{mm}$$

$$D_p=(D-X\Delta-2C_{min})^{\ 0}_{-\delta_p}=(65-0.5\times0.74-0.132)^{\ 0}_{-0.02}\text{mm}=64.50^{\ 0}_{-0.02}\text{mm}$$

式中，X 按工件精度为 IT14 级而选定 $X=0.5$；δ_d、δ_p 按制造精度 IT6 ~ IT7 而选定的；C_{min} 是按表 1-2 选取的（其 $2C_{max}=0.24$）。

再按 $|\delta_d|+|\delta_p|=0.03+0.02<2C_{max}-2C_{min}=0.108$，核验上述设计计算是恰当的。

落料凹模的外形尺寸确定：由式（12-13）取凹模壁厚为 30 ~ 40mm，调整到符合标准，即凹模外径设计为 ϕ140mm。由式（12-12）计算出凹模高度（厚度）后调整至 53mm。

落料冲头长度由式（12-1）算出后调整为 65mm。

2）拉深。首次拉深件按未注公差的极限偏差考虑，且因零件是标注内形尺寸，故拉深件的内径尺寸取为 $\phi35^{+0.62}_{\ 0}$。

由式（3-37）、式（3-38）有

$$D_p=(d+0.4\Delta)^{\ 0}_{-\delta_p}=(35+0.4\times0.62)^{\ 0}_{-0.06}=35.25^{\ 0}_{-0.06}$$

$$D_d=(d+0.4\Delta+2C)^{+\delta_d}_{\ 0}=(35+0.4\times0.62+2\times1.8)^{+0.09}_{\ 0}=38.85^{+0.09}_{\ 0}$$

式中，δ_p、δ_d 按 IT9、IT10 级精度选取；C 按表（3-10）选取（取 $C=1.2t$）。

（3）选用标准模架、确定闭合高度及总体尺寸

1）由凹模外形尺寸 ϕ140，选后侧滑动导柱导套模架，再按其标准选择具体结构尺寸（具体零件图将在后面给出）：

上模板：160 × 160 × 40　HT250（按 GB/T 2851—2008）

下模板：160 × 160 × 45　ZG450

导　柱：28 × 180　20 钢　渗碳 58 ~ 62HRC

表 15-1　冷冲

厂 车间	冷 冲 压 工 艺 卡 片		
零件草图	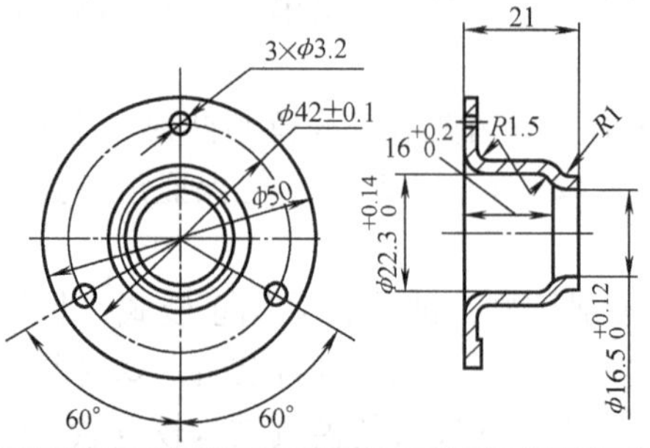	材料排样	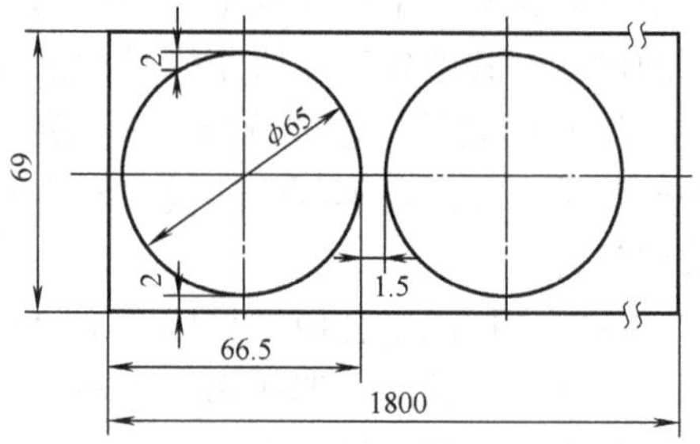

工序	工序说明	加工草图	设备 型号名称
0	下条料	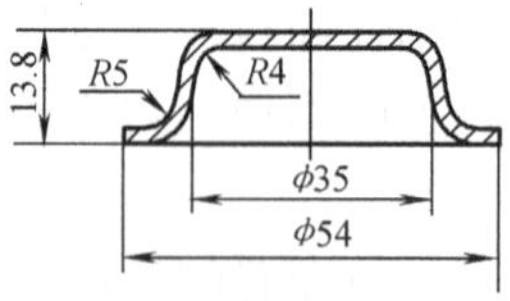	剪床
1	落料与首次拉深	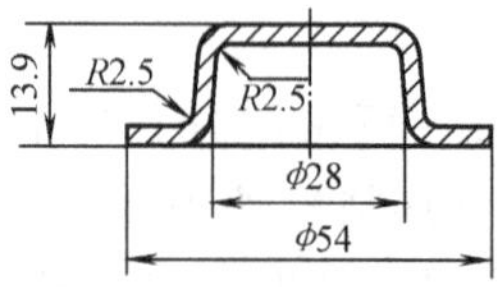	350kN 压力机
2	二次拉深		250kN 压力机
3	三次拉深（带整形）	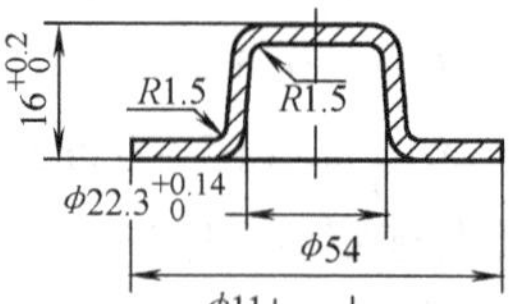	630kN 压力机
4	冲 ϕ11 底孔	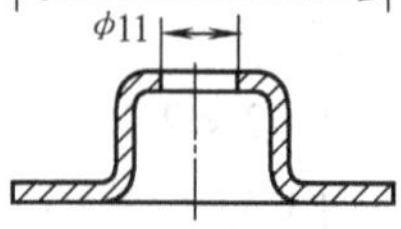	250kN 压力机
5	翻边（带整形）	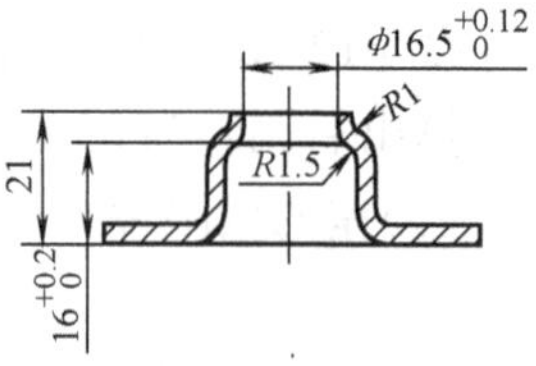	250kN 压力机
6	冲三个小孔 ϕ3.2	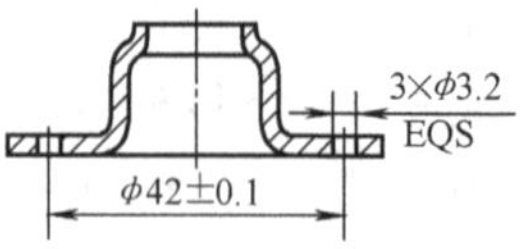	250kN 压力机
7	切边	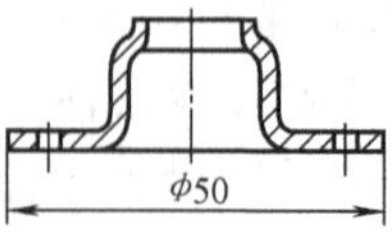	350kN 压力机
8	检验		

									设计：
更改标记	处数	文件号	签字	日期					

压工艺卡片

标记		产品名称	CA10B 型载重汽车	文件代号	
		零件名称	玻璃升降制动机构外壳	共　页	第　页

材料	名称牌号	08 钢	剪后毛坯	1.5×69×1800
			每条件数	27 个
	形状尺寸	1.5±0.11×1800×900	每张件数	351 个
			消耗定额	0.054kg

零件送来部门	备料工段	工种	冲	钳			总计
零件送往部门	装配工段						
每产品零件数	2	工时					

模具名称图号	工具量具名称编号	每小时生产量	单件定额/min	工人数量	备注
落料拉深复合模					
拉深模					
拉深模					
冲孔模					
翻边模					
冲孔模					
切边模					

	校对：	审核：	批准：

导　套：28×90×38　　20 钢　渗碳 58～62HRC

压入式模柄：ϕ50×70　Q235

模具闭合高度：最大 220mm，最小 180mm

该副模具没有漏料问题，故不必考虑漏料孔尺寸，但有弹顶器中推杆孔要设计。

2）模具的实际闭合高度，一般为

$$H_{模}=上模板厚度+垫板厚度+冲头长度+凹模厚度+凹模垫块厚度+下模板厚度-冲头进入凹模深度$$

该副模具因上模部分未用垫板、下模部分未用凹模垫块（经计算，模板上所受到的压应力小于模座材料所允许的压应力，故允许这种设计）；如果冲头（这里具体指凸凹模）的长度设计为 65mm，凹模（落料凹模）厚度设计为 53mm，则该模具的实际闭合高度为

$$H_{模}=[40+65+53+45-(1+13.8-1.5)]\ mm=189.7mm\approx190mm$$

查设备参数表 9-6 开式压力机规格知，250kN 压力机最大闭合高度为：固定台和可倾式最大闭合高度为 250（封闭高度调节量 70）、活动台式最大为 360、最小为 180mm。故实际设计的模具闭合高度 $H_{模}$=190mm，符合式（12-30）要求，故闭合高度设计合理。

3）由于该零件落料、拉深均为轴对称形状，故不必进行压力中心的计算。

4）确定该模具装配图的三个外形尺寸：长为 254mm、宽为 240mm、闭合高度选为 190mm，参见图 15-25。往下，便可对工作零件、标准零件及其他零件进行具体结构设计。当然，如果在具体结构设计中迁涉上述三个总体尺寸需要调整，也属于冲模结构设计中的正常过程。

（4）模具零件的结构设计（在主要工艺设计及模具总体设计之后进行）

1）落料凹模（见图 15-26）。

内、外形尺寸和厚度（已定）；需有三个以上螺纹孔，以便与下模板固定；要有两个与下模板同时加工的销钉孔；有一个挡料销用的销孔；标注尺寸精度、形位公差及表面粗糙度。

2）拉深凸模（见图 15-27）。

设计外形尺寸（工作尺寸已定）；一般有出气孔（工厂实取 ϕ4）；需有三个以上螺纹孔与下模座固定；标注尺寸精度，形位公差及表面粗糙度。

3）凸凹模（图 15-27）。

设计内、外形尺寸（工作部分尺寸已定）；需有三个以上螺纹孔，以便与上模座固定；要有两个与上模座同时配作的销钉孔；标注尺寸精度、形位公差及表面粗糙度。

4）弹性卸料板（见图 15-26）。

内形与凸凹模（或凸模）间隙配合，外形视弹簧或橡皮的数量、大小而定；需有三个以上螺纹孔与卸料螺钉配合；如不是橡皮而是用弹簧卸料时，需加工出坐稳弹簧的沉孔；厚度一般 10mm 上下；如模具用挡料销挡料定位，注意留空挡料钉头部位置。

5）顶料板（该模具兼作压边圈）（见图 15-27）。

内形与拉深冲头间隙配合，外形受落料凹模内孔限制；一般与顶料杆（三根以上）、橡皮等构成弹性顶料系统；顶料杆的长度＝下模板厚＋落料凹模厚－顶料板厚。

6）打料块。

前部外形与拉深凹模间隙配合且后部必须更大；一般与打料杆联合使用，靠两者的自重

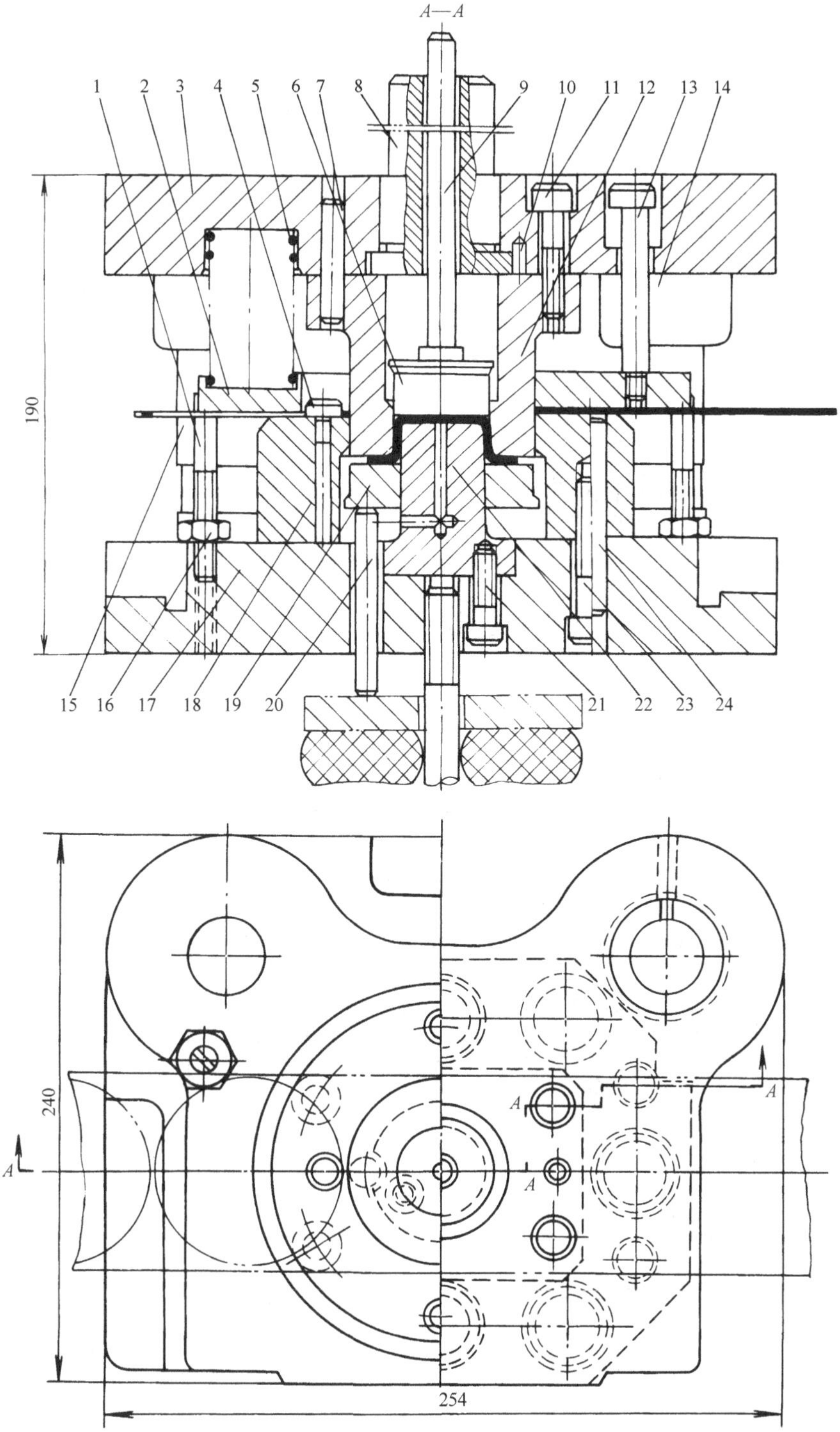

图 15-25 落料拉深复合模

把工件打出来；打料杆的长度 = 模柄总高 + 凸凹模高 − 打块厚。

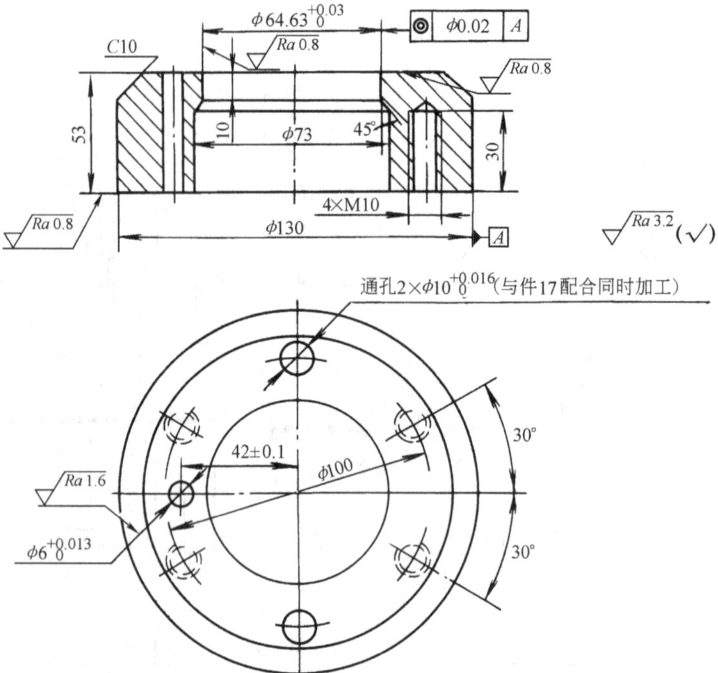

件18凹模

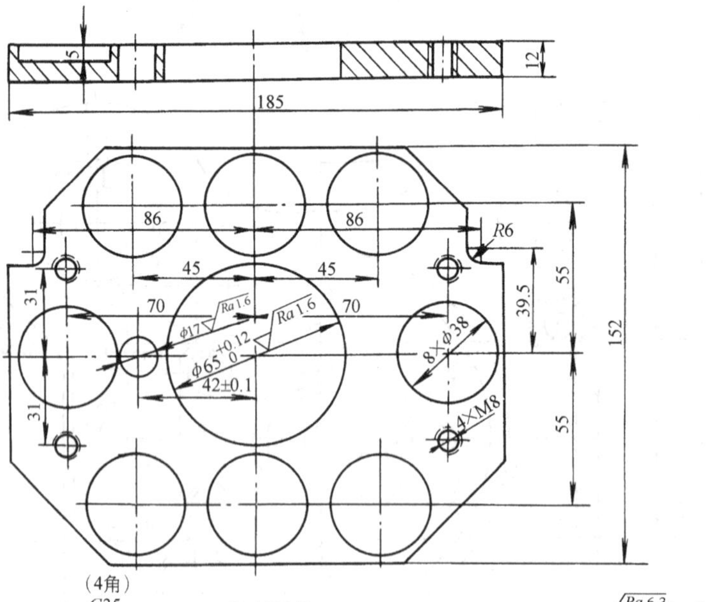

件2卸料板

图 15-26 部分零件图（一）

7）其他零部件。或查国标或根据具体结构进行设计，其中模柄及模架 4 零件（见图 15-28）。

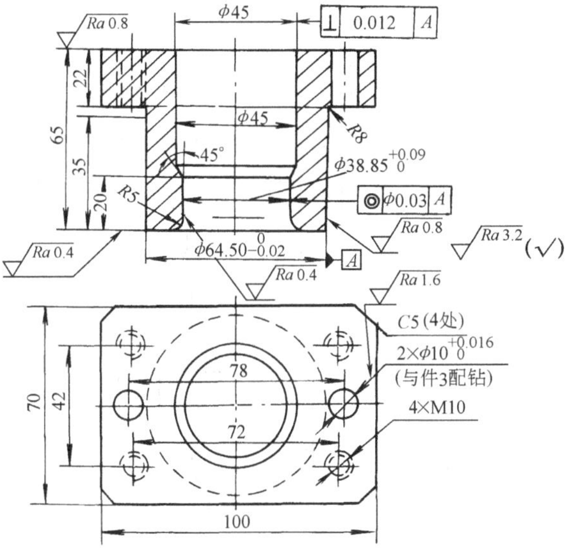

件12 凸凹模

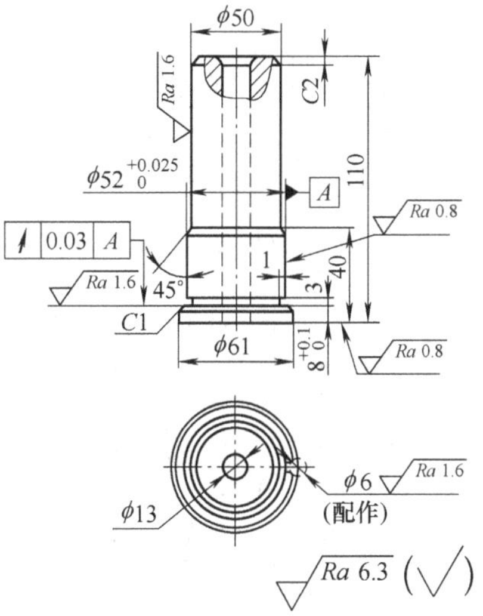

件8 模柄

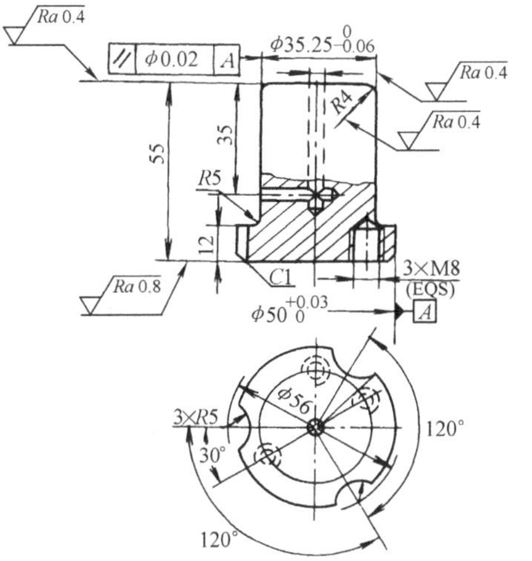

件22 凸模 Ra 3.2 (√)

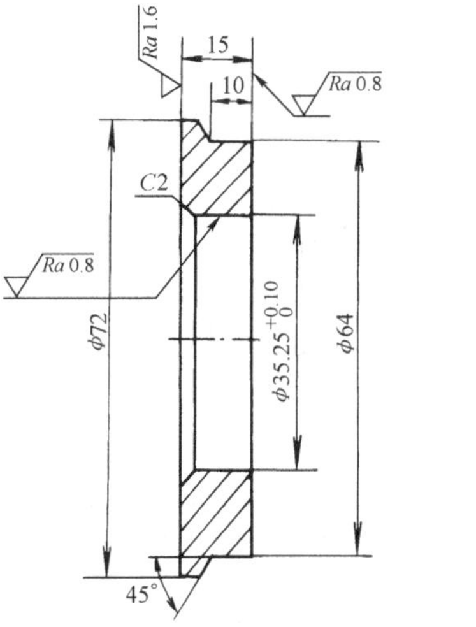

件19 压边圈 Ra 6.3 (√)

图 15-27 部分零件图（二）

（5）设计结果 由以上设计计算，并经绘图设计，该外壳零件的落料拉深模装配图如图 15-25 所示，其部分零件图见图 15-26、图 15-27 和图 15-28、图 15-29。

表 15-2 列出了该复合模的零件明细表。

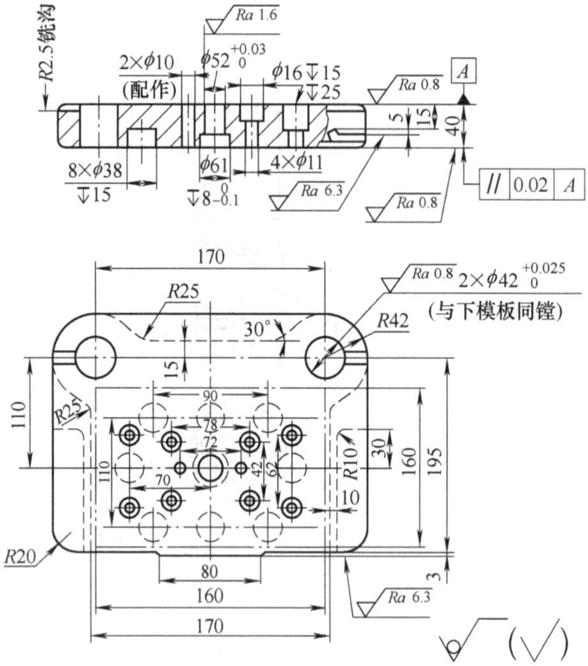

件14 导套

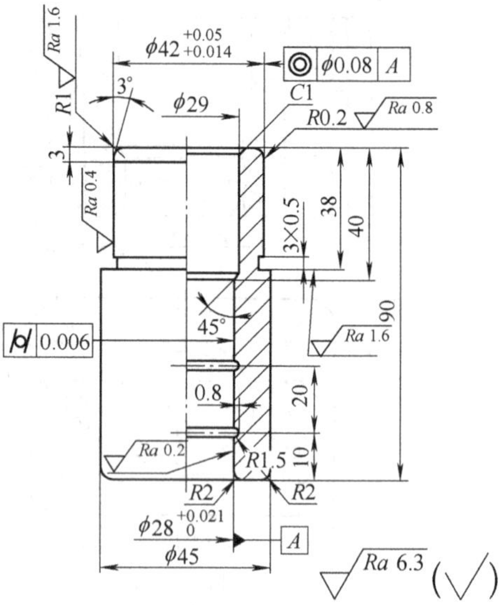

件3 上模板

图 15-28　模架零件（一）

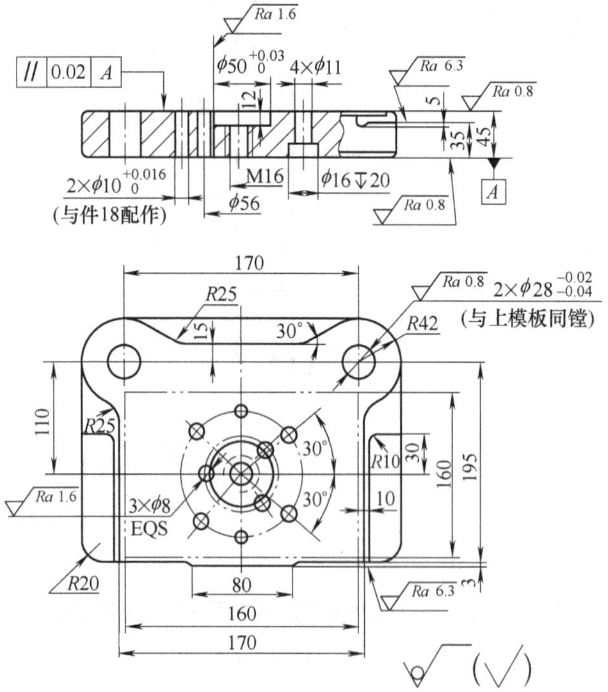

件15 导柱

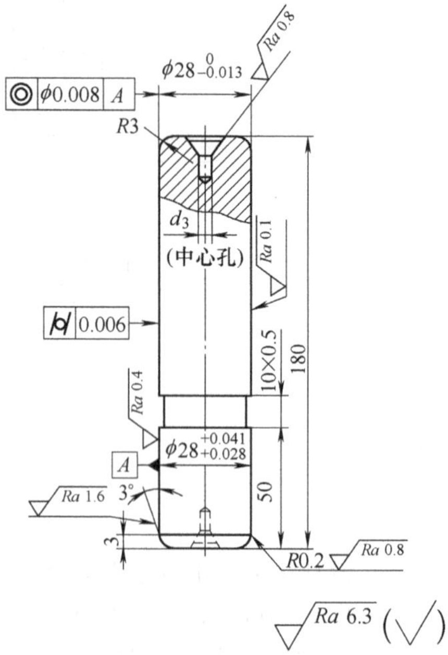

件17 下模板

图 15-29　模架零件（二）

表 15-2 落料拉深复合模零件表

件号	名 称	数量	材 料	规 格	标 准	热 处 理
1	螺栓销	2	35	M10×70		30~35HRC
2	卸料板	1	Q275	185×152×12		
3	上模板	1	HT250	160×160×40	GB/T2855.5—1990	焖火
4	挡料销	1	T8	№2		50~54HRC
5	弹簧	8	65Mn	№42		
6	打料块	1	40	ϕ38.5×21		40~45HRC
7	柱销	2	40Cr (45)	ϕ10×50		
8	模柄	1	Q235	ϕ50×70		
9	打料杆	1	40	ϕ12×140		40~45HRC
10	止转销	1	45	ϕ8×10		
11	螺钉	4	45	M10×40		
12	凸凹模	1	Cr12	70×100×65		60~62HRC
13	卸料板螺钉	4	40Cr (45)	M8×60		30~35HRC
14	导套	2	15	ϕ28×100×38	GB/T2861.6—1990	渗碳淬火 58~62HRC
15	导柱	2	15	ϕ28×180	GB/T2861.1—1990	渗碳淬火 58~62HRC
16	螺母	2	45	M10		
17	下模板	1	ZG450	160×160×50	GB/T2855.6—1990	焖火
18	凹模	1	T10A	ϕ140×48		60~62HRC
19	压边圈	1	45	ϕ72×15		56~58HRC
20	推杆	3	T8A	ϕ8×70		45~50HRC
21	螺钉	3	45	M8×30		
22	凸模	1	T10A	ϕ50×55		58~62HRC
23	螺钉	4	45	M10×50		
24	柱销	2	40Cr (45)	ϕ10×70		

参 考 文 献

［1］ 卢险峰．冲裁曲线与冲裁变形过程的研究［J］．锻压技术，1988（6）：32-36.

［2］ Романовский В П. Сопротивление Срезу при Высрубке-пробивке Толстолитовых Материалов. Вестник Машиностроения，1973（7）.

［3］ 梁柄文，等．冲裁力学和工艺的研究（一）［J］．锻压技术，1982（4）：1-10.

［4］ 中川威雄ほか. 薄板のプレス加工．東京：実教出版株式会社，1977.

［5］ 赵振铎．板料冲裁机理研究［J］．锻压技术，1984（3）：1-4.

［6］ 岩田一明ほか. 走查型電子顯微鏡直接觀察によるせん斷機構の解析．塑性と加工，1979（5）：437-443.

［7］ M E 祖巴卓夫．冷压技术［M］．北京：中国工业出版社，1964.

［8］ 李硕本．冲压工艺学［M］．北京：机械工业出版社，1982.

［9］ 冲模设计手册编写组．冲模设计手册［M］．北京：机械工业出版社，1988.

［10］ 中国机械工程学会锻压学会．锻压手册：第 2 卷［M］．北京：机械工业出版社，1993.

［11］ 卢险峰．关于确定冲裁模工作部分尺寸的通式［J］．模具通讯，1980（4）：1-3.

［12］ 李名尧．一种确定冲裁模刃口尺寸的新方法［J］．模具技术，1987（2）：9-15.

［13］ 卢险峰．板料的冲裁力学研究及应用［J］．应用科学学报，1992（3）：221-226.

［14］ 新プレス加工データブック編集委員会．新プレス加工データブック［M］．東京：日刊工業新聞社，1993.

［15］ 涂光祺，等．精冲变形过程分析及压边圈齿形参数的研究［J］．锻压技术，1981（2）：7-12.

［16］ 黄毅宏，等．精冲工艺及机理探讨［J］．中国机械工程，1994（5）：57-59.

［17］ Lu Xianfeng etc. The Bulge-Tensile Blanking Deformation Process of Extreme Sheet Metal and Quasi-Extreme Sheet Metal. Advanced Technology of Plasticity［J］. Vol. Ⅲ，1852-1855，Beijing：Internationd Acode. Publishers，1993.

［18］ 卢险峰．胀拉冲裁变形机理研究［J］．锻压技术，1995（6）：23-25.

［19］ 卢险峰．润滑条件对拉深性能的影响［J］．锻压技术，1984（5）：28-31.

［20］ 张质良，等．板料拉深变形过程最佳参数的研究［J］．模具技术，1997（1）：17-21.

［21］ 卢险峰．压边间隙值的分区及最佳值［J］．模具科技，1984（3）：5-7.

［22］ 卢险峰．压边圈形状的试验研究［J］．模具科技，1984（4）：17-19.

［23］ 王同海，孙胜，肖白白．实用冲压设计技术［M］．北京：机械工业出版社，1995.

［24］ 王孝培，等．无压边拉深凹模成形曲面的优化［J］．锻压技术，1990（4）：24-27.

［25］ В П Романовский. Спровочник по Холодной Штамповке. Ленингр：Издателъство《Машиностроение》. 1979.

［26］ 卢险峰．盒形件拉深的坯料简算［J］．模具科技，1985（2）：2-5.

［27］ 日本塑性加工學会．プレス加工便覽［M］．東京：丸善株式会社，1975.

［28］ 杨玉英，等．盒形件一次成形用毛坯形状与尺寸的确定方法［C］//中国电子学会塑性加工学组“盒形件成形专题讨论会”论文．1982.

［29］ 朱谨，王学文，阮雪榆．方盒形带凸缘件的板料形状优化设计［J］．塑性工程学报，1994（2）：57-64.

［30］ 梁炳文，胡世光．板料成形塑性理论［M］．北京：机械工业出版社，1987.

［31］ 李硕本，等．高盒形件多次拉深变形的分析与工艺计算［J］．模具通讯，1979（1）.

[32] 杨玉英，等．高矩形盒多次成形工艺的研究［J］．模具技术，1985（1）：20-29.
[33] 李顺平，等．有限元模拟在高盒形件工艺计算中的应用［C］//中国锻压专业学会冲压学术委员会论文集．1994.
[34] 中村和彦．塑性と加工．Vol. 25，No. 284，1984，Vol. 31，No. 349，1990，Vol. 36，No，416. 1995.
[35] 肖景荣，姜奎华．冲压工艺学［M］．北京：机械工业出版社，1990.
[36] 梁炳文．材料强化指数 n 值与极限压延系数 m_k 值的关系［J］．塑性工程学报，1994（2）：41-56.
[37] プレス技術．特別增大號・新プレス加工入門こんな場合どうする——ノウハウ100 例，1983（4）.
[38] プレス加工ノウハウ編集委員會．プレス加工ノウハウ100 題．日刊工業新聞社，昭和 50 年．
[39] 卢险峰．板料拉深性能及从冶炼轧制上的促进［C］//中国金属学会首届全国深度加工学术会议论文集．1986.
[40] 郭斌，等．圆筒形件充液拉深成形精度［J］．塑性工程学报，1997（3）：92-97.
[41] 住友秀彦ほか．準安定オーステナイト系フランレス鋼の丹筒深絞りにずける時効割札．塑性と加工，1976（11），891-897.
[42] 卢险峰．盒形件拉深的润滑方法［C］//中国电子学会金属塑性加工第二届年会论文，1984.
[43] 卢险峰．拉深用板材塑料涂层的单双面性［J］．江西工业大学学报，1989（1）：78-82.
[44] 河合望．應用塑性加工學［M］．香港：復漢出版社，1980.
[45] 小林大機，乾性潤滑劑塗布鋼板の特性［J］．プレス技術．1983（4）：114-116.
[46] Sheet Metal Industries. Dry Film Lubrication for Forming［J］. SMI，1984（1）：39.
[47] 卢险峰．带隔离垫层的拉深［J］．锻压技术，1986（4）：35-38.
[48] 储家佑，等．深拉深钢板用高分子涂膜的润滑性能研究［J］．锻压技术，1990（3）：41-45.
[49] 卢险峰．板料冲压成形极限与加工硬化［J］．金属科学与工艺，1984（1）：81-84.
[50] 盧險峰ほか．フランジ成形性のr 值による予測［C］//第二回日中板金プレス成形シンポジウム論文集．1992.
[51] 李硕本．球面冲头翻边力的计算［J］．哈尔滨工业大学学报，1958（1）：67-79.
[52] Kurt Lange. HANDBOOK OF METAL FORMING［M］. New York：Mc Graw-Hill Book Company，1984.
[53] 万战胜，等．冲压模具设计［M］．北京：中国铁道出版社，1983.
[54] 卢险峰．板料拉伸类冲压成形性能的非线性关系评定［J］．南昌大学学报，1996（2）：35-38.
[55] 胡世光．板料冷压成形原理［M］．北京：国防工业出版社，1979.
[56] 钱文元．门铰链件弯曲成形工艺与模具的设计［J］．模具科技，1988（2）：1-4.
[57] 邓陟，王先进，陈鹤峥．金属薄板成形技术［M］．北京：兵器工业出版社，1993.
[58] 户澤康壽．板材成形における高精度化［J］．塑性と加工，1988，(29-324)：26-31.
[59] J A Waller. PRESS TOOLS AND PRESSWORK. 6 Portcuilis Press Ltd. 1978.
[60] В Т Мещерин. Исследования в Области Оборудования и Техногии Штамповки Сборник №. 4：208-211，Государственное Научно-Техническое Нздательство Машиностроителъной Литературы. 1958.
[61] 卢险峰，陈勇．扩口工艺设计中的坯料计算新公式［C］//塑性加工理论与技术新进展．南昌：江西高校出版社，1997.
[62] 卢险峰．自行车焊管缩径时的回弹量［J］．锻压技术，1979（1）：41-42.
[63] 李春峰，等．曲面零件冲压成型极限判据［J］．中国机械工程，1994（5）：54-56.
[64] 卢险峰，等．准锥形件拉深成形探讨［J］．模具科技，1989（1）：6-7.
[65] 于连仲，等．带传力介质电磁成形冲孔的研究［C］//中国锻压专业学会冲压学术委员会论文集．1994.

[66] 卢险峰，王勇．小批量生产中冲压加工的经济性［J］．模具技术，1986（4）：87-89.
[67] 陈毓勋．聚氨酯橡胶冲裁模［J］．锻压技术，1980（4）：16-25.
[68] 王志恒．带孔拉延的临界计算及试验研究［J］．锻压技术，1989（3）：13-18.
[69] 罗曼诺夫斯基．冷压手册．北京：机械工业出版社，1957.
[70] 春日保男．成形加工論．東京：株式会社コロナ社，昭和53年再版.
[71] Kiyota Yoshida. Classification and Systematization of Sheet Metal Press-Forming Process. Sci. Pap. IPCP, 1959, 53: 1514.
[72] 姜奎华．冲压工艺与模具设计［M］．北京：机械工业出版社，1997.
[73] 李硕本，等．各种冲压变形的分析与成形方法的分类［J］．机械工程学报．1980（1）：29-39.
[74] 康达昌，等．建立统一的伸长类冲压工序的极限成形系数诺模图［C］//中国机械工程学会第五届锻压学术年会论文集．1991.
[75] 崔令江，等．FLD和SCV在大型薄板冲压选材中的应用［J］．锻压技术，1988（2）：14-18.
[76] 常志华．板料冲压性能参数的确定及其快速自动测试系统的研究［D］．哈尔滨：哈尔滨工业大学，1988.
[77] プレス技術．Vol. 31，No. 5，1993（5）．特集，基礎から學ぶプレス用被加工材.
[78] 林央．自動車産業における板材成形の實際．第七届中日薄鋼板成形技術交流会文集，1995.
[79] 周开华．冷冲压译文集［M］．北京：国防工业出版社，1979.
[80] 卢险峰，游庆．薄刃口组合圆形凹模强度公式的探讨与试用［J］．模具技术，1986（1）：27-31.
[81] 卢险峰．薄刃口组合圆冲头的强度计算［J］．模具技术，1987（1）：15-18.
[82] 卢险峰．薄刃口冲裁模的设计与试用［C］//第二次中苏锻压学术会议论文集．1990.
[83] 王孝培．冲压手册［M］．2版．北京：机械工业出版社，1990.
[84] 太田哲．冲压模具结构与设计图解［M］．北京：国防工业出版社，1980.
[85] 李天佑．冲模图册［M］．北京：机械工业出版社，1988.
[86] 第一汽车制造厂工装设计室．汽车覆盖件冲模［M］．北京：机械工业出版社，1979.
[87] 包忠诩，等．国外汽车覆盖件模具图册［M］．北京：中国铁道出版社，1992.
[88] 杨合．管材卷边原理与模具参数优化设计［C］//中国机械工程学会锻压学会第四届学术年会论文集．1987.
[89] Edward G Hoffman FUNDMENTALS OF TOOL DESIGN（Second Edition）Published by Society of Manufacturing Engineers. 1984.
[90] 肖祥芷，等．冲压工艺与模具计算机辅助设计［M］．北京：国防工业出版社，1996.
[91] 卢险峰，等．薄刃口冲裁模CAD/CAM一体化系统概述［J］．南昌大学学报，1996（3）：9-12.
[92] 盛自强，卢险峰，齐振生．薄刃口冲裁模CAD/CAM系统功能模型的建立［J］．模具工业，1997（7）：6-8.
[93] 卢险峰，中川威雄．废料上行力及其与板料强度性能的相关性［J］．模具技术，1995（4）：9-12.
[94] 黄毅宏，李明辉．模具制造工艺［M］．北京：机械工业出版社，1996.
[95] 《模具制造手册》编写组．模具制造手册［M］．2版．北京：机械工业出版社．1997.
[96] 中川威雄．プレス打抜きにおけるかす上がりの原因とその防止．国際プレス技術協會．1981.
[97] プレス技術．Vol. 31，No. 14，1993（12）．特集プレス加工のかす上がり・かすづまり對策.
[98] F Strasser，Slug Pulling［J］．Tooling. 1974（7），14-18.
[99] 卢险峰，中川威雄．防止废料上行的最佳凹模形状［J］．模具技术，1996（1）：17-20.
[100] 卢险峰，中川威雄．废料上行新对策——原理与新凹模设计［J］．应用科学学报，1996（12）：441-446.
[101] 中国机械工程学会锻压学会编．锻压手册：第2卷［M］．2版．北京：机械工业出版社，2002.

[102] 中国机械工程学会，中国模具设计大典编委会．中国模具设计大典：第 3 卷［M］．南昌：江西科学技术出版社，2003.

[103] ステフッニー・エプル．ボンチ及びタイによりシートブテンクから部品を切り取る方法　日本国特許聽（JP）　公開特許公報（A）　特開平 10-85860（平成 10 年（1998）4 月 7 日）．

[104] 卢险峰，陈勇，吴永东，等．级进模两步冲裁法：中国，0310108743. 4［P］. 2005-11-2.

[105] 卢险峰. 2002 年中国机械工程学会论文集［C］．北京：机械工业出版社，2003.

[106] 卢险峰．两步法冲裁级进模的研发［J］．南昌大学学报（工科版），2004（4）：1-3.

[107] 周开华，玄廷光，齐翔宪．简明精冲手册［M］．北京：国防工业出版社，1998.

[108] 涂光祺，彭群．精冲技术的现状及展望［J］．锻造与冲压，2005（8）：30-33.

[109] 卢险峰．板料冲压分离工序的分类［J］．塑性工程学报，1998（3）：72-76.

[110] 卢险峰，王勇，等．冲压分离工序的定义及工件断面组成特征．［C］//中国机械工程学会锻压学会第五届冲压学术年会论文集．南昌：江西高校出版社，1998.

[111] 褚亮，卢险峰，等．体积不变条件下的拉深坯料的计算［J］．江西科学，2003（4）：339-342.

[112] 肖小亭，林启权，等．平板圆孔翻边预制孔直径的修正计算［J］．锻压技术，1995（5）：18-21.

[113] 张朝阁，卢险峰，等．翻边预加工小孔孔径的计算［J］．模具工业，2004（1）：34-37.

[114] 张朝阁，卢险峰，等．基于 Pro/E 模型分析的翻边预制孔尺寸计算［J］．锻压装备与制造技术，2004（6）：40-42.

[115] Томленов А Д. Теория Пластическово Dеформиравания［J］. МЕТАЛЛУРГИЗ，1972.

[116] Скворцов Г Д. Основы Конструирования Штампов для Холодной Листовой Штамповки［J］. Машиностроение，1967.

[117] 卢险峰，肖伟华，等．方孔翻边预加工小孔的形状尺寸设计［J］，模具工业，2000（12）：33-35.

[118] 卢险峰．一种 12 个弯角零件两次压弯成形设计［J］．南昌大学学报：工科版，2005（4）：88-90.

[119] 卢险峰．一种 12 弯角零件的压弯工艺及模具．中国，200410095500. 4［P］. 2008-07-20.

[120] Шофман ЛА. Теория и Расчеты Процессов Холодной Штамповки［J］. Машиностроение，1964.

[121] 卢险峰，褚亮，等．基于变形本质特征的扩口力计算［J］．材料科学与工艺，2004（4）：417-419.

[122] 卢险峰，褚亮．弹壳形状零件缩口力描述模型研究［J］．塑性工程学报，2004（6）：43-46.

[123] 卢险峰，徐明发，等．锥形凹模缩口力计算中弯曲影响的研究［J］．锻压装备与制造技术，2005（3）：85-88.

[124] Горбунов М Н，Моэгов В А. Определение Границ Межиц Между Областями Обжима（Раэтачи）Ивыворота. КШП，1975（2）.

[125] 黄早文，俞彦勤．拉伸翻管模研究［J］．锻压技术，1995（6）：52-56.

[126] 卢险峰，王勇．冲压成形工艺知识结构系统［C］//当代科教论文选（二）．成都：四川科学技术出版社，1998.

[127] 卢险峰，吴永东．冲压加工工艺知识结构系统［C］//第七届全国锻压学术年会论文集．北京：航空工业出版社，1999.

[128] 卢险峰．关于冲压工艺知识结构体系［J］．兵器材料科学与工程，2003（5）（专刊）：158-161.

[129] 卢险峰．多工步冲裁方法［J］．机械工人（热加工），2005（2）：65-67.

[130] 戴源德，卢险峰．关于冲裁凸模抗弯强度校核公式［J］．锻压技术，2005（6）：49-52.

[131] 王新华，袁富联．冲模结构图册［M］．北京：机械工业出版社，2003.

[132] 肖祥芷，王义林，等．模具 CAD/CAE/CAM［M］．北京：电子工业出版社，2004.

[133] 阮雪榆，赵震，陈军．数字化制造技术及其在模具中的应用［J］，锻造与冲压，2005（9）：80-82.

[134] 徐铭政，陈勇，卢险峰，等．镶拼结构模轮廓分段的算法研究［J］．南昌大学学报（增刊），1997：1-4.

[135] 陈勇，卢险峰，游步东，等．镶拼模结构 CAD 系统的设计［J］．南昌大学学报（工科版），1998（1）：48-51.

[136] 卢险峰．关于模具的一级分类问题［J］．中国机械工程，2002（22）：1961-1963.

[137] 卢险峰．制定冲裁实用间隙表的建议［C］//中国机械工程学会锻压学会冲裁间隙研讨会论文．西安：中国机械工程学会锻压学会冲裁间隙研讨会，1982.

[138] 哈尔滨工业大学等校压力加工教研室．金属压力加工原理［M］．北京：中国工业出版社，1961.

[139] M. BСторожев，E. A. Попов Теория Обрботки Металлов Давлением．（Иэд4-е）．Москва：《Машиностроение》，1977.

[140] 卢险峰，谭欣珍，周勇，等．拉深变形力理论计算模型研究［J］．中国机械工程，2008（16）：2004-2006.

[141] 杨安，卢险峰，邹华杰．基于 Pro/E 拉深坯料等体积法计算［J］．模具工业，2006（8）：20-29.

[142] 官英平．圆孔翻边力计算方法探讨［J］．锻压机械，2000（2）：30-31.

[143] 卢险峰，周勇，盛自強．考虑冷变形加工硬化的翻边力理论计算［J］．南昌大学学报（工科版），2009（2）：187-191.

[144] 卢险峰．关于翻边性能的研究（一）［J］．江西机械，1982（1）：15-18.

[145] 卢险峰，张朝阁，李湖峰，等．锥形冲头翻边变形应力场的数值仿真［J］．塑性工程学报，2007（3）：36-39.

[146] 闫洪，卢险峰．汽车灯罩冲压工艺与模具设计［J］．模具工业，1995（8）：11-12.

[147] 卢险峰．冲压工艺模具学［M］．北京：机械工业出版社，1998.

[148] 卢险峰．冲压工艺模具学 2 版［M］．北京：机械工业出版社，2006.

[149] 秦泗吉，胡福泰，李硕本．U 形件自由弯曲力的计算及影响因素分析［J］．塑性工程学报．1999（5-3）：238-240.

[150] 周明博．宽板 U 形弯曲理论与试验研究［D］．秦皇岛：燕山大学，2007.

[151] 官英平．板料 V 型自由弯曲智能化控制技术的研究［D］．秦皇岛：燕山大学 2004.

[152] Vlkota Boljanovio. Sheet Metal Forming Processes and Die Design［M］. New York：Industrial Press，2004.

[153] 周勇，卢险峰，杨雪春，等．U 形件自由弯曲力理论计算新模型［J］．南昌大学学报：工科版，2009（3）：300-303.

[154] 卢险峰，邹华杰．数控弯管机的应用与技术要点［J］．机械工人（热加工），2005（9），80-81.

[155] 卢险峰，胡志鹏，李湖峰，等．双重正间隙冲裁构想与试验研究［J］．材料科学与工艺，2007（15-6）：809-811.

[156] 胡志鹏，卢险峰．提高冲裁件断面剪切面高度的新工艺［J］．机械工人（热加工），2007（4）：33-34.

[157] 卢险峰，许兰锋，黄奇华，等．轮辐大孔双重正间隙冲裁新工艺生产性试验［J］．锻压技术，2008（4）：51-53.

[158] 卢险峰，胡志鹏，李湖峰．双重正间隙冲裁的有限元分析［J］．南昌大学学报（工科版），2008（3）：302-306.

[159] 卢险峰，胡志鹏，戴源德，等．双重正间隙冲裁法：中国，200510126576. 3［P］．CN1775406 A.

[160] M. B. Сторожев，E. A. Попов. Теория Обрбоки Металлов Давлением. Москва：

《Машиностроение》, 1964.
[161] 中国人民解放军京字一八四部队．冷压冲模设计［M］．北京：第四机械工业部标准化研究所，1965.
[162] 卢险峰，黄秀秀，叶唤杰．圆弧形缩口件坯料计算更新的探讨［J］．机械工人（热加工），2011（1）：39-42.
[163] 卢险峰，桂娜，朱义灯．带圆筒部分缩口件坯料计算的探讨［J］．机械工人（热加工），2011（17）：53-55.
[164] 卢险峰，潘举之，杨安．锥形类缩口件坯料计算公式［J］．精密成形工程，2012（6）：99-102.
[165] 卢险峰，陶勇芊，孟凡胜．弧形类缩口件坯料计算公式［J］．南昌大学学报（工科版），2013（1）：85-88.
[166] 李春峰．高能率成形技术［M］．北京：国防工业出版社，2001.
[167] 夏琴香，肖刚锋，程秀全，等．金属旋压成形技术的创造与创新［C］//第七届泛珠三角塑性工程（锻压）学术年会论文集．昆明：第七届泛珠三角塑性工程（锻压）学术年会 2013.
[168] 闵建成．高速精密压力机发展研究［J］．锻造与冲压，2012（8）：29-31.
[169] 孙友松，周选辉，黎勉，等．交流伺服压力机及其关键技术［J］．锻压技术，2008（8）：1-8.
[170] Baidn 文库．宝钢高强度汽车钢板（QSTE）标准．2013.
[171] Baidn 文库．A 级车市引领者深度体验一汽．2013-5-23.
[172] 卢险峰．冲压模分类新议［C］//第七届泛珠三角塑性工程（锻压）学术年会论文集．昆明：第七届泛珠三角塑性工程（锻压）学术年会 2013.

结　　语

如众所知，高等学校教材尤其是工科类教材，在具有完整性内容的前提下，需要符合一些基本原则，其中最重要的有理论联系实际、因材施教的原则。作为材料成形及控制工程等专业的一门专业课的本教材，一方面从纵向精心编排（全书目录），另一方面从横向细致阐述（章节内容），通过此两种视角审视，可以认为达到了对这些原则的遵循。

不仅如此，将《冲压工艺模具学》视为一门应用技术科学，就应该与其他科学学科一样，既要包含颇为丰富的知识内容和发展信息，又要探索内在的规律（包括理论基础和技术特征）和多种（点、群、体方面）系统性。该书符合了这种内容信息与系统性之要求。例如：全面阐述了冲压加工三要素及其知识构成，重点讲解了冲压技术方法、工艺过程及模具结构的全部内容及规律。其中很多知识概念，如冲裁变形过程及实用间隙，拉深、弯曲等变形特点及力的计算，冲模类别划分及结构分析等，均提供了其历史发展信息。

冲压加工基本工序五花八门，全书按变形力学范围特点划分出分离工序、成形工序和组合变形工序之完整系统；其内在规律的揭示分别归纳在2.4、7.6、8.2～8.4节和图9-27以及书后插页图中。

冲压件工艺过程设计目标要求多种多样，书中明确工艺性合理、经济性合算及其两者之综合，可成为一种最优化或者最高的目标系统；其冲压工艺方案确定的经典事例及原则，集中于9.2～9.4节。

冲压模具结构形形色色，书中更新分类或归纳为单工序模位下的简单模、迭合模和多工序模位下的复合模、混合模两类四组之系统构架；而其技术特征的描述，则见于12.2～12.4节及14.3节。

基于上述重要知识点与群及小结之认识，进而，经过深入一步的探索，著者认为还可对该书做一整体知识的系统化——用一种图文结合、并具有直观感的框图予以描述，构思出冲压工艺模具学知识体系（见书后插页）。期望能为各个层次读者学习、应用、发展和创新冲压工艺与模具设计的内涵及规律，提供一种更为有效的帮助。